D1723822

Zum Autor

Dipl.-Ing. **Siegfried Rudnik** hat eine Berufsausbildung zum Elektromaschinenbauer abgeschlossen und anschließend ein Ingenieurstudium der Elektrotechnik absolviert. Nach vielen Jahren als Projektierungsingenieur und Projektleiter im Anlagenbau war er bei der Siemens AG verantwortlich für die nationale und internationale Normungsarbeit zum Thema „Elektrische Sicherheit" und Maschinensicherheit. Als Delegierter des ZVEI – Zentralverband Elektrotechnik- und Elektronikindustrie e. V. wurde er in die internationalen Normengremien IEC TC 44, IEC TC 64 und ISO TC 199 delegiert und für ausgewählte Arbeitsgruppen als Experte benannt. National war er bis 2014 Vorsitzender des Arbeitskreises für Not-Halt (DIN 13850) beim VDMA
und des Arbeitskreises für „Elektrische Ausrüstung für Maschinen" (VDE 0113-1) bei der DKE. Im Jahr 2011 verlieh die Internationale Elektrotechnische Kommission (IEC) Siegfried Rudnik den IEC-1906-Award. Mit dem Award-1906 würdigt die IEC besonders aktive technische Experten in den IEC-Gremien. Im Mai 2014 wurde er mit der DKE-Nadel geehrt.

VDE-Schriftenreihe Normen verständlich **26**

Elektrische Ausrüstung von Maschinen und Maschinenanlagen

Erläuterungen zu DIN EN 60204-1 (VDE 0113-1)
mit Bezugnahme auf europäische Richtlinien,
Risikobeurteilung, Funktionale Sicherheit

7., völlig neu bearbeitete und erweiterte Auflage

Dipl.-Ing. Siegfried Rudnik

VDE VERLAG GMBH

ICS 13.110; 29.020; 29.130.20

Auszüge aus DIN-Normen mit VDE-Klassifikation sind für die angemeldete limitierte Auflage wiedergegeben mit Genehmigung 342.017 des DIN Deutsches Institut für Normung e. V. und des VDE Verband der Elektrotechnik Elektronik Informationstechnik e. V. Für weitere Wiedergaben oder Auflagen ist eine gesonderte Genehmigung erforderlich.

Die zusätzlichen Erläuterungen geben die Auffassung der Autoren wieder. Maßgebend für das Anwenden der Normen sind deren Fassungen mit dem neuesten Ausgabedatum, die bei der VDE VERLAG GMBH, Bismarckstr. 33, 10625 Berlin, www.vde-verlag.de, erhältlich sind.

Bibliografische Information der Deutschen Nationalbibliothek
Die Deutsche Nationalbibliothek verzeichnet diese Publikation in der Deutschen National-bibliografie; detaillierte bibliografische Daten sind im Internet über http://dnb.dnb.de abrufbar.

ISBN 978-3-8007-4316-2 (Buch)
ISBN 978-3-8007-4317-9 (E-Book)
ISSN 0506-6719

© 2018   VDE VERLAG GMBH · Berlin · Offenbach
           Bismarckstr. 33, 10625 Berlin

Alle Rechte vorbehalten.

Druck: CPI – Ebner & Spiegel GmbH, Ulm
Printed in Germany   2017-09

... für meine Enkeltochter Clara Kölbl

Vorwort

Die elektrische Ausrüstung einer Maschine ist nur ein Teil einer Maschine und bestimmt nicht deren Ausführung. Der Maschinenbauer ist in der Regel für die Ausführung und Funktion einer Maschine insgesamt verantwortlich. Alle technischen Lösungen der elektrotechnischen Ausrüstung werden zwischen dem Maschinenplaner und dem Lieferanten der elektrotechnischen Ausrüstung oder der elektrotechnischen Fachabteilung des Maschinenherstellers für eine bestimmte Maschine abgestimmt und festgelegt.

Der Lieferant der elektrotechnischen Ausrüstung oder der elektrotechnische Fachplaner des Maschinenherstellers ist für die von der elektrotechnischen Ausrüstung ausgeführten oder überwachten Funktionen der Maschine verantwortlich.

Bei manchen Steuerungsfunktionen muss der Maschinenhersteller dem elektrotechnischen Verantwortlichen die im Rahmen seiner Risikobeurteilung ermittelten Funktionen vorgeben, wie z. B. die Festlegung der Stopp-Kategorie.

Wird im Rahmen der Risikobeurteilung, die durch den Maschinenplaner erfolgen muss, für bestimmte elektrotechnische Funktionen ein bestimmter funktionaler Sicherheitslevel (SIL) ermittelt, so ist der elektrotechnische Verantwortliche für die Erfüllung dieses Sicherheitslevels durch die elektrotechnische Ausrüstung verantwortlich. Ob der erreichte funktionale Sicherheitslevel der elektrotechnischen Ausrüstung zur Erlangung der notwendigen Sicherheit ausreicht, muss der Maschinenplaner im Nachgang überprüfen.

Für die Risikobewertung von Gefahren, die durch die elektrotechnische Ausrüstung entstehen können, wie z. B. beim elektrischen Schlag oder Überstrom, ist der elektrotechnische Fachplaner verantwortlich. Gibt es für eine bestimmte Lösung keine spezielle elektrotechnische Norm, muss vom elektrotechnischen Fachplaner hierfür eine Risikobeurteilung durchgeführt und entsprechend dem Ergebnis ggf. ergänzende Schutzmaßnahmen vorgesehen werden.

DIN EN 60204-1 (**VDE 0113-1**) enthält an manchen Stellen keine technische Lösung, sondern nur den Hinweis, dass z. B. die Auswahl einer (Schutz-)Einrichtung mithilfe einer Risikobeurteilung vorgenommen werden sollte, wie z. B. im folgenden Text:

Die Auswahl der Einrichtung (Unterbrechung der Energiezufuhr zur Verhinderung von unerwartetem Anlauf) sollte mithilfe einer Risikobeurteilung ... vorgenommen werden.

DIN EN 60204-1 (**VDE 0113-1**) enthält keine Anforderungen an die elektrische Ausrüstung für eine bestimmte Maschine, sondern legt grundsätzliche Anforderungen fest, die für eine Vielzahl von Maschinen gelten. In Anhang F wird deshalb wie folgt darauf hingewiesen:

*Der Teil 1 von DIN EN 60204 (**VDE 0113-1**) enthält eine große Anzahl von allgemeinen Anforderungen, die für die elektrische Ausrüstung einer speziellen Maschine anwendbar sein können oder nicht. Eine einfache Verweisung auf die komplette Norm IEC 60204-1 (in einem Vertrag oder einer Risikobeurteilung), ohne weitere nähere Festlegungen, ist daher nicht ausreichend.*

Auch wenn die europäische Norm EN 60204-1 unter der Maschinenrichtlinie im Amtsblatt veröffentlicht wird, gibt es bei Anwendung der Norm keine generelle Vermutungswirkung, dass die elektrische Ausrüstung der Maschine den „grundlegenden Sicherheits- und Gesundheitsschutzanforderungen" der Maschinenrichtlinie 2006/42/EG entspricht.

Im Anhang ZZ der Norm wird deshalb auch darauf hingewiesen, dass die Anforderungen in den aufgelisteten Abschnitten der Norm nur bestimmte Aspekte der grundlegenden Anforderungen des Anhangs I der EG-Richtlinie 2006/42/EG umsetzen können. Mit Anwendung der Norm können somit nur die im Anhang ZZ genannten Abschnitte eine Vermutungswirkung auslösen.

In der Norm wird der Anwender häufig aufgefordert, zusätzlich etwas zu tun, etwa zur Findung einer bestimmten Schutzmaßnahme eine Risikobeurteilung durchzuführen oder bei der Festlegung einer technischen Lösung den zukünftigen Betreiber der Maschine zu befragen. Für manche Situationen müssen besondere Dokumente für die Bedienungsanleitung der Maschine erstellt werden. Um dies in jedem Einzelfall zu verdeutlichen, werden diese zusätzlichen Tätigkeiten bei der Anwendung der Norm in diesem Buch durch ein Ikon mit der Beschreibung der besonderen zusätzlich zu erbringenden Leistung dargestellt.

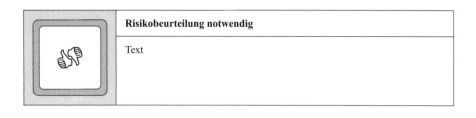

	Risikobeurteilung notwendig
	Text

	Frage aus Anhang B beantworten
	Text

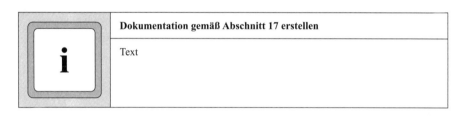

	Dokumentation gemäß Abschnitt 17 erstellen
	Text

Tuchenbach, im September 2017 *Siegfried Rudnik*

Inhalt

11

19

1 Anwendungsbereich

DIN EN 60204-1 (**VDE 0113-1**) [1] enthält grundsätzliche Anforderungen an elektrische, elektronische und programmierbare elektronische Ausrüstungen und Systeme für jegliche Arten von Maschinen.

Eine Maschine kann eine einzelne vollständige Einrichtung sein oder aus mehreren Maschinen (Teilmaschinen) bestehen, die koordiniert zusammenwirken, wie z. B. bei einer Fertigungsstraße. Solche Maschinen werden auch als maschinelle Anlagen bezeichnet.

Spezialmaschinen, die nicht über eine üblicherweise verwendete elektrische Ausrüstung verfügen, sind von der DIN EN 60204-1 (**VDE 0113-1**) ausgeschlossen, siehe **Bild 1.1**. Für Teilbereiche solcher Maschinen kann trotzdem diese Norm zur Anwendung kommen, wie z. B. beim Niederspannungsteil einer mit Hochspannung versorgten Maschine.

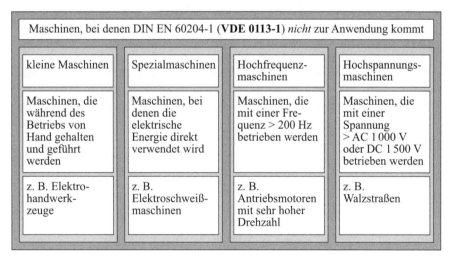

Bild 1.1 Auflistung der Maschinen, für die DIN EN 60204-1 (**VDE 0113-1**) *nicht* gilt

Für bestimmte Maschinengattungen gibt es eigenständige Teile innerhalb der Serie DIN EN 60204 (**VDE 0113**). Bezüglich besonderer Einsatzorte gibt es spezielle Normen, die außerhalb der Reihe VDE 0113 veröffentlicht sind, siehe **Bild 1.2**.

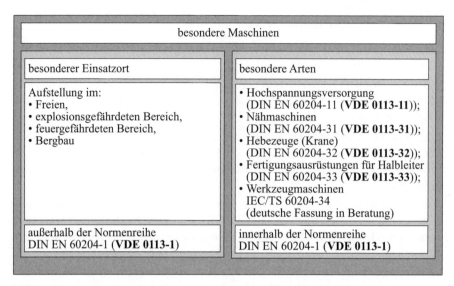

Bild 1.2 Ausschluss oder andere Normen von Maschinen als DIN EN 60204-1 (**VDE 0113-1**)

DIN EN 60204-31 (**VDE 0113-31**) [2] enthält nur Ergänzungen/Abweichungen zur DIN EN 60204-1 (**VDE 0113-1**). Dies bedeutet, dass bei der Planung der elektrischen Ausrüstung von Nähmaschinen immer beide Normen zur Anwendung kommen müssen.

DIN EN 60204-32 (**VDE 0113-32**) [3] und DIN EN 60204-33 (**VDE 0113-33**) [4] hingegen sind eigenständige Normen, die unabhängig von der DIN EN 60204-1 (**VDE 0113-1**) angewendet werden.

2 Gesetzliche und vertragliche Bedingungen

2.1 Gesetzliche Bedingungen

Europäische Richtlinien und EU-Verordnungen müssen in allen europäischen Staaten im Rahmen der landesüblichen Gesetzgebungsverfahren gesetzlich umgesetzt werden. Damit sind sowohl EU-Richtlinien als auch EU-Verordnungen in Deutschland Gesetz und können nicht durch Verträge ausgeschlossen werden. Auch die Nichtnennung in Verträgen entbindet den Lieferanten nicht von der gesetzlichen Vorgabe.

Bei der Planung und Ausführung der elektrischen Ausrüstung für eine Maschine müssen also die für sie geltenden Gesetze berücksichtigt werden. Die Gesetze werden in Form von europäischen Richtlinien und europäischen Verordnungen veröffentlicht.

2.1.1 Maschinenrichtlinie

In Europa müssen in Verkehr gebrachte Maschinen den „grundlegenden Sicherheits- und Gesundheitsschutzanforderungen" der Maschinenrichtlinie 2006/42/EG [5] entsprechen. Die Maschinenrichtlinie wurde mit der 9. Verordnung zum Produktsicherheitsgesetz in Deutschland gesetzlich umgesetzt.

Demnach muss der Hersteller vor dem Inverkehrbringen einer Maschine im Rahmen einer Risikobeurteilung sicherstellen, dass das Restrisiko bei der geplanten Maschine, entsprechend den in Anhang I der Maschinenrichtlinie aufgeführten zutreffenden Sicherheits- und Gesundheitsschutzanforderungen, niedrig genug ist.

Anhang I der Maschinenrichtlinie enthält folgende Aspekte, die, wenn zutreffend, zu bewerten sind, siehe **Tabelle 2.1**. Eine Interpretationshilfe hierfür enthält der „Leitfaden für die Anwendung der Maschinenrichtlinie 2006/42/EG" [6], der unter www.maschinenrichtlinie.de/downloads unentgeltlich aus dem Internet heruntergeladen werden kann.

Die **fett** gedruckten Anforderungen in Tabelle 2.1 können auf die elektrische Ausrüstung einer Maschine zutreffen. Für die Beurteilung dieser Sicherheitsaspekte ist zwischen dem Fachplaner des Maschinenbauers und dem Fachplaner für die elektrische Ausrüstung eine koordinierte Absprache erforderlich. Die Ergebnisse müssen in einer sog. Gesamtdokumentation der Risikobeurteilung zusammengefasst werden.

Alle diese Aspekte muss der „Inverkehrbringer" mithilfe einer Risikobeurteilung bewerten und wenn notwendig, Maßnahmen vorsehen. Das dann verbleibende Restrisiko muss (für die Gesellschaft) akzeptabel niedrig sein. Da der Inverkehrbringer bei einer Maschine i. d. R. der Maschinenplaner ist, muss er alle Sicherheits- und Gesundheitsschutzanforderungen bewerten und ggf. Zusatzmaßnahmen vorsehen, damit das verbleibende Restrisiko niedrig genug ist.

Anhang I	Aspekte, die zu bewerten sind
1.1.2	Grundsätze für die Integration der Sicherheit
1.1.3	Materialien und Produkte
1.1.4	**Beleuchtung**
1.1.5	Konstruktion der Maschine im Hinblick auf die Handhabung
1.1.6	Ergonomie
1.1.7	**Bedienungsplätze**
1.1.8	Sitze
1.2.1	**Sicherheit und Zuverlässigkeit von Steuerungen**
1.2.2	**Stellteile**
1.2.3	**Ingangsetzen**
1.2.4.1	**Normales Stillsetzen**
1.2.4.2	**Betriebsbedingtes Stillsetzen**
1.2.4.3	**Stillsetzen im Notfall**
1.2.4.4	**Gesamtheit der Maschine (beim Stillsetzen)**
1.2.5	**Wahl der Steuerungs- oder Betriebsarten**
1.2.6	**Störung der Energieversorgung**
1.3.1	Risiko des Verlusts der Standsicherheit
1.3.2	Bruchrisiko beim Betrieb
1.3.3	Risiken durch herabfallende oder herausgeschleuderte Gegenstände
1.3.4	Risiken durch Oberflächen, Kanten und Ecken
1.3.5	Risiken durch mehrfach kombinierte Maschinen
1.3.6	Risiken durch Änderung der Verwendungsbedingungen
1.3.7	Risiken durch bewegliche Teile
1.3.8.1	Bewegliche Teile der Kraftübertragung
1.3.8.2	Bewegliche Teile, die am Arbeitsplatz beteiligt sind
1.3.9	Risiko unkontrollierter Bewegungen
1.4.1	Allgemeine Anforderungen an Schutzeinrichtungen
1.4.2.1	Feststehende trennende Schutzeinrichtungen

Tabelle 2.1 Auflistung der zu bewertenden Sicherheits- und Gesundheitsschutzanforderungen entsprechend Anhang I der Maschinenrichtlinie 2006/42/EG

Anhang I	Aspekte, die zu bewerten sind
1.4.2.2	Bewegliche trennende Schutzeinrichtungen mit Verriegelungen
1.4.2.3	Zugangsbeschränkungen
1.4.3	Besondere Anforderungen an nicht trennende Schutzeinrichtungen
1.5.1	**Elektrische Energieversorgung**
1.5.2	**Statische Elektrizität**
1.5.3	Nicht elektrische Energieversorgung
1.5.4	Montagefehler
1.5.5	Extreme Temperaturen
1.5.6	Brand
1.5.7	Explosion
1.5.8	**Lärm**
1.5.9	Vibration
1.5.10	Strahlung
1.5.11	Strahlung von außen
1.5.12	**Laserstrahlen**
1.5.13	Emission gefährlicher Werkstoffe und Substanzen
1.5.14	Risiko, in eine Maschine eingeschlossen zu werden
1.5.15	Ausrutsch-, Stolper- und Sturzrisiko
1.5.16	**Blitzschlag**
1.6.1	Wartung der Maschine
1.6.2	Zugang zu den Bedienständen und dem Eingriffspunkt für die Instandhaltung
1.6.3	**Trennung von den Energiequellen**
1.6.4	Eingriff des Bedienpersonals
1.6.5	Reinigung innen liegender Maschinenteile
1.7.1.1	**Informationen und Informationseinrichtungen**
1.7.1.2	**Warneinrichtungen**
1.7.2	Warnung vor Restrisiken
1.7.3	Kennzeichnung der Maschine
1.7.4.1	**Allgemeine Grundsätze für die Abfassung der Betriebsanleitung**
1.7.4.2	**Inhalt der Betriebsanleitung**
1.7.4.3	Verkaufsprospekt

Tabelle 2.1 (*Fortsetzung*) Auflistung der zu bewertenden Sicherheits- und Gesundheitsschutzanforderungen entsprechend Anhang I der Maschinenrichtlinie 2006/42/EG

Risikobeurteilung der elektrischen Ausrüstung

Der Lieferant der elektrischen Ausrüstung plant die elektrische Ausrüstung somit entsprechend den Vorgaben des Risikobeurteilenden, also des Maschinenherstellers. Insbesondere bei den Sicherheits- und Gesundheitsschutzanforderungen in Abschnitt 1.5.1 und 1.5.2 ist der elektrotechnische Fachplaner in der Pflicht und muss hierfür eine Risikobeurteilung erstellen oder, falls vorhanden, die entsprechenden anerkannten Regeln der Technik (z. B. DIN-VDE-Normen) berücksichtigen. Dies muss dann in die Gesamtdokumentation der Risikobeurteilung einfließen, die beim Lieferanten der Maschine verbleibt und, bei Bedarf, den Sicherheitsbehörden auf Verlangen ausgehändigt werden muss.

Konsortialverträge

Bei konsortialen Verträgen, bei denen jeder Konsorte für seinen Lieferanteil selbstverantwortlich ist, muss im Konsortialvertrag festgelegt werden, welcher der Konsorten im Sinne der Maschinenrichtlinie als Inverkehrbringer gilt. Dieser Konsorte ist dann für die Risikobeurteilung der gesamten Maschine oder maschinellen Anlage verantwortlich und muss die Konformitätserklärung erstellen und das CE-Kennzeichen anbringen.

2.1.2 EMV-Richtlinie

Die EMV-Richtlinie 2014/30/EU [7] wurde durch das Gesetz über die elektromagnetische Verträglichkeit von Geräten (EMVG) in Deutschland gesetzlich implementiert.

Störausstrahlung, Störfestigkeit

Die EMV-Richtlinie legt max. Werte für die Störausstrahlung und die Störfestigkeit der elektrotechnischen Ausrüstung fest. Die Werte sind je nach Aufstellungsort der Maschine unterschiedlich.

Wohnbereich, Industriebereich

Es wird dabei zwischen Wohnbereich und Industriebereich unterschieden. Die Unterscheidung der Bereiche erfolgt durch die Methode der Stromversorgung der Maschine(n). Erfolgt die Stromversorgung über ein öffentliches Niederspannungsstromversorgungsnetz, so gelten die Werte des Wohnbereichs. Bei der Versorgung einer Maschine über einen eigenen Transformator, der von einem Hochspannungsnetz versorgt wird, gelten die Werte des Industriebereichs.

Bei der Auswahl von elektrotechnischen Produkten, z. B. Umrichter, muss geprüft werden, ob das Produkt in dem vorgesehenen Bereich betrieben werden kann oder ob zusätzliche Einrichtungen, wie etwa ein Sinusfilter, notwendig sind, damit das Produkt beispielsweise im Wohnbereich betrieben werden darf.

Ortsfeste Anlagen

Normalerweise müssen fertige Produkte hinsichtlich der Erfüllung der EMV-Richtlinie in einem EMV-Labor überprüft werden. Doch für Maschinen, die so groß sind, dass sie nicht mehr in einem Messlabor aufgebaut werden können, und die dann meistens auch noch Unikate sind, die nicht dahingehend geprüft werden, ab wann sie durch Störausstrahlungen ausfallen, enthält die EMV-Richtlinie Ausnahmen. Solche Anlagen werden als „ortsfeste Anlagen" bezeichnet.

Als Hilfestellung zur Anwendung der EMV-Richtlinie wurde 2007 von der Bundesnetzagentur ein Leitfaden [8] herausgegeben. Demnach ist eine ortsfeste Anlage wie folgt definiert:

> *Eine ortsfeste Anlage ist eine besondere Kombination von Geräten unterschiedlicher Art und ggf. weiterer Einrichtungen, die miteinander verbunden oder installiert werden und dazu bestimmt sind, auf Dauer an einem vorbestimmten Ort betrieben zu werden.*

Eine ortsfeste Anlage muss zwar die Schutzanforderungen der EMV-Richtlinie erfüllen, für sie ist jedoch keine Konformitätserklärung und keine CE-Kennzeichnung im Sinne der EMV-Richtlinie notwendig.

Dies bedeutet aber nicht, dass für eine Maschine keine Konformitätserklärung und keine CE-Kennzeichnung notwendig ist. Es heißt lediglich, dass entsprechend der EMV-Richtlinie keine eigenständige Konformitätserklärung geliefert werden muss.

Für eine Maschine wird grundsätzlich nur **eine** Konformitätserklärung ausgestellt und es wird auch nur **ein** CE-Kennzeichen angebracht, egal wie viele EG-Richtlinien berücksichtigt wurden. Doch es sind alle berücksichtigten EG-Richtlinien in der Konformitätserklärung aufzuführen.

Besondere Geräte

Im Leitfaden wird zu besonderen Anforderungen an spezielle Geräte, die in einer ortsfesten Anlage eingebaut werden, erklärt:

Geräte, die für eine bestimmte ortsfeste Anlage vorgesehen sind und nicht im Handel erhältlich sind, brauchen die Anforderungen und Verfahren für Geräte nicht unbedingt erfüllen. Voraussetzung ist jedoch, dass die Unterlagen bestimmten Anforderungen entsprechen, hierzu gehören auch Hinweise auf Vorkehrungen, die getroffen werden müssen, um die EMV-Eigenschaften der ortsfesten Anlage nicht zu beeinträchtigen.

Bei solchen Geräten, z. B. Sonderbaugruppen, ist es wichtig, dass in den dazugehörigen Begleitunterlagen die notwendigen Einbaumaßnahmen zur elektromagnetischen Verträglichkeit angegeben sind.

Anerkannte Regeln der Technik

Ortsfeste Anlagen müssen geltende Schutzanforderungen sowie spezielle Anforderungen, die in Anhang I der EMV-Richtlinie aufgeführt sind, erfüllen. Zur Erfüllung dieser Schutzanforderungen müssen ortsfeste Anlagen unter Beachtung der „anerkannten Regeln der Technik" errichtet werden. Normen entsprechen diesen Anforderungen.

Die neu veröffentlichte Norm DIN EN 60204-1 (**VDE 0113-1**) enthält konkrete Anforderungen an die elektrische Anlage einer Maschine zum Thema EMV. In Abschnitt 4.4.2 wird z. B. festgelegt, dass nur elektrotechnische Komponenten verwendet werden dürfen, die für den jeweiligen Einsatzbereich (Wohn- oder Industriebereich) geeignet sind und bei denen die vom Hersteller in der Betriebsanleitung vorgegebenen Installations- und Verdrahtungsanforderungen berücksichtigt wurden.

Enthält die Betriebsanleitung des Herstellers von elektrotechnischen Komponenten keine Installations- und Verdrahtungshinweise zu EMV-Zwecken, so sind die in Anhang H aufgeführten Maßnahmen zur Reduzierung der elektromagnetischen Einflüsse zu beachten. Innerhalb der Reihe DIN VDE 0100 enthält DIN VDE 0100-444 [9] Anforderungen an eine EMV-gerechte Elektroinstallation, siehe Band 55 der VDE-Schriftenreihe [10].

Zweck der EMV-Richtlinie ist nicht, die elektromagnetische Verträglichkeit zwischen Betriebsmitteln innerhalb der Grenzen einer ortsfesten Anlage zu gewährleisten. Hierfür ist der Lieferant der Maschine verantwortlich.

Zuständige Person

Die EMV-Richtlinie enthält die Anforderung, dass die Mitgliedsstaaten Vorschriften erlassen müssen, die die Benennung der zuständigen Person für eine ortsfeste Anlage festlegen. In Deutschland wurde bei der nationalen Umsetzung der EMV-Richtlinie durch das EMV-Gesetz [11] wie folgt festgelegt:

Ortsfeste Anlagen müssen so betrieben und gewartet werden, dass sie mit den grundlegenden Anforderungen übereinstimmen. Dafür ist der Betreiber verantwortlich. Er hat die Dokumentation für Kontrollen der Bundesnetzagentur zur Einsicht bereitzuhalten, solange die ortsfeste Anlage in Betrieb ist. Die Dokumentation muss dem aktuellen technischen Zustand der Anlage entsprechen.

Da die Festsetzung von Anforderungen an die Verantwortlichkeiten jedem Land der Europäischen Gemeinschaft selbst überlassen wurde, muss beim Export einer Maschine in ein anderes Land geprüft werden, ob die nationalen Gesetze hierzu andere Anforderungen festlegen.

Vertragliche Festlegungen zur EMV-Dokumentation

In Deutschland ist also der Betreiber für einen EMV-gerechten Betrieb einer ortsfesten Anlage verantwortlich und muss hierfür über eine Dokumentation verfügen. Der Lieferant der Maschine muss demzufolge dem Betreiber seine Unterlagen zu den berücksichtigten EMV-Maßnahmen übergeben, dessen (Unter-)Lieferant an der elektrotechnischen Ausrüstung maßgeblich beteiligt ist. Die Vorgehensweise der Zurverfügungstellung ist in den Verträgen festzulegen.

Der Betreiber wurde deshalb in die (EMV-)Pflicht genommen, da nur er über alle elektrotechnischen Einrichtungen innerhalb seiner Fabrik, die zusammenwirken müssen, Kenntnis hat. In einer Fertigungshalle werden ja nicht nur Maschinen betrieben, sondern es kann auch ein WLAN-Netz errichtet sein oder Funkfernsteuerungen können betrieben werden. Auch die Hallenbeleuchtung kann Teil einer EMV-Betrachtung sein; ganz abgesehen von Schweißrobotern, bei denen der Lichtbogen ein erhebliches Magnetfeld mit einem weiten unregelmäßigen Frequenzspektrum erzeugen kann. Auch vagabundierende Ströme über leitende Konstruktionen, die durch Ableitströme verursacht werden, muss der Betreiber im Blick haben.

Lieferant der elektrotechnischen Ausrüstung in der Pflicht

Von der elektrotechnischen Ausrüstung für eine Maschine muss also der Lieferant oder der Verantwortliche der elektrotechnischen Ausrüstung für den Betreiber Unterlagen zusammenstellen.

Die EMV-Richtlinie enthält dazu folgende Aussage:

> *Bei den Unterlagen kann es sich sowohl um sehr einfache Angaben als auch um sehr detaillierte Unterlagen für komplexe Anlagen handeln, in denen wichtige EMV-Aspekte angesprochen werden. Wenn eine Anlage ausschließlich Geräte umfasst, die gemäß der EMV-Richtlinie in Verkehr gebracht wurden und mit der CE-Kennzeichnung versehen sind, erfüllt der Verantwortliche seine Dokumentationspflichten bereits, wenn er in der Lage ist, die Montage-, Gebrauchs- und Wartungsanleitungen der einzelnen Gerätelieferanten auf Verlangen vorzulegen.*

2.1.3 Niederspannungsrichtlinie

Die Niederspannungsrichtlinie 2014/35/EU [12] wurde durch die 1. Verordnung zum Produktsicherheitsgesetz für das Inverkehrbringen elektrischer Betriebsmittel in Deutschland Gesetz.

Spannungsgrenzen

Die Niederspannungsrichtlinie gilt für elektrische Betriebsmittel, die innerhalb der Spannungsgrenzen AC 50 V bis 1 000 V und DC 75 V bis 1 500 V betrieben werden.

Sicherheitsziele

Entsprechend der Niederspannungsrichtlinie müssen elektrische Betriebsmittel sowie ihre Bestandteile so beschaffen sein, dass sie sicher und ordnungsgemäß verbunden oder angeschlossen werden können.

Elektrische Betriebsmittel müssen so konzipiert und beschaffen sein, dass bei bestimmungsgemäßer Verwendung und angemessener Wartung der Schutz vor Gefahren gewährleistet ist.

Gegen die Gefahren, die betrachtet werden müssen, sind entsprechend der Niederspannungsrichtlinie technische Maßnahmen vorzusehen, damit:

- *Menschen, Haus- und Nutztiere vor den Gefahren einer Verletzung oder anderer Schäden geschützt sind, die durch direkte oder indirekte Berührung verursacht werden können;*

- *keine Temperaturen, Lichtbogen oder Strahlungen entstehen, aus denen sich Gefahren ergeben können;*

- *Menschen, Haus- und Nutztiere und Güter angemessen vor nicht elektrischen Gefahren geschützt werden, die erfahrungsgemäß von elektrischen Betriebsmitteln ausgehen;*

- *die Isolierung für die vorgesehenen Beanspruchungen angemessen ist;*

- *den vorgesehenen mechanischen Beanspruchungen soweit standgehalten wird, dass Menschen, Haus- und Nutztiere oder Güter nicht gefährdet werden;*

- *unter den vorgesehenen Umgebungsbedingungen den nicht mechanischen Einwirkungen soweit standgehalten wird, dass Menschen, Haus- und Nutztiere oder Güter nicht gefährdet werden;*

- *bei den vorhersehbaren Überlastungen Menschen, Haus- und Nutztiere oder Güter nicht gefährdet werden.*

Werden elektrische Betriebsmittel verwendet, die das CE-Kennzeichen tragen und entsprechend einer unter der Niederspannungsrichtlinie gelisteten Norm hergestellt wurden, so stellt sich die Vermutungswirkung ein, dass bei der Verwendung solcher elektrischen Betriebsmittel die Niederspannungsrichtlinie eingehalten wird.

2.1.4 Verordnung für die umweltgerechte Gestaltung von Käfigläufer-Induktionsmotoren

Die EU-Verordnung 640/2009 [13] enthält konkrete Angaben zur Ökodesign-Richtlinie 2009/125/EG [14], die in Deutschland mit dem Energiebetriebene-Produkte-Gesetz in nationales Recht umgesetzt wurde. Sie gilt für das Inverkehrbringen und die Inbetriebnahme von Käfigläufer-Induktionsmotoren.

Die EU-Verordnung enthält Wirkungsgrade für Käfigläufer-Induktionsmotoren in Abhängigkeit von der Polzahl, s. a. Band 169 der VDE-Schriftenreihe [15].

Eine Verordnung der Europäischen Union ist ein Rechtstakt mit allgemeiner Gültigkeit und unmittelbarer Wirksamkeit in den Mitgliedstaaten.

Seit dem 1. Januar 2017 müssen alle Motoren im Leistungsbereich von **0,75 kW bis 375 kW** bei 50 Hz, die für den Dauerbetrieb (S1) ausgelegt sind, der Effizienzklasse

IE3 oder **IE2** in Kombination mit einer Drehzahlregelung entsprechen, wobei der Begriff „Drehzahlregelung" in der EU-Verordnung wie folgt definiert ist:

„Drehzahlregelung" bezeichnet einen elektronischen Leistungswandler, der die elektrische Energie, mit der ein Elektromotor gespeist wird, kontinuierlich anpasst, um die von dem Motor abgegebene mechanische Leistung nach Maßgabe der Drehmoment-Drehzahl-Kennlinie der (am Motor anliegenden) Last zu steuern, indem der Dreiphasen-50-Hz-Netzstrom in Strom variabler Frequenz und Spannung umgewandelt wird.

Der Mindestwirkungsgrad muss in Abhängigkeit von der Polzahl und der Effizienzklasse folgenden Werten entsprechen, siehe **Tabelle 2.2**:

Leistung in kW	Zweipolig in %		Vierpolig in %		Sechspolig in %	
	IE2	IE3	IE2	IE3	IE2	IE3
0,75	77,4	80,7	79,6	82,5	75,9	78,9
1,1	79,6	82,7	81,4	84,1	78,1	81
1,5	81,3	84,2	82,8	85,3	79,8	82,5
2,2	83,2	85,9	84,3	86,7	81,8	84,3
3	84,6	87,1	85,5	87,7	83,3	85,6
4	85,8	88,1	86,6	88,6	84,6	86,8
5,5	87	89,2	87,7	89,6	86	88
7,5	88,1	90,1	88,7	90,4	87,2	89,1
11	89,4	91,2	89,8	91,4	88,7	90,3
15	90,3	91,9	90,6	92,1	89,7	91,2
18,5	90,9	92,4	91,2	92,6	90,4	91,7
22	91,3	92,7	91,6	93	90,9	92,2
30	92	92,3	92,3	96,6	91,7	92,9
37	95,5	93,7	92,7	93,9	92,2	93,3
45	92,9	94	93,1	94,2	92,7	93,7
55	93,2	94,3	93,5	94,6	93,1	94,1
75	93,8	94,7	94	95	93,7	94,6
90	94,1	95	94,2	95,2	94	94,9
110	93,3	95,2	94,5	95,4	94,3	95,1
132	93,6	95,4	94,7	95,6	94,6	95,4
160	94,8	95,6	94,9	95,8	94,8	95,6
200 bis 375	95	95,8	95,1	96	95	95,8

Tabelle 2.2 Wirkungsgrade für Käfigläufer-Induktionsmotoren der Effizienzklasse EF2 und EF3

Käfigläufer-Induktionsmotoren der Effizienzklasse **EF1** dürfen nicht mehr in Verkehr gebracht werden.

Ausgenommen aus dem Geltungsbereich sind Motoren, die vollständig in ein Produkt eingebaut sind, wie z. B. in Getrieben, Pumpen, Ventilatoren oder Kompressoren.

2.1.5 Verordnung für Kleinleistungs-, Mittelleistungs- und Großtransformatoren

Die EU-Verordnung 548/2014 [16] enthält konkrete Angaben zur Umsetzung der Ökodesign-Richtlinie 2009/125/EG, die in Deutschland mit dem Energiebetriebene-Produkte-Gesetz in nationales Recht umgesetzt wurde. Sie gilt für das Inverkehrbringen und die Inbetriebnahme von Leistungstransformatoren mit einer Mindestnennleistung von 1 kVA.

Die EU-Verordnung enthält Wirkungsgrade für Mittelleistungs- und Großtransformatoren in Abhängigkeit von ihrer Kühlart.

Eine Verordnung der Europäischen Union ist ein Rechtstakt mit allgemeiner Gültigkeit und unmittelbarer Wirksamkeit in den Mitgliedstaaten.

Die Einstufung der Transformatoren erfolgt in Abhängigkeit von der höchsten Spannung, siehe **Tabelle 2.3**.

Transformatortyp	Höchste Spannung
Kleinleistungstransformator	1,1 kV
Mittelleistungstransformator	1,1 kV bis 36 kV
Großleistungstransformator	> 36 kV

Tabelle 2.3 Einstufung der Transformatoren

Die Reduzierung der Kurzschluss- und Leerlaufverluste ist zeitlich vorgegeben. So gilt Stufe 1 bereits heute und Stufe 2 wird am 1. Juli 2021 wirksam.

Für Kleinleistungstransformatoren ($\geq$ 1 kVA und $\geq$ 1 kV) enthält diese Verordnung keine Anforderungen.

Bei Trockentransformatoren, die als Mittelleistungstransformatoren eingestuft sind, gelten z. B. die folgenden max. Kurzschluss- und Leerlaufverluste, siehe **Tabelle 2.4**.

Leistung in kVA	Kurzschlussverluste P_K in W		Leerlaufverluste P_0 in W	
	Stufe 1	Stufe 2	Stufe 1	Stufe 2
≤ 50	1 700	1 500	200	180
100	2 050	1 800	280	252
160	2 900	2 600	400	360
250	3 800	3 400	520	468
400	5 500	4 500	750	675
630	7 600	7 100	1 100	990
800	8 000	8 000	1 300	1 170
1 000	9 000	9 000	1 550	1 395
1 250	11 000	11 000	1 800	1 620
1 600	13 000	13 000	2 200	1 980
2 000	16 000	16 000	2 600	2 340
2 500	19 000	19 000	3 100	2 790
3 150	22 000	22 000	3 800	3 420

Tabelle 2.4 Maximale Transformatorverluste in Abhängigkeit von der Leistung

Leerlaufverluste

Die Leerlaufverluste P_0 eines Transformators werden auch als Eisenverluste bezeichnet. Die Leerlaufverluste werden ermittelt, indem bei unbelastetem Sekundärstromkreis (offene Klemmen) die primärseitige Leistungsaufnahme bei Nennfrequenz gemessen wird.

Kurzschlussverluste

Die Kurzschlussverluste P_k eines Transformators werden auch als Kupferverluste bezeichnet. Die Kurzschlussverluste werden ermittelt, indem bei kurzgeschlossener Sekundärwicklung die primärseitige Leistungsaufnahme am primären Nennstrom gemessen wird.

Maßnahmen zur Reduzierung der Verluste

Beide Verlustarten können durch Design und Ausführung beeinflusst werden. So können die Leerlaufverluste (Eisenverluste) durch die Qualität der Bleche für den Eisenkern verändert werden. Die Kurzschlussverluste (Kupferverluste) können durch eine Querschnittserhöhung bei den Wicklungen reduziert werden.

Mithilfe der Anwendung von Normen können gesetzliche Vorgaben erfüllt werden. Wichtig ist, dass es sich dabei um anerkannte Regeln der Technik handelt.

In der Regel ist der Lieferant der elektrotechnischen Ausrüstung Unterlieferant des Maschinenherstellers. Im Liefervertrag sollten alle Normen aufgeführt werden, die zur Anwendung kommen müssen.

2.1.6 Anerkannte Regeln der Technik

Eine Regel gilt als anerkannt, wenn Fachleute, die diese Regel anwenden, davon überzeugt sind, dass sie den sicherheitstechnischen Anforderungen entspricht. Die Regel muss in der Praxis erprobt sein. DIN-Normen und DIN-VDE-Normen werden diesem Anspruch gerecht.

Damit bei technischen Einrichtungen Gesetze, wie z. B. die europäischen Richtlinien und Verordnungen, eingehalten werden, kann man sich der anerkannten Regeln der Technik bedienen.

Die „anerkannten Regeln der Technik" stellen die für jedermann dokumentierten technischen Erkenntnisse dar. Die Anwendung von Normen ist freiwillig. Doch muss bei anderen Lösungen als den in den Normen beschriebenen jedoch mindestens der gleiche Sicherheitsgrad erreicht werden, der durch die Anwendung der Norm erreicht worden wäre.

Anerkannten Regeln sind also veröffentlichte Normen. Doch können bei technischen Neuentwicklungen oder neuen Technologien noch nicht eingeführte (anerkannte) Regeln eine Unterstützung bei der Findung einer risikomindernden Maßnahme sein, siehe **Bild 2.1**.

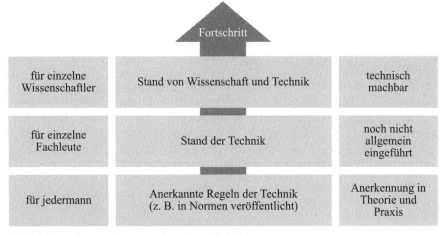

Bild 2.1 Einstufungen: „Anerkannte Regeln der Technik"

Anerkannte Regeln der Technik

DIN EN 45020

technische Festlegung, die von einer Mehrheit repräsentativer Fachleute als Wiedergabe des Standes der Technik angesehen wird

Anmerkung: Ein normatives Dokument zu einem technischen Gegenstand wird zum Zeitpunkt seiner Annahme als Ausdruck einer anerkannten Regel der Technik anzusehen sein, wenn diese in Zusammenarbeit der betroffenen Interessen durch Umfrage- und Konsensverfahren erzielt wurde.

Stand der Technik

DIN EN 45020

entwickeltes Stadium der technischen Möglichkeiten zu einem bestimmten Zeitpunkt, soweit Produkte, Prozesse und Dienstleistungen betroffen sind, basierend auf entsprechenden gesicherten Erkenntnissen von Wissenschaft, Technik und Erfahrung

Stand von Wissenschaft und Technik

Der Stand von Wissenschaft und Technik bezeichnet einen technischen Entwicklungsstand, der wissenschaftlich begründet ist und sich bei Pilotanwendungen als technisch durchführbar erwiesen hat. Die zusätzliche Berücksichtigung dieses Wissensstandes wird i. d. R. nur dort gefordert, wo ein hohes Risiko für Leben und Umwelt besteht, z. B. in der Medizintechnik.

Was ist normativ, was ist informativ?

Jede Norm enthält sowohl „normative Elemente" als auch „informative Elemente". Normative Elemente sind verpflichtend. Informative Elemente enthalten Zusatz- oder Hintergrundinformationen bzw. Erläuterungen, jedoch keine verpflichtenden Anweisungen. Sie können aber für die richtige Interpretation des normativen Textes hilfreich sein. Allerdings kann eine Nichtbeachtung der Erläuterungen im Schadensfall wie ein normativer Text gewertet werden.

2.2 Vertragliche Anforderungen

Werden Normen in einem Vertrag genannt, so sind sie erst einmal Vertragsbestandteil und müssen berücksichtigt werden. Sollen gesetzliche Anforderungen mithilfe von Normen (anerkannten Regeln der Technik) erfüllt werden, so treten diese Normen an die Stelle des betreffenden Gesetzes. Sind solche Normen unter einer EU-Richtlinie „gelistet", so entsteht die „Vermutungswirkung", dass die gesetzlich vorgegebenen Ziele durch die Anwendung einer bestimmten Norm erreicht werden.

Verantwortlichkeiten

Ob Normen in Verträgen oder durch Abstimmungsprotokolle innerhalb einer Firma oder in einem konsortialen Vertrag festgelegt werden, entscheidet die jeweilige Verantwortungshierarchie für das Projekt.

Wichtig ist immer, dass es nur einen Verantwortlichen geben darf, der für die Sicherheits- und Gesundheitsschutz-Anforderungen an eine Maschine entsprechend der Maschinenrichtlinie verantwortlich ist und auch die Dokumentation hierüber zusammenstellt, siehe **Bild 2.2**.

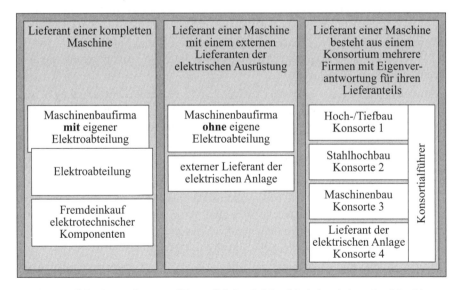

Bild 2.2 Mögliche Vertragsformen und Zuständigkeiten bei der elektrischen Anlage einer Maschine

Vertragsversion 1: Maschine wird komplett von einem Hersteller hergestellt

Verfügt ein Maschinenhersteller über die Kompetenz, alle Teile und Systeme selbst zu planen und herzustellen, liegt die Verantwortung für die Risikobeurteilung i. d. R. beim Fachplaner des mechanischen Maschinenanteils. Die „verantwortliche Elektro-fachkraft" ist dann nur für die Risikobeurteilung der elektrischen Gefährdungen verantwortlich. Die Dokumente aller Risikobeurteilungen der Maschine müssen zusammengefasst beim Maschinenhersteller hinterlegt werden und auf Verlangen von Behörden zur Verfügung gestellt werden können.

Vertragsversion 2: Maschinenhersteller erteilt Unterauftrag an externen Lieferanten der elektrischen Ausrüstung

Wird die elektrische Ausrüstung vom Maschinenhersteller bei einem Zulieferer bestellt, so ist der Maschinenhersteller der Lieferant der Maschine und somit für die Risikobeurteilung verantwortlich.

Der Lieferant der elektrischen Ausrüstung ist für die Risikobeurteilung von elek-trischen Gefährdungen verantwortlich und muss die Dokumentation hierüber dem Maschinenhersteller zur Verfügung stellen.

Der Lieferant der elektrischen Ausrüstung ist nicht verantwortlich für die Einstu-fung des SIL oder PL der Steuerung, die eine funktionale Sicherheit gewährleisten müssen. Obwohl DIN EN 62061 (**VDE 0113-50**) [17] und DIN EN ISO 13849-1 [18] Methoden zur Risikobeurteilung enthalten, liegt die Verantwortung hierüber beim Maschinenlieferanten.

Der Maschinenhersteller muss dem Lieferanten der elektrischen Ausrüstung bei der Sicherheitssteuerung vorgeben, welcher SIL bzw. PL erreicht werden muss. Dafür ist dann der Lieferant der elektrischen Ausrüstung verantwortlich.

Vertragsversion 3: Konsortium

Bei einem Konsortium ist jeder Konsorte für seinen Lieferanteil selbst verantwortlich. Da jedoch die Lieferanteile aller Konsorten später als Maschine zusammenwirken, muss untereinander eine Absprache über die Prozeduren im Konsortialvertrag de-finiert sein. Für die Koordinierung unter den Konsorten und für die Abstimmungen mit dem Auftraggeber ist deshalb ein Konsortialführer zu benennen.

Im Konsortialvertrag ist eindeutig festzulegen, wer als Lieferant der Maschine gilt und somit die Konformitätserklärung erstellt. Dieser Konsorte ist dann auch für die Risikobeurteilung der gesamten Maschine verantwortlich. Einzelne Konsorten können im Hinblick auf ihren Lieferanteil mit einer Teil-Risikobeurteilung beteiligt sein.

Umfang der Dokumentation einer Risikobeurteilung

Die technischen Unterlagen einer Risikobeurteilung müssen entsprechend Anhang VII der Maschinenrichtlinie folgende Dokumente umfassen:

> *In diesem Teil wird das Verfahren für die Erstellung der technischen Unterlagen beschrieben. Anhand der technischen Unterlagen muss es möglich sein, die Übereinstimmung der Maschine mit den Anforderungen dieser Richtlinie zu beurteilen. Sie müssen sich, soweit es für diese Beurteilung erforderlich ist, auf die Konstruktion, den Bau und die Funktionsweise der Maschine erstrecken. Diese Unterlagen müssen in einer oder mehreren Gemeinschaftssprachen abgefasst sein.*

Die technische Dokumentation muss folgende Inhalte umfassen:

a) eine technische Dokumentation mit folgenden Angaben bzw. Unterlagen:

- eine allgemeine Beschreibung der Maschine,

- eine Übersichtzeichnung der Maschine und die Schaltpläne der Steuerkreise sowie Beschreibungen und Erläuterungen, die zum Verständnis der Funktionsweise der Maschine erforderlich sind,

- vollständige Detailzeichnungen, eventuell mit Berechnungen, Versuchsergebnissen, Bescheinigungen usw., die für die Überprüfung der Übereinstimmung der Maschine mit den grundlegenden Sicherheits- und Gesundheitsschutzanforderungen erforderlich sind,

- die Unterlagen über die Risikobeurteilung, aus denen hervorgeht, welches Verfahren angewandt wurde; dies schließt ein:

  • eine Liste der grundlegenden Sicherheits- und Gesundheitsschutzanforderungen, die für die Maschine gelten,

  • eine Beschreibung der zur Abwendung ermittelter Gefährdung oder zur Risikominderung ergriffenen Schutzmaßnahmen und ggf. eine Angabe der von der Maschine ausgehenden Restrisiken,

- die angewandten Normen und sonstigen technischen Spezifikationen unter Angabe der von diesen Normen erfassten grundlegenden Sicherheits- und Gesundheitsschutzanforderungen,

- alle technischen Berichte mit den Ergebnissen der Prüfungen, die vom Hersteller selbst oder von einer Stelle nach Wahl des Herstellers oder seines Bevollmächtigten durchgeführt wurden,
- ein Exemplar der Betriebsanleitung der Maschine,
- ggf. die Einbauerklärung für unvollständige Maschinen und die Montageanleitung für solche unvollständigen Maschinen,
- ggf. eine Kopie der EG-Konformitätserklärung für in die Maschinen eingebaute andere Maschinen oder Produkte,
- eine Kopie der EG-Konformitätserklärung;

b) bei Serienmaschinen eine Aufstellung der intern getroffenen Maßnahmen zur Gewährleistung der Übereinstimmung aller gefertigten Maschinen mit den Bestimmungen

Der Hersteller muss an den Bau- und Zubehörteilen der Maschine oder an der vollständigen Maschine die Prüfungen und Versuche durchführen, die notwendig sind, um festzustellen, ob die Maschine aufgrund ihrer Konzeption oder Bauart sicher zusammengebaut ist und in Betrieb genommen werden kann. Die diesbezüglichen Berichte und Ergebnisse werden zu den technischen Unterlagen hinzugefügt.

Zehn Jahre bereithalten

Die technischen Unterlagen sind für die zuständigen Behörden der Mitgliedstaaten nach dem Tag der Herstellung der Maschine – bzw. bei Serienfertigung nach dem Tag der Fertigstellung der letzten Einheit – mindestens zehn Jahre lang bereitzuhalten.

Name und Anschrift der Person

In der Konformitätserklärung muss der Name und die Anschrift der Person, die bevollmächtigt ist, die technischen Unterlagen zusammenzustellen, genannt werden.

Elektrische Ausrüstung ist keine Teilmaschine

Häufig wird von Maschinenherstellern für die elektrische Ausrüstung eine Einbauerklärung nach Maschinenrichtlinie verlangt. Doch eine elektrische Ausrüstung ist keine Teilmaschine. Natürlich müssen vom Lieferanten der elektrischen Ausrüstung Angaben gemacht werden, wie die elektrische Ausrüstung in die Maschine integriert werden muss und welcher SIL/PL bei bestimmten Sicherheitsfunktionen erreicht wird.

Normenlisten in Verträgen

Meistens werden in Verträgen zwischen dem Maschinenhersteller und dem Lieferanten der elektrischen Ausrüstung Normen aufgelistet, die eingehalten werden müssen. Doch alle Normen, die für eine bestimmte Situation mehrere Möglichkeiten zulassen, müssen in einer bestimmten Ausführung ausgewählt und im Vertrag festgelegt werden. Wird z. B. bei der DIN EN 60204-1 (**VDE 0113-1**) der Suchbegriff „oder" eingegeben, so wird eine umfangreiche Trefferquote angezeigt. In einem Vertrag für die Lieferung der elektrischen Ausrüstung sollte deshalb eine Spezifikation erstellt werden, in der eine bestimmte technische Lösung vorgegeben wird, mit dem Hinweis, dass die vorgegebene Lösung entsprechend der DIN EN 60204-1 (**VDE 0113-1**) auszuführen sind.

Muss die Steuerung Funktionen mit einem bestimmten sicherheitstechnischen Level ausführen, so reicht es nicht aus, hierfür nur die DIN EN 62061 (**VDE 0113-50**) bzw. DIN EN ISO 13849-1 zu benennen. Es müssen Spezifikationen für die bestimmten Anwendungsfälle der SIL/PL vorgegeben werden, die dann entsprechend der zitierten Norm auszuführen sind.

Grundsätzlich sollte der Hinweis „es gelten die einschlägigen oder betreffenden Normen" nicht in einem Vertrag stehen, da er nichts aussagt und im Rahmen eines Claim-Managements nur zu Streitereien führt.

Normen haben ein Datum für den Anwendungsbeginn

Jede Norm enthält ein Datum über den Anwendungsbeginn und ein Datum, wann die Übergangsfrist der Vorgängerausgabe endet. Eine Maschine, die nach dem Ende der Übergangsfrist in Verkehr gebracht wird, muss der neuen Norm entsprechen.

Nennung von EU-Richtlinien in Verträgen

EU-Richtlinien sind in den europäischen Staaten gesetzlich umgesetzt und müssen bei der Verwendung in einem der europäischen Staaten eingehalten werden, egal ob sie in einem Vertrag stehen oder nicht. Es kann hilfreich sein, im Vertrag darauf hinzuweisen, dass bestimmte EU-Richtlinien für den vertraglichen Lieferumfang gelten.

DIN EN 60204-1 (VDE 0113-1)

Da die DIN EN 60204-1 (**VDE 0113-1**) viele technischen Lösungen enthält, die auch abhängig vom Nutzer der Maschine und der Umgebung sind, reicht nur eine Zitierung der Norm im Vertrag nicht aus. Die Norm enthält deshalb einen Fragebogen, der in **Anhang B** hinterlegt ist.

3 Begriffe und Abkürzungen

In einer Norm werden häufig Fachausdrücke benutzt, deren exakte Bedeutung nicht als allgemein bekannt vorausgesetzt werden kann. Andererseits werden aber auch häufig Begriffe gebraucht, die zwar dem allgemeinen Sprachgebrauch entstammen, denen aber im Zusammenhang mit der jeweiligen Norm eine besondere inhaltliche Bedeutung zukommt. Diese kann gegenüber der Bedeutung im allgemeinen Sprachgebrauch verändert, eingeschränkt oder erweitert sein. Um Missverständnisse bei der Interpretation der Normtexte zu vermeiden, erfordern beide – die Fachausdrücke und deren Bedeutung – eine Definition, wie diese im Zusammenhang mit dem Normentext zu verstehen sind.

Grundprinzip einer Norm ist, dass nur solche Begriffe definiert werden, die im Text der Norm vorkommen. Viele Begriffe sind aus dem IEV (International Electrotechnical Vocabulary) oder auch anderen Normen entnommen und wurden, wenn notwendig, für die vorliegende Norm abgewandelt (modifiziert). Wird ein Begriff aus dem IEV oder einer anderen Norm zitiert, so ist die Quelle in eckigen Klammern unter der Definition genannt. Bei abgewandelten Definitionen steht dann hinter der referenzierten Norm noch die Bezeichnung „mod.".

Begriffe und ihre Definitionen gehören zu den normativen Teilen einer Norm. Definitionen enthalten jedoch keine Anforderungen. Sie legen nur fest, wie ein Begriff zu verstehen ist.

Da die Nummerierung der Begriffe bei der Erarbeitung der IEC-Norm alphabetisch nach den englischen Bezeichnungen erfolgte, sind die Begriffe in der deutschen Ausgabe unsortiert. Zur besseren Auffindung eines Begriffs in der deutschen Sprache sind in **Tabelle 3.1** die deutschen Begriffe alphabetisch sortiert.

Begriff	Abschnitt	Aus Norm:	Abschnitt	Modifiziert?
Abdeckung	3.1.3	–	–	–
abgeschlossene elektrische Betriebsstätte	3.1.23	–	–	–
aktives Teil	3.1.38	–	–	–
Ausfall	3.1.29	IEC 60050-191:1990	191-04-01	nein
Basisschutz	3.1.4	IEC 60050-195:1998	195-06-01	ja
Bedienteil	3.1.1	–	–	–
bedingter Bemessungskurzschlussstrom	3.1.60	IEC 61439-1:2011	3.8.9.4	ja
Betreiber	3.1.65	–	–	–
direktes Berühren	3.1.15	IEC 60050-826:2004	826-12-03	ja
Elektrofachkraft	3.1.61	IEC 60050-826:2004	826-18-01	ja
elektrische Betriebsstätte	3.1.19	–	–	–
Elektroinstallationsrohr	3.1.9	IEC 60050-442:1998	442-02-03	ja
elektrische Ausrüstung	3.1.25	–	–	–
elektronische Ausrüstung	3.1.20	–	–	–
Erde, örtliche Erde	3.1.18	IEC 60050-195:1998	195-01-03	nein
Fehler, Fehlerzustand	3.1.30	IEC 60050-191:1990	191-05-01	nein
Fehlerschutz	3.1.31	IEC 60050-195:1998	195-06-02	ja
fremdes leitfähiges Teil	3.1.28	IEC 60050-195:1998	195-06-11	nein
Funktionspotentialausgleich	3.1.32	–	–	–
Gefährdung	3.1.33	ISO 12100:2010	3.6	ja
Gehäuse	3.1.24	IEC 60050-195:1998	195-02-35	ja
gesteuertes Stillsetzen	3.1.14	–	–	–
gleichzeitig	3.1.7	–	–	–
Hauptstromkreis	3.1.47	–	–	–
Hindernis	3.1.43	IEC 60050-195:1998	195-06-16	ja
indirektes Berühren	3.1.34	IEC 60050-826:2004	826-12-04	ja
induktives Energieversorgungssystem	3.1.35	–	–	–
Kabelwanne	3.1.5	IEC 60050-826:2004	826-15-08	nein
Kennzeichnung	3.1.41	–	–	–
Körper	3.1.27	IEC 60050-826:2004	826-12-10	–
Kurzschlussstrom	3.1.59	IEC 60050-441.1984	441-11-07	nein
Leitungskanal, Kabelkanal	3.1.17	–	–	–
Lieferant	3.1.62	–	–	–

Tabelle 3.1 Begriffe in deutscher Sprache, alphabetisch sortiert

Begriff	Abschnitt	Aus Norm:	Abschnitt	Modifiziert?
maschinelle Anlage	3.1.40	ISO 12100:2010	3.1	ja
Maschinenantriebselement	3.1.39			
Neutralleiter N	3.1.42	IEC 60050-195:1998	195-02-06	nein
Not-Aus-Gerät	3.1.22	–	–	–
Not-Halt-Gerät	3.1.21	ISO 13850:2006	3.2	ja
Potentialausgleich	3.1.26	IEC 60050-195:1998	195-06-11	nein
Redundanz	3.1.52	–	–	–
Referenzkennzeichen, Betriebsmittelkennzeichen	3.1.53	–	–	–
Risiko	3.1.54	ISO 12100:2010	3.12	ja
Schaltanlage	3.1.13	IEC 60050-441:1984	441-11-03	nein
Schaltgerät	3.1.63	IEC 60050-441:1984	441-14-01	nein
Schleifleitung	3.1.8	–	–	–
Schutzeinrichtung	3.1.55	ISO 12100:2010	3.26	ja
Schutzleiter	3.1.51	–	–	–
Schutzleitersystem	3.1.50	–	–	–
Schutzpotentialausgleich	3.1.49	–	–	–
Sicherheitsfunktionen	3.1.57	ISO 12100:2010	3.30	nein
Stecker/Steckdosenkombination	3.1.46			
Steuergerät	3.1.11	–	–	–
Steuerstelle, Bedienstation	3.1.12	IEC 60050-441:1984	441-12-08	ja
Steuerstromkreis (einer Maschine)	3.1.10	–	–	–
technische Schutzmaßnahmen	3.1.56	ISO 12100:2010	3.21	nein
Überlast (eines Stromkreises)	3.1.45	–	–	–
Überstrom	3.1.44	IEC 60050-826:2004	826-11-14	ja
Umgebungstemperatur	3.1.2	–	–	–
unbeeinflusster Kurzschlussstrom I_{cp}	3.1.48	IEC 61439-1:2011	3.8.7	ja
ungesteuertes Stillsetzen	3.1.64	–	–	–
unterwiesene Person (elektrotechnisch)	3.1.36	IEC 60050-826:2004	826-18-02	ja
Verriegelung	3.1.37	–	–	–
Zugangsebene, Bedienebene	3.1.58	–	–	–
zu öffnender Elektro-Installationskanal	3.1.6	–	–	–
Zwangsöffnung	3.1.16	IEC 60947-5-1:2003	K.2.2	nein

Tabelle 3.1 (*Fortsetzung*) Begriffe in deutscher Sprache, alphabetisch sortiert

3.1 Abkürzungen

Zwecks der besseren Lesbarkeit werden in der Norm einige Begriffe abgekürzt. Die Abkürzungen leiten sich dabei aus den englischen Bezeichnungen ab, siehe **Tabelle 3.2**.

Abkürzung	Englischer Begriff	Deutscher Begriff
AWG	American Wire Gauge	Amerikanisches Maß für Drahtdurchmesser
AC	Alternating Current	Wechselstrom
BDM	Basic Drive Modul	Leistungsteil eines Umrichters
CCS	Cable Control System	Kabelloses Steuerungssystem
DC	Direct Current	Gleichstrom
EMC	Electromagnetic Compability	Elektromagnetische Verträglichkeit
EMI	Electromagnetic Interference	Elektromagnetische Felder
IFLS	Insulation Fault Location System	Einrichtung zur Isolationsfehlersuche
MMI	Man Machine Interface	Mensch-Maschine-Schnittstelle
PDS	Power Drive System	Leistungsantriebssystem (Umrichter)
PELV	Protective Extra-Low Voltage	Funktionskleinspannung mit sicherer Trennung
RCD	Residual Current Protective Device	Fehlerstromschutzeinrichtung
SPD	Surge Protective Device	Überspannungsschutzeinrichtung
SCPD	Short-Circuit Protective Device	Kurzschlussschutzeinrichtung

Tabelle 3.2 Abkürzungen in der DIN EN 60204-1 (**VDE 0113-1**)

4 Allgemeine Anforderungen

4.1 Allgemeines

Risikobeurteilung notwendig

Die Risiken der Maschine sind entsprechend Anhang I der Maschinenrichtlinie vom Konstrukteur der Maschine zu beurteilen und dieser muss, wenn notwendig, (ergänzende) Schutzmaßnahmen vorsehen.

Nur elektrische Gefährdungen

Aufgrund elektrischer Gefährdungen ist eine Risikobeurteilung entsprechend der DIN EN ISO 12100 [19] durchzuführen. Die möglichen Gefährdungen durch die elektrische Ausrüstung sind entsprechend Anhang I der Maschinenrichtlinie zu prüfen, siehe Tabelle 2.1.

Die Gefährdungen, die von der elektrischen Ausrüstung der Maschine ausgehen können, muss die verantwortliche Elektrofachkraft des Maschinenbauers oder der Lieferant der elektrischen Ausrüstung für eine Maschine beurteilen und, wenn notwendig, hierfür Schutzmaßnahmen vorsehen.

DIN EN 60204-1 (**VDE 0113-1**) enthält ebenfalls Aspekte, die bei einer Risikobeurteilung zu betrachten sind, wie:

- elektrischer Schlag,
- Lichtbogen,
- Auslösung eines Brands,
- Folgen eines Ausfalls oder Fehler in der Steuerung,
- Störung oder Unterbrechung der Stromversorgung,
- Folgen bei Unterbrechung eines Stromkreises,
- Folgen bei elektromagnetischen oder elektrostatischen Einflüssen,
- Folgen bei der Freisetzung von gespeicherter elektrischer Energie,
- Lärm oder Vibration durch die elektrische Ausrüstung,
- heiße Oberflächen.

Manche Anforderungen sind in der Norm nicht konkret festgelegt, also wie eine bestimmte Lösung ausgeführt werden soll, sondern der Fachplaner wird dazu aufgefordert, eine Risikobeurteilung für den speziellen Fall durchzuführen, wie:

5.4	Unterbrechung der Energiezufuhr
6.3	Fehlerschutz beim elektrischen Schlag
9.2.3.3	Stopp-Kategorie
9.2.3.8	Zweihandschaltung
9.2.4.1	Funktionalität der kabellosen Steuerung
9.2.4.2	Wirksamkeit der kabellosen Steuerung
9.2.4.4	Anzeigen der Wirksamkeit der kabellosen Steuerung
9.2.4.8	Rückstellungseinrichtungen für Not-Halt bei kabellosen Steuerungen
9.4.1	Steuerfunktionen
16.2.2	Heiße Oberflächen

Die technische Lösung ist somit abhängig von der speziellen Verwendung der Maschine.

Die elektrische Ausrüstung kann bei der Risikoreduzierung von Gefährdungen, die durch die Maschine entstehen können, behilflich sein. Doch erst einmal ist der Konstrukteur für eine sichere Maschine verantwortlich. Ist eine mechanische inhärente Konstruktion nicht möglich, wird in der Regel eine Verriegelung als technische Schutzmaßnahme benötigt. In solchen Fällen ist vom Konstrukteur der erforderliche Sicherheitslevel (SIL oder PL) der Verriegelung zu ermitteln. Der Fachplaner der elektrischen Ausrüstung (entweder die verantwortliche Elektrofachkraft des Maschinenbauers oder der Lieferant der elektrischen Ausrüstung) kann aus seinem Produktspektrum die notwendige Sensorik, Steuerung und Aktorik auswählen und in Abhängigkeit von der Verwendung die entsprechenden Systeme aussuchen. **Bild 4.1** zeigt die Verantwortlichkeiten bei einer Risikobeurteilung für eine Maschine.

DIN ISO/TR 22100 [20] enthält z. B. Angaben, wie die Anwendung der Norm DIN EN ISO 12100 in Abhängigkeit von der DIN EN ISO 13849-1 ablaufen soll.

Wichtig ist dabei, dass vom Maschinenplaner alle Daten an den Fachplaner der elektrischen Ausrüstung geliefert werden, im Hinblick darauf, unter welchen Bedingungen die beabsichtigte Sicherheitssteuerung mit welchem Sicherheitslevel (SIL/PL) funktionieren soll. Der Fachplaner für die elektrische Ausrüstung ermittelt in der Regel nicht den Sicherheitslevel für eine „nicht elektrische" Schutzmaßnahme.

Das Niveau der reduzierten Gefahr wird durch die Institutionen, die bei der Planung, Abnahme und dem Betrieb einer Maschine beteiligt sind, festgelegt. Deshalb spricht man auch von einem „von der Gesellschaft akzeptierten Restrisiko".

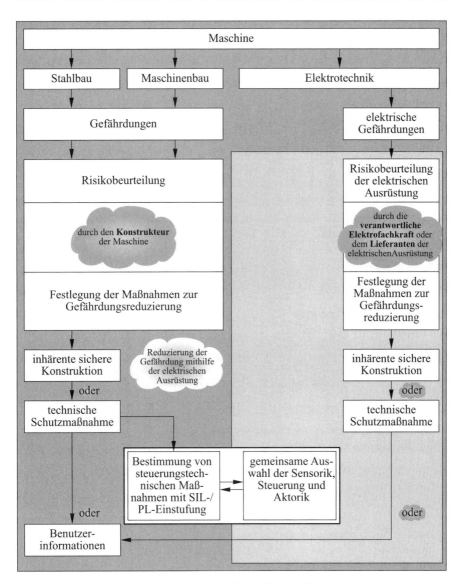

Bild 4.1 Verantwortlichkeiten bei einer Risikobeurteilung einer Maschine

Doch wer ist diese Gesellschaft? Die Gesellschaft, die das Limit des akzeptierten Restrisikos festlegen kann, wird möglicherweise aus den am Herstellungsprozess und der Nutzung einer Maschine beteiligten Institutionen gebildet, wie z. B.:

- Hersteller,
- Sachverständige,
- Technischer Überwachungsverein,
- Berufsgenossenschaften,
- Normungsinstitute,
- Prüfinstitute.

Werden also durch die Risikobeurteilung Gefahren erkannt, die über das „von der Gesellschaft akzeptierte Restrisiko" hinausgehen, müssen (weitere) Schutzmaßnahmen zur Absenkung von Gefahren vorgesehen werden. Ein 0-Risiko kann eigentlich nicht erreicht werden, somit muss also immer ein bestimmtes Restrisiko einer Gefahr in Kauf genommen werden.

DIN EN ISO 12100 enthält drei Methoden zur Reduzierung einer Gefährdung:

- ***inhärent sichere Konstruktion***
  Schutzmaßnahme, die entweder Gefährdungen beseitigt oder die mit den Gefährdungen verbundenen Risiken vermindert, indem ohne Anwendung von trennenden oder nicht trennenden Schutzeinrichtungen die Konstruktions- oder Betriebseigenschaften der Maschine verändert werden;
  Anmerkung 1: Diese Phase ist die einzige, in der Gefährdungen beseitigt werden können. Dadurch erübrigt sich die Notwendigkeit für zusätzliche Schutzmaßnahmen wie technische Schutzmaßnahmen oder ergänzende Schutzmaßnahmen.

- ***technische Schutzmaßnahme***
  Schutzmaßnahme, bei der Schutzeinrichtungen zur Anwendung kommen, um Personen vor Gefährdungen zu schützen, die durch inhärent sichere Konstruktion nicht in angemessener Weise beseitigt werden können, oder vor Risiken zu schützen, die dadurch nicht ausreichend vermindert werden können;

- ***Benutzerinformation***
  Schutzmaßnahme, die aus Kommunikationselementen besteht (z. B. Texte, Wörter, Zeichen, Signale, Symbole, Diagramme), die einzeln oder gemeinsam verwendet werden, um Informationen an den Benutzer weiterzugeben.
  Anmerkung 2: Angemessene Schutzmaßnahmen für jede Betriebsart und jedes Eingriffsverfahren verringern die Möglichkeit, dass sich Bedienpersonen dazu verleiten lassen, im Fall von technischen Schwierigkeiten gefährliche Eingriffsmethoden anzuwenden.

Bei der Risikobeurteilung sind folgende Aspekte zu betrachten:

- **bestimmungsgemäße Verwendung**

  Bei der Risikobeurteilung sind zuerst die Gefährdungen zu bewerten, die bei der bestimmungsmäßigen Verwendung bestehen oder entstehen können.

- **vernünftigerweise vorhersehbare Fehlanwendung**

  In einem weiteren Schritt sind auch mögliche Gefährdungen zu betrachten, die durch eine vernünftigerweise vorhersehbare Fehlanwendung entstehen können. DIN EN ISO 12100 beschreibt diese wie folgt:

> *Verwendung einer Maschine in einer Weise, die vom Konstrukteur nicht vorgesehen ist, sich jedoch aus dem leicht vorhersehbaren menschlichen Verhalten ergeben kann.*

- **Manipulationsanreize**

  Viele Unfälle mit Maschinen entstehen häufig durch manipulierte Schutzeinrichtungen. Der Wunsch nach Manipulation wird meistens durch nicht akzeptierte Schutzeinrichtungen oder durch unangenehme Bedienung provoziert. Folgende Gründe führen meistens zu einem Manipulationsanreiz [21]:

> - *Bequemlichkeit,*
> - *Erleichterung der Arbeit,*
> - *schnelleres Arbeiten,*
> - *Produktionssteigerung,*
> - *Zeit-/Leistungsdruck,*
> - *schlechte Ergonomie,*
> - *Erleichterung von Betriebsarten,*
> - *Ignoranz/Risikounterschätzung,*
> - *Gefahrenunkenntnis,*
> - *organisatorische Hemmnisse.*

Damit bei der Planung an den richtigen Stellen die Manipulationsmöglichkeiten verhindert werden, helfen die von der DGUV ausgewerteten Manipulationen. Danach werden folgende Schutzeinrichtungen am häufigsten manipuliert:

- *Positionsschalter,*
- *Verkleidungen,*
- *Zuhaltungen,*
- *Abdeckungen,*
- *Umzäunungen,*
- *Abschirmungen,*
- *Zweihandschaltungen,*
- *Lichtschranken.*

Von der Industrie werden schwer manipulierbare Schutzeinrichtungen angeboten, deren Manipulation nicht einfach ist.

Überprüfung der vorgesehenen Schutzmaßnahme

Ob durch die vorgesehene Schutzmaßnahme das Risiko ausreichend reduziert wurde, muss durch eine Wiederholung der Risikobeurteilung unter Berücksichtigung der bei der ersten Risikobeurteilung ermittelten Schutzmaßnahme für die entsprechende Gefährdung überprüft werden. Ist das Restrisiko durch die Schutzmaßnahme niedrig genug, gilt die vorgesehene Schutzmaßnahme als ausreichend.

4.2 Auswahl der elektrischen Ausrüstung

4.2.1 Allgemeines

Die Auswahl der einzelnen elektrotechnischen Betriebsmittel muss immer unter Berücksichtigung der Einsatzbedingungen am Verwendungsort erfolgen. Im Besonderen sind die Anforderungen an die Einsatzbedingungen aus Abschnitt 4.4 (physikalische Umgebungs- und Betriebsbedingungen) zu berücksichtigen.

Zusätzlich müssen ggf. weitere Anforderungen, die sich aus der Checkliste des Anhangs B ergeben können, berücksichtigt werden. Alle Betriebsmittel sollten nach den hierfür vorgesehenen Normen hergestellt sein. Der Nachsatz „... *soweit solche existieren* ... " deutet an, dass sicher nicht für jedes Produkt entsprechende Produktnormen auf IEC- oder EN-Ebene vorhanden sind. Dann kann sich der Hersteller selbstverständlich auch an nationalen Normen oder Werksnormen orientieren. Entscheidend ist das positive Ergebnis einer Risikobeurteilung. Auf jeden Fall müssen bei der Implementierung der Komponenten und Betriebsmittel in die elektrische Ausrüstung der Maschine die Angaben der jeweiligen Produkthersteller für deren bestimmungsgemäßen Gebrauch beachtet werden.

4.2.2 Schaltschrankkombinationen

Die Ausführung von Schaltschränken für Maschinen wird maßgeblich von den Anforderungen der DIN EN 60204-1 (**VDE 0113-1**) bestimmt. Zusätzlich sollten die grundsätzlichen Anforderungen der Normenreihe DIN EN 61439 (**VDE 0660-600**), soweit zutreffend, berücksichtigt werden.

Erwärmungs- und Kurzschlussprüfung bei Unikaten?

Insbesondere die Anforderungen an die Erwärmungs- und Kurzschlussprüfung sind für Einzelanfertigungen (Unikate) problematisch. Da eine Erwärmungsprüfung der Schaltschränke einer einzeln hergestellten Maschine in der Regel vor der Inbetriebnahme nicht durchgeführt werden kann, sollte eine detaillierte Verlustwärmekalkulation von allen im Schaltschrank eingebauten Betriebsmitteln einschließlich deren Gleichzeitigkeit vorgenommen werden. Zur Erfüllung der Anforderungen an eine Kurzschlussprüfung sollten Referenzlösungen von kurzschlussfesten Ausführungen verwendet werden.

Die Normenreihe DIN EN 61439 (**VDE 0660-600**) umfasst folgende Teile, siehe **Tabelle 4.1**:

Niederspannungs-Schaltgerätekombinationen	
DIN EN 61439-1 (**VDE 0660-600-1**)	Allgemeine Festlegungen
DIN EN 61439-2 (**VDE 0660-600-2**)	Energie-Schaltgerätekombinationen
DIN EN 61439-3 (**VDE 0660-600-3**)	Installationsverteiler für Bedienung durch Laien
DIN EN 61439-4 (**VDE 0660-600-4**)	Besondere Anforderungen an Baustromverteiler
DIN EN 61439-5 (**VDE 0660-600-5**)	Schaltgerätekombinationen in öffentlichen Energieverteiler-netzen
DIN EN 61439-6 (**VDE 0660-600-6**)	Schienenverteilersysteme
DIN EN 61439-3 (**VDE 0660-600-7**)	Schaltgerätekombinationen für bestimmte Anwendungen wie Marinas, Campingplätze, Ladestationen für Elektrofahrzeuge

Tabelle 4.1 Liste der Teile der Normenreihe DIN EN 61439 (**VDE 0660-600**)

DIN EN 61439-1 (**VDE 0660-600-1**) [22] enthält generelle Anforderungen an Niederspannungs-Schaltgerätekombinationen. Alle weiteren Teile der Normenreihe legen in Abhängigkeit von ihrem Anwendungsbereich abweichende oder ergänzende Anforderungen zu Teil 1 fest. Deshalb ist Teil 1 auch nicht unter der EU-Niederspannungsrichtlinie gelistet.

Insbesondere DIN EN 61439-2 (**VDE 0660-600-2**) [23] legt Anforderungen an den Zusammenbau von Schaltgeräten und Betriebsmitteln fest, wie sie im Allgemeinen bei Maschinen eingesetzt werden.

Da sowohl die DIN EN 60204-1 (**VDE 0113-1**) als auch die DIN EN 61439-2 (**VDE 0660-600-2**) unter der EU-Niederspannungsrichtlinie 2006/95/EG gelistet sind, kann für Schaltschränke, die unter Berücksichtigung dieser Normen hergestellt wurden, die Konformitätserklärung vom Hersteller ausgestellt und das CE-Kennzeichen angebracht werden. Dieses CE-Kennzeichen gilt entsprechend der EU-Maschinenrichtlinie dann jedoch nicht für die Konformität der gesamten Maschine.

4.3 Stromversorgung

Dieser Abschnitt macht Angaben über die Eigenschaften des speisenden Netzes. Im Grundsatz orientiert er sich an der DIN IEC 60038 (**VDE 0175-1**) [24]. Die festgelegten Werte und Toleranzen dienen der Planungssicherheit beider Partner (Hersteller und Betreiber der Maschine). Der Betreiber weiß, dass er eine ordnungsgemäß funktionierende Maschine bekommt, wenn sein Netz diese oder entsprechend vereinbarte Eigenschaften einhält. Der Hersteller kennt im Vorhinein die Netzeigenschaften, auf die er seine Ausrüstung auslegen muss, und braucht nicht mit unerwarteten exotischen Netzverhältnissen zu rechnen, die unter Umständen die ordnungsgemäße Funktion seiner elektrischen Ausrüstung beeinträchtigen.

4.3.1 Allgemeines

Die Formulierung „... *unter den Verhältnissen der Stromversorgung* ... " bezieht sich auf die Netzanschlussstelle der Maschine, also praktisch die Netzseite der Netztrenneinrichtung. Spannungsfälle innerhalb der Installation der Maschine müssen gesondert betrachtet werden.

Die elektrische Ausrüstung muss in den vereinbarten Grenzen fehlerfrei arbeiten können. Es wird unterschieden zwischen einer

- Wechselstromversorgung (Abschnitt 4.3.2) oder einer
- Gleichstromversorgung (Abschnitt 4.3.3) oder einem
- besonderen Stromversorgungssystems (Abschnitt 4.3.4).

Werden beim Ausfüllen des Fragebogens aus Anhang B andere Grenzen mit dem Betreiber vereinbart (entsprechend Abschnitt 4.3.4), so muss dies in konkreten Werten vertraglich festgelegt werden. Dabei können auch besondere Bedingungen des Stromversorgers festgelegt werden, wie z. B. bei einer Bordstromversorgung.

1. Fall: Es wird zwischen den Partnern nichts Besonderes vereinbart.

Dann gelten die in Abschnitt 4.3.2 für Wechselstromversorgungen bzw. in Abschnitt 4.3.3 für Gleichstromversorgungen festgelegten Eigenschaften. Diese Verhältnisse dürften zumindest bei stationärem Einsatz in Netzen mit hoher Leistungsdichte der Normalfall sein. Hier darf mit stabilen Dauerbetriebsspannungen gerechnet werden. Die meisten Maschinen, die in den Geltungsbereich dieser Norm fallen, dürften in Niederspannungsnetzen mit eigener Transformatorenstation oder in der Nähe solcher Stationen zum Einsatz kommen. Mit Umstellern am Transformator kann das Verhältnis der Dauerbetriebsspannung zur Nennspannung optimiert werden. Das ist vor allem von Bedeutung, wenn Spannungsfälle im stationären Betrieb nahe der Grenze von 5 % innerhalb der elektrischen Ausrüstung auftreten.

Bei Serienmaschinen, bei deren Herstellung die Netzverhältnisse am endgültigen Einsatzort noch nicht bekannt sind, wird sich der Maschinenhersteller in jedem Fall an diesen Festlegungen orientieren. Dies sollte dann aber auch in der Produktdokumentation bzw. den Katalogdaten eindeutig dokumentiert werden.

2. Fall: Es liegen von Abschnitt 4.3.2 bzw. Abschnitt 4.3.3 abweichende Bedingungen vor, die eine Abstimmung zwischen Betreiber und Hersteller notwendig machen.

Bei Lieferungen in Regionen mit schwachen Netzen (geringe Leistungsdichte, lange Leitungen) sind größere Schwankungen mit schädlichen Auswirkungen auf die Ausrüstung zu erwarten. Daher der Hinweis auf den Fragebogen in Anhang B, wobei Größe, Häufigkeit und Dauer der Schwankungen zu klären sind. Im Prinzip ist hier der Betreiber in der Pflicht, spätestens bei der Bestellung darauf hinzuweisen, dass seine Netzverhältnisse von der Norm abweichen.

Allerdings hat auch der Hersteller ein erhebliches Interesse daran, die Netzverhältnisse möglichst schon während des Angebotsstadiums zu erfahren. Denn eine Abweichung von der Norm kann zusätzliche Maßnahmen erfordern, insbesondere bei der Dimensionierung von Motoren und Leitungen.

3. Fall: Die Maschine wird nicht an ein vorhandenes Netz angeschlossen, sondern die Energieversorgung ist in die elektrische Ausrüstung der Maschine integriert.

Dies ist häufig bei fahrbaren Maschinen der Fall (siehe hierzu den Kommentar zu Abschnitt 4.3.4). In diesem Fall liegt dann die Verantwortung sowohl für die Stromversorgungsqualität als auch für die ordnungsgemäße Funktion und Anwendung der elektrischen Ausrüstung in einer Hand, nämlich beim Lieferanten der Maschine.

4.3.2 Wechselstromversorgung

Spannung

Die Spannung der Stromversorgung darf innerhalb der Toleranzen von 0,9 bis 1,1 von der Bemessungsspannung abweichen. Innerhalb dieser Spannungstoleranz muss die Maschine fehlerfrei arbeiten.

Frequenz

Die Frequenz der Stromversorgung einer Maschine darf von der Bemessungsfrequenz abweichen, und zwar:

• zwischen 0,99 und 1,01 dauernd und

• zwischen 0,98 und 1,02 kurzzeitig.

Als „kurzzeitig" kann eine Zeit von mehreren Minuten angesehen werden.

Berücksichtigung der Spannungs- und Frequenztoleranzen bei der Projektierung

Diese Festlegungen sind schon häufig falsch verstanden worden. Sie wurden dahingehend interpretiert, dass jedes Betriebsmittel, das in einer Maschine eingesetzt wird, seine Nenndaten bei den hier angegebenen Randbedingungen garantieren muss. Das ist nicht gemeint. Nicht alle Betriebsmittel garantieren ihre Bemessungsdaten bei den oben genannten Toleranzen. Es handelt sich bei der DIN EN 60204-1 (**VDE 0113-1**) nicht um eine Norm, die Anforderungen an einzelne Betriebsmittel festlegt, sondern um eine Norm für die Anwendung dieser einzelnen Betriebsmittel auf Maschinen. Das Ziel ist, die Funktionsfähigkeit der Maschine sicherzustellen. Deswegen heißt der einleitende Satz in Abschnitt 4.3.1: „*Die elektrische Ausrüstung muss so ausgelegt sein, dass sie ... fehlerfrei arbeitet*", d. h., dass der Planer der elektrischen Ausrüstung für eine Maschine seine Betriebsmittel so aussuchen und dimensionieren muss, dass innerhalb der angegebenen Bedingungen des Netzanschlusses ein fehlerfreies Arbeiten der Maschine garantiert werden kann.

Beispiel:

Bei Drehstrom-Normmotoren werden die Nenndaten üblicherweise nur bis zu einer Unterspannung von 95 % der Bemessungsspannung garantiert, siehe **Bild 4.2**. Der Fachplaner muss einen Antriebsmotor so auswählen, dass er bei den in Abschnitt 4.3.2 angegebenen Spannungs- und Frequenztoleranzen und dem Spannungsfall auf den Leitungen (s. a. Abschnitt 12.5) die benötigte Leistung noch einwandfrei abgeben kann. Gegebenenfalls muss der Motor größer dimensioniert werden, damit bei den auftretenden Unterspannungen ein fehlerfreier Betrieb möglich ist. Sehr häufig ist jedoch ein Motor aufgrund der Baugrößenabstufungen, bezogen auf die tatsächlich erforderlichen Drehmomente und Leistungen, ohnehin schon überdimensioniert. In dem Fall ist es wahrscheinlich nicht notwendig, einen größeren Motor auszuwählen, sinngemäß gilt das Gleiche auch für die vereinbarten Toleranzen der Fälle 2 und 3.

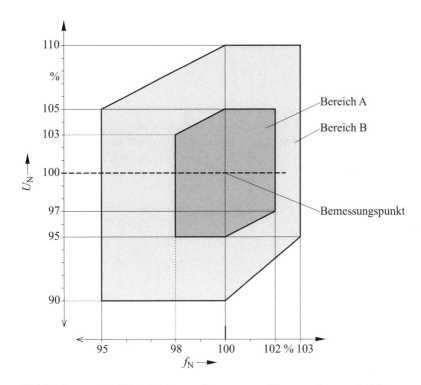

Bild 4.2 Gegenseitige Abhängigkeiten von Spannungs- und Frequenztoleranzen bei Motoren

Die zulässigen Toleranzen sind immer als Kombination von Toleranzen der Spannung und Toleranzen der Frequenz zu betrachten. Insbesondere für Motoren sind die gegenseitigen Abhängigkeiten von Spannungs- und Frequenztoleranzen entsprechend DIN EN 60034-1 (**VDE 0530**) [25] zu beachten. Bereich A gilt für den Dauerbetrieb und Bereich B für einen kurzen Zeitraum von Wechselstrommotoren. Bei Gleichstrommotoren gelten die Bereiche A und B nur für die Spannungsgrenzen.

Oberschwingungen

Durch den vermehrten Einsatz von Umrichtern in Niederspannungsnetzen sind die Netze der Energieversorger bereits mit Oberschwingungen beaufschlagt. In der Regel wird auf die Installation von Einrichtungen zur Oberschwingungskompensation innerhalb der elektrischen Ausrüstung einer Maschine verzichtet.

Zugelassen ist eine Verzerrung der Sinusform der Spannung der Stromversorgung von 12 % aus der Summe aller Oberschwingungen, und zwar von der zweiten bis zur dreißigsten.

Spannungsunsymmetrie

Die Spannungssymmetrie muss vom Stromversorger sichergestellt werden. Spannungsveränderungen durch Unsymmetrie dürfen die Grenzen der gesamten Spannungstoleranzen nicht ausweiten. Eine Unsymmetrie der Spannung zwischen den Außenleitern des Drehstromsystems darf 2 % nicht überschreiten, siehe **Bild 4.3**.

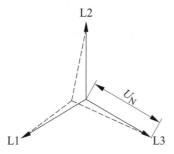

Bild 4.3 Spannungserhöhung/-reduzierung durch Asymmetrie

Spannungsunterbrechung

Eine Spannungsunterbrechung wird innerhalb einer Periode der Wechselspannung betrachtet und darf nicht länger als 3 ms dauern, siehe **Bild 4.4**. Eine weitere Unterbrechung darf der ersten Unterbrechung erst nach 1 s folgen. Das bedeutet, dass bei einer 50-Hz-Spannung erst nach 50 Perioden wieder eine Unterbrechung folgen darf.

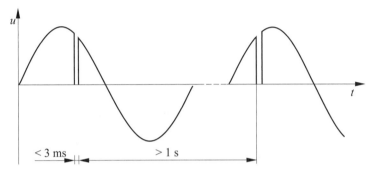

Bild 4.4 Spannungsunterbrechung innerhalb einer Periode

Spannungseinbrüche

Spannungseinbrüche sind erhebliche Abweichungen von den zulässigen Toleranzen der Bemessungsspannung und deshalb wegen ihrer Auswirkungen wie Spannungsunterbrechungen zu betrachten. Doch darf ein Spannungseinbruch von max. 20 % der Bemessungsspannung nur innerhalb einer Periode auftreten. Nach einem Spannungseinbruch darf der nächste Spannungseinbruch erst wieder nach 1 s auftreten, siehe **Bild 4.5**.

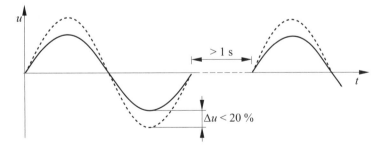

Bild 4.5 Amplitudenabsenkung innerhalb einer Periode

4.3.3 Gleichstromversorgung

Die Anforderungen an die Qualität der Gleichstromversorgung sind abhängig von der Art der Stromquelle. Es wird bei den Toleranzwerten unterschieden zwischen der Versorgung durch:

- Batterien und
- Umrichter.

Batteriestromversorgung

Da batteriegespeiste Netze im Prinzip Inselnetze sind, muss man entsprechend der Charakteristiken der Batterien im Lade- und Endladebetrieb größere Toleranzen zulassen. Die elektrische Ausrüstung muss deshalb innerhalb der erweiterten Spannungsgrenzen von 85 % bis 115 % der Nennspannung zuverlässig arbeiten. Bei der Auswahl der Antriebsmotoren müssen z. B. entsprechend der benötigten Leistung/ Drehmoment diese Toleranzen berücksichtigt werden.

Bei selbstfahrenden Maschinen (Fahrzeuge), die von einer Batterie versorgt werden, muss die elektrische Ausrüstung bei noch größeren Spannungstoleranzen, und zwar von 70 % bis 120 % der Nennspannung, zuverlässig arbeiten.

Die Spannungsunterbrechung darf 5 ms nicht überschreiten. Ein Zeitraum, in dem keine weitere Spannungsunterbrechung auftreten darf, ist in der Norm nicht spezifiziert.

Umrichterversorgung

Gleichstromausrüstungen, die über einen Umrichter mit Energie versorgt werden, werden eingangsseitig wieder von einer Netzversorgung eingespeist. Deshalb verlangt man hier dieselben Toleranzen wie bei dem speisenden Stromversorgungsnetz. Die Gleichspannung auf der Ausgangsseite des Umrichters darf somit im stationären Betrieb 90 % bis 110 % der Bemessungsspannung nicht unter- bzw. überschreiten.

Die Spannungsunterbrechung darf einen Zeitraum von 20 ms nicht überschreiten, wobei eine weitere Spannungsunterbrechung erst nach 1 s wieder auftreten darf.

Welligkeit

Gleichspannungen, die über Umrichter/Gleichrichter aus einer Wechselspannung erzeugt werden, sind grundsätzlich oberschwingungsbehaftet. Die Größe dieser Oberwelligkeit ist abhängig von der Gleichrichterschaltung (Frequenz der Oberwelligkeit) und von der Dimensionierung der Glättung (Amplitude der Oberwelligkeit). Eine Restwelligkeit von 15 % der Bemessungsgleichspannung wird toleriert.

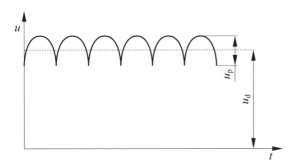

Bild 4.6 Welligkeit einer über eine sechspulsige Brückenschaltung gleichgerichteten Drehstromwechselspannung

Die Spannung, die über eine sechspulsige Brückenschaltung (B6U) ohne zusätzliche Beschaltung einer Glättung gleichgerichtet wird, hat eine Welligkeit w von 0,04, siehe **Bild 4.6**. Zum Vergleich, eine Zweipulsbrückenschaltung (B2U) hat eine Welligkeit von 0,48.

4.3.4 Besondere Stromversorgungssysteme

Wird eine Maschine von einem besonderen Stromversorgungssystem versorgt, dürfen die max. zulässigen Toleranzen für Wechsel- und Gleichstromversorgungen überschritten werden.

Bei Bordstromversorgungen von mobilen Maschinen handelt es sich z. B. um ein besonderes Inselstromversorgungssystem, bei dem ein Betrieb mit größeren Toleranzen zugestanden werden muss als bei einer Versorgung durch ein Industrie- oder öffentliches Netz, für die eine einzelne Maschine nur ein relativ kleiner Verbraucher ist.

Doch der Hersteller solcher Maschinen muss garantieren, dass auch bei größeren Spannungstoleranzen die elektrische Ausrüstung der Maschine fehlerfrei arbeitet. Hier bezieht sich die Gesamtverantwortung des Herstellers auch auf die (eigene) Energieversorgung und deren Zusammenwirken mit der übrigen Maschinenausrüstung.

Auch bei Stromversorgungen, die über DC-Stromsammelschienen erfolgen, dürfen die Spannungstoleranzen überschritten werden. Hier muss die elektrische Ausrüstung ebenfalls dafür geeignet sein und bei einem erweiterten Toleranzbereich fehlerfrei arbeiten.

4.4 Physikalische Umgebungs- und Betriebsbedingungen

Auch wenn für einen Fachplaner einer elektrischen Ausrüstung die Berücksichtigung der physikalischen Umgebungs- und Betriebsbedingungen am Aufstellungsort der Maschine eher lästig erscheint, ist diese Berücksichtigung doch der Garant, dass die Maschine die spezifizierten Fähigkeiten ausführen kann.

Gerade die Berücksichtigung der physikalischen Umgebungs- und Betriebsbedingungen erspart nach Inbetriebnahme Ärger und eventuell Nachbesserungskosten.

4.4.1 Allgemeines

Der Hersteller einer Maschine muss garantieren, dass sein Produkt unter den äußeren Bedingungen, die in den Abschnitten 4.4.2 bis 4.4.8 spezifiziert sind, einwandfrei arbeitet. Abweichungen von den normativen Anforderungen können zwischen dem Verantwortlichen oder Lieferanten der elektrischen Ausrüstung und dem Betreiber vereinbart werden. Die abweichenden Bedingungen sollten in einem Fragebogen wie in Anhang B der Norm festgelegt werden.

Die in der Norm spezifizierten Umgebungs- und Betriebsbedingungen decken eigentlich die industriellen Einsatzbereiche ab. Deshalb ist der Betreiber in der Pflicht, spätestens bei der Auftragsvergabe darauf hinzuweisen, dass seine Einsatzbedingungen von der Norm abweichen. Allerdings hat auch der Hersteller ein erhebliches Interesse daran, diese Abweichungen möglichst schon im Angebotsstadium zu erfahren.

Auch hier entsprechen die festgelegten Randbedingungen nicht unbedingt den spezifizierten Nenndaten eines bestimmten Produkts. So sind z. B. nicht für alle Betriebsmittel die Nenndaten bei 40 °C Umgebungstemperatur angegeben. Dies muss dann beim Aussuchen und bei der Dimensionierung der Betriebsmittel (z. B. durch reduzierte Auslastung) berücksichtigt werden.

4.4.2 Elektromagnetische Verträglichkeit (EMV)

Jede elektrische Einrichtung muss der europäischen EMV-Richtlinie, die mit dem EMV-Gesetz in Deutschland gesetzlich umgesetzt wurde, entsprechen, siehe Abschnitt 2.1.2 dieses Buchs.

Frage aus Anhang B beantworten

Bei der Planung der elektrischen Ausrüstung ist es wichtig zu wissen, in welchem Bereich die Maschine verwendet wird. Es wird dabei zwischen dem Wohn- und dem Industriebereich unterschieden. In Anhang B wird deshalb bei der Frage 3a) nach dem Bereich gefragt, in dem die Maschine verwendet werden soll.

Wohnbereich

Ob eine elektrische Einrichtung zum Betriebsort Wohnbereich gehört, wird durch die Art ihrer Stromversorgung bestimmt. Zum Wohnbereich gehören Betriebsmittel, die an ein öffentliches Niederspannungs-Stromversorgungsnetz angeschlossen werden. Folgende Betriebsorte gelten als Wohnbereich:

- Wohngebäude (Häuser, Wohnungen, Zimmer),
- Verkaufsflächen (Laden, Großmärkte),
- Geschäftsräume (Ämter, Büros, Banken),
- Unterhaltungsbetriebe (Kinos, öffentliche Gaststätten, Tanzlokale),
- Einrichtungen, die im Freien betrieben werden (Tankstellen, Parkplätze, Vergnügungs- und Sportstätten).

Die max. Werte der Störausstrahlung und Störfestigkeit für den Wohnbereich enthalten die Normen:

- DIN EN 61000-6-3 (**VDE 0839-6-3**) [26] für die Störaussendung,
- DIN EN 61000-6-1 (**VDE 0839-6-1**) [27] für die Störfestigkeit.

Industriebereich

Ob eine elektrische Einrichtung zum Betriebsort Industriebereich gehört, wird durch die Art ihrer Stromversorgung bestimmt. Zum Industriebereich gehören Betriebsmittel, die über einen eigenen Hoch- oder Mittelspannungsverteilertransformator versorgt werden.

Industrielle Betriebsorte sind entsprechend dadurch gekennzeichnet, dass:

- industrielle, wissenschaftliche und/oder medizinische Geräte vorhanden sind oder
- große induktive oder kapazitive Lasten vorhanden sind, die häufig geschaltet werden, oder
- hohe Stromstärken und damit verbunden hohe magnetische Felder auftreten.

63

Die max. Werte der Störausstrahlung und Störfestigkeit enthalten die Normen:

- DIN EN 61000-6-4 (**VDE 0839-6-4**) [28] für die Störaussendung,
- DIN EN 61000-6-2 (**VDE 0839-6-2**) [29] für die Störfestigkeit.

Somit ist vor der Planung einer elektrischen Ausrüstung wichtig, in welchem Bereich die Maschine eingesetzt werden soll. Wichtig bei der Planung ist ebenfalls, dass alle elektrischen Betriebsmittel, die in der elektrischen Ausrüstung eingesetzt werden, gemäß Herstellerangaben für diese geeignet sein müssen.

Herstellerangaben berücksichtigen

Zusätzlich müssen die Herstellerangaben für einen EMV-gerechten Einbau des elektrischen Betriebsmittels in eine elektrische Ausrüstung berücksichtigt werden. EMV-gerechte Einbauhinweise können z. B. folgende Anforderungen sein:

- Bestimmte Leitungen müssen geschirmt und an beiden Enden mit dem Schutzleitersystem verbunden werden.
- Der Schutzleiteranschluss muss großflächig ausgeführt werden (wegen des Skin-Effekts).
- Es ist ein Mindestabstand zu Hauptstromkreisen einzuhalten.
- Das Betriebsmittel ist mit einer fremdspannungsarmen Funktionserde zu verbinden usw.

Bei Serienmaschinen ist der Betriebsort bei der Planung nicht bekannt

Bei Serienmaschinen, die mehrfach hergestellt werden und z. B. per Katalog bestellt werden können, ist für den Fachplaner der elektrischen Ausrüstung der Betriebsort in der Planungsphase nicht bekannt.

Wird eine Maschine z. B. nur für den Betriebsort Industriebereich konstruiert, muss dies in dem Verkaufsprospekt angegeben sein. Solche Maschinen dürfen dann nicht im Wohnbereich verwendet werden.

Damit Serienmaschinen an beiden Betriebsorten (Wohn- und Industriebereich) verwendet werden dürfen, sollten alle eingesetzten elektrischen Betriebsmittel bei der Störausstrahlung den niedrigen Werten und bei der Störfestigkeit den hohen Werten für den Industriebereich entsprechen, siehe **Bild 4.7**.

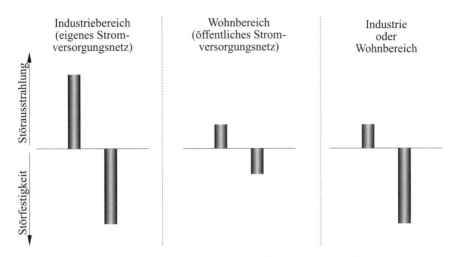

Bild 4.7 Pegel der Störfestigkeit und Störausstrahlung in Abhängigkeit von den Betriebsorten

Alternative bei fehlenden Herstellerangaben

Enthält die Betriebsanleitung eines elektrischen Betriebsmittels keine Hersteller-angaben zu den Anforderungen an die EMV-gerechte Integration in eine elektrische Ausrüstung, so müssen die Maßnahmen zur Reduzierung der elektromagnetischen Einflüsse entsprechend Anhang H berücksichtigt werden, siehe Anhang H dieses Buchs.

4.4.3   Umgebungstemperatur der Luft

Bei der Kalkulation der Betriebstemperatur der vorgesehenen elektrischen Betriebs-mittel muss mit einem Temperaturbereich von:

+5 °C bis +40 °C

kalkuliert werden. Dieser Wert gilt für die Umgebung außerhalb von Umhüllungen wie Gehäusen oder Schaltschränken.

Die allgemeine Norm für Niederspannungs-Schaltgerätekombinationen DIN EN 61439-1 (**VDE 0660-600-1**) lässt dagegen einen anderen Temperaturbereich bei Innenraumaufstellung zu, und zwar von:

–5 °C bis +35 °C

Im Vertrag dürfen somit nicht beide Normen gleichwertig genannt sein. Die Norm DIN EN 60204-1 (**VDE 0113-1**) muss für die elektrische Ausrüstung von Maschinen erst einmal grundsätzlich gelten. Sollte davon abgewichen werden, wie z. B. bei der Umgebungstemperatur für die Schaltschränke, sollte als Abweichung von der Norm DIN EN 60204-1 (**VDE 0113-1**) im Vertrag genannt sein.

Bei der Dimensionierung der elektrischen Ausrüstung muss unterschieden werden zwischen der Umgebungstemperatur des Betriebsmittels und der Umgebungstemperatur der Luft, bei der die gesamte elektrotechnische Ausrüstung einwandfrei arbeiten soll.

Überdimensionierung kann erforderlich sein

Der zulässige Temperaturbereich der Betriebsmittel wird von den Herstellern angegeben. Die obere Grenze ist der Wert, bei dem ein Betriebsmittel bei seiner Nennleistung die entstehende Verlustwärme gerade noch abführen kann, ohne sich zu überhitzen. Kann diese Temperatur nicht eingehalten werden, so hilft entweder nur eine geringere Auslastung dieses Betriebsmittels, also eine Überdimensionierung, oder eine forcierte Kühlung bzw. Klimatisierung. Dies gilt insbesondere für bestimmte elektrische Betriebsmittel, bei denen die Nenndaten katalogmäßig für eine niedrigere max. Temperatur als 40 °C angegeben werden.

Bemessungswerte für Kabel und Leitungen bei 30 °C

Bei Kabeln und Leitungen werden die Bemessungswerte häufig für eine max. Umgebungstemperatur von 30 °C angegeben. Zusätzlich zu der Umgebungstemperatur müssen auch die Verlegebedingungen und die Häufigkeit von Verlegungen beachtet werden, denn dies sind maßgebliche Faktoren bei der Querschnittsdimensionierung.

Wärmeabgabe

Ein Körper kann nur dann seine Wärme an seine Umgebung abgeben, wenn der Körper eine höhere Temperatur als seine Umgebung aufweist. Es wird also ein Temperaturgefälle benötigt. Dies gilt gleichermaßen sowohl für einzelne Betriebsmittel als auch für ein Gehäuse/einen Schaltschrank mit einer Ansammlung verschiedener Betriebsmittel. Ist die elektrische Ausrüstung für die Maschine z. B. in einen Schaltschrank eingebaut, so wird die Lufttemperatur im Innern des Schranks höher sein als außerhalb. Ist dieser Schaltschrank in einer elektrischen Betriebsstätte aufgestellt, so wird die Umgebungstemperatur des Schaltschranks (= Umgebungstemperatur der elektrischen Ausrüstung) höher sein als die Außenlufttemperatur der elektrischen Betriebsstätte. **Bild 4.8** verdeutlicht diese Verhältnisse.

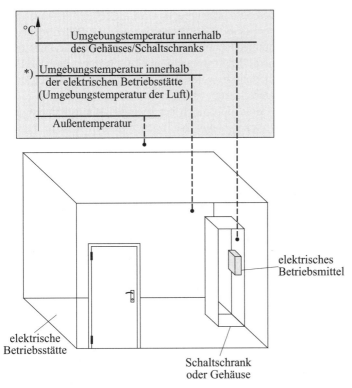

*) zulässiger Temperaturbereich von +5 °C bis +40 °C

Bild 4.8 Temperaturgefälle bei Mehrfachkapselung

Klimatisierung kann helfen

Kann die Innenraumtemperatur der elektrischen Betriebsstätte nicht auf die in DIN EN 60204-1 (**VDE 0113-1**) festgelegten 40 °C begrenzt werden, hilft nur eine Raumklimatisierung oder eine gezielte Kühlung der Schaltschränke mithilfe von Wärmetauschern oder Kühlgeräten. Wenn durch den Ausfall einer Klimatisierung Risiken entstehen können, z. B. Fehlfunktionen der elektrischen Ausrüstung, so sind entsprechende Überwachungen unabhängig vom Klimatisierungssystem vorzusehen, um die elektrische Ausrüstung abzuschalten.

Elektronische Betriebsmittel nicht unter +5 °C betreiben

Die untere Temperaturgrenze von 5 °C orientiert sich mit einem Sicherheitsabstand an dem, was für elektronische Betriebsmittel in Normalausführung üblich ist.

67

Eine generelle Absenkung auf Temperaturen unter 0 °C würde einen Zusatzaufwand an Sonderausführungen bedeuten, dessen Kosten in den meisten Fällen nicht gerechtfertigt wäre. Allerdings sind die Herstellerangaben bei solchen Betriebsmitteln zu beachten, wenn bei Maschinen, die im Freien eingesetzt werden, Umgebungstemperaturen unter 0 °C berücksichtigt werden müssen. Häufig ist jedoch dann eine Heizung die kostengünstigere Lösung. Die Grenze von 0 °C bedeutet nicht, dass solch ein elektronisches Gerät nicht noch bei geringen Minustemperaturen betrieben werden dürfte, zumal auch eine gewisse Eigenerwärmung auftritt. Jedoch können seine Nenndaten nicht mehr garantiert werden (Kennlinienverschiebung). Vor dem Betrieb nach einem Stillstand bei sehr niedrigen Temperaturen sollte mit einer Heizung erst die zulässige Umgebungstemperatur hergestellt werden, um bei elektronischen Betriebsmitteln Folgeschäden oder Fehlfunktionen durch eine zu niedrige Umgebungstemperatur der Luft zu vermeiden. Hinsichtlich der zulässigen unteren Temperatur im Stillstand einer solchen Maschine ohne eingeschaltete Heizung kann man sich an den zulässigen Lagertemperaturen der Betriebsmittel orientieren.

Frage aus Anhang B beantworten

Mit der Frage 3b) in Anhang B wird abgefragt, ob die Umgebungstemperatur der Luft außerhalb der in der Norm spezifizierten Werte liegt. Weichen die tatsächlichen Temperaturen von den Normwerten (+5 °C bis +40 °C) ab, sind Maßnahmen erforderlich.

4.4.4 Luftfeuchte

Eine elektrische Ausrüstung ist gegen Feuchtigkeit empfindlich und muss besonders geschützt bzw. gekapselt werden. Insbesondere in der Kombination mit Staub kann es zu Ausfällen kommen, z. B. durch Kriechwegbildung.

Grundsätzlich sollte eine elektrische Ausrüstung in einer Umgebung mit einer relativen Luftfeuchtigkeit von 50 % bei 40 °C betrieben werden. Bei niedrigen Temperaturen, z. B. bei 20 °C, ist jedoch eine relative Luftfeuchtigkeit von 90 % zulässig.

Kondenswasserbildung

Die Kopplung der relativen Luftfeuchte mit der Temperatur hat etwas mit der Kondenswasserbildung zu tun. Die Aufnahmefähigkeit der Luft für Wasserdampf ist temperaturabhängig. Die relative Luftfeuchtigkeit gibt an, wie hoch der absolute Wasserdampfanteil in der Luft, bezogen auf den Sättigungswert der aktuellen Temperatur, ist. **Bild 4.9** verdeutlicht diese Verhältnisse und die in der Norm genannten Grenzwerte.

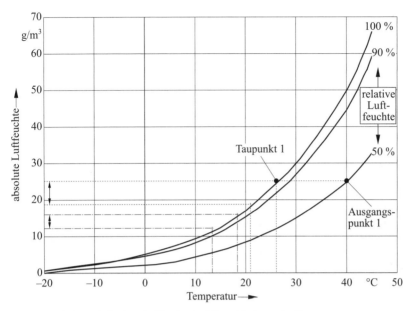

Bild 4.9 Relative und absolute Luftfeuchte in Abhängigkeit von der Temperatur

Die Forderung von max. 50 % relative Luftfeuchte bei 40 °C legt den Ausgangspunkt im Diagramm fest. In diesem Zustand sind in 1 m³ Luft etwa 25 g Wasser in Form von Wasserdampf enthalten. Die Sättigungsfeuchte (100 %) wären 50 g/m³ bei 40 °C. Bei Abkühlung dieses Luftpakets wird bei etwa 26 °C der sog. Taupunkt (relative Luftfeuchte 100 %) erreicht. An diesem Punkt beginnt die Kondenswasserbildung. Eine weitere Abkühlung um 5 °C auf etwa 21 °C verringert die Aufnahmefähigkeit auf etwa 19 g/m³, d. h., es fallen etwa 6 g Kondenswasser pro m³ Luft an.

Derselbe Vorgang beginnend bei 90 % relative Luftfeuchte und einer Temperatur von 20 °C erreicht zwar schon bei einer Abkühlung von nur etwa 2 °C auf etwa 18 °C den Taupunkt, bei einer weiteren Abkühlung um 5 °C auf etwa 13 °C fallen aber nur etwa 4 g Kondenswasser pro Kubikmeter Luft an. Der Taupunkt wird zwar schneller erreicht, aber die absolute Kondenswassermenge ist geringer.

Frage aus Anhang B beantworten

Dies zeigt, wie unterschiedlich die Verhältnisse sein können und die Wichtigkeit der Fragen 3b) und 3c) in Anhang B nach den Bereichen Temperatur und Luftfeuchtigkeit.

Kondenswasserlöcher

Kondensationsgefahr besteht vor allem bei raschen Temperaturabsenkungen in unbelüfteten Gehäusen. Deshalb ist es z. B. für Motoren wichtig, einen Schutzgrad zu wählen, der ein Ablaufen des Kondenswassers ermöglicht. Dies ist bei geschlossenen Motoren, z. B. der Schutzart IP44 oder IP54, nur mit offenen Kondenswasserlöchern möglich. Motoren mit einer geringeren Schutzart sind weniger gefährdet, weil sie gut durchlüftet sind und Kondenswasser oder auch eventuell eindringendes Wasser in der Regel gut abfließen kann.

Verhinderung von Kondenswasser

Die beste Methode, um Kondenswasserbildung in Gehäusen bzw. Schaltschränken zu verhindern, sind gut durchlüftete Gehäuse, deren Innentemperatur etwas über der Außentemperatur liegt. Meistens ist hierfür im Betrieb die Eigenerwärmung ausreichend. Reicht diese nicht aus, kann eine geringe Zusatzheizung sinnvoll sein. Bei längeren Betriebspausen sind insbesondere solche Gehäuse gefährdet, die dann eine starke Abkühlung erfahren, z. B. weil sie im Freien Wind ausgesetzt sind oder durch nächtliche Wärmeabstrahlung. Hier hilft nur eine angemessene Stillstandsheizung.

Eindringen von Außenluft

Müssen Gehäuse wegen hoher Verlustleistungen gekühlt werden, so ist auf jeden Fall auch eine Trocknung der Kühlluft vorzusehen. Das Eindringen von Außenluft in solche Gehäuse, z. B. durch eine offene Tür einer elektrischen Betriebsstätte, muss verhindert werden, da sich sonst an allen unterkühlten Flächen oder Betriebsmitteln Kondenswasser niederschlägt.

Weitere Informationen über die verschiedensten Umwelteinflüsse wie Klima, chemische und biologische Einflüsse und deren Einordnung in Kategorien enthält DIN EN 60721-3-3 [30]. Bezüglich der klimatischen Einflüsse dürften elektrische Betriebsmittel, die der Klimaklasse 3K4 in dieser Norm genügen, in den meisten Fällen für die elektrische Ausrüstung von Maschinen ausreichend sein.

4.4.5 Höhenlage

Die Nenndaten von Betriebsmitteln werden üblicherweise für eine bestimmte Umgebungstemperatur und eine bestimmte Aufstellungshöhe bis max. 1 000 m über NN angegeben. Insbesondere bei elektrischen Betriebsmitteln, die ihre Verlustwärme nur durch natürliche Konvektion abführen können (keine Zwangsbelüftung und/ oder Kühlung), ist die Abgabe der Verlustwärme von der Luftdichte, also von der Aufstellungshöhe, abhängig.

Aufstellungshöhen über 1 000 m

Bei Aufstellungshöhen über 1 000 m reduziert sich die Fähigkeit der Abgabe von Verlustwärme, d. h., die Auslastung der elektrischen Betriebsmittel muss ähnlich wie bei hohen Umgebungstemperaturen reduziert werden. Allerdings kann man auch davon ausgehen, dass die Umgebungstemperatur mit der Höhe abnimmt, was den Kühleffekt wieder verbessert. Dies gilt allerdings nur für solche elektrischen Betriebsmittel, die im Freien oder in Außenräumen (nicht in beheizten Räumen) installiert und keiner direkten Sonneneinstrahlung ausgesetzt sind, wie z. B. Skilifte.

Bild 4.10 zeigt für eine bestimmte Motorenart ein Beispiel des Korrekturfaktors in Abhängigkeit von der Umgebungstemperatur und der Aufstellungshöhe.

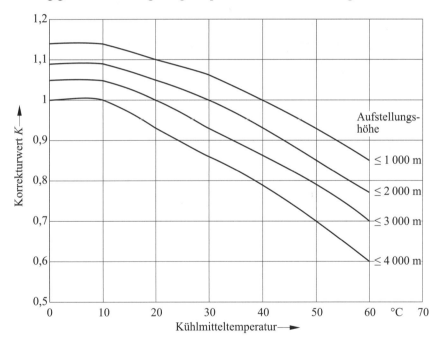

Bild 4.10 Korrekturfaktoren für die Auslastung von Betriebsmitteln als Funktion der Aufstellungshöhe und der Umgebungstemperatur am Beispiel eines Motorentyps

Korrekturfaktor mit Hersteller abstimmen

Wenn in der Betriebsanleitung des Herstellers keine Korrekturfaktoren für Aufstellhöhen über 1 000 m angegeben sind, müssen diese mit dem jeweiligen Hersteller abgestimmt werden. Bei Faktoren über 1 müssen die elektrischen Betriebsmittel in der Regel überdimensioniert werden.

Mit zunehmender Höhe nimmt auch die Stoßspannungsfestigkeit der Luft ab, siehe DIN EN 60664-1 (**VDE 0110-1**) [31]. Deshalb müssen bei Aufstellhöhen über 2 000 m auch diese Phänomene beachtet werden.

4.4.6 Verschmutzung

Verschmutzungen lassen Kriechwege entstehen, insbesondere in Verbindung mit hoher Luftfeuchtigkeit. Die Folge sind nicht nur Erdschlüsse, viel schlimmer können ungewollte Überschläge in Form von Kontaktüberbrückungen sein. Hierbei ist nicht nur an staubförmigen Schmutz zu denken, wie er z. B. in Stahl erzeugenden Betrieben auftritt, sondern auch an den Niederschlag dampfförmiger Substanzen, wie z. B. in Galvanisierbetrieben.

Eine elektrische Ausrüstung ist ohne angemessene Schutzmaßnahmen immer empfindlich gegenüber Verschmutzung. Jene sind abhängig vom Einsatzort und der betrieblichen Umgebung.

Frage aus Anhang B beantworten

Zur Ermittlung der tatsächlichen Einflüsse auf die Maschine wird deshalb in Anhang B unter 3e) die Frage nach besonderen Umweltbedingungen gestellt. Gemeint sind damit nicht nur Stäube, sondern auch korrosive Gase, Säuren oder Salze. Dabei müssen auch die Schutzausrüstungen für eine elektrische Ausrüstung den tatsächlichen Umweltbedingungen standhalten.

Filter müssen gewartet werden

Bei der Verwendung von eigen- bzw. fremdbelüfteten Ausrüstungen ist die Belastung durch Verschmutzung noch größer. Filter sind dann in der Regel notwendig. Die Wartung und Überwachung der Filter muss vom Betreiber der Maschine durchgeführt werden. Es empfiehlt sich deshalb, entsprechende Hinweise für den Filterwechsel bzw. dessen Wartung in das Handbuch für Instandhaltung aufzunehmen.

Durch den Verweis auf den Abschnitt „11.3 Schutzart" der Norm wird auf die Beachtung der notwendigen Schutzart (IP-Code) hingewiesen.

4.4.7 Ionisierende und nicht ionisierende Strahlung

Mikrowellen, UV-Strahlung, Laser oder Röntgenstrahlung können großen Einfluss auf die elektrische Ausrüstung haben, insbesondere auf die Alterung der Isolierung.

Strahlungen können also zu erheblichen Schäden führen. Soweit eine solche Strahlung von der Maschine selbst erzeugt bzw. benutzt wird, ist sie dem Hersteller der Maschine bekannt und von ihm zu berücksichtigen. Dagegen muss der Hersteller über Strahlungseinflüsse, die aus dem betrieblichen Umfeld der Maschine stammen, gesondert informiert werden.

Frage aus Anhang B beantworten

In Anhang B wird deshalb die Beantwortung der Frage 3f) notwendig, da dieser Umstand ggf. umfangreiche Schutzmaßnahmen erforderlich macht.

Weichmacher wird entzogen

Bei PVC-isolierten Leitungen wird durch häufiges Bestrahlen mittels UV-Strahlen der Isolation der Weichmacher entzogen. Dies führt bei Bewegungen solcher bestrahlten Leitungen zum Bruch und Abplatzen der Isolation, sodass bei basisisolierten Leitungen der aktive Leiter berührbar wird.

Gerade bei elektrischen Betriebsstätten mit Fenstern ist darauf zu achten, dass UV-empfindliche Materialien nicht dem Tageslicht ausgesetzt sind, siehe DIN VDE 0100-731 [32].

4.4.8 Vibration, Schock und Stoß

Vibrationen und Schockbelastungen können sowohl von außen, d. h. von fremden Störquellen, auf eine Maschine und deren elektrische Ausrüstung einwirken als auch durch den Maschinenbetrieb selbst entstehen. In der Regel genügen Geräte der mechanischen Klasse 3M1 nach DIN EN 60721-3-3 [30] den Anforderungen.

Frage aus Anhang B beantworten

Auch hier bedarf es der Abstimmung zwischen Maschinenplaner, Betreiber und Elektroausrüster, siehe Anhang B Frage 3g). Mit 3M1 sind allerdings nur sinusförmige Vibrationen und leichte Schockbeanspruchungen festgelegt. Die beste Lösung ist eine mechanische Entkopplung der Maschine von der elektrischen Ausrüstung, die nicht unbedingt an die Maschine angebaut sein muss, ausgenommen Motoren.

4.5   Transport und Lagerung

Für den Transport und die Lagerung der elektrischen Ausrüstung oder einzelner Teile bzw. Baugruppen sind größere Temperaturbereiche als beim Betrieb zugelassen.

Bei Langzeitlagerung: **–25 °C bis +55 °C**

Bei < 24-h-Lagerung: **–25 °C bis +70 °C**

Die obere Grenze berücksichtigt, dass keine Eigenerwärmung durch elektrische Verlustwärme vorhanden ist. Die untere Grenze wird in der Regel durch die Materialeigenschaften (z. B. bei Motoren) oder durch mechanische Temperaturspannungen (z. B. bei elektronischen Bauelementen) festgelegt.

Sind mögliche Schädigungen durch Feuchte, salzhaltige Atmosphäre, Stöße, Schläge und Vibrationen zu erwarten, müssen geeignete Vorkehrungen, z. B. zweckmäßige Verpackung, sichere Befestigung auf Transporteinrichtungen, schwingungsfreie Verpackung oder Seeverpackung, gegen solche Einwirkungen getroffen werden.

Frage aus Anhang B beantworten

Insbesondere die Beanspruchungen bei Transport und Lagerung, aber auch Abweichungen von den in Abschnitt 4.5 genannten Temperaturgrenzen sollten zwischen Lieferant und Betreiber abgesprochen werden, siehe Anhang B, Frage 3i).

Ist mit den genannten, ähnlichen und/oder weitergehenden schädigenden Einflüssen zu rechnen, müssen entsprechende Warnhinweise auf den Verpackungen und den Versanddokumenten angegeben werden.

4.6   Handhabungsvorrichtungen

Bei großen und schweren Ausrüstungen oder Teilen der elektrischen Ausrüstung, die nur mit Hebezeugen oder Transportmitteln bewegt werden können, sind für die vorgesehenen Transportmittel (Kran, Gabelstapler, Hubwagen, Sackkarre) angepasste Vorrichtungen zur Hantierung vorzusehen.

Bei verpackten Ausrüstungsteilen muss auch die Verpackung für die vorgesehene Handhabung geeignet sein. Eine vorhersehbare falsche Anwendung von Transportmitteln sollte berücksichtigt werden, ggf. sind entsprechende Piktogramme auf der Verpackung anzubringen.

5 Netzanschlussklemmen und Einrichtungen zum Trennen und Ausschalten

5.1 Netzanschlussklemmen

Der Netzanschluss ist die Verbindungsstelle zwischen der elektrischen Anlage, die von einem Energieversorger versorgt wird, und der elektrischen Ausrüstung der Maschine. Der Netzanschluss ist somit auch die Schnittstelle zwischen der elektrischen Anlage (Gebäudeinstallation), die entsprechend der Serie DIN VDE 0100 [33] errichtet wird, und der elektrischen Ausrüstung der Maschine oder maschinellen Anlage, die entsprechend der DIN EN 60204-1 (**VDE 0113-1**) errichtet wird.

Frage aus Anhang B beantworten

Die Festlegung von Nennspannung, Frequenz, System nach Art der Erdverbindung und des zu erwartenden Kurzschlussstroms am Einspeisepunkt erfolgt durch die Beantwortung der Fragen 4a) und 4b) in Anhang B. Hier wird deutlich, wie wichtig die Kommunikation zwischen dem Fachplaner für die elektrische Ausrüstung und dem Betreiber ist, da hiervon die Bestimmung der Schutzmaßnahmen abhängt.

Jede Maschine muss Anschlussmöglichkeiten für den Anschluss der benötigten Außenleiter, des Neutralleiters (wenn benötigt) und des Schutzleiters haben, siehe **Bild 5.1**. Wenn nichts Anderes vereinbart wurde, orientiert sich die Standardinstallation der Maschine nach DIN EN 60204-1 (**VDE 0113-1**) am sog. TN-S-System,

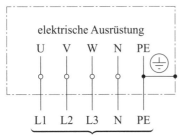

Bild 5.1 Netzanschluss an eine Maschine

mit oder ohne Verwendung eines Neutralleiters. Hierbei ist zu berücksichtigen, dass es innerhalb der Maschineninstallation keine Verbindungen zwischen dem Neutralleiter und dem Schutzleiter geben darf. Der Schutzleiter darf betriebsmäßig keinen Strom führen, damit hierdurch seine Schutzwirkung nicht beeinträchtigt wird.

Frage aus Anhang B beantworten

Die Festlegung, ob ein N-Leiter verwendet wird oder nicht, ist bei der Frage 4c) in Anhang B zu klären bzw. bei Serienmaschinen in der Produktdokumentation anzugeben.

Systeme nach Art ihrer Erdverbindungen

Die Systeme der Energieversorgung werden nach Art ihrer Erdverbindungen entsprechend DIN VDE 0100-100 [34] unterschieden, und zwar in:

- TN-System,
- TT-System,
- IT-System.

Frage aus Anhang B beantworten

Jedes dieser Systeme hat seine spezifischen Vorteile. Doch die Festlegung auf ein bestimmtes System gibt auch vor, wie die elektrische Anlage einer Maschine ausgeführt werden muss. Insbesondere beim Schutz gegen den elektrischen Schlag gelten je nach System und Bemessungsspannung unterschiedliche Abschaltzeiten. Deshalb muss im Fragebogen des Anhangs B diesbezüglich die Frage 4b) beantwortet werden.

Jedes dieser Systeme hat seine spezifischen Vorteile. Doch die Festlegung auf ein bestimmtes System gibt auch vor, wie die elektrische Anlage einer Maschine ausgeführt werden muss. Insbesondere beim Schutz gegen den elektrischen Schlag gelten je nach System und Bemessungsspannung unterschiedliche Abschaltzeiten. Deshalb muss im Fragebogen des Anhangs B diesbezüglich die Frage 4b) beantwortet werden.

Drei unterschiedliche Erdungssysteme

In Niederspannungsanlagen gibt es drei unterschiedliche Netzformen, deren Erdverbindungen mittels Buchstaben codiert sind. Die Katalogisierung nennt man „**Systeme nach Art der Erdverbindungen**". Sie ist durch zwei Buchstaben gekennzeichnet. Für die Erdung (bzw. Nichterdung) wurden die Anfangsbuchstaben des französischen Begriffs für die Abkürzungen festgelegt:

T   terre (geerdet)

I   isolé (isoliert)

Für die Behandlung des Sternpunktleiters des Netztransformators wurden folgende Anfangsbuchstaben der französischen Begriffe festgelegt:

N   neutre (neutral)

C   combiné (kombiniert)

S   separé (separat)

Bei der Struktur der Kurzbezeichnung ist die erste Stelle für die Beschaffenheit der Erdung in der Transformatorstation reserviert. Wird der Sternpunkt der Sekundärseite des Transformators geerdet, steht an der 1. Stelle ein **T** und bei einem ungeerdeten Transformator ein **I**.

T	
I	

Die zweite Stelle der Kurzbezeichnung bezeichnet das Erdungskonzept in der Verbraucheranlage. Wird die Verbraucheranlage über einen eigenen unabhängigen Erder geerdet, so wird dies mit einem **T** an der zweiten Stelle der Kurzbezeichnung gekennzeichnet.

Wird an der zweiten Stelle ein **N** verwendet, so bedeutet dies, dass der geerdete Sternpunkt des Transformators zur Verbraucheranlage geführt wird. Das bedeutet auch, dass der Sternpunkt in der Transformatorstation geerdet ist, also steht dann an der 1. Stelle immer ein **T**.

T	N

Es gibt drei Arten von TN-Systemen:

Beim TN-S-System wird der geerdete Sternpunkt in der Transformatorstation in einen N und einen PE aufgeteilt (separiert). Beide Leiter (N und PE) werden isoliert zur Verbraucheranlage verlegt.

In einem TN-S-System wird der N-Leiter durchgängig isoliert verlegt. Das S steht für „separé (separat)" und bedeutet, dass der Neutralleiter (N) und der Schutzleiter (PE) innerhalb der elektrischen Anlage des Stromversorgungssystems separat geführt sind und keine Verbindung miteinander haben. Sie haben lediglich denselben Ursprung: den Sternpunkt der speisenden Stromquelle, siehe **Bild 5.2**. Damit wird auch auf der Netzseite sichergestellt, dass im Schutzleiter betriebsmäßig kein Strom fließt. der dessen Schutzwirkung dadurch beeinträchtigen könnte.

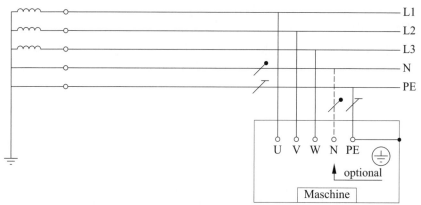

Bild 5.2 TN-S-System mit angeschlossener Maschine

TN-S-System bevorzugt

Das TN-S-System ist der übliche Standard in Industrienetzen für allgemeine Anwendungen, insbesondere für die Stromversorgung von Maschinen. Wenn für die angeschlossenen Maschinen ein Neutralleiter benötigt wird, erfordert dies eine fünf-adrige Zuleitung.

Beim TN-C-System wird der geerdete Sternpunkt als Kombination des Neutralleiters (N) und des Schutzleiters (PE) als PEN-Leiter zur Verbraucheranlage errichtet. Beim TN-C-System ist der Neutralleiter (N) mit dem Schutzleiter (PE) kombiniert, wobei das C für „combiné (kombiniert)" steht. Der PEN-Leiter ist durchgängig isoliert zu installieren, darf aber in einer Anlage mehrfach geerdet werden, siehe **Bild 5.3**. Bei stark unsymmetrisch belasteten Netzen können über den PEN-Leiter signifikant Betriebsströme fließen, wodurch die elektromagnetische Verträglichkeit (EMV) beeinträchtigt wird. Zusätzlich ist allerdings zu beachten, dass Ströme, die über die Erdung von Maschinenelementen abfließen, in der Maschine (z. B. an Lagerstellen) Sekundärschäden verursachen können.

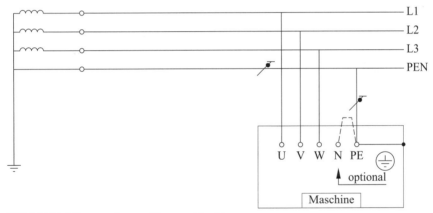

Bild 5.3 TN-C-System mit angeschlossener Maschine

EMV-Probleme

Der Nachteil eines TN-C-Systems ist, dass in unsymmetrisch belasteten Netzen die N-Leiterströme partiell auch über Körper, fremde leitfähige Teil und/oder zusätzliche Erdverbindungen zur Energiequelle zurückfließen können. Hierdurch ist die Summe der Ströme in den Mehraderleitungen nicht mehr gleich null, was zu EMV-Problemen in der elektrischen Ausrüstung führen kann.

Deshalb ist auch entsprechend der DIN VDE 0100-444 bei elektrischen Anlagen, die der EMV-Richtlinie entsprechen müssen, das TN-C-System nicht erlaubt.

Klassische Nullung

TN-C-Systeme findet man in älteren Industrieanlagen, in denen als Schutzmaßnahme zum Schutz gegen den elektrischen Schlag noch die klassische „Nullung" angewandt wird. Man sparte sich damit den fünften Leiter in den Versorgungsleitungen zu den Verbrauchern, denn der Körper eines Schutzklasse-I-Geräts wurde „vor Ort" mit dem an der Maschine angeschlossenen PEN-Leiter verbunden.

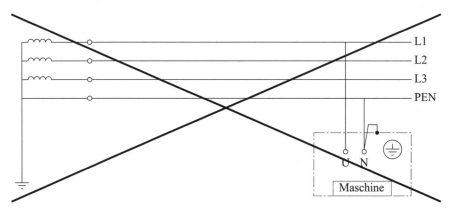

Bild 5.4 TN-C-System mit klassischer Nullung

Elektrische Ausrüstung der Maschine immer als TN-S-System aufbauen

Wird eine Maschine an ein TN-C-Stromversorgungssystem angeschlossen, so ist die elektrische Ausrüstung der Maschine als TN-S-System zu errichten und, wenn möglich, ohne den Bedarf eines Neutralleiters (N) zu planen. Damit wird sichergestellt, dass innerhalb der Maschine betriebsmäßig keine Ströme über den Schutzleiter oder über Konstruktionsteile der Maschine fließen.

T	N	-	C	S

Wird bei einem TN-C-System der PEN-Leiter in der Verbraucheranlage in einen eigenständigen Neutralleiter (N) und einen Schutzleiter (PE) aufgetrennt, wird an der 4. Stelle der Kurzbezeichnung ein **S** hinzugefügt.

Das TN-C-S-System ist eine Kombination aus einem TN-C-System und einem TN-S-System, siehe **Bild 5.5**. Es ist eine preiswerte Möglichkeit, aus einem älteren 4-Leiter-Netz bei Erweiterungen wenigstens partiell ein 5-Leiter-Netz mit getrenntem Neutralleiter (N) und einem Schutzleiter (PE) zu errichten, ohne dass das gesamte Netz neu angelegt werden muss.

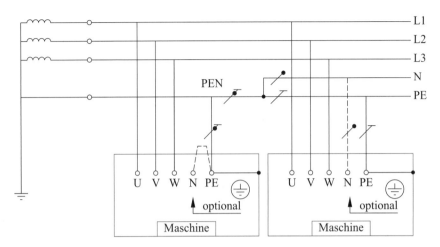

Bild 5.5 TN-C-S-System mit angeschlossener Maschine

Zwei Systeme in einer elektrischen Anlage

Bei einem TN-C-S-System, dass aus einem TN-C-System und einem nachgeschalteten TN-S-System besteht, ist es wichtig zu beachten, dass nach der Aufteilung des PEN-Leiters in einen Neutralleiter (N) und einen Schutzleiter (PE) keine elektrische Verbindung mehr zwischen diesen beiden Leitern hergestellt werden darf.

Ein einmal in ein TN-S-System aufgeteiltes System darf also danach nicht mehr in ein TN-C-System umgewandelt werden.

T	T

Beim TT-System ist der Sternpunkt des einspeisenden Netzes wie beim TN-System niederohmig geerdet. Diese Erde wird aber nicht über eine Leitungsverbindung zu den Betriebsmitteln (Maschinen) geführt. Dagegen wird das Verbrauchernetz an seinem Beginn möglichst separat geerdet und so der Schutzleiter (PE) gebildet, siehe **Bild 5.6**. Der Anschluss einer Maschine an ein TT-System ist identisch mit dem Anschluss an ein TN-System.

TT-Systeme werden überwiegend dort verwendet, wo berechtigte Zweifel an der Qualität des Netzes, insbesondere an der des Schutzleiters, bestehen. Praktisch bedeutet dies, dass die Leitungsimpedanzen so hoch sind, dass im Fehlerfall eine automatische Abschaltung durch die Fehlerströme in ausreichend kurzer Zeit nicht gewährleistet ist. Das Risiko eines elektrischen Schlags wird zusätzlich erhöht, wenn Berührungsspannungen durch verschmutzte und feuchte Umgebungsbedingungen

81

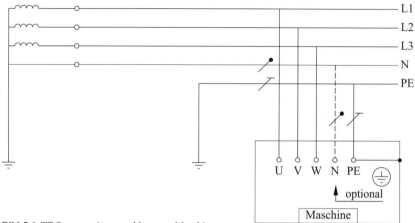

Bild 5.6 TT-System mit angeschlossener Maschine

(Kriechstrecken) entstehen können. Eine gute Erdung in der Nähe der gefährdeten Betriebsmittel vermindert dann auf jeden Fall die möglichen Berührungsspannungen. Diese Netzform wird deshalb in schwachen Netzen, bei langen Stichleitungen oder auf Baustellen, die von einer provisorischen Stromquelle versorgt werden, gewählt.

I	T

Alle vorgenannten Systeme haben das Ziel, durch die Fehlerströme beim ersten Fehler möglichst schnell eine Abschaltung der Stromversorgung herbeizuführen. Ist dies aus betrieblichen Gründen unerwünscht (hohe Verfügbarkeit), werden IT-Systeme eingesetzt.

Bei einem IT-System ist das Versorgungsnetz entweder über eine hohe Impedanz geerdet oder von der Erde vollständig isoliert. Dagegen wird das Verbrauchernetz an seinem Beginn separat geerdet, siehe **Bild 5.7**.

Erster Isolationsfehler löst keine Abschaltung aus

Bei einem ersten Erdschluss fließen weder nennenswerte Fehlerströme, die zu einer Abschaltung der Stromversorgung führen können, noch können gefährliche Berührungsspannungen entstehen. Das Potential an der Fehlerstelle des gestörten Außenleiters wird somit praktisch auf Erdpotential „gezogen". Damit kann die Anlage zunächst weiter betrieben werden. Ein zweiter Fehler in einem anderen Außenleiter löst aber eine Abschaltung der Stromversorgung aus. Der Betrieb darf mit einem unerkannten ersten Fehler also nicht über eine längere Zeit hinweg fortgesetzt werden.

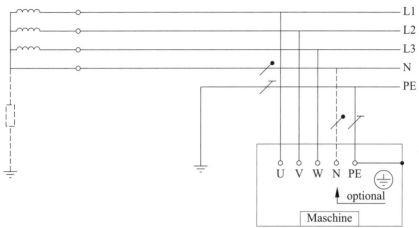

Bild 5.7 IT-System mit angeschlossener Maschine

Isolationsüberwachungseinrichtung

Das Netz muss mit einer Erdschlussüberwachungseinrichtung kontrolliert werden, die den ersten Isolationsfehler meldet. Entsprechend den betrieblichen Erfordernissen kann dann die Stromversorgung zu einem späteren Zeitpunkt zwecks Störungsbehebung kontrolliert abgeschaltet werden.

Mehrere Netztrenneinrichtungen

Wenn möglich, sollte die elektrische Ausrüstung einer Maschine für jeden Anschluss an ein Stromversorgungssystem über nur eine Netztrenneinrichtung verfügen; wobei die Bildung von besonderen Stromversorgungen, wie z. B. von Umrichtern, innerhalb der elektrischen Anlage, die von dem System versorgt wird, erfolgen sollte.

Sonderstromkreise

Bestimmte Stromkreise, die auch bei einer Trennung der Maschine von der Stromversorgung durch die Netztrenneinrichtung noch benötigt werden, wie z. B. Beleuchtung, Steckdosen oder Überwachungseinrichtungen, müssen über eine eigene Netztrenneinrichtung verfügen.

Verriegelungen der organisatorischen Maßnahmen

Damit bei der Zu- und Abschaltung der Stromversorgungen durch mehrere Netztrenneinrichtungen keine gefahrbringenden Situationen an der Maschine entstehen können, müssen Maßnahmen vorgesehen werden. Dies kann z. B. durch Verriegelungen zwischen den Netztrenneinrichtungen oder durch organisatorische Maßnahmen erreicht werden.

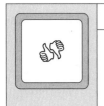

Risikobeurteilung notwendig

Wichtig ist, dass keine gefahrbringende Situation oder Schäden an der Maschine oder dem Produktionsgut durch unzulässige Ab- oder Zuschaltkombinationen bei mehreren Netztrenneinrichtungen entstehen dürfen. Die Methoden der Schutzverriegelungen sind durch eine Risikobeurteilung zu ermitteln.

Steckerfertige Maschinen

Wird die elektrische Ausrüstung mit einer fest angeschlossenen Leitung mit einem Stecker geliefert, so darf die Zuleitung direkt an den Netzanschlussklemmen der elektrischen Ausrüstung angeschlossen werden. Die Stecker-/Steckdosenkombination wird als Netztrenneinrichtung angesehen, siehe **Bild 5.8**.

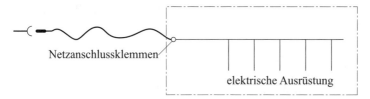

Bild 5.8 Steckerfertiger Anschluss mit Stecker-/Steckdosenkombination als Netztrenneinrichtung

Verfügt die elektrische Ausrüstung zusätzlich über einen Trennschalter, so darf die Anschlussleitung an den Anschlussklemmen des Trennschalters, die dann als Netzanschlussklemmen angesehen werden, ohne weitere Zwischenklemmen direkt angeschlossen werden, siehe **Bild 5.9**.

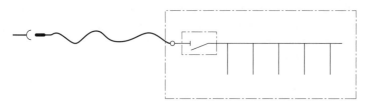

Bild 5.9 Steckerfertiger Anschluss mit Stecker-/Steckdosenkombination als Netztrenneinrichtung und zusätzlichem Trennschalter

Neutralleiter

Der Anschluss für einen Neutralleiter (N) an der Maschine ist optional und nur dann vorzusehen, wenn der Neutralleiter (N) für die elektrische Ausrüstung der Maschine tatsächlich benötigt wird. Wird der Neutralleiter (N) aus dem versorgenden Netz genutzt, so sind besondere Angaben notwendig. Die Verwendung des Neutralleiters (N) muss in der Dokumentation, wie Installationsplan und Stromlaufplan, eindeutig dargestellt sein. Der Anschluss an die Maschine muss über eine isolierte Klemme erfolgen und die Klemme muss entsprechend Abschnitt 16.1 (dauerhaft) gekennzeichnet sein.

Trennung des PEN-Leiters in Neutralleiter und Schutzleiter

Wird die elektrische Ausrüstung an ein TN-C-System angeschlossen, ist der PEN-Leiter an den Netzanschlussklemmen in einen Neutralleiter und einen Schutzleiter aufzuteilen, siehe **Bild 5.10**.

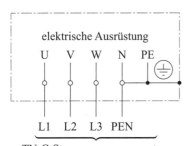

Bild 5.10 Trennung des PEN-Leiters in Neutralleiter und Schutzleiter

Innerhalb der elektrischen Ausrüstung einer Maschine darf zwischen dem Neutralleiter und dem Schutzleiter keine Verbindung hergestellt werden.

Mehrfacheinspeisung

Beim Zusammenschalten von zwei oder mehr Transformatoren zur Stromquelle für eine Mehrfacheinspeisung der elektrischen Ausrüstung für eine Maschine müssen aus EMV-Gründen besondere Regeln beachtet werden.

Nur wenn auch Einphasenverbraucher vorhanden sind

Werden von einer Mehrfacheinspeisung nur Drehstromverbraucher ohne Neutralleiteranschluss versorgt, ist ein zentraler Erdungspunkt der Transformator-Sternpunkte nicht erforderlich.

85

Da eine Mehrfacheinspeisung meistens zentral für eine komplette Industrieanlage errichtet wird, werden auch Einphasenverbraucher versorgt. Somit sollte bei der Errichtung eines Mehrfach-Einspeisesystems grundsätzlich die einmalige zentrale Erdung des Sternpunktverbindungsleiters entsprechend DIN VDE 0100-444 vorgenommen werden.

Vagabundierende Ströme (Streuströme)

Würden die Sternpunkte der Transformatoren einzeln separat geerdet, träten beim Betrieb vagabundierende Ströme über den Neutralleitern, den Erdverbindungen sowie über den Transformatoren auf. Durch die vagabundierenden Ströme wären die Drehstromsysteme nicht mehr symmetrisch. Dadurch würden nach dem Prinzip eines Einleiterkabels magnetische Wechselfelder um Mehraderleitungen herum auftreten.

Um dies zu vermeiden, muss der Leiter, der die Sternpunkte der Transformatoren miteinander verbindet (auch Sternpunktverbindungsleiter genannt), isoliert verlegt werden und darf nur an einer Stelle mit dem Anlagenerder verbunden werden, siehe **Bild 5.11**. Am zentralen Erdungspunkt werden auch der Neutralleiter und der Schutzleiter der elektrischen Ausrüstung angeschlossen.

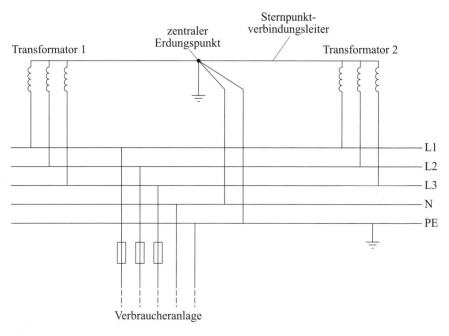

Bild 5.11 Zentraler Erdungspunkt aller Sternpunkte

Umschaltbare Stromversorgungen

Wird eine elektrische Anlage durch mehrere umschaltbare Stromquellen versorgt, so müssen auch mögliche Strompfade für vagabundierende Ströme beachtet werden. Damit dies grundsätzlich nicht möglich ist, müssen die Schaltgeräte vierpolig ausgeführt werden, damit auch der Neutralleiter abgeschaltet werden kann, siehe DIN VDE 0100-444.

Entsprechend DIN VDE 0100-460 [35] müssen bei Umschaltungen auf alternative Stromquellen alle aktiven Leiter, wozu auch der Neutralleiter zählt, geschaltet werden. Wichtig ist, dass der Neutralleiter nicht alleine einpolig geschaltet werden kann.

Zeitgleiche Umschaltung von Außenleiter und Neutralleiter

Beim Schalten des Neutralleiters ist eine zeitgleiche Umschaltung mit den Außenleitern sicherzustellen. Der Neutralleiter darf erst nach dem Öffnen der Kontakte der aktiven Leiter unterbrochen werden und muss beim Wiedereinschalten vor den Kontakten der aktiven Leiter geschlossen werden. Bei Verwendung eines vierpoligen Schützes kann dies als annähernd zeitgleich angesehen werden.

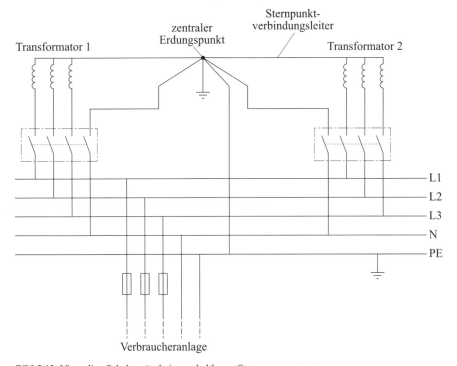

Bild 5.12 Vierpolige Schaltgeräte bei umschaltbaren Stromversorgungen

Auch bei der Verwendung von Notstromversorgungssystemen muss der Neutralleiter mitgeschaltet werden. Kleine kompakte Notstromversorgungssysteme bietet der Markt auch mit einer internen automatischen Bypass-Umschaltung an. Bei solchen fabrikfertigen USV-Systemen sollte immer überprüft werden, ob der Neutralleiter tatsächlich geschaltet wird.

Kennzeichnung der Netzanschlussklemmen

Die Netzanschlussklemmen sind entsprechend DIN EN 60445 (**VDE 0197**) [36] zu kennzeichnen. Für die Netzanschlussklemmen sind demnach die Buchstaben U, V, W für den Anschluss der Außenleiter, N für den Anschluss des Neutralleiters und PE für den Anschluss des Schutzleiters, oder PEN für den Anschluss des PEN-Leiters, zu verwenden, siehe **Tabelle 5.1**.

Zusätzlich können die empfohlenen Symbole entsprechend der internationalen Norm IEC 60417 [37], in der die grafischen Symbole für elektrische Ausrüstungen festgelegt sind, angebracht werden.

Die Kennzeichnung muss eindeutig unterscheidbar und dauerhaft sein.

Anschluss	Anschluss	Empfohlenes Symbol	Symbolnummer
Außenleiter 1	U	$\sim$	IEC 60417 – 5032
Außenleiter 2	V	$\sim$	IEC 60417 – 5032
Außenleiter 3	W	$\sim$	IEC 60417 – 5032
Neutralleiter	N	–	
Mittelleiter	M	–	
Gleichstromleiter positiv	+	$+$	IEC 60417 – 5005
Gleichstromleiter negativ	–	—	IEC 60417 – 5006
Schutzleiter	PE	$\oplus$	IEC 60417 – 5019
PEN-Leiter	PEN	–	
PEL-Leiter	PEL	–	
PEM-Leiter	PEM	–	
Schutzpotentialausgleichsleiter	PB		IEC 60417 – 5021
Funktionserdungsleiter	FE		IEC 60417 – 5018
Funktionspotentialausgleichsleiter	FB		IEC 60417 – 5020

Tabelle 5.1 Alphanumerische Zeichen und Symbole von Anschlüssen

5.2 Klemmen für den externen Schutzleiter

Für jeden Netzanschluss einer Maschine muss neben den Klemmen für den Außen-leiteranschluss auch die Anschlussklemme für den dazugehörigen Schutzleiter im selben Anschlussraum vorgesehen werden.

Querschnitt des Schutzleiters kann kleiner als die Außenleiter sein

Bei der Größe der Anschlussklemme muss berücksichtigt werden, dass der Quer-schnitt des Schutzleiters kleiner sein kann als der Querschnitt der Außenleiter. Wird die Klemme zu groß gewählt, also genau so groß wie die Anschlussklemmen der Außenleiter, kann eine wirksame Kontaktierung nicht gewährleistet werden. Schutz-leiter dürfen nämlich ab einem bestimmten Querschnitt kleiner sein, siehe **Tabelle 5.2.**

Außenleiterquerschnitt	Schutzleiterquerschnitt (Cu)
$S \leq 16 \text{ mm}^2$	S, wie Außenleiter
$S > 16 \text{ mm}^2$ bis 35 mm^2	16 mm^2
$S > 35 \text{ mm}^2$ bis 400 mm^2	$S/2$

Tabelle 5.2 Schutzleiterquerschnitt bei großen Kupferquerschnitten

Adiabatische Erwärmung

Ab einem bestimmten Querschnitt kann der des Schutzleiters in einer Zuleitung kleiner gewählt werden, da im Fehlerfall der Fehlerstrom über den Schutzleiter nur eine kurze Zeit bis zur Auslösung der Überstromschutzeinrichtung fließt. In dieser Zeit reicht die Wärmeaufnahmefähigkeit des reduzierten Querschnitts aus, ohne dass dieser beschädigt wird. Man bezeichnet das auch als adiabatische Erwärmung, bei der die Erwärmungsphase so kurz ist, dass der Leiter noch keine Wärme an seine Umgebung abgeben kann. Die Leiter der Außenleiter müssen im Gegensatz dazu für den Dauerstrom dimensioniert sein.

Schutzleiter aus Aluminium

Besteht der Leiter des Schutzleiters aus einem anderen Material, z. B. aus Aluminium, so muss die Anschlussklemme für das Leitermaterial zugelassen sein und hierfür die entsprechende Klemmengröße haben. Ab einem Leiterquerschnitt von $> 16 \text{ mm}^2$ werden auch Leiter aus Aluminium verwendet.

Bei der Anschlussklemme für Aluminiumleiter müssen folgende Phänomene be-rücksichtigt werden:

- Aluminium gibt unter Druck nach, es kommt zum sog. „Fließen",
- nach dem Abisolieren bildet sich auf der der Oberfläche relativ schnell eine Oxidschicht,
- ein Aluminiumleiter hat eine geringere Stromtragfähigkeit als z. B. ein Kupferleiter,
- Aluminium kann nicht mit jedem Material dauerhaft in Kontakt bleiben, bei falscher Materialkombination kommt es zu Kontaktkorrosion.

Beschriftung der Schutzleiterklemme

An jeder Netzanschlussklemme muss die Anschlussklemme für den Schutzleiter mit den Buchstaben **PE** gekennzeichnet werden.

5.3 Netztrenneinrichtung

Grundsätzlich muss jede Stromversorgung zu einer oder mehreren Maschinen über eine eigene Netztrenneinrichtung verfügen. Wird eine Maschine von mehreren Stromversorgungen gespeist, muss für jeden Anschluss eine eigene unabhängige Netztrenneinrichtung vorgesehen werden.

Schleifleitungen

Werden mehrere Maschinen über eine gemeinsame Schleifleitung versorgt, darf die Netztrenneinrichtung an der Einspeisestelle der Schleifleitung angeordnet werden. Bei dieser Anordnung sind dann jedoch alle Maschinen, die von dieser Schleifleitung versorgt werden, gleichzeitig abgeschaltet, siehe **Bild 5.13**.

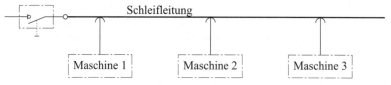

Bild 5.13 Netztrenneinrichtung für mehrere Maschinen

Ausgenommene Stromkreise

Werden bestimmte Stromkreise (ausgenommene Stromkreise, Sonderstromkreise) einer Maschine unabhängig von der Netztrenneinrichtung der Hauptstromkreise der Maschine über einen eigenen Netzanschluss versorgt, sollte die Stromversorgung über eine eigene Netztrenneinrichtung verfügen, siehe **Bild 5.14**.

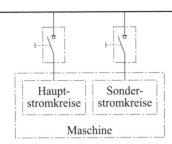

Bild 5.14 Netztrenneinrichtungen für verschiedene Stromkreise einer Maschine

Mehrfacheinspeisung

Wird eine Maschine über mehrere Netzanschlüsse versorgt (Mehrfacheinspeisung), so muss für jeden einzelnen Netzanschluss eine eigene Netztrenneinrichtung vorgesehen werden.

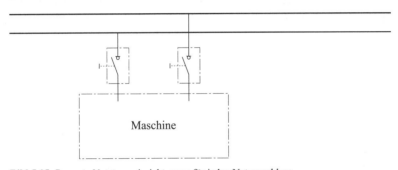

Bild 5.15 Separate Netztrenneinrichtungen für jeden Netzanschluss

Alternative Bordstromversorgung

Verfügt eine Maschine neben dem Netzanschluss zusätzlich über eine eigene Bordstromversorgung, wie z. B. eine Batterie oder einen Generator, so muss auch die Bordstromversorgung über eine eigene separate Netztrenneinrichtung verfügen, siehe **Bild 5.16**.

Bei großen bzw. komplexen Maschinen, die mehr als eine Einspeisung erfordern, muss sichergestellt werden, dass für Wartungs- oder Instandsetzungsarbeiten an der Maschine ggf. alle Stromquellen abgeschaltet werden können. In dem Fall sind für die Netztrenneinrichtungen mechanische und/oder elektrische Verriegelungen notwendig. Bei zwei oder mehr Netztrenneinrichtungen darf keine gefährliche Situation entstehen, wenn nicht alle Netztrenneinrichtungen gleichzeitig ausgeschaltet sind, zumal bei räumlich auseinanderliegenden Schaltstellen, wie sie bei ausgedehnten

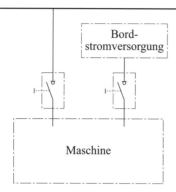

Bild 5.16 Separate Netztrenneinrichtungen für Netzanschluss und Bordstromversorgung

Anlagen vorkommen können. Hier muss für jeden Einzelfall geprüft werden, ob eine automatisch wirkende Maßnahme (Mitnahmeschaltung beim Öffnen, Verriegelung beim Zuschalten) notwendig ist, um eine gefährliche Situation zu vermeiden.

In welcher Form die gegenseitigen Verriegelungen bei mehreren Netztrenneinrichtungen für eine Maschine auszuführen sind, muss durch eine Risikobeurteilung ermittelt werden.

5.3.1 Arten von Schaltgeräten

Folgende Betriebsmittel dürfen als Netztrenneinrichtung verwendet werden:

a) Lasttrennschalter mit oder ohne Sicherungen entsprechend DIN EN 60947-6-2 (**VDE 0660-115**) [38] mit der Gebrauchskategorie

   AC 23B = Motorlasten oder andere stark induktive Lasten oder

   DC 23B = stark induktive Last, z. B. Reihenschlussmotoren, entsprechend DIN EN 60947-1 (**VDE 0660-100**) [39],

   je nachdem, welche Stromart der Netzanschluss zur Verfügung stellt.

b) Steuer- und Schutzschaltgeräte (CPS = Control and Protection Switching device) entsprechend DIN EN 60947-6-2 (**VDE 0660-115**). Solche Schaltgeräte erfüllen die Anforderungen an eine Trennfunktion, werden jedoch nicht von Hand betätigt. Sie werden auch als modulare Motorstarterkombinationen bezeichnet.

c) Leistungsschalter entsprechend DIN EN 60947-2 (**VDE 0660-101**) [40], die über Trennereigenschaften verfügen. Bei der Auswahl des Leistungsschalters ist zu beachten, dass die max. Anzahl der Schaltspiele ohne Reparatur oder Ersatz von Teilen begrenzt ist (ab I_N 630 A max. 3 000 Schaltspiele).

d) Wird ein solcher Schalter neben seiner Funktion als Netztrenneinrichtung auch als EIN-/AUS-Schalter für die Maschine eingesetzt, kann das Ende der Lebensdauer schnell erreicht werden. Bei drei Schaltungen pro Werktag und 200 Tagen p. a. ist bereits nach 5 Jahren die max. Schaltspielzahl erreicht.

e) Jedes andere Schaltgerät, das entsprechend einer Produktnorm die Anforderungen an die Trennereigenschaften erfüllt.

f) Stecker-/Steckdosenkombinationen, bei denen der Stecker an einer flexiblen Leitung angeschlossen ist.

5.3.2 Zusätzliche Anforderungen an die Netztrenneinrichtung

Die Anforderungen an die Netztrenneinrichtung werden in diesem Abschnitt noch erweitert. Zum Teil handelt es sich um Eigenschaften der Geräte, die bereits in Abschnitt 5.3.2 festgeschrieben sind, wie die Trenneigenschaften und die Gebrauchskategorien. Darüber hinaus müssen aber auch anwendungsspezifische Anforderungen an die Sicherheit bei Wartungs- und Instandsetzungsarbeiten beachtet werden.

Bei Schaltgeräten

Die Netztrenneinrichtungen entsprechend Abschnitt 5.3.2 a) bis d) müssen deshalb zusätzlich folgende Anforderungen erfüllen:

• Es darf nur eine AUS-Stellung und nur eine EIN-Stellung vorhanden sein, und die Schaltstellungen müssen mit dem Symbol **O** (IEC 60417 – 5008) bzw. **I** (IEC 60417 – 5007) gekennzeichnet werden.

• Das Symbol **O** darf erst erscheinen, wenn sich die Kontakte der Schalteinrichtung tatsächlich in der Trennstellung befinden.

• Es muss eine Bedieneinrichtung entsprechend Abschnitt 5.3.4 vorhanden sein.

• Es muss eine Möglichkeit des Abschließens in der AUS-Stellung vorhanden sein, z. B. durch Vorhängeschlösser. Ist eine Netztrenneinrichtung mithilfe einer Vorrichtung in der AUS-Stellung abgeschlossen, darf sie weder von Hand noch durch eine Fernbedienung eingeschaltet werden können.

• Alle aktiven Leiter müssen geschaltet werden. Der Neutralleiter braucht in einem TN-System nicht mitgeschaltet werden.

• Das Ausschaltvermögen muss so gewählt werden, dass der größte Motor der Maschine im blockierten Zustand zusammen mit der Summe der Nennströme aller weiteren eingesetzten Motoren und Verbraucher abgeschaltet werden kann. Wird der größte Motor von einem Umrichter versorgt, kann als max. Strom die vorgesehene Strombegrenzung durch die Regelung eingesetzt werden.

Bei Stecker-/Steckdosenkombination

Wird eine Stecker-/Steckdosenkombination entsprechend Abschnitt 5.3.2 e) als Netztrenneinrichtung verwendet, muss der Stecker unter Last aus der Steckdose herausgezogen werden können.

Steckdose mit Schaltgerät verriegelt

Ist dies nicht zulässig, muss die Steckdose zusätzlich mit einem Schaltgerät kombiniert werden, wobei das Herausziehen des Steckers nur möglich sein darf, wenn sich das Schaltgerät in der AUS-Stellung befindet. Somit wird sichergestellt, dass der Stecker nur stromlos herausgezogen werden kann.

Stecker-/Steckdosenkombination ist Netztrenneinrichtung

Bild 5.17 veranschaulicht, dass die Stecker-/Steckdosenkombination die Funktion einer Netztrenneinrichtung übernimmt. Das Schaltgerät unterstützt lediglich die Stecker-/Steckdosenkombination bei der Unterbrechung des Stroms. Deshalb braucht das Schaltgerät auch keine Trennereigenschaften besitzen, es darf ein Schütz sein.

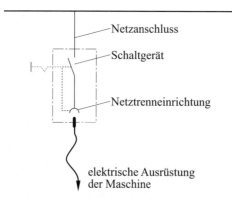

Bild 5.17 Stecker-/Steckdosenkombination mit integriertem Schaltgerät

Ausschaltvermögen

Beim Einsatz eines Schaltgeräts muss dieses ein Ausschaltvermögen besitzen, das den Strom sowohl des größten blockierten Motors als auch aller anderen gleichzeitig betriebenen Motoren im Normalbetrieb und weitere elektrische Verbraucher schalten kann.

Umrichter reduzieren durch Stromgrenze

Wird der größte Motor von einem Umrichter versorgt, kann als max. Strom die vorgesehene Strombegrenzung durch die Regelung eingesetzt werden.

Gebrauchskategorie

Da die elektrische Ausrüstung bei Maschinen Motoren oder auch andere starke induktive Lasten enthält, ist die Gebrauchskategorie für das Schalten von induktiven Lasten bei der Auswahl des Schaltgeräts zu berücksichtigen.

Gleichzeitigkeitsfaktor

Bei der Dimensionierung des Schaltgeräts darf deshalb auch ein Gleichzeitigkeitsfaktor zur Reduzierung des Summenstroms berücksichtigt werden.

Schaltgerät zusätzlich als EIN-/AUS-Schaltgerät

Wird das Schaltgerät der Stecker-/Steckdosenkombination auch als Schaltgerät für das betriebsbedingte Ein- und Ausschalten der Maschine verwendet, muss bei der Dimensionierung die Gebrauchskategorie und die Schalthäufigkeit beachtet werden. Elektromechanische Schütze nach DIN EN 60947-4-1 (**VDE 0660-102**) [41] verfügen über wesentlich höhere max. Schaltspiele ohne Reparatur oder Ersatz von Teilen als Leistungsschalter.

5.3.3 Bedienungsvorrichtung der Netztrenneinrichtung

Mit der Bedienungsvorrichtung der Netztrenneinrichtung soll die elektrische Ausrüstung der Maschine von der/den Stromversorgung(en) getrennt werden können, auch von Laien. Damit dies möglich ist, muss die Betätigungseinrichtung außerhalb von Umhüllungen (Schaltschrank/Gehäuse) angeordnet und bedienbar sein.

Ist zum Schutz gegen Umwelteinflüsse für die Bedienungsvorrichtung eine Abdeckung oder Tür notwendig, muss sie leicht und ohne Werkzeug oder Schlüssel geöffnet werden können. Auf einer solchen Abdeckung/Tür muss ein eindeutiger Hinweis auf die Bedienungsvorrichtung der Netztrenneinrichtung angebracht werden. Dies kann auch durch das Anbringen des Symbols 6169-1 oder 6169-2, entsprechend der IEC 60417, erreicht werden, siehe **Bild 5.18** und **Bild 5.19**.

Bild 5.18 Trenner
(Symbol 6169-1)

Bild 5.19 Leistungsschalter mit Trennereigenschaften
(Symbol 6169-2)

Auch bei Mehrfacheinspeisungen einer Maschine müssen alle Bedienvorrichtungen entsprechend zugänglich sein.

Dies gilt auch für die Netztrenneinrichtung von ausgenommenen Stromkreisen (Sonderstromkreise), die bei Wartungs- und/oder Reparaturarbeiten benötigt werden.

Verfügt die Netztrenneinrichtung über einen Motorantrieb, müssen die zum Ein- und Ausschalten benötigten Drucktaster außerhalb der Umhüllung liegen und zugänglich sein.

Die Betätigungshöhe der Bedienungsvorrichtung für die Netztrenneinrichtung muss ab Zugangsebene in einer Höhe von mindestens 0,6 m bis 1,9 m angeordnet werden. Die Norm empfiehlt eine Höhe von 1,7 m. Wichtig ist, dass die Bedienung der Netztrenneinrichtung ohne Vorrichtungen betätigt werden kann, siehe **Bild 5.20**

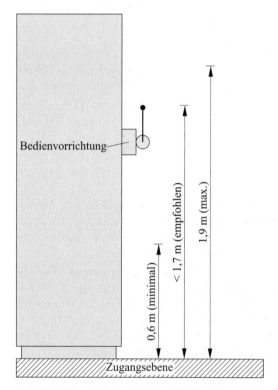

Bild 5.20 Maße für die Anordnung der Bedienungseinrichtung

Funktion in Abhängigkeit von der Betätigungsmethode

In Abhängigkeit von der Bedienung (drehen, linear, drücken) sind deren Bewegungsrichtungen oder Anordnungen feste Funktionen entsprechend EN 61310-3 (**VDE 0113-103**) [42] zugeordnet.

Drehende Bewegung

Wenn die Bedienvorrichtung der Netztrenneinrichtung für die Schalthandlung gedreht wird, bewirkt die Drehrichtung im Uhrzeigersinn ein Einschalten und gegen den Uhrzeigersinn ein Ausschalten der Netztrenneinrichtung, siehe **Bild 5.21**.

ausschalten   einschalten

Bild 5.21 Zuordnung der Schaltfunktionen bei einer Drehbewegung

Linear horizontale Bewegung

Wird die Bedienvorrichtung linear horizontal bewegt, bewirkt eine linear horizontale Bewegung der Betätigungseinrichtung nach rechts ein Einschalten und eine linear horizontale Bewegung nach links ein Ausschalten der Netztrenneinrichtung, siehe **Bild 5.22**.

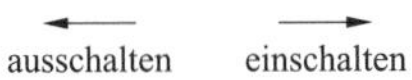

ausschalten   einschalten

Bild 5.22 Zuordnung der Schaltfunktionen bei einer linear horizontalen Bewegung

Linear vertikale Bewegung

Wird die Bedienvorrichtung linear vertikal bewegt, bewirkt eine lineare vertikale Bewegung der Betätigungseinrichtung nach oben ein Einschalten und eine lineare vertikale Bewegung nach unten ein Ausschalten der Netztrenneinrichtung, siehe **Bild 5.23**.

↓   ↑

ausschalten   einschalten

Bild 5.23 Zuordnung der Schaltfunktionen bei einer linear vertikalen Bewegung

Drucktaster horizontal angeordnet

Besteht die Bedienvorrichtung aus Drucktastern und sind die Drucktaster nebeneinander horizontal angeordnet, bewirkt der rechte Drucktaster ein Einschalten und der linke Drucktaster ein Ausschalten der Netztrenneinrichtung, siehe **Bild 5.24**.

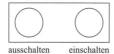

ausschalten   einschalten   **Bild 5.24** Zuordnung der Drucktaster bei horizontaler Anordnung

Drucktaster vertikal angeordnet

Besteht die Bedienvorrichtung aus Drucktastern und sind die Drucktaster übereinander vertikal angeordnet, bewirkt der obere Drucktaster ein Einschalten und der untere Drucktaster ein Ausschalten der Netztrenneinrichtung, siehe **Bild 5.25**.

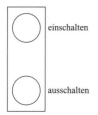

Bild 5.25 Zuordnung der Drucktaster bei vertikaler Anordnung

Farben der Bedienvorrichtung

Die zu verwendenden Farben für die Bedienvorrichtung der Netztrenneinrichtung sind abhängig von Betätigungsform und Funktion.

Griff zum Ein-/Ausschalten

Bei einer Netztrenneinrichtung sollte die Bedienvorrichtung, wenn sie als Griff ausgeführt ist, SCHWARZ oder GRAU sein.

Griff auch für Ausschalten im Notfall

Wird eine Netztrenneinrichtung zusätzlich dazu verwendet, einen Not-Halt (entsprechend Abschnitt 10.7.3) oder Not-Aus (entsprechend Abschnitt 10.8.3) zu bewirken, muss die Betätigungseinrichtung ROT und der Hintergrund GELB sein. Da das Bedienteil (Griff) sowohl für das Ein- als auch für das Ausschalten im Notfall verwendet wird, gilt die Farbgebung ROT/GELB grundsätzlich.

Taster zum Einschalten

Besteht die Bedienvorrichtung der Netztrenneinrichtung aus Drucktastern, so darf der Drucktaster für den EIN-Befehl WEIß, GRAU, SCHWARZ oder GRÜN sein, vorzugsweise sollte er **WEIß** sein.

Taster zum Ausschalten

Der Drucktaster für den AUS-Befehl darf in SCHWARZ, GRAU oder WEIß ausgeführt sein, jedoch vorzugsweise in **SCHWARZ**. ROT darf nur verwendet werden, wenn in der Nähe kein Not-Halt- oder Not-Aus-Befehlsgerät angeordnet ist.

Taster auch für Ausschalten im Notfall

Wird jedoch eine Netztrenneinrichtung zusätzlich dazu verwendet, einen Not-Halt (entsprechend Abschnitt 10.7.3) oder Not-Aus (entsprechend Abschnitt 10.8.3) zu bewirken, muss die Betätigungseinrichtung für den AUS-Befehl ROT und der Hintergrund GELB sein.

Sollte die Netztrenneinrichtung nicht zusätzlich für eine Handlung im Notfall verwendet werden, sollte die Bedieneinrichtung für das Ausschalten auch nicht in ROT/GELB ausgeführt sein.

5.3.4 Ausgenommene Stromkreise

Als ausgenommene Stromkreise werden Stromkreise bezeichnet, die nicht durch die Netztrenneinrichtung der Maschine abgeschaltet werden, sondern über eine eigene Netztrenneinrichtung verfügen, siehe **Bild 5.26**.

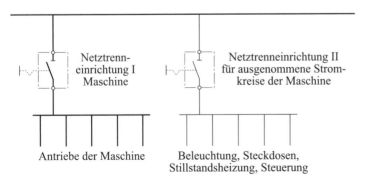

Bild 5.26 Elektrische Ausrüstung mit zwei Netztrenneinrichtungen

Ausgenommene Stromkreisen werden benötigt, wenn sie trotz der Abschaltung der Maschine weiterhin in Betrieb bleiben müssen. Entweder, weil sie für notwendige Wartungs- und Instandsetzungsarbeiten benötigt werden, oder weil sie Maschineneinrichtungen versorgen, die für einen korrekten Maschinenzustand auch im Stillstand der Maschine nicht abgeschaltet werden dürfen.

Elektrische Anlage des Gebäudes nutzen

Kann die für Wartungs- oder Instandsetzungsarbeiten benötigte elektrische Energie von der Gebäudeinstallation genutzt werden, müssen in der Regel keine ausgenommenen Stromkreise mit einer eigenen Netztrenneinrichtung vorgesehen werden.

Steuerungstechnische Anforderungen

Werden zur Steuerung und Überwachung der Stromversorgung Überwachungsgeräte, wie Unterspannungsüberwachung, Drehfeldüberwachung oder ein Motorantrieb, verwendet, die das Schalten der Netztrenneinrichtung beeinflussen, so muss hierfür neben der Netztrenneinrichtung für die Maschine eine weitere unabhängige Stromversorgung mit einer eigenen Netztrenneinrichtung vorgesehen werden.

Betriebliche Anforderungen

Werden bei einer Maschine Einrichtungen verwendet, die bei der Trennung der elektrischen Ausrüstung von der Stromversorgung nicht mitabgeschaltet werden dürfen, wie z. B. Lastmagnete, Werkstückhaltemagnete, Werkstückheizungen oder Saugheber, aber auch Stillstandsheizungen, so gehören die Stromversorgungen hierfür auch zu den ausgenommenen Stromkreisen. Zentrale Steuerungseinrichtungen, wie freiprogrammierbare Steuerungen, werden meistens nicht abgeschaltet

Stromkreise für Wartungs- und Instandhaltungsarbeiten

Zu den ausgenommenen Stromkreisen für Wartungs- und Instandhaltungsarbeiten gehören hauptsächlich Stromkreise für Beleuchtungseinrichtungen an oder in einer Maschine, wie z. B. in der elektrischen Betriebsstätte, aber auch Steckdosen für Elektrowerkzeuge und Prüfausrüstungen. Steckdosen für Montagekrane können auch dazu gehören.

Stromkreise von anderen Maschinen

Werden in der Steuerung einer Maschine zu Verriegelungszwecken Stromkreise von einer anderen Maschine (mit einer eigenen Netztrenneinrichtung) eingebunden, so gelten diese Stromkreise auch als ausgenommene Stromkreisen, brauchen aber nicht durch die Netztrenneinrichtung mit abgeschaltet zu werden, siehe **Bild 5.27**.

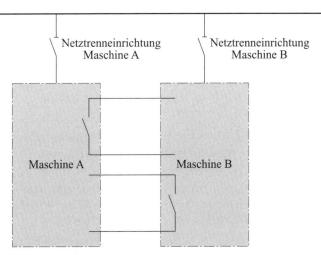

Bild 5.27 Fremdgespeiste Stromkreise

Besondere Maßnahmen für ausgenommene Stromkreise

Da ausgenommene Stromkreise bei abgeschalteter Netztrenneinrichtung der Maschine weiterhin „unter Spannung" stehen, müssen bei der Errichtung folgende besondere (Schutz-)Maßnahmen vorgesehen werden:

- Warnschild (mit Blitzpfeil) in der Nähe der Netztrenneinrichtung, das darauf hinweist, dass auch bei abgeschalteter Netztrenneinrichtung bestimmte Stromkreise weiterhin „unter Spannung" stehen.

- Ins Wartungshandbuch muss der Hinweis, mit Auflistung der Stromkreise, aufgenommen werden, dass auch bei abgeschalteter Netztrenneinrichtung bestimmte Stromkreise weiterhin „unter Spannung" stehen.

- Die Farbe der Isolation muss ORANGE sein, siehe Abschnitt 13.2.4 dieses Buchs.

- Ausgenommene Stromkreise müssen von den allgemeinen Stromkreisen räumlich getrennt verlegt werden. Dies kann erreicht werden, indem Mantelleitungen verwendet werden.

- Sie müssen mit einem dauerhaft angebrachten Warnschild gekennzeichnet werden. Die Kennzeichnung mit dem Warnschild (Blitzpfeil) sollte z. B. an den Anschlussklemmen von ausgenommenen Stromkreise innerhalb der elektrischen Ausrüstung erfolgen.

Damit ist nicht die Kennzeichnung jeder einzelnen Leitung der ausgenommenen Stromkreise gemeint, hier reicht die Farbe ORANGE bei der Aderisolierung aus.

5.4 Einrichtungen zur Unterbrechung der Energiezufuhr zur Verhinderung von unerwartetem Anlauf

Die Antriebe einer Maschine müssen im Bedarfsfall durch eine Einrichtung so blockiert werden, dass z. B. bei Instandhaltungsarbeiten (Wartung, Inspektion, Instandsetzung, Verbesserung) entsprechend DIN 31051 [43], ein Anlauf verhindert wird.

Es muss durch Einrichtungen verhindert werden, dass die entsprechenden Antriebe nicht anlaufen bzw. nicht in Betrieb gesetzt werden können. Die Anforderungen gelten auch bei einem ausgelösten Not-Halt-Befehl.

Die Einrichtung zur Verhinderung eines unerwarteten Anlaufs muss außerdem wirksam sein, wenn ein normaler Startbefehl an der Steuerstelle ausgelöst wird.

Energiezufuhr unterbrechen

Grundsätzlich ist für die Erfüllung dieser Anforderung eine Abschaltung durch ein Schaltgerät mit Trenneigenschaften nicht erforderlich. In der Norm wurde deshalb der Begriff „Energiezufuhr" gewählt, der aussagen soll, dass der Antrieb durch elektrische Energie kein Drehmoment erzeugen darf. Es ist somit auch keine galvanische Trennung durch ein Schaltgerät erforderlich.

Einrichtung muss als solche erkennbar sein

Die Einrichtung zur Verhinderung des unerwarteten Anlaufs muss zweckmäßig und so angeordnet werden, dass auch der elektrotechnische Laie sie als solche erkennen und betätigen kann.

Netztrenneinrichtung erfüllt die Anforderungen

Die Netztrenneinrichtung entsprechend Abschnitt 5.3.2 erfüllt die Anforderungen zum Schutz gegen den unerwarteten Anlauf. Sie ist in der Regel auch von elektrotechnischen Laien bedienbar.

Antriebe gezielt abschalten

Sind hinter einer Netztrenneinrichtung mehrere Maschinen angeschlossen und es besteht die Notwendigkeit, eine bestimmte Maschine oder bestimmte Antriebe gezielt abzuschalten, oder bei einer komplexen maschinellen Anlage nur einen Teil abzuschalten, dann muss jede Maschine oder jeder Anlagenteil zusätzlich über eine eigene Einrichtung zur Verhinderung eines unerwarteten Anlaufs verfügen.

Einrichtung in der elektrischen Betriebsstätte

Es können auch andere Mittel verwendet werden, wie z. B. Trennschalter, Trennlaschen oder herausziehbare Sicherungselemente. Da diese Elemente jedoch kein Lastschaltvermögen haben und von Laien nicht bedient werden dürfen, darf die Bedienung dieser Einrichtungen nur von elektrotechnischem Fachpersonal (3.1.53 und 3.1.31) ausgeführt werden. Deshalb sind solche Schaltelemente in abgeschlossenen elektrischen Betriebsstätten angeordnet.

Trennereigenschaften nicht erforderlich

Grundsätzlich muss für eine Einrichtung zur Verhinderung eines unerwarteten Anlaufs kein Schaltgerät mit Trenneigenschaften verwendet werden. Ein Schütz reicht hierfür aus. Wichtig ist, dass eine Bedienung durch elektrotechnische Laien möglich ist.

Umrichter können auch verwendet werden

Umrichter erfüllen auch die Anforderungen, wenn sie über die Funktion eines „STO" (Safe Torque Off) entsprechend DIN EN 61800-5-2 (**VDE 0160-105-2**) [44] verfügen. Auch hier muss jedoch eine Bedieneinrichtung für den elektrotechnischen Laien vorgesehen werden.

Schütz und Umrichter nur begrenzt einsetzbar

Sowohl Schütze als auch Umrichter mit einem STO dürfen zur Verhinderung eines unerwarteten Anlaufs bei folgenden Arbeiten an der elektrischen Ausrüstung verwendet werden:

- Inspektionen zur Feststellung und Beurteilung des Istzustands der elektrischen Ausrüstung einschließlich der Ermittlung von Abnutzungserscheinungen entsprechend DIN 31051;
- Einstellarbeiten, wie z. B. bei Veränderung von Auslösewerten bei Überstromschutzeinrichtungen, bei Veränderung von Zeiteinstellungen an Zeitrelais oder Parametern an Regeleinrichtungen.

• Grundsätzlich muss ein Schutz gegen elektrischen Schlag für diesen zugelassenen Personenkreis vorhanden sein. Zu elektrischen Betriebsstätten, in denen z. B. die Schutzmaßnahme durch Abstand oder Hindernis vorgesehen ist, dürfen nur Elektrofachkräfte oder elektrotechnisch eingewiesene Personen Zutritt haben. Hier reicht es aus, wenn im Bereich der Stellglieder die Anschlussklemmen in der Schutzart IP2X (Fingersicherheit) und in der Nähe der elektrischen Betriebsmittel die aktiven Teile der elektrischen Ausrüstung in der Schutzart IP1X (Handrückensicherheit) entsprechend DIN VDE 0100-410 [45] zum Schutz gegen ein unbeabsichtigtes Berühren vorgehalten werden.

• Arbeiten an der elektrischen Ausrüstung sind nur zugelassen, wenn das Berühren von (abgeschalteten) aktiven Teilen nicht erforderlich ist, wie z. B. der Austausch von steckbaren Sicherungen. Das Lösen von Schrauben an Trennlaschen gehört nicht dazu. Auch ein Eingriff in die Verdrahtung der elektrischen Ausrüstung ist nicht erlaubt.

Risikobeurteilung notwendig

Die Art der Einrichtung zur Verhinderung eines unerwarteten Anlaufs ist mithilfe einer Risikobeurteilung zu ermitteln. Dabei ist auch die erforderliche Qualifizierung des Personals, das für die Bedienung der Einrichtung notwendig ist, zu berücksichtigen.

Irrtümliches Wiedereinschalten

Die Einrichtung muss Maßnahmen ermöglichen, die ein unbeabsichtigtes oder irrtümliches Wiedereinschalten verhindern, siehe Abschnitt 5.6 dieses Buchs.

5.5 Einrichtungen zum Trennen der elektrischen Ausrüstung

Die elektrische Ausrüstung einer Maschine muss über eine Trenneinrichtung für die Freischaltung verfügen.

Grundsätzlich muss bei Arbeiten an einer elektrischen Einrichtung die Stromversorgung abgeschaltet werden. Dabei muss die Abschalteinrichtung Trennereigenschaften haben. Ein Schütz reicht hierfür nicht aus, da der Kontaktabstand der Kontakte zu gering ist und die Kontakte auch keine zwangsläufige Trennung garantieren können. Auch eine Anzeige, dass alle Kontakte geöffnet sind, gibt es bei einem Schütz in der Regel nicht. Die Netztrenneinrichtung erfüllt diese Anforderungen.

Die Trenneinrichtung zur Freischaltung muss:

- Trennereigenschaften aufweisen,

- leicht bedienbar sein,

- gut zugänglich sein und die

- Zuordnung zu den betroffenen Stromkreisen muss leicht erkennbar sein. Wenn dies nicht möglich ist, muss an der Trenneinrichtung ein Hinweis angebracht werden, welche Stromkreise damit freigeschaltet werden.

Werden mehrere Maschinen von einer Stromversorgung über eine Netztrenneinrichtung versorgt, muss jede Maschine oder Teilmaschine über eine eigene Trenneinrichtung verfügen, siehe **Bild 5.28**. Dies kann z. B. der Fall sein, wenn mehrere Maschinen oder Teilmaschinen über eine einzige Schleifleitung oder ein einziges induktives Stromversorgungssystem versorgt werden.

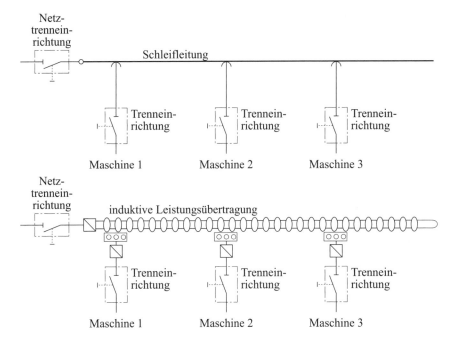

Bild 5.28 Trenneinrichtungen für einzelne Maschinen

5.6 Schutz vor unbefugten, unbeabsichtigten und/oder irrtümlichen Schließen

Schaltgeräte, die zur Unterbrechung der Energiezufuhr (Abschnitt 5.4) oder zum Trennen der elektrischen Ausrüstung (Abschnitt 5.5) vorgesehen sind, müssen im ausgeschalteten Zustand durch eine Maßnahme gegen das Wiedereinschalten gesichert werden.

Für das Sichern von Arbeitsstellen gegen eine unzulässige Wiedereinschaltung gibt es verschiedene Maßnahmen. Die bekanntesten Methoden sind Vorhängeschlösser und Warnschilder an dem betreffenden Schaltgerät, wobei das Anbringen eines Vorhängeschlosses die sicherste Methode darstellt.

Solche Schaltgeräte müssen durch die Person, die einen Schutz gegen das unbefugte, unbeabsichtigte und/oder irrtümliche Wiedereinschalten für ihre Arbeiten an der Maschine benötigt, gesichert werden können, bis dieselbe Person das Schaltgerät wieder freigegeben hat.

Befindet sich die Abschalteinrichtung außerhalb der elektrischen Anlage, darf neben einer Abschließvorrichtung, z. B. mit einem Bügelschloss, das Schaltgerät auch durch das Anbringen eines Warnschilds gesichert werden.

Können diese Schaltgeräte auch fernbedient werden, so muss die Sicherungsmaßnahme sowohl das fernbediente Einschalten als auch eine Einschaltung von Hand vor Ort verhindern.

Eine einzige Ausnahme gibt es für Stecker-/Steckdosenkombination, wenn der gezogene Stecker ständig unter der Kontrolle der dort arbeitenden Person ist. In solchen Fällen darf auf eine Sicherungsmaßnahme verzichtet werden. Dies betrifft also nur kleinere Maschinen, wie z. B. eine einzelne Bohrmaschine oder Kreissäge.

Vorhängeschlösser

Viele Schaltgeräte, wie Leistungsschalter oder Trennschalter, bieten die Möglichkeit, im ausgeschalteten Zustand ein oder mehrere Vorhängeschlösser so einzuhängen, dass ein Einschalten des Schaltgeräts mechanisch blockiert ist.

Werden Stecker-/Steckdosenkombinationen verwendet, so können diese auch durch ein Vorhängeschloss gesichert werden, wenn sie entsprechend dafür eingerichtet sind.

Eine Person, die sich ihre Arbeitsstelle sichern will, hängt dann ihr persönliches Vorhängeschloss, zu dem nur sie einen Schlüssel hat, dort ein. Nach Beendigung der Arbeiten wird dieses Vorhängeschloss von derselben Person entfernt, und der Schalter ist wieder freigegeben. Diese Methode ist gleichermaßen für Arbeiten nach

Abschnitt 5.4 als auch 5.5 geeignet. Sie bietet sich besonders dort an, wo mit einem Schalter mehrere Bereiche einer großräumigen Maschine abgeschaltet und gleichzeitig mehrere Arbeitsstellen bedient werden, die untereinander keinen Kontakt haben. Dann kann jeder sein persönliches Vorhängeschloss einhängen. Der Schalter ist erst wieder freigegeben, wenn alle Vorhängeschlösser entfernt wurden.

Warnschilder

Die oben beschriebenen Systeme sind Voraussetzung, damit die Ausschalteinrichtungen auch für Fachpersonal für Arbeiten nach 5.4, also elektrotechnische Laien, zugänglich sein dürfen. Diese Ausschalteinrichtungen müssen dann sowohl Trenneigenschaften als auch ein Lastschaltvermögen haben, also Leistungsschalter oder Lasttrennschalter sein. Werden Trenneinrichtungen ohne Lastschaltvermögen verwendet, z. B. Trennschalter ohne Lastschaltvermögen, herausnehmbare Sicherungen oder Trennlaschen, so müssen diese in einer abgeschlossenen elektrischen Betriebsstätte angeordnet sein. Da hier nur ein eingeschränkter Personenkreis (elektrotechnisches Fachpersonal) Zutritt hat, werden Warnschilder zur Sicherung gegen unbefugtes Wiedereinschalten als ausreichend erachtet. Man geht hierbei davon aus, dass es sich um so große Anlagen handelt, dass Wartungs- und Instandsetzungsarbeiten ohnehin einer straffen Organisation und Überwachung bedürfen.

Zusammenfassung der Anforderungen aus den Abschnitten 5.3, 5.4, 5.5 und 5.6

Abschnitt 5 enthält Anforderungen an unterschiedliche Schalteinrichtungen für unterschiedliche Funktionen. Einige Schaltgeräte können für mehrere Funktionen eingesetzt werden, andere nur unter bestimmten Umständen, siehe **Tabelle 5.3** bis **5.6**.

Arten von Schaltgeräten

- Lasttrenner,
- Lasttrenner mit Sicherungen,
- Schaltgeräte mit Trennereigenschaften,
- Leistungsschalter,
- Stecker-/Steckdosenkombination ohne Schaltgerät,
- Stecker-/Steckdosenkombination mit Schaltgerät

Einsetzbar auch für

- Not-Halt,
- Not-Aus,
- ausgenommene Stromkreise,
- Unterbrechung der Energiezufuhr zur Verhinderung von unerwartetem Anlauf,
- Trennen der elektrischen Ausrüstung

Unterbrechungsart

- Trenner mit Kontaktstellungsanzeige,
- sichtbare Trennstrecke

Bedienung

- Griff (wenn außerhalb der elektrischen Umhüllung),
- Drucktaster bei Fernbedienung

Schutz vor unbefugten, unbeabsichtigten und/oder irrtümlichen Schließen

- abschließbare Betätigungseinrichtung außerhalb der elektrischen Umhüllung,
- Warnschild

Tabelle 5.3 Netztrenneinrichtung

Arten von Schaltgeräten

- Schütze,
- Umrichter mit einem STO,
- Trenner,
- steckbare Sicherungen,
- Trennlaschen

Einsetzbar auch für

- Einrichtung zum Trennen der elektrischen Ausrüstung (wenn Trennereigenschaften vorhanden)

Unterbrechungsart

- Schaltgerät ohne Trennereigenschaften,
- Reglersperre über STO

Bedienung

- Steuerschalter,
- Drucktaster bei Fernbedienung,
- Trennergriff,
- NH-Aufsteckgriff für Sicherungseinsätze

Schutz vor unbefugten, unbeabsichtigten und/oder irrtümlichen Schließen

- abschließbare Befehlseinrichtung,
- Warnschild

Tabelle 5.4 Einrichtungen zur Unterbrechung der Energiezufuhr zur Verhinderung von unerwartetem Anlauf

Arten von Schaltgeräten

- Lasttrennschalter ohne Sicherungen,
- Lasttrennschalter mit Sicherungen,
- Schutzschaltgeräte mit Trennereigenschaften,
- Leistungsschalter,
- Stecker-/Steckdosenkombination,
- Trennschalter,
- herausziehbare Sicherungseinsätze,
- herausziehbare Trennlaschen

Einsetzbar auch für

- Schutz vor unbefugten, unbeabsichtigten und/oder irrtümlichen Schließen

Unterbrechungsart

- Schaltgeräte mit Trennereigenschaften

Bedienung

- Steuerschalter,
- Drucktaster bei Fernbedienung,
- Trennergriff,
- NH-Aufsteckgriff für Sicherungseinsätze

Schutz vor unbefugten, unbeabsichtigten und/oder irrtümlichen Schließen

- abschließbare Befehlseinrichtung,
- Warnschild

Tabelle 5.5 Einrichtungen zum Trennen der elektrischen Ausrüstung

Arten von Schaltgeräten
• Schütze,
• Umrichter mit einem STO,
• Lasttrennschalter ohne Sicherungen,
• Lasttrennschalter mit Sicherungen,
• Schutzschaltgeräte mit Trennereigenschaften,
• Leistungsschalter,
• Stecker-/Steckdosenkombination,
• Trennschalter,
• herausziehbare Sicherungseinsätze,
• herausziehbare Trennlaschen,
• Stecker-/Steckdosenkombination
Einsetzbar auch für
• Unterbrechung der Energiezufuhr zur Verhinderung von unerwartetem Anlauf (Abschnitt 5.4),
• Trennen der elektrischen Ausrüstung (Abschnitt 5.5), wenn Trennereigenschaften vorhanden
Unterbrechungsart
• Schaltgeräte mit/ohne Trennereigenschaften
Bedienung
• Anordnung außerhalb der elektrischen Betriebsstätte,
• Steuerschalter,
• Drucktaster bei Fernbedienung
Schutz vor unbefugten, unbeabsichtigten und/oder irrtümlichen Schließen
• abschließbare Befehlseinrichtung,
• Warnschild,
• Stecker-/Steckdosenkombination ohne Sicherung des getrennten Zustands (wenn sie stetig im Sichtbereich liegt)

Tabelle 5.6 Schutz vor unbefugten, unbeabsichtigten und/oder irrtümlichen Schließen

6 Schutz gegen elektrischen Schlag

Die Verwendung elektrischer Energie erfordert grundsätzlich eine besondere Sorgfalt bei der Planung und Konstruktion der elektrischen Ausrüstung hinsichtlich des Personen- und des Sachschutzes. Dies gilt insbesondere beim Schutz gegen elektrischen Schlag. In vielen Normen wird deshalb der Schutz „von Menschen und von Nutztieren" hinsichtlich eines elektrischen Schlags behandelt. Der Schaden an Nutztieren wird in der Regel als Sachschaden gewertet. Physikalisch sind es aber die gleichen Vorgänge wie bei einem Schaden durch einen elektrischen Schlag beim Menschen.

IEC-Guide 104

Bezüglich des Schutzes vor einem elektrischen Schlag sind jedoch die Normenkomitees nicht frei in der Gestaltung ihrer Normen. Diese Aufgabe gehört zu den Themen, die vom IEC nach den Regeln des IEC-Guide 104 [46] an ein bestimmtes technisches Komitee zur federführenden Bearbeitung vergeben werden. Alle anderen technischen Komitees haben sich an dessen Festlegungen zu orientieren.

Gruppensicherheitsnorm (GSP)

Die Anforderungen in der DIN EN 60204-1 (**VDE 0113-1**) zum Schutz gegen einen elektrischen Schlag wurden von der DIN VDE 0100-410 abgeleitet. Diese Norm hat entsprechend dem IEC-Guide 104 den Status einer Gruppensicherheitsnorm (GSP) für den Schutz gegen elektrischen Schlag und sollte im Zweifelsfall vom Planer der elektrischen Ausrüstung für eine Maschine herangezogen werden.

Die in DIN EN 60204-1 (**VDE 0113-1**) genannten Schutzvorkehrungen zum Schutz gegen einen elektrischen Schlag sind eine Auswahl aus der DIN VDE 0100-410 speziell für elektrische Ausrüstungen von Maschinen, die als besonders geeignete Maßnahmen hierfür betrachtet werden. Diese Auswahl hat sich im Wesentlichen an der Tatsache orientiert, dass die elektrische Ausrüstung von Maschinen entsprechend einem TN-S-System aufgebaut wird, welches sich am besten an alle vorkommenden Netzsysteme anschließen lässt.

Sollten in speziellen Einzelfällen diese Anforderungen nicht erfüllbar sein, steht es dem Planer frei, andere Maßnahmen aus der Gruppensicherheitsnorm auszuwählen.

6.1 Allgemeines

Um eine wirksame Schutzmaßnahme zu erhalten, sind i. d. R. zwei unabhängige Schutzvorkehrungen gefordert, eine für den Basisschutz und eine für den Fehlerschutz, und in bestimmten Fällen noch eine für den ergänzenden Schutz, siehe **Bild 6.1**. Der Begriff Schutzvorkehrung wurde gewählt, um die Unterscheidung zu einer vollständigen Schutzmaßnahme zu erhalten, die sich aus geeigneten Schutzvorkehrungen zusammensetzt. Diese voneinander unabhängigen Vorkehrungen dürfen sich in ihrer Funktion nicht gegenseitig stören oder gar unwirksam machen.

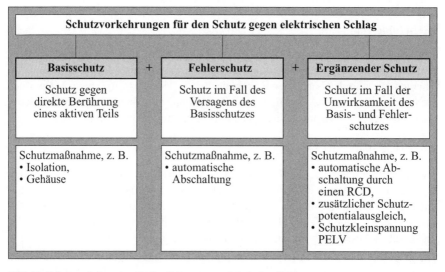

Bild 6.1 Schutzvorkehrungen für den Schutz gegen elektrischen Schlag

Schutzvorkehrung

Grundsätzlich soll die Schutzvorkehrung für den Basisschutz das Berühren von aktiven leitfähigen Teilen verhindern, die im normalen (fehlerfreien) Betrieb eine gefährliche Berührungsspannung führen können.

Fehlerschutz

Die Schutzvorkehrung für den Fehlerschutz verhindert, dass bei mechanischer Beschädigung des Basisschutzes eine berührbare gefährliche Spannung auftritt. Die Schutzvorkehrung für den Fehlerschutz kann ein Schutzschaltgerät sein, das eine

Abschaltung in so kurzer Zeit sicherstellt, dass die Dauer der Berührungsspannungen für den Menschen nicht gefährlich werden kann.

Beim Schutz gegen den elektrischen Schlag muss immer ein Basisschutz und ein Fehlerschutz vorgesehen werden. Beide Schutzmaßnahmen können jedoch durch Kombination auch als eine einzige Schutzmaßnahme beide Anforderungen erfüllen. Kann die Wirksamkeit des Basis- und Fehlerschutzes nicht sichergestellt werden, ist ein ergänzender Schutz vorzusehen.

Ergänzender Schutz

Ein ergänzender Schutz bietet einen Schutz beim Versagen der Schutzvorkehrungen für den Basisschutz und den Fehlerschutz, aber auch bei Sorglosigkeit des Nutzers (meist bei besonderen Umgebungsbedingungen, z. B. feuchte Räume). Der ergänzende Schutz erfolgt in der Regel durch eine 30-mA-Fehlerstromschutzeinrichtung (RCD) oder durch einen örtlichen zusätzlichen Schutzpotentialausgleich, aber auch durch eine Schutzkleinspannung (PELV).

Die Struktur der zu betrachtenden Schutzvorkehrungen lässt sich wie folgt darstellen:

6.2 Basisschutz

Ein Basisschutz ist eine Schutzmaßnahme gegen das direkte Berühren von aktiven Teilen der elektrischen Ausrüstung. Dabei kann der Basisschutz durch folgende Schutzkonzepte erreicht werden:

- Schutz durch Gehäuse (Umhüllung),
- Schutz durch Isolierung,
- Schutz durch Schutzkleinspannung.

In der Öffentlichkeit

Ist die elektrische Ausrüstung beim Betrieb der allgemeinen Öffentlichkeit (einschließlich Kindern) zugänglich, muss beim Basisschutz „Schutz durch Gehäuse" die Umhüllung der elektrischen Ausrüstung in einer Schutzart von mindestens IP4X bzw. IPXXD entsprechend DIN EN 60529 (**VDE 0470-1**) [47] ausgeführt sein.

Ausnahme

Es dürfen auch andere Schutzmaßnahmen für den Basisschutz vorgesehen werden, wie der Schutz durch:

115

- Abdeckung,

- Abstand,

- Hindernis,

- Zugang.

Diese Schutzmaßnahmen sind jedoch nur in Bereichen erlaubt, zu denen nur ein bestimmter Personenkreis Zutritt haben darf, wie z. B. in elektrischen Betriebsstätten. Welche der Schutzmaßnahmen sinnvollerweise als Basisschutz verwendet werden sollte, ist in einer Risikobeurteilung zu ermitteln.

Risikobeurteilung notwendig

Wenn die Schutzmaßnahmen: Schutz durch Gehäuse (Umhüllung), Schutz durch Isolierung, Schutz durch Schutzkleinspannung ungeeignet sind oder mit ihnen kein ausreichender Schutz (Risikominderung) erzielt werden kann, sind im Rahmen einer Risikobeurteilung andere mögliche Schutzmaßnahmen in Betracht zu ziehen.

Ein Basisschutz durch Abstand oder Hindernis darf nur mit einer Zugangsbeschränkung entsprechend DIN VDE 0100-410, Anhang B vorgesehen werden.

Zugangsbeschränkung

Werden umfangreiche elektrische Ausrüstungen in einer elektrischen Betriebsstätte, siehe DIN VDE 0100-731, untergebracht, so kann durch organisatorische Maßnahmen der Zugang zu der elektrischen Ausrüstung in Abhängigkeit von der ausgeführten Schutzmaßnahme auf einen bestimmten Personenkreis eingeschränkt werden. Wird in einer elektrischen Betriebsstätte der Basisschutz durch Abstand oder Hindernis sichergestellt, so ist der Zutritt nur für Elektrofachkräfte und elektrotechnisch unterwiesene Personen erlaubt.

Da dies eine organisatorische Schutzmaßnahme ist, muss der Betreiber sicherstellen, dass nur der zugelassene Personenkreis zu der elektrischen Betriebsstätte Zutritt hat.

Frage aus Anhang B beantworten

Dies bedeutet für den Hersteller, dass er im Benutzerhandbuch in Abstimmung mit dem Betreiber laut Anhang B mit der Frage 5a) festlegen muss, welcher Personenkreis Zutritt zu der elektrischen Betriebsstätte haben darf, s. a. DIN VDE 0105-100 [48] *„Betrieb von elektrischen Anlagen"*.

6.2.1 Schutz durch Gehäuse

Wird ein Gehäuse als Basisschutz zum Schutz gegen einen elektrischen Schlag vorgesehen, muss das Gehäuse in einer Schutzart von mindestens IP2X bzw. IPXXB ausgeführt sein.

Die Ziffer 2 oder der zusätzliche Buchstabe B im IP-Code bedeutet, dass die Öffnungen im Gehäuse nur so groß sein dürfen, dass das Eindringen mit einem Prüffinger von max. 12 mm Durchmesser möglich ist und aktive Teile auf einer Länge von 80 mm nicht erreichbar sind.

Abdeckung

Ist die obere Abdeckung eines Gehäuses leicht zugänglich, muss diese Abdeckung in einer Schutzart von mindestens IP4X bzw. IPXXD ausgeführt sein.

Die Ziffer 4 oder der zusätzliche Buchstabe D im IP-Code bedeutet, dass die Öffnungen im Gehäuse nur so groß sein dürfen, dass das Eindringen mit einem Draht von max. 1 mm Durchmesser möglich ist und aktive Teile bei einer Drahtlänge von 100 mm nicht erreichbar sind.

Zugang zu Servicezwecken

Jede elektrische Ausrüstung muss zu Servicezwecken zugänglich sein. Je nachdem, welcher Personenkreis Zugang zur elektrischen Ausrüstung haben muss, dürfen folgende Maßnahmen vorgesehen werden:

a) *Aktive Teile mit begrenztem Berührungsschutz ohne Abschaltung*
   mit Schlüssel oder Werkzeug zu öffnen

   Kann ein Gehäuse nur mithilfe eines Schlüssels oder Werkzeugs geöffnet werden, müssen alle aktiven Teile in einer Schutzart von mindestens IP2X oder IPXXB (Fingersicherheit) ausgeführt sein.

   Bei elektrischen Betriebsmitteln müssen auf Schranktür-Innenseiten alle aktiven Teile in einer Schutzart von mindestens IP1X oder IPXXA (Handrückensicherheit) zum Schutz gegen unbeabsichtigtes Berühren ausgeführt sein.

   Die Stromversorgung der elektrischen Anlage braucht in solchen Fällen nicht abgeschaltet zu werden. Der Zugang ist jedoch nur Elektrofachkräften und elektrotechnisch unterwiesenen Personen erlaubt.

Dokumentation gemäß Abschnitt 17 erstellen

In der Gebrauchsanleitung ist darauf hinzuweisen, dass der Zugang zu solchen Gehäusen nur Elektrofachkräften und elektrotechnisch unterwiesenen Personen erlaubt ist. Der Betreiber ist dafür verantwortlich.

b) *Aktive Teile ohne Berührungsschutz mit Abschaltung ohne Schlüssel oder Werkzeug zu öffnen*

Sind die aktiven Teile in einem Schaltschrank ohne einen Berührungsschutz ausgeführt, darf die Schaltschranktür nur geöffnet werden können, wenn alle aktiven Teile abgeschaltet sind. Dies kann z. B. durch eine mechanische Kopplung der Trenneinrichtung mit der Schaltschranktür erreicht werden, siehe **Bild 6.2**.

Bild 6.2 Trennschalter mit entkoppelter Bedieneinrichtung (Siemens AG)

Die mechanische Kopplung zwischen der Betätigungseinrichtung in der Schaltschranktür und dem Trennschalter, der im Schaltschrank eingebaut ist, soll sicherstellen, dass die Schaltschranktür wegen dieser mechanische Verbindung nicht geöffnet werden kann, bevor der Trennschalter ausgeschaltet ist.

Ein Wiedereinschalten der Netztrenneinrichtung darf erst möglich sein, wenn die Schaltschranktür wieder verschlossen wurde.

Eine solche Verriegelung ist eigentlich nur sinnvoll, wenn die elektrische Anlage in nur einem Schaltschrank untergebracht ist.

Werden bestimmte Stromkreise (ausgenommene Stromkreise) durch die Trenneinrichtung nicht abgeschaltet, müssen die aktiven Teile in einer Schutzart von mindestens IP2X oder IPXXB (Fingersicherheit) zum Schutz gegen unbeabsichtigtes Berühren ausgeführt sein und mit einem Warnschild entsprechend

Abschnitt 16.2.1 gekennzeichnet werden. Ausgenommen von der zusätzlichen Kennzeichnung mit einem Warnschild sind:

– Verriegelungsstromkreise, die von anderen Netztrenneinrichtungen (anderen Maschinen) abgeschaltet werden. Hier reicht die farbliche Kennzeichnung der Leiter in der Farbe ORANGE aus;

– die Netzanschlussklemmen der Netztrenneinrichtung, wenn sie sich in einem separaten Gehäuse befinden.

Ausnahme (für den US-amerikanischen Markt geeignet)

Die Türverriegelung des Trennschalters darf mit einem Schlüssel oder Werkzeug aufgehoben werden, sodass die Schaltschranktür auch im eingeschalteten Zustand geöffnet werden kann. Folgende Bedingungen müssen erfüllt sein:

Wenn die Türverriegelung an der Bedieneinrichtung in der Schaltschranktür aufgehoben wurde, muss es trotzdem möglich sein, bei geöffneter Tür den Trennschalter auszuschalten und in der AUS-Stellung abschließen zu können

Wird die Schaltschranktür wieder geschlossen, muss die Kopplung zwischen der Bedieneinrichtung und dem Trennschalter wieder wirksam sein.

---

i | **Dokumentation gemäß Abschnitt 17 erstellen**

Es müssen Informationen über die Vorgehensweise zur Trennung der Bedieneinrichtung vom Trennschalter in der Bedienungsanleitung der elektrischen Ausrüstung enthalten sein.

Um diese Anforderungen zu erfüllen, eignen sich spezielle Türkupplungsdrehantriebe, die mithilfe eines Bowdenzugs dauerhaft mit dem Trennschalter verbunden sind, siehe **Bild 6.3**.

In solchen Fällen müssen alle nicht abgeschalteten aktiven Teile, die möglicherweise bei der Zurückstellung oder bei Einstellarbeiten berührt werden können, in einer Schutzart von mindestens IP2X oder IPXXB (Fingersicherheit) zum Schutz gegen unbeabsichtigtes Berühren ausgeführt sein.

Alle nicht abgeschalteten aktiven Teile auf der Innenseite der Schranktür, die möglicherweise unbeabsichtigt berührt werden können, sind in einer Schutzart von mindestens IP1X oder IPXXA (Handrückensicherheit) zum Schutz gegen unbeabsichtigtes Berühren auszuführen.

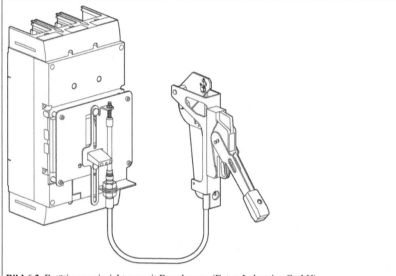

Bild 6.3 Betätigungseinrichtung mit Bowdenzug (Eaton Industries GmbH)

Dokumentation gemäß Abschnitt 17 erstellen

In der Gebrauchsanleitung ist darauf hinzuweisen, dass der Zugang zu solchen Gehäusen nur Elektrofachkräften und elektrotechnisch unterwiesenen Personen erlaubt ist. Der Betreiber ist dafür verantwortlich.

c) *Aktive Teile mit begrenztem Berührungsschutz ohne Abschaltung ohne Schlüssel oder Werkzeug zu öffnen*

alle nicht aktiven Teile sind in einer Schutzart von mindestens IP2X oder IPXXB (Fingersicherheit) zum Schutz gegen unbeabsichtigtes Berühren auszuführen.

Aktive Teile dürfen auch durch eine Abdeckung gegen Berühren geschützt werden, wenn die Abdeckung nur mit einem Werkzeug entfernt werden kann oder wenn beim Entfernen der Abdeckung alle aktiven Teile automatisch abgeschaltet werden.

Kann durch die Betätigung eines Schützes oder Relais von Hand eine gefährliche Situation entstehen, muss eine solche Betätigung durch eine Abdeckung oder ein Hindernis verhindert werden. Die Abdeckung oder das Hindernis darf nur mittels eines Werkzeuges entfernt werden können.

Alle diese Maßnahmen sind lediglich Schutzmaßnahmen für Elektrofachkräfte oder elektrotechnisch unterwiesene Personen und sollen nur das zufällige, unabsichtliche Berühren aktiver Teile verhindern. Sie sind also nicht ausreichend, wenn auch elektrotechnische Laien Zugang zum Gehäuseinnern haben sollen.

In DIN EN 50274 (**VDE 0660-514**) ist festgelegt, welcher Bereich in einem Schaltschrank in Abhängigkeit von der Position des Bedieners als Berührungstrichter gilt. In diesem Betätigungsraum müssen alle in der Bewegungsrichtung berührbaren angebrachten aktiven Teile in der Schutzart von mindestens IP1X oder IPXXA (Handrückensicherheit) und in der Umgebung der Betätigungseinrichtungen in der Schutzart von mindestens IP2X oder IPXXB (Fingersicherheit) ausgeführt sein, siehe **Bild 6.4**.

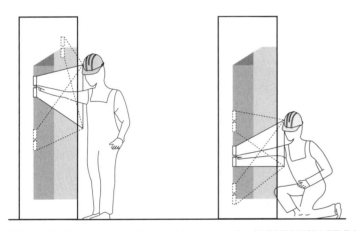

Bild 6.4 Betätigungsraum/Berührungstrichter entsprechend DIN EN 50274 (**VDE 0660-514**) [49]

Außerhalb des Berührungstrichters dürfen ungeschützte aktive Teile aufgebaut sein. Hierfür sind keine Vorkehrungen gegen ein unabsichtliches Berühren von aktiven Teilen erforderlich.

Werden elektrische Betriebsmittel mit Rückstell- oder Einstelleinrichtungen geschickt in einem Schaltschrank angeordnet, brauchen viele aktive Teile nicht zusätzlich abgedeckt werden.

6.2.2 Schutz durch Isolierung aktiver Teile

Werden aktive Teile als Basisschutz mit einer Isolation umhüllt, so darf diese Isolation nur durch Zerstörung entfernt werden können. Dies soll einer Reparaturbereitschaft entgegenwirken.

Bei der Auswahl der Isolation müssen die zu erwartenden Umwelteinflüsse, die auf die Isolation innerhalb der zu erwartenden Lebensdauer einwirken können, beachtet werden. Dazu zählen folgende Umwelteinflüsse:

- mechanische,
- chemische,
- elektrische,
- thermische.

Oberflächenbehandlungen von aktiven Teilen, die z. B. nur zum Schutz gegen atmosphärische Belastungen geeignet sind, gelten nicht als Isolation, wie z. B.:

- Farbanstriche
- Tränklacke oder
- Überzuglacke.

Dieser Abschnitt wurde in die Norm aufgenommen, weil bei der Isolierung von Kupferschienen in Schaltschränken schon Lackfarben als Basisschutz verwendet wurden.

6.2.3 Schutz gegen Restspannung

Die Kapazitäten von Leistungskondensatoren können eine elektrische Gefahr darstellen, da bei Leistungskondensatoren mit einer hohen elektrischen Ladekapazität an aktiven Teilen auch nach einer Abschaltung noch eine lange Zeit eine gefährlich hohe Berührungsspannung anstehen kann. Als gefährlich wird in diesem Zusammenhang eine Restspannung von mehr als 60 V angesehen.

In der Gruppensicherheitsnorm (GSP) DIN VDE 0100-410 wird in Anhang A (normativ) in einer Anmerkung dazu folgende Aussage gemacht:

Unbeabsichtigtes Berühren wird als nicht gefährlich angesehen, wenn die Spannung statischer Ladungen auf DC 120 V innerhalb von 5 Sekunden nach dem Abschalten der Stromversorgung absinkt.

Warum nicht DC 120 V?

Warum bei Maschinen eine Restspannung von DC 60 V statt DC 120 V wie bei fest errichteten elektrischen Anlagen nach DIN VDE 0100 nach 5 s erreicht sein muss, ist nicht ergründbar. Auf jeden Fall ist das Gefahrenpotenzial bei DC 60 V niedriger als bei DC 120 V. Eine automatische Abschaltung zum Schutz gegen elektrischen Schlag ist erst bei einer Spannung von > DC 120 V erforderlich.

Reduzierung innerhalb von 5 s

Als ungefährlich wird in der DIN EN 60204-1 (**VDE 0113-1**) eine Restspannung angesehen, wenn sie spätestens nach 5 s auf unter 60 V abgesunken ist. Dies kann durch natürliche Verluste der Leistungskondensatoren erreicht werden oder durch eine automatische Kurzschließeinrichtung, die beim Abschalten der elektrischen Ausrüstung gleichzeitig die Kapazitäten kurzschließt. Eine Kurzschließmethode darf jedoch die ordnungsgemäße Funktion der elektrischen Anlage nicht stören, ggf. muss der Kurzschlussstrom zusätzlich durch Widerstände begrenzt werden.

Höhe der Restspannung bei der Trennung

Die Restspannung eines Kondensators nach der Trennung von einer Wechselspannungsversorgung ist immer eine Gleichspannung und kann im Maximum die Scheitelspannung $U_0 \cdot 1{,}414$ der Wechselspannung betragen. Je nach Abschaltzeitpunkt in Relation zur Sinuskurve der Wechselspannung kann die Restspannung eine positive oder negative Restspannung sein, siehe **Bild 6.5**.

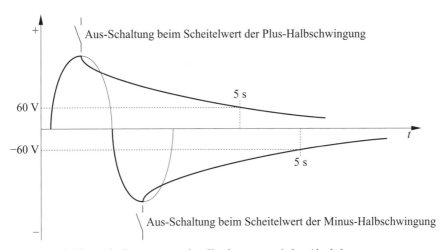

Bild 6.5 Entladekurve der Restspannung eines Kondensators nach dem Abschalten

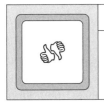

Risikobeurteilung notwendig

Reduziert sich die Restspannung von kapazitiven Einrichtungen nicht innerhalb von 5 s auf 60 V, ist im Rahmen einer Risikobeurteilung zu ermitteln, an welchen Stellen ein Warnschild mit einem Warnhinweis und der Zeit, die bis zur Unterschreitung von 60 V benötigt wird, angebracht werden muss.

123

Kann die Restspannung nicht innerhalb von 5 s unter 60 V abgesenkt werden, muss außen am Gehäuse oder Schaltschrank ein Warnschild angebracht werden, das auf diese Gefahr hinweist, Beispiel siehe **Bild 6.6**.

Bild 6.6 Kombischild mit Warnsymbol für gefährliche Spannung und Hinweis auf Restspannung

Die Abklingzeit von 5 s wurde gewählt, da davon ausgegangen werden kann, dass nach der Abschaltung der elektrischen Ausrüstung eine Person mindestens 5 s für das Öffnen eines Gehäuses oder Schaltschranks und das Berühren von aktiven nicht geschützten Teilen benötigt.

Umrichterantriebe

Durch den vermehrten Einsatz von Umrichtern für geregelte Drehstromantriebe werden immer mehr Leistungskondensatoren in die elektrische Ausrüstung für eine Maschine eingebaut.

Umrichter für geregelte Drehstromantriebe verfügen im Gleichstromzwischenkreis über Leistungskondensatoren mit einer großen Kapazität. Auch vorgeschaltete Sinusfilter enthalten zur Kompensation von Oberschwingungen Leistungskondensatoren. Bei solchen Kapazitäten kann die Restspannung in der Regel nicht durch eigene Verluste der Kondensatoren selbstständig innerhalb von 5 s auf 60 V reduziert werden.

Kompensationsanlagen

Auch bei der Verwendung von Kompensationsanlagen zur Verbesserung des cos φ oder der Reduzierung von Oberschwingungen werden Leistungskondensatoren mit einer hohen Kapazität eingesetzt. Hier ist ebenfalls zu prüfen, an welcher Stelle ein Warnschild erforderlich ist.

Kleine Kapazitäten

Der Hinweis, dass bei Ladekapazitäten von $\leq$ 60 μC keine besonderen Schutzmaßnahmen zum Schutz gegen elektrischen Schlag vorgesehen werden müssen, bedeutet, dass bei einer Spannung von 60 V die Begrenzung von $C = Q/U = 60\ \mu C/60\ V$ einer

Kapazität von 1 µF entspricht. Diese Größenordnung zeigt, dass diese Ausnahme eigentlich nur für kleine Kondensatoren, wie sie z. B. zur Glättung der Versorgungsspannung oder zu EMV-Zwecken eingesetzt werden, relevant ist.

Bei der Formel ist zu beachten, dass das kursiv geschriebene Formelzeichen C eine andere Bedeutung hat als das C für die Maßeinheit, siehe **Tabelle 6.2**.

Größe	Formelzeichen	Einheitenzeichen	Einheitenname	Umrechnung
elektrische Kapazität	C	F	Farad	1 F = 1 C/V
elektrische Ladung	Q	C	Coulomb	1 C = 1 As

Tabelle 6.1 Größen zur elektrischen Ladung

Türschlossverriegelung

Für eine elektrische Ausrüstung mit Restspannung bietet sich auch eine Blockade des Türöffnungsmechanismus an, der ein Öffnen so lange verhindert, bis die Restspannung unter 60 V abgesunken ist. Eine solche Verriegelung kann entweder zeitgesteuert oder restspannungsabhängig wirken.

Stecker und Stromabnehmer

Besondere Situationen können bei Stecker-/Steckdosenkombinationen oder bei abklappbaren Stromabnehmern von Schleifleitungen auftreten, die nach Betätigung noch eine Restspannung aufweisen können. Hier rechnet man bereits nach 1 s mit einer möglichen Berührung, also praktisch noch während des Ziehens des Steckers bzw. dem Abklappen des Stromabnehmers.

Klingt die Restspannung nicht innerhalb von 1 s auf einen Wert von $\leq$ 60 V ab, so müssen von außen zugängliche spannungsführende Teile fingersicher in der Schutzart IP2X bzw. IPXXB ausgeführt sein. Wenn die geforderte Schutzart nicht möglich ist, z. B. bei abklappbaren Stromabnehmern von Schleifleitungen, müssen zusätzliche Schalteinrichtungen oder Warnschilder vorgesehen werden.

Risikobeurteilung notwendig

Reduziert sich die Restspannung an Steckerstiften oder abklappbaren Stromabnehmen nicht innerhalb von 1 s auf $\leq$ 60 V, ist im Rahmen einer Risikobeurteilung zu ermitteln, ob eine Schalteinrichtung vorzusehen ist oder ein Warnschild mit einem Warnhinweis und der Zeit, die bis zur Unterschreitung von 60 V benötigt wird, angebracht werden muss.

Zugang für elektrotechnische Laien

Sind Stecker-/Steckdosenkombinationen oder abklappbare Stromabnehmer von Schleifleitungen mit Restspannung für elektrotechnische Laien zugänglich, z. B. in einer Werkshalle, ist für solche Einrichtungen eine Mindestschutzart von IP4X bzw. IPXXD erforderlich. Warnschilder mit einem Hinweis sind dann nicht mehr ausreichend.

6.2.4 Schutz durch Abdeckungen

Der Schutz durch eine Abdeckung ist ein mechanischer Schutz gegen direktes Berühren von aktiven Teilen. Der Begriff Abdeckung wird gleichzeitig mit dem Begriff Gehäuse (Umhüllung) genannt. Gemeint ist also ein mechanischer Schutz um aktive Teile herum.

Die grundsätzlichen Anforderungen hierfür sind in DIN VDE 0100-410 festgelegt. Angaben über Zugangsbeschränkungen in Abhängigkeit von der vorgesehenen Schutzart enthält Abschnitt 6.2.2 dieses Buchs.

6.2.5 Schutz durch Abstand oder Hindernisse

Mit Schutz durch Abstand sind Anordnungen gemeint, bei denen aktive Teile der elektrischen Ausrüstung nicht erreichbar sind, man sagt auch: Sie sind außerhalb des Handbereichs. Diese Schutzmaßnahme darf nur in elektrischen Betriebsstätten, zu denen üblicherweise nur Elektrofachkräfte und elektrotechnisch unterwiesene Personen Zutritt haben, angewendet werden.

Als außerhalb des Handbereichs zu leitfähigen Teilen liegend gelten die Abstände $\geq 2{,}5$ m nach oben und $\geq 1{,}25$ m in der Waagrechten, siehe **Bild 6.7**. Wird in solchen

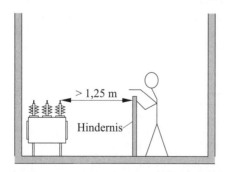
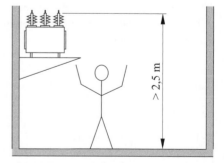

Bild 6.7 Schutz durch Abstand/Hindernis

elektrischen Betriebsstätten üblicherweise auch mit sperrigen, langen, leitfähigen Gegenständen hantiert, z. B. mit Leitern, so müssen die Abstände entsprechend vergrößert werden.

Kann ein Schutz durch Abstand oder Hindernis z. B. bei Schleifleitungs- oder Stromschienensystemen in der Schutzart von mindestens IP2X bzw. IPXXB nicht sichergestellt werden, muss in der Nähe eines solchen Systems eine Not-Aus-Bedieneinrichtung vorgesehen werden, siehe Abschnitt 12.7.1 dieses Buchs.

6.3 Fehlerschutz

6.3.1 Allgemeines

Zusätzlich zur Schutzvorkehrung Basisschutz muss bei der elektrischen Ausrüstung immer eine weitere Schutzvorkehrung für den Fehlerschutz vorgesehen werden.

Der Fehlerschutz kann durch zwei unterschiedliche Gruppen von Methoden (passive und aktive) als zweite Schutzebene zum Basisschutz zur Verhinderung eines elektrischen Schlags realisiert werden, siehe **Bild 6.8**.

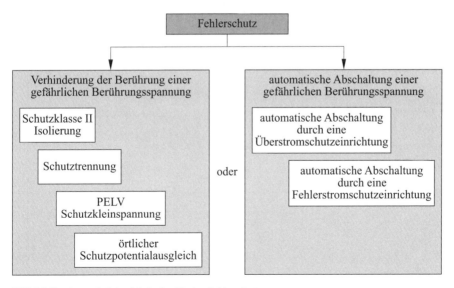

Bild 6.8 Passive und aktive Methoden für den Fehlerschutz

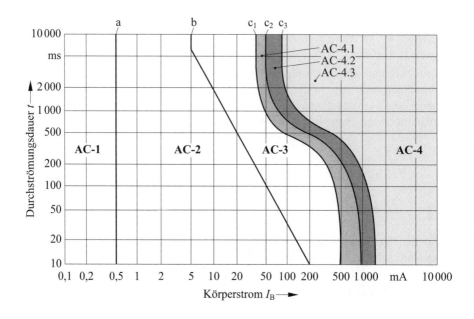

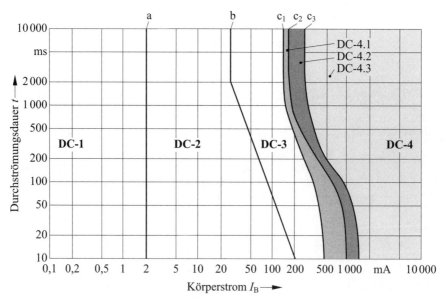

Bild 6.9 Grenzbereiche bei Gleich- und Wechselstrom –
a) Wechselstrom (15 Hz bis 100 Hz), b) Gleichstrom

Wann eine Spannung für den Menschen gefährlich wird, ist abhängig von der Berührungsspannung der Berührungsdauer und der Frequenz (VDE-Schriftenreihe Band 9 [50]). Die Grenzbereiche sind entsprechend DIN IEC/TS 60479-1 (**VDE 0140-479-1**) [51] in vier Bereiche unterteilt, siehe **Bild 6.9**, und für Wechselstrom und Gleichstrom unterschiedlich.

Je nachdem, welchem Grenzbereich sich der Stromfluss durch den menschlichen Körper zuordnen lässt, gibt es unterschiedliche Wirkungen:

- AC 1-/DC 1-Bereich
  Wahrnehmungsgrenze
  Minimalwert des Berührungsstroms, der von einer durchströmten Person noch wahrgenommen wird;

- AC 2-/DC 2-Bereich
  unwillkürliche Muskelverkrampfung
  Minimalwert des Berührungsstroms, der unbeabsichtigte Muskelkontraktionen bewirkt;

- AC 3-/DC 3-Bereich
  extreme Muskelverkrampfung
  Maximalwert des Berührungsstroms, bei dem eine Person, die die Elektroden hält, noch loslassen kann;

- AC 4-/DC 4-Bereich
  Herzkammerflimmern
  Minimalwert des Berührungsstroms, der Herzkammerflimmern bewirkt (Herzstillstand = Tod des Menschen).

6.3.2 Maßnahmen, die das Auftreten einer (gefährlichen) Berührungsspannung verhindern

Bezüglich der Verhinderung des Auftretens einer gefährlichen Berührungsspannung wird zwischen passiven Maßnahmen und aktiven Maßnahmen unterschieden.

Passive Schutzmaßnahmen sind:

- Schutzklasse-II-Isolierung,
- Schutztrennung,
- Schutzkleinspannung PELV,
- örtlicher Schutzpotentialausgleich.

Aktive Schutzmaßnahmen sind Abschaltungen der Stromversorgung innerhalb der vorgegebenen Zeit durch:

- Überstromschutzeinrichtungen,
- Sicherungen,
- Leitungsschutzschalter,
- Leistungsschalter,
- Fehlerstromschutzeinrichtungen (RCDs).

6.3.2.1 Schutzklasse II

Bei einer Isolierung von aktiven Teilen in der Schutzklasse II wird sowohl der Basisschutz als auch der Fehlerschutz durch eine doppelte Isolierung sichergestellt. Auch eine verstärkte Isolierung erfüllt diese Anforderungen. Solche Betriebsmittel sind mit dem Symbol ⬜ gekennzeichnet.

Elektrische Betriebsmittel, die mithilfe einer solchen Isolation den Schutz gegen elektrischen Schlag sicherstellen, benötigen keinen Schutzleiter. Deshalb dürfen sie auch keine Anschlussklemme für einen Schutzleiter haben und bei steckerfertigen Betriebsmitteln hat der Stecker demzufolge auch keinen Schutzleiterkontakt. Nur dann darf das elektrische Betriebsmittel mit dem Symbol für die Schutzklasse II gekennzeichnet werden.

Muss zur Aufrechterhaltung einer Schutzleiterverbindung der Schutzleiter durch ein Schutzklasse-II-Betriebsmittel geführt werden, so ist dies entsprechend DIN EN 61140 (**VDE 0140-1**) [52] zulässig, wenn hierfür isolierte Anschlussklemmen innerhalb des Betriebsmittels vorgesehen sind und eine als PE-Klemme gekennzeichnet ist.

Wegen der Verwendung einer besonderen Isolation ist eine Abschaltung als Fehlerschutz nicht vorgesehen, da davon ausgegangen wird, dass die besondere Isolierung so stabil ist, dass sie bei den zu erwartenden mechanischen Belastungen standhält. Das Entfernen der Isolation darf nur durch Zerstörung möglich sein. Damit soll verhindert werden, dass eine beschädigte doppelte oder verstärkte Isolation repariert werden kann, da eine Reparatur als unzulänglich für diese Schutzmaßnahme angesehen wird.

Elektrische Betriebsmittel können auch durch den Zusammenbau mit anderen Einrichtungen, z. B. in einer ortsfesten Anlage, die Schutzklasse II erreichen. Beispielsweise kann die Schutzklasse II durch den Einbau einer weiteren Isolierung (zusätzliche oder verstärkte) um ein elektrisches Betriebsmittel mit einer Basisisolierung die Schutzklasse II erreicht werden.

Ist aus Funktionsgründen eine Verbindung eines leitfähigen Chassis mit Erde innerhalb eines Betriebsmittels der Schutzklasse II erforderlich, dann ist die Notwendigkeit in der entsprechenden Produktnorm festgelegt. Die Anschlussklemme für einen solchen Anschluss muss mit dem Symbol ⏚ für die Funktionserdung gekennzeichnet werden, siehe Tabelle 5.1. Solche Erdverbindungen können z. B. aus EMV-Gründen notwendig sein und werden als fremdspannungsarme Erder bezeichnet.

6.3.2.2 Schutztrennung

Bei der Schutztrennung ist als Stromquelle ein Trenntransformator entsprechend DIN EN 61558-1 (**VDE 0570-1**) [53] zu verwenden, dessen Primär- und Sekundärwicklung durch besondere Isolierung derart voneinander getrennt sind, dass es auch im Fehlerfall zu keinem Schluss zwischen den Wicklungen innerhalb des Trenntransformators kommen kann. Die Sekundärspannung ist entsprechend DIN EN 61558-2-4 (**VDE 0570-2-4**) [54] auf 500 V begrenzt. Weder das Blechpaket des Trenntransformators noch der Körper des Betriebsmittels dürfen an einen Schutzleiter angeschlossen werden. Wenn diese Schutzmaßnahme bei Arbeiten in engen leitfähigen Räumen, z. B. im Kesselbau, angewendet wird, dann darf nur ein Betriebsmittel je Stromquelle (Sekundärwicklung) angeschlossen sein, siehe **Bild 6.10**.

Die Leitung zu den elektrischen Betriebsmitteln muss an allen Stellen, an denen sie mechanischen Beanspruchungen ausgesetzt ist, sichtbar verlegt (abgelegt) werden und für den Verwendungszweck geeignet sein. Bei fester Installation wird die Verlegung in einem eigenen Kabelkanal empfohlen.

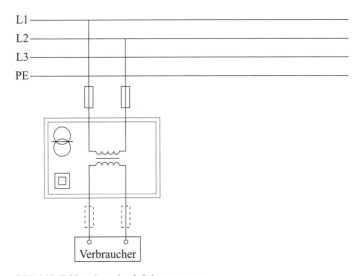

Bild 6.10 Fehlerschutz durch Schutztrennung

131

Schutzpotentialausgleich

Wenn eine erforderliche Abschaltzeit im Fehlerfall nicht erreicht werden kann, z. B. bei großen Sicherungen, muss ein Schutzpotentialausgleich vorgesehen werden. Dieser dient nicht der Erfüllung oder dem Erreichen der Abschaltzeit, sondern der Herstellung eines örtlich begrenzten gleichen Potentials zwischen gleichzeitig berührbaren leitfähigen Teilen, um eine mögliche örtliche Fehlerspannung auf ein ungefährliches Maß zu begrenzen.

Die Impedanz des Schutzpotentialausgleichs muss so niedrig sein, dass die mögliche Berührungsspannung im Fehlerfall niedriger ist als AC 50 V AC oder DC 120 V. Eine weitere Schutzmaßnahme ist dann nicht mehr erforderlich.

Fremde leitfähige Teile

Bild 6.11 zeigt das Beispiel eines Schutzpotentialausgleichs zwischen dem Körper eines elektrischen Betriebsmittels und einem fremden leitfähigen Teil, bei dem der Schutzpotentialausgleichsleiter bei einem Schutzleiterquerschnitt der Stromversorgung von 2,5 mm^2 einen Leiterquerschnitt von 1,5 mm^2 entsprechend DIN VDE 0100-540 [55] benötigt. Alle gleichzeitig berührbaren Teile müssen in den Schutzpotentialausgleich einbezogen werden. Als gleichzeitig berührbar gelten alle Teile, die innerhalb eines Abstands von 2,5 m von der elektrischen Ausrüstung aus erreichbar sind.

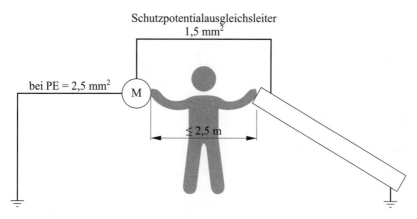

Bild 6.11 Schutzpotentialausgleich

Leitfähige Teile der Maschine

Da bei einer Maschine eine Vielzahl von elektrischen Betriebsmitteln, die in der Regel auch über einen eigenen Schutzleiter verfügen, eingesetzt werden, reichen die Schutzleiter in der Regel für eine ausreichende Impedanz zwischen den leitfähigen Teilen der Maschine aus.

Auch durch die Einbeziehung von Maschinenteilen innerhalb einer Maschine entsteht meistens eine so niedrige Gesamtimpedanz zwischen den leitfähigen Teilen, dass ein zusätzlicher Schutzpotentialausgleich zwischen den leitfähigen (metallenen) Teilen der Maschine nicht notwendig ist.

Schrittspannung

Als Schrittspannung wird die Berührungsspannung bezeichnet, die im Fehlerfall ein Mensch (und auch Nutztiere) mit seinen Füßen an der Erdoberfläche berühren (abgreifen) kann. Die Schrittweite ist mit 1 m festgelegt. Die Höhe ist abhängig von der Fehlerspannung, also der Spannung zwischen dem aktiven Leiter gegen Erde und der Bodenart (spezifischer Erdwiderstand). Durch diese beiden Größen wird die Kurvenform des Potentialverlaufs an der Oberfläche des Bodens im Fehlerfall bestimmt, siehe **Bild 6.12**.

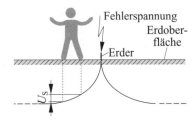

Bild 6.12 Schrittspannung

Die Höhe der Schrittspannung ist auch abhängig davon, an welcher Stelle der Äquipotentiallinien die Person steht. Je näher die Person an der Fehlerstelle steht, desto größer ist die Schrittspannung U_S. Je größer der spezifische Erdwiderstand ist, umso steiler ist die Kennlinie und damit auch die Höhe der Schrittspannung.

Je breitbeiniger die Person auf der Linie zum Erder steht (Situation A), desto größer ist die Potentialdifferenz. Steht die Person jedoch auf einer Sehne eines Äquipotentialkreises zum Erder (Situation B) oder hat die Füße eng beieinander, so können nur geringe Potentialdifferenzen auf den Körper einwirken, **Bild 6.13**.

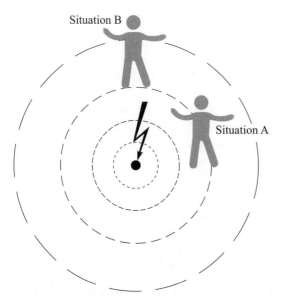

Bild 6.13 Schrittspannung in Abhängigkeit von der Stellung zur Fehlerstelle

Bei einem Isolationsfehler in der elektrischen Ausrüstung einer Maschine ist die Berührungsspannung des Maschinenbedieners abhängig von der Kurvenform der Äquipotentiallinie am Boden und dem Abstand von der Maschine. In der Regel wird das Potential zwischen der Maschine, die der Maschinenbediener mit der Hand berührt, und dem Abstand der Füße von der Maschine mitbestimmt. Dieser Abstand ist auch eine Schrittspannung, siehe **Bild 6.14**.

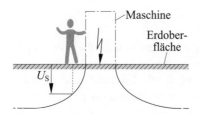

Bild 6.14 Berührungsspannung abhängig von der Schrittspannung

Wenn eine Maschine in einer Maschinenhalle mit einem Fundamenterder aufgestellt ist, verläuft die Potentialkurve sehr flach. Die Schrittspannung, und damit auch die Berührungsspannung, ist in solchen Fällen sehr niedrig, siehe **Bild 6.15**.

Maschinenhalle

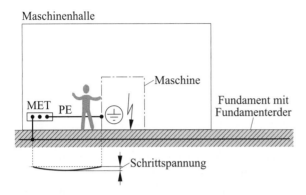

Bild 6.15 Schrittspannung auf einem Fundament mit Fundamenterder

6.3.3   Schutz durch automatische Abschaltung der Stromversorgung

Der Schutz gegen elektrischen Schlag unter Fehlerbedingungen kann auch mit dem Schutz durch automatische Abschaltung erreicht werden. Diese Schutzmaßnahme hat dann Vorteile, wenn es sich um eine elektrische Ausrüstung handelt, in die viele Betriebsmittel der Schutzklasse I eingesetzt wurden – der Normalfall bei Maschinen und maschinellen Anlagen.

Die erforderliche Abschaltzeit ist abhängig vom System nach Art der Erdverbindungen (TN-/TT-System) und von der Bemessungsspannung. Die Abschaltzeiten, die aus der DIN VDE 0100-410 abgeleitet sind, enthält Anhang A der Norm.

Bei der Festlegung der benötigten Abschaltzeit wird nach folgenden Situationen unterschieden:

* stationär betriebene Maschinen, die weder in der Hand gehalten noch bewegt werden können,

* Maschinen, die während des Betriebs bewegt werden können (Maschinen, die beim Betrieb in der Hand gehalten werden, sind außerhalb des Geltungsbereichs dieser Norm),

* Steckdosen für allgemeine Verwendung.

Abschaltzeit

Die erforderliche Abschaltzeit und die Auswahl der Schutzeinrichtung sind abhängig von:

135

- System nach Art der Erdverbindung,
- Bemessungsspannung U_0,
- Fehlerschleifenimpedanz beim TT-System.

Fest installierte Maschine

Bei stationär betriebenen und fest installierten Maschinen geht man davon aus, dass durch ein wirksames Schutzpotential und auch durch eine niedrige Schrittspannung die Gefahr eines elektrischen Schlags im Fehlerfall gering ist. Deshalb wird für solche Maschinen eine Abschaltzeit wie für Verteilerstromkreise gefordert. Abschaltzeiten von max. 5 s im TN-System und 1 s im TT-System bei einer Bemessungsspannung von $U_0 = 230$ V entsprechend DIN VDE 0100-410 werden als ausreichender Schutz angesehen. Im Fehlerfall würde der Berührungsstrom durch den menschlichen Körper parallel zum Fehlerstromkreis (Gehäuse – Schutzleiter) fließen. Da die Impedanz der Fehlerschleife über den geerdeten Körper des Gehäuses und den Schutzleiter wesentlich kleiner ist als der parallele Fehlerstromkreis über den menschlichen Körper und die Erde, fließt nur ein geringer Fehlerstrom durch den menschlichen Körper.

Maschine kann bewegt werden

Kann eine Maschine bewegt werden, ist der direkte Kontakt der Maschine mit der Erde geringer als bei Maschinen, die fest auf dem Boden montiert sind. In solchen Fällen ist der Fehlerstrom, der durch den menschlichen Körper fließt, in der Regel größer als bei einer fest installierten stationären Maschine. Auch die Wirksamkeit einer niedrigen Schrittspannung kann in solchen Fällen nicht immer gewährleistet sein. Deshalb gelten hierfür die Abschaltzeiten entsprechend Anhang A der Norm bis zu einem Bemessungsstrom von 32 A bei $U_0 = 230$ V.

Im TN-System bei $U_0 = $ AC 230 V 400 ms

Im TT-System bei $U_0 = $ AC 230 V 200 ms

Zu anderen Abschaltzeiten in Abhängigkeit von dem System nach Art der Erdverbindungen und der Versorgungsspannung siehe Anhang A dieses Buchs.

Steckdosen (auch) für die allgemeine Verwendung

Werden (CEE-)Steckdosen für die Stromversorgung von Maschinen in einer Werkhalle zur Verfügung gestellt, an die auch andere elektrische Verbraucher angeschlossen (eingesteckt) werden können, sollten solche Steckdosen, auch wenn sie regelmäßig durch Elektrofachkräfte wiederkehrend überprüft werden, zusätzlich mit einer Fehlerstromschutzeinrichtung (RCD) mit einem Differenzfehlerstrom ≤ 30 mA geschützt werden.

Die für solche Steckdosen vorgesehenen Maschinen dürfen dann aber nur einen betriebsmäßigen Ableitstrom von nicht größer als 10 mA über den Schutzleiter abführen, da sonst Zusatzmaßnahmen entsprechend DIN VDE 0100-540 erforderlich sind.

a) Wirkungsprinzip der automatischen Abschaltung im TN-S-System

Bild 6.16 zeigt das Wirkungsprinzip der automatischen Abschaltung. Wird die elektrische Ausrüstung von einem TN-S-System versorgt, bedeutet dies, dass der Neutralleiter und der Schutzleiter in der gesamten Installation elektrisch getrennt verlegt sein müssen. Eine Erdverbindung erfolgt am Transformator und in der NS-Verteilung der Maschinenhalle. Bei einem Isolationsfehler fließt ein Kurzschlussstrom über den Schutzleiter, der durch die Schutzeinrichtung (z. B. Sicherung/Leitungsschutzschalter) innerhalb der geforderten Zeiten abschalten muss, siehe Anhang A dieses Buchs.

Zusätzlich zur Nutzung der Überstromschutzeinrichtung für die Schutzabschaltung kann auch eine Fehlerstromschutzeinrichtung (RCD) mit einem Differenzbemessungsstrom von 30 mA eingesetzt werden.

Bei Umrichterantrieben ist jedoch darauf zu achten, dass ein betriebsmäßiger Ableitstrom des Antriebs oder der Maschine über den Schutzleiter beim ungestörten Betrieb nicht auslöst. Zusätzlich ist darauf zu achten, dass ein möglicher Differenzfehlerstrom mit einem Gleichstromanteil den Einsatz einer RCD vom Typ B oder B+ erfordert.

Für eine vorbeugende Wartung kann zusätzlich eine Isolationsüberwachungseinrichtung (RCM) vorgesehen werden, die eine schleichende Verschlechterung der Isolationswerte der elektrischen Ausrüstung erkennen kann. Mit dieser Information kann eine vorbeugende Wartung durchgeführt werden, die eine hohe Verfügbarkeit der elektrischen Ausrüstung gewährleistet.

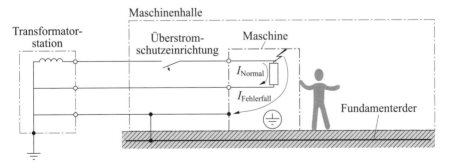

Bild 6.16 Schutz durch automatische Abschaltung im TN-System

b) Wirkungsprinzip der automatischen Abschaltung im TT-System

Wird eine Maschine von einem TT-System versorgt, ist in der Regel zusätzlich zur Überstromschutzeinrichtung eine Fehlerstromschutzeinrichtung (RCD) zum Schutz gegen elektrischen Schlag erforderlich. Nur bei langzeit-stabilen Erdungswiderständen, die auch ausreichend niedrig sind, kann eine Überstromschutzeinrichtung alleine zum Schutz gegen elektrischen Schlag ausreichend sein.

In TT-Netzen kann jedoch nicht immer mit einem ausreichend niedrigen Erdwiderstand gerechnet werden, der für die Abschaltung mit einer Überstromschutzeinrichtung im Fehlerfall (beim Körperschluss) notwendig ist. Deshalb ist der alleinige Schutz gegen elektrischen Schlag in TT-Systemen in der Regel nicht ausreichend.

Bild 6.17 zeigt den Weg des Fehlerstroms durch die Erde. Damit es zu einer automatischen Abschaltung in der erforderlichen Zeit kommt, muss der Fehlerstrom einen Wert erreichen, der z. B. bei einem Leitungsschutzschalter das Fünffache des Bemessungsstroms betragen kann. Das heißt, die Gesamtimpedanz der Fehlerschleife muss ausreichend niedrig sein. Sind die Erderwiderstände der Stromquelle und des Fundamenterders so groß, dass der erforderliche Kurzschlussstrom nicht erreicht wird, muss zum Schutz gegen elektrischen Schlag eine Fehlerstromschutzeinrichtung (RCD) vorgesehen werden.

Bei Umrichterantrieben ist jedoch darauf zu achten, dass ein betriebsmäßiger Ableitstrom des Antriebs oder der Maschine über den Schutzleiter beim ungestörten Betrieb nicht auslöst. Zusätzlich ist darauf zu achten, dass ein möglicher Differenzfehlerstrom mit einem Gleichstromanteil den Einsatz einer RCD vom Typ B oder B+ erfordert.

Für eine vorbeugende Wartung kann auch zusätzlich eine Isolationsüberwachungseinrichtung (RCM) vorgesehen werden, die eine schleichende Verschlechterung der Isolationswerte der elektrischen Ausrüstung erkennen kann. Mit dieser Information kann eine vorbeugende Wartung durchgeführt werden, die eine hohe Verfügbarkeit der elektrischen Ausrüstung gewährleistet.

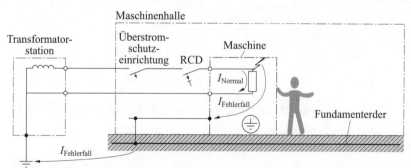

Bild 6.17 Schutz durch automatische Abschaltung im TT-System

c) Wirkungsprinzip der automatischen Abschaltung im IT-System

Beim Anschluss der Maschine an ein IT-System ist eine Isolationsüberwachungseinrichtung (IMD) notwendig, um beim ersten Fehler eine Warnung auszulösen zu können. Es entsteht noch keine gefährliche Berührungsspannung, sodass es nach der Auslösung der Isolationsüberwachungseinrichtung ausreicht, den Isolationsfehler bei der nächsten Wartung zu beseitigen.

Dokumentation gemäß Abschnitt 17 erstellen

In der Gebrauchsanleitung der Maschine ist anzugeben, wann der Isolationsfehler in der elektrischen Ausrüstung nach Ansprechen der Isolationsüberwachungseinrichtung spätestens beseitigt werden muss.

Das akustische Signal darf nach dem Ansprechen ausgeschaltet werden. Das optische Signal muss jedoch so lange erhalten bleiben, bis der Isolationsfehler beseitigt ist.

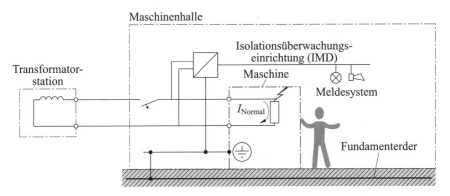

Bild 6.18 Schutz durch ungeerdete Stromversorgung im IT-System

Isolationsfehlersucheinrichtung (IFLS)

In ausgedehnten elektrischen Anlagen, die von einem IT-System versorgt werden, kann zur schnellen Ortung eines Isolationsfehlers eine Messeinrichtung zur Isolationsfehlersuche (Insulation Fault Location System = IFLS) DIN EN 61557-9 (**VDE 0413-9**) [56] vorgesehen werden. DIN VDE 0100-530 [57] enthält auch hierzu Angaben.

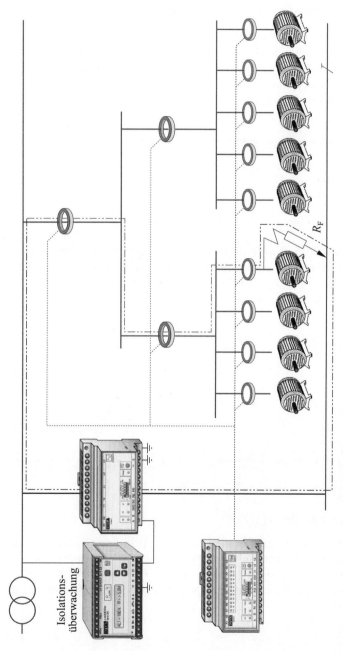

Bild 6.19 Anwendungsbeispiel einer Isolationsfehlersucheinrichtung (IFLS)

Auftreten eines zweiten Fehlers in einem anderen Außenleiter

Der große Vorteil einer Stromversorgung in Form eines IT-Systems ist die hohe Verfügbarkeit trotz eines Isolationsfehlers in der elektrischen Ausrüstung einer Maschine oder maschinellen Anlage. Doch tritt ein zweiter Isolationsfehler in einem anderen Außenleiter als der erste Isolationsfehler auf, muss abgeschaltet werden. Dies kann z. B. mithilfe einer Überstromschutzeinrichtung oder einer Fehlerstromschutzeinrichtung erreicht werden, siehe **Bild 6.20**.

Transformatorstation Maschinenhalle

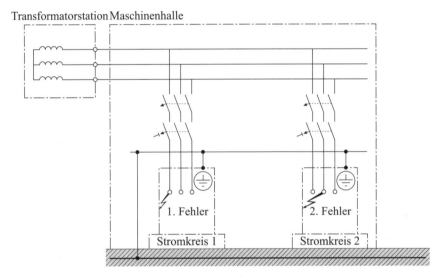

Bild 6.20 Überstromschutzeinrichtungen für die Abschaltung bei einem zweiten Fehler

Die Abschaltzeit, die beim Auftreten des zweiten Fehlers in einem anderen Außenleiter benötigt wird, muss bei einer gemeinsamen Erdungsanlage innerhalb der für ein TN-System erforderlichen Zeit erfolgen.

Werden zusätzlich Fehlerstromschutzeinrichtungen (RCDs) eingesetzt, muss für jeden Stromzweig eine eigene RCD vorgesehen werden. Doch bei einem zweiten Fehler lösen immer alle RCDs gleichzeitig aus, auch wenn der zweite Fehler nur in einem Stromkreis auftritt.

Schutz gegen elektrischen Schlag beim Umrichterbetrieb
(Power Drive System = PDS)

Ein Umrichter regelt sowohl die Spannung als auch den Strom entsprechend dem Drehzahlbedarf bei unterschiedlichen Lasten eines Motors. Umrichter verfügen in der Regel über einen Gleichrichterteil, einen Gleichstromzwischenkreis und einen Wechselrichterkreis, siehe **Bild 6.21**.

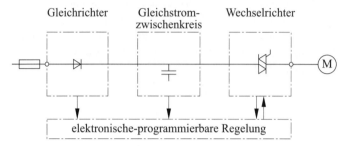

Bild 6.21 Die Hauptkomponenten eines Umrichters

Keine galvanische Trennung möglich

Ein Umrichter verfügt aufgrund seiner Struktur über keine galvanische Trennung zwischen seiner Eingangs- und Ausgangsseite. Somit kann ein Umrichter die Anforderungen an eine automatische Abschaltung im Fehlerfall nicht erfüllen. Durch die elektronische Regelung des Umrichters kann jedoch die Berührungsspannung reduziert werden, wie dies beim Fehlerschutz als mögliche Maßnahme gegen das Auftreten einer (gefährlichen) Berührungsspannung zugelassen ist.

Sicherheits-Integritätslevel (SIL) erforderlich

Doch einkanalige elektronische Regelungseinrichtungen erfüllen in der Regel nicht die Aspekte einer funktionalen Sicherheit (SIL). Bei der Schutzmaßnahme Schutz gegen elektrischen Schlag geht es jedoch um die Verhinderung eines irreversiblen Schadens, wie den Tod eines Menschen. Bei einer solchen Schutzmaßnahme kann ein Sicherheits-Integritätslevel von SIL 2 oder sogar SIL 3 entsprechend DIN EN 61062 (**VDE 0113-50**) notwendig sein.

Örtlicher Schutzpotentialausgleich kann hilfreich sein

Kann die Regelung eines Umrichters im Fehlerfall eine gefährliche Berührungsspannung mit dem erforderlichen SIL nicht verhindern, muss für den Fehlerschutz ein örtlicher Schutzpotentialausgleich vorgesehen werden.

Erstprüfung und Herstellerangaben

Bei der Erstprüfung der Schutzmaßnahme Schutz gegen elektrischen Schlag kann bei einem Umrichter nur die Überprüfung der Wirksamkeit des örtlichen Schutzpotentials vorgenommen werden. Eine Überprüfung der Regelung eines Umrichters zur Verhinderung einer gefährlichen Berührungsspannung kann durch den Prüfer nicht überprüft werden. Deshalb wird sowohl in der DIN EN 60204-1 (**VDE 0113-1**) als auch in der DIN VDE 0100-410/A1 [58] darauf hingewiesen, dass bei der Erstprüfung kontrolliert werden muss, ob die Herstellerangaben zum Schutz gegen elektrischen Schlag eingehalten wurden. Der Hersteller von Umrichtern trägt hier eine große Verantwortung.

6.4   Schutz durch PELV

Die Anforderungen an den Schutz gegen elektrischen Schlag mithilfe einer Schutz-kleinspannung wurden aus der DIN VDE 0100-410 abgeleitet. Entsprechend dieser Norm kann ein Schutz durch Kleinspannung mit einer PELV-Stromquelle (Protective Extra-Low Voltage), die sekundärseitig geerdet wird, siehe **Bild 6.22**, oder durch eine SELV-Stromquelle (Safety Extra-Low Voltage), die sekundärseitig nicht geerdet wird, siehe **Bild 6.23**, realisiert werden. Für elektrische Ausrüstungen von Maschinen ist nur die PELV-Stromquelle für den Schutz durch Kleinspannung zugelassen.

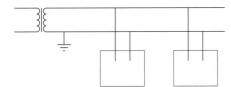

Bild 6.22 PELV-Stromkreis

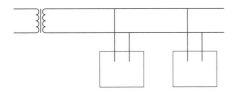

Bild 6.23 SELV-Stromkreis

6.4.1   Allgemeine Anforderungen

Die Notwendigkeit des Einsatzes einer PELV-Stromquelle ist für bestimmte Strom-kreise einer elektrischen Ausrüstung einer Maschine immer dann gegeben, wenn der direkte (Basisschutz) oder indirekte Kontakt (Fehlerschutz) mit aktiven Teilen möglich ist. Dies kann z. B. der Fall sein, wenn der Basisschutz durch elektrotechnische Laien überwunden werden kann, um z. B. an bestimmte Teile der Maschine zu gelangen. Als Beispiel kann der Motorraum eines PKWs angesehen werden, in dem die Pole der Batterie nach dem Öffnen für den elektrotechnischen Laien zugänglich sind. Eine Abschaltung im Fehlerfall ist in diesem Fall auch nicht möglich. Wichtig bei dieser Schutzmaßnahme ist, dass es zu keiner großflächigen Berührung (begrenzte Fläche) kommen kann.

Risikobeurteilung notwendig

Ob eine PELV-Stromquelle benötigt wird und wie hoch die Bemessungsspannung sein darf, ist im Rahmen einer Risikobeurteilung unter Berücksichtigung der möglichen Überwindung des Basisschutzes und des Fehlerschutzes sowie der Umgebungsbedingungen, insbesondere der Feuchtigkeit, zu bewerten.

Bei der Planung von PELV-Stromkreisen ist deshalb darauf zu achten, dass bei einem Kontakt mit aktiven Teilen dieser nur mit einer begrenzten Fläche des menschlichen Körpers möglich ist. Bei einer Spannung von AC 50 V in trockenen Räumen reicht entsprechend IEC/TS 61201 [59] eine Kontaktfläche von 8 mm^2 bei einer Hand-Fuß-Durchströmung aus, um eine Muskelverkrampfung auszulösen [50].

Für PELV-Stromkreise sind die folgenden Bedingungen zu beachten:

a) **Maximale Spannung**

Die max. Spannung einer Schutzkleinspannung wird durch die Größe der möglichen Kontaktfläche mit dem aktiven Teil und die Umgebungsbedingungen, insbesondere durch Feuchtigkeit, bestimmt.

Für Maschinen wurde deshalb die Spannung auf max. AC 25 V bzw. DC 60 V begrenzt, wenn die elektrische Ausrüstung üblicherweise in einem trockenen Raum verwendet wird und eine großflächige Berührung des menschlichen Körpers mit aktiven Teilen nicht zu erwarten ist.

Ist dies nicht zu gewährleisten, muss als PELV-Spannung $\leq$ AC 6 V bzw. $\leq$ DC 15 V gewählt werden.

b) **Erdung**

Ein Leiter des PELV-Stromkreises (der Sekundärseite des Transformators) muss an das Schutzleitersystem angeschlossen werden. Auch Körper der Schutzklasse I dürfen an das Schutzleitersystem angeschlossen werden, siehe **Bild 6.24**.

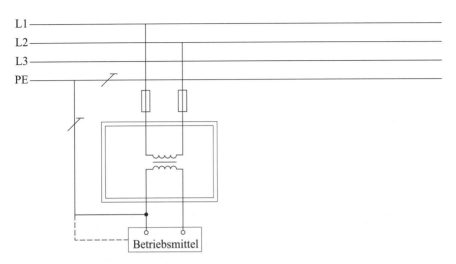

Bild 6.24 Schutzleiteranschlüsse bei PELV

c) **Isolation zu anderen Stromkreisen**

Alle Teile eines PELV-Stromkreises müssen elektrisch von anderen Stromkreisen isoliert werden, wie die Isolation zwischen der Primär- und Sekundärwicklung eines Sicherheitstransformators. Demnach muss die Isolation einer doppelten oder verstärkten Isolation, bezogen auf die höchste vorkommende Bemessungsspannung, entsprechen.

d) **Räumliche Trennung**

Die räumliche Trennung von PELV-Stromkreisen gilt auch innerhalb von Schaltschränken oder Kabeltragesystemen. Lässt sich die räumliche Trennung nicht realisieren, z. B. in einem gemeinsamen Anschlussraum eines Betriebsmittels, so müssen entweder die PELV-Leitungen durch geeignete Abdeckungen von den anderen Leitern getrennt verlegt werden oder die Isolation des PELV-Stromkreises muss für die höchste Bemessungsspannung (der benachbarten Leiter) ausgelegt sein.

e) **Stecker/Steckdosen**

Werden Betriebsmittel über eine Steckverbindung an eine PELV-Stromquelle angeschlossen, darf es nicht möglich sein, den Stecker in die Steckdose einer anderen Stromquelle zu stecken. Umgekehrt dürfen PELV-Steckdosen auch keine Stecker von anderen Stromquellen aufnehmen können.

Durch unterschiedliche Bauarten bei den Stecker-/Steckdosenkombinationen kann ein falsches Zusammenstecken verschiedener Systeme verhindert werden.

6.4.2 Stromquellen für PELV

Als Transformator darf nur ein Sicherheitstransformator entsprechend DIN EN 61558-2-6 (**VDE 0570-2-6**) [60] verwendet werden.

Motorgenerator

Wird die PELV-Spannung von einem Motorgenerator erzeugt, so muss die Isolation zwischen der Motor- und Generatorwicklung der Isolation zwischen der Primär- und Sekundärwicklung eines Sicherheitstransformators entsprechen.

Batterie oder Generator

Versorgt eine Batterie oder ein von einem Verbrennungsmotor angetriebener Generator einen PELV-Stromkreis, so muss dieser Stromkreis, unabhängig von anderen Stromkreisen, mit einer höheren Spannung versorgt werden.

Schaltnetzteile

Bei Stromquellen, die durch elektronische Maßnahmen eine PELV-Spannung erzeugen, wie z. B. Schaltnetzteile, muss sichergestellt sein, dass die max. zulässige Spannung auch im Fehlerfall nicht überschritten wird. Außerdem muss die Isolation zwischen der Primär- und Sekundärwicklung den Anforderungen eines Sicherheitstransformators entsprechen.

7 Schutz der Ausrüstung

7.1 Allgemeines

In Abschnitt 6 dieses Buchs wurden die Schutzaspekte zum Schutz gegen den elektrischen Schlag für Menschen und Nutztiere behandelt. Im darauffolgenden Abschnitt 7 geht es um den Schutz der elektrischen Ausrüstung einer Maschine. Auch hier müssen viele verschiedene Aspekte beachtet werden, damit ein störungsfreier Betrieb der Maschine mit einer hohen Verfügbarkeit sichergestellt ist.

Bild 7.1 zeigt schematisch die verschiedenen Einflüsse, die schädliche Auswirkungen auf die elektrische Ausrüstung haben können.

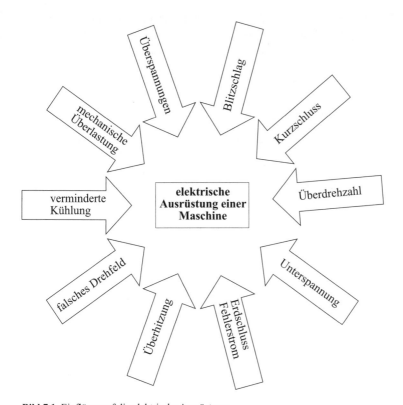

Bild 7.1 Einflüsse auf die elektrische Ausrüstung

7.2 Überstromschutz

Elektrischen Betriebsmitteln wird zu ihrer Nutzung elektrische Energie zur Verfügung gestellt, wobei die Spannungshöhe der Bemessungsspannung des Betriebsmittels entsprechen muss. Doch die Höhe des Stroms ist abhängig von der externen Belastung des Betriebsmittels bei der Nutzung. Andere Betriebsmittel können durch einen internen Fehler eine höhere Belastung verursachen.

Sowohl die Stromquelle als auch die Versorgungseinrichtungen sind jedoch nur für eine bestimmte kalkulierte Belastung ausgelegt. Steigt die Belastung über den kalkulierten Wert, muss ein Schutz vorgesehen werden, damit die elektrische Ausrüstung keinen Schaden nimmt.

7.2.1 Allgemeines

Der Begriff „Überstrom" bezieht sich immer auf den Bemessungsstrom eines Betriebsmittels, d. h., dass dessen Bemessungswert überschritten wird. Die Ursache hierfür kann eine Überlastung sein, die einen höheren Betriebsstrom zur Folge hat, z. B. ein Überstrom in einem Motorstromkreis durch eine mechanische Überlastung des Motors. Es kann aber auch ein Fehler in der Anlage sein, bis hin zum Kurzschluss.

Überstrom führt zu Erwärmung

In jedem Fall führt der Überstrom zu einer höheren Erwärmung in den betroffenen Komponenten und kann damit nicht nur Schäden an den betroffenen Betriebsmitteln verursachen, sondern auch Folgeschäden in anderen Teilen der elektrischen Ausrüstung. Zur Schadensbegrenzung ist es deshalb wichtig, solche Überströme rechtzeitig zu erkennen und geeignete Gegenmaßnahmen einzuleiten, d. h. in der Regel, abzuschalten oder den Strom auf andere Weise zu begrenzen.

Stromflusszeit

Die Folgeschäden, die durch Überströme entstehen können, sind nicht nur von der Höhe des Überstroms abhängig, sondern auch von der Zeit, in der dieser ansteht. Entscheidend ist der I^2t-Wert, bezogen auf den jeweiligen Bemessungswert. Wenn man mal von Schäden durch den Strom wie bei Lichtbogenkurzschlüssen absieht, entstehen die meisten Folgeschäden nicht durch den Strom direkt, sondern durch eine vom Überstrom verursachte Erwärmung. Der Temperaturanstieg ist aber außer vom I^2t-Wert auch noch von der Wärmekapazität der Komponente und den Kühlungsverhältnissen abhängig.

Zeitliche Überlastung

Manche elektrischen Betriebsmittel, wie z. B. Transformatoren oder Motoren, können über eine bestimmte Zeit hinweg in einer bestimmten Höhe überlastet werden, ohne dass ein Schaden entsteht. Solche Überlastungen können bei der Dimensionierung von Überstromschutzeinrichtungen berücksichtigt werden.

Ausschluss von Überstrom

Bei bestimmten Stromkreisen kann ein überhöhter Strom als Fehlerursache ausgeschlossen werden, was dazu führt, dass die Anforderungen an den Überstromschutz für die einzelnen Betriebsmittel sehr unterschiedlich sein können.

7.2.2 Netzanschlussleitung

Die Netzanschlussleitung ist die Verbindungsleitung zwischen der Unterverteilung einer elektrischen Anlage und den Netzanschlussklemmen der elektrischen Ausrüstung der Maschine. Sie ist vom Geltungsbereich der Norm ausgeschlossen, da die elektrische Ausrüstung erst an diesen Netzanschlussklemmen beginnt, siehe **Bild 7.2**. Doch der Betreiber benötigt Angaben, wenn er die Netzanschlussleitung zur Verfügung stellen soll. Der Fachplaner der elektrischen Ausrüstung braucht wiederum Angaben über die Netzverhältnisse der Betreiberanlage.

Die Zuleitung und die vorgeschaltete Überstromschutzeinrichtung müssen für einen störungsfreien Betrieb der Maschine geeignet sein und auch das System nach Art der Erdverbindungen der Stromquelle muss für die Stromversorgung geeignet sein.

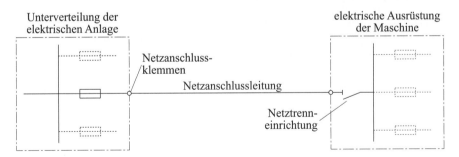

Bild 7.2 Zuordnung der Netzanschlussleitung

Frage aus Anhang B beantworten

Die Kommunikation zwischen dem Betreiber und dem Lieferanten der elektrischen Ausrüstung bezüglich der Festlegungen für die Netzanschlussleitung sollte mithilfe des Fragebogens in Anhang B erfolgen.

Wird eine Maschine in Serie produziert, bei der der Betreiber in der Planungsphase noch gar nicht feststeht, muss der Lieferant der Maschine die Netzverhältnisse, die er für seine Entscheidung zu Grunde gelegt hat, in der Dokumentation angeben.

Dokumentation gemäß Abschnitt 17 erstellen

Die vereinbarten Daten, wie Leiterquerschnitt, Werte der Überstromschutzeinrichtung und max. Länge der Netzanschlussleitung, sind in der Gebrauchsanleitung aufzunehmen.

Selektivität

Bei der Festlegung der Überstromschutzeinrichtung ist in der Unterverteilung der stromversorgenden Anlage auf Selektivität im Hinblick auf die erste Überstromschutzeinrichtung in der elektrischen Ausrüstung der Maschine zu achten.

Steckerfertiger Anschluss

Ist eine Stecker-/Steckdosenkombination die Netzanschlussstelle und ggf. auch gleichzeitig die Netztrenneinrichtung, dann ist die Zuleitung einschließlich des Steckers Teil der elektrischen Ausrüstung der Maschine, s. a. Abschnitt 5 in diesem Buch.

7.2.3   Hauptstromkreise

Alle aktiven Leiter müssen grundsätzlich durch Erfassung und Abschaltung bei Überstrom geschützt werden. Dies gilt auch für den Überstromschutz der Zuleitung zum Transformator für die Stromversorgung von Steuerstromkreisen, bei dem auch der Einschaltstrom zu berücksichtigen ist. Zur Auswahl von Überstromschutzeinrichtungen siehe 7.2.10.

Neutralleiter gemeinsam mit Außenleiter schalten

Folgende Leiter müssen, wenn sie geschaltet werden, immer gemeinsam mit dem dazugehörigen Außenleiter abgeschaltet werden:

- Neutralleiter von Einphasen-Wechselstromkreisen,
- geerdete Leiter in Gleichstromkreisen,
- Leiter von Gleichstromkreisen, die mit dem Körper von beweglichen Teilen einer Maschine verbunden sind.

Querschnitt des Neutralleiters

Obwohl der Neutralleiter ein aktiver Leiter ist, ist er von der generellen Abschaltung ausgenommen, Voraussetzung dafür ist, dass er denselben Querschnitt hat wie die zugehörigen Außenleiter. Die Norm geht zunächst von einem einigermaßen symmetrisch belasteten Drehstromnetz aus. In diesem ist der Strom im Neutralleiter immer kleiner als in den Außenleitern. Selbst wenn dieses Netz nur einphasig belastet würde, wäre der Strom im Neutralleiter höchstens gleich dem Außenleiterstrom, sodass der Neutralleiter durch die Überstromschutzeinrichtung des Außenleiters ausreichend mitgeschützt wäre.

Reduzierter N-Leiterquerschnitt

Bei Außenleiter-Querschnitten von ≤ 16 mm^2 Cu darf der Leiterquerschnitt des Neutralleiters kleiner sein als der Querschnitt der Außenleiter. Doch in solchen Fällen muss der Neutralleiter mit einer Überstromschutzeinrichtung geschützt werden. Beim Ansprechen dieser Überstromschutzeinrichtung müssen alle Außenleiter des betroffenen Drehstromsystems abgeschaltet werden. Der Neutralleiter selbst braucht dabei nicht (mit) abgeschaltet werden, siehe DIN VDE 0100-430 [61].

Oberschwingungsströme im Neutralleiter

Werden von einem Drehstromsystem Einphasenverbraucher mit einem Oberschwingungsanteil versorgt, so addieren sich die Oberschwingungen von den einzelnen Außenleitern im Neutralleiter auf, siehe **Bild 7.3**. Dies kann zu einer Belastung des Neutralleiters führen, die größer sein kann als die eines Außenleiters im Drehstromsystem.

Die Ursachen liegen beim Betrieb von überwiegend einphasigen Umrichtern in Drehstromnetzen, wenn Betriebsströme mit einer Oberschwingung der dritten Ordnung ($f_3 = 150$ Hz) auftreten. In solchen Fällen tritt eine erhöhte Strombelastung des Neutralleiters auf. Wegen der 120°-Phasenverschiebung der Grundschwingung heben sich die Oberschwingungsströme der dritten Ordnung nicht wie die der Grundschwin-

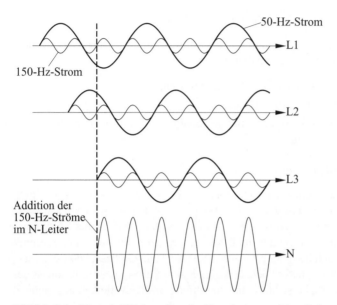

Bild 7.3 Sich addierende N-Leiterströme der Oberschwingung dritter Ordnung

gung gegenseitig auf, sondern addieren sich im Neutralleiter. Es kann zur Überlastung des Neutralleiters kommen, wenn dieser nicht mit einer Überstromschutzeinrichtung versehen ist, siehe DIN VDE 0100-520, Beiblatt 3 [62].

Auch hier müssen beim Ansprechen der Überstromschutzeinrichtung im Neutralleiter alle Außenleiter des betroffenen Drehstromsystems abgeschaltet werden. Der Neutralleiter selbst braucht dabei nicht (mit) abgeschaltet zu werden.

Grundsätzlich sollte bei der Stromversorgung einer elektrischen Ausrüstung auf den Neutralleiter der Stromquelle verzichtet werden. Müssen Einphasenverbraucher bei einer Maschine versorgt werden, so sollte hierfür mithilfe eines Transformators, der primär an zwei Außenleiter angeschlossen ist, innerhalb der Ausrüstung eine entsprechende Stromquelle geschaffen werden.

7.2.4 Steuerstromkreise

Die Anforderungen in diesem Abschnitt gelten für die klassische Steuerung mit Hilfsschützen und Relais. Dabei wird zwischen Stromversorgungen für Steuerstromkreise, die direkt am Hauptstromkreis angeschlossen werden, und solchen, die über einen Transformator oder einen Gleichrichter versorgt werden, unterschieden, siehe **Bild 7.4.**

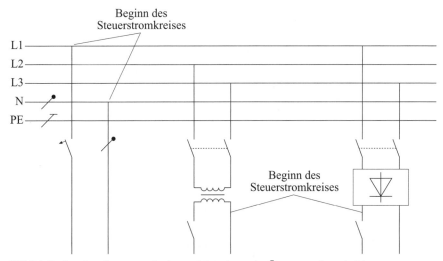

Bild 7.4 Beginn eines Steuerstromkreises und Anordnung der Überstromschutzeinrichtung

Steuerstromkreise, die direkt am Hauptstromkreis angeschlossen sind, dürfen für Steuerungen nur im kleinen Umfang verwendet werden, siehe Abschnitt 9.1.1 in diesem Buch.

Kurzschlussstrom muss beherrschbar sein

Die Leitungen hierfür sowie die Zuleitungen zu den Transformatoren oder Gleichrichtern müssen wie Hauptstromkreise entsprechend Abschnitt 7.2.3 behandelt werden. Dabei ist zu berücksichtigen, dass die Überstromschutzeinrichtung für den Steuerstromkreis mit der übergeordneten Überstromschutzeinrichtung des Hauptstromkreises abgestimmt werden muss, siehe Abschnitt 7.2.8 in diesem Buch. Insbesondere ist darauf zu achten, dass der seitens der Stromquelle max. auftretende Kurzschlussstrom von der Überstromschutzeinrichtung des Steuerstromkreises auch beherrscht werden kann.

Kein Überstromschutz notwendig

Der Überstromschutz in Steuerstromkreisen soll im Wesentlichen den Kurzschlussfall abdecken. Es kann davon ausgegangen werden, dass in Steuerstromkreisen Überströme infolge von Überlastungen durch Betriebsmittel praktisch ausgeschlossen werden können, da die Bemessungsströme aller elektrischen Betriebsmittel im Steuerstromkreis bekannt sind, s. a. DIN VDE 0100-557 [63]. Da jedoch Überstromschutzeinrichtungen meistens sowohl über einen Überlast- als auch über einen Kurzschlussschutz verfügen, ist diese Betrachtung eigentlich nicht notwendig.

Geerdeter Steuerstromkreis

Bei Steuerstromkreisen, die mit dem Schutzleitersystem verbunden sind (geerdeter Steuerstromkreis), muss der geschaltete Leiter bei Überstrom geschützt werden, siehe **Bild 7.5**. Werden alle Steuerstromkreise mit demselben Leiterquerschnitt verlegt, so reicht eine Überstromschutzeinrichtung für alle geschalteten Leiter aus.

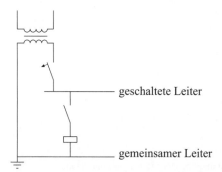

Bild 7.5 Geschaltete Leiter des Steuerstromkreises

Ungeerdeter Steuerstromkreis

Bei Steuerstromkreisen, die nicht an das Schutzleitersystem angeschlossen sind (ungeerdete Steuerstromkreise) und in denen alle Leiter denselben Querschnitt aufweisen, braucht ebenfalls nur der Schaltleiter durch eine Überstromschutzeinrichtung geschützt zu werden.

Unterschiedliche Leiterquerschnitte

Werden verschiedene ungeerdete Steuerstromkreise (oder Gruppen von Steuerstromkreisen) mit unterschiedlichen Querschnitten von einer gemeinsamen Stromquelle versorgt, muss in jedem dieser Steuerstromkreise (bzw. Gruppen) eine eigene zweipolige Überstromschutzeinrichtung vorgesehen werden, die sowohl den geschalteten Leiter als auch den gemeinsamen Leiter abschaltet, siehe **Bild 7.6**.

Würde nicht zweipolig abgeschaltet, könnten Schlüsse zwischen Leitungen unterschiedlicher Steuerstromkreise mit unterschiedlichen Leiterquerschnitten zur Überlastung des gemeinsamen Leiters mit dem kleineren Querschnitt führen, siehe Abschnitt 9.1.1 in diesem Buch.

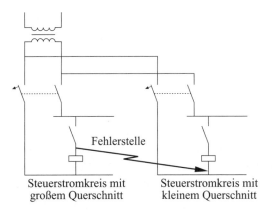

Fehlerstelle

Steuerstromkreis mit
großem Querschnitt

Steuerstromkreis mit
kleinem Querschnitt

Bild 7.6 Stromkreise mit unterschiedlichen Leiterquerschnitten

Stromquelle mit Strombegrenzung

Werden als Stromquelle für einen Steuerstromkreis Stromversorgungseinheiten mit einer internen Strombegrenzung verwendet, brauchen für so versorgte Steuerstromkreise keine Überstromschutzeinrichtungen eingesetzt werden.

Versorgt eine solche Stromversorgungseinheit mehrere Steuerstromkreise mit unterschiedlichen Leiterquerschnitten, muss geprüft werden, ob eventuell doch für bestimmte Stromkreise ein eigener Überstromschutz zusätzlich erforderlich ist. Doch dann muss der max. mögliche (Kurzschluss-)Strom der Stromquelle so groß sein, dass die Überstromschutzeinrichtung auch auslösen kann.

7.2.5   Steckdosenstromkreise und ihre zugehörigen Leiter

In diesem Abschnitt sind Steckdosen gemeint, die jeder, der mit der Maschine bzw. an der maschinellen Anlage arbeitet, benutzen darf. Solche Steckdosen sind in der Regel für Geräte, Werkzeuge oder Messgeräte für Service-, Wartungs- und Reparaturarbeiten vorgesehen. Wichtig ist, dass der ungeerdete aktive Leiter jeder Steckdose mit einer eigenen Überstromschutzeinrichtung versehen ist. Weitere Anforderungen an Steckdosenstromkreise enthält Abschnitt 15.1 dieses Buchs.

7.2.6   Beleuchtungsstromkreise

Alle Beleuchtungseinrichtungen an einer Maschine, die über die elektrische Ausrüstung der Maschine versorgt werden, müssen über eine eigene unabhängige Überstromschutzeinrichtung verfügen. Diese Schutzeinrichtung braucht nur den Schutz

155

bei Kurzschluss sicherzustellen, da bei Beleuchtungen – ähnlich wie bei Steuerstromkreisen – keine zusätzlichen Belastungen auftreten können, die bei der Planung nicht berücksichtigt werden konnten. Weitere Anforderungen an die Beleuchtung enthält Abschnitt 15.2 dieses Buchs.

7.2.7 Transformatoren

Im Gegensatz zu kleinen Transformatoren für Steuerstromkreise sind hier große Transformatoren gemeint, die sowohl als Haupttransformatoren bei Hochspannungseinspeisungen als auch als Transformatoren für bestimmte Stromkreise von Maschinen bzw. maschinellen Anlagen eingesetzt werden.

Einschalten

Transformatoren können beim Einschalten, insbesondere wenn sekundär noch keine Last angeschlossen ist, einen hohen Einschaltstrom durch elektromagnetische Ausgleichsvorgänge (Rushstrom) hervorgerufen. Dieser kann das 15- bis 30-Fache des Primärbemessungsstroms erreichen, klingt jedoch in wenigen Perioden ab, er darf jedoch nicht zu unnötigen Auslösungen der Überstromschutzeinrichtung führen.

Andererseits wird verlangt, dass die Wicklungstemperatur den für die Isolationsklasse zulässigen Wert nicht überschreiten darf. Es ist schwierig, diese beiden Forderungen mit einer „Überstromschutzeinrichtung" zu realisieren. Deshalb sind bei Transformatoren Temperaturfühler, die in die Wicklungen integriert sind, üblich.

Welcher Überstromschutz zur Anwendung kommen kann, sollte mit dem Transformatorhersteller abgestimmt werden.

Bei Überschreitung der zulässigen Werte sollte mindestens eine optische und eine akustische Meldung erzeugt werden, oder, wenn betrieblich gefahrlos zulässig, die Maschine abgeschaltet werden. In der Regel sind die thermischen Zeitkonstanten voluminöser Transformatoren groß genug, um noch ein ordnungsgemäßes Herunterfahren der Maschine zu ermöglichen. Häufig erzeugen solche Temperaturüberwachungseinrichtungen eine zweistufige Meldung für Warnung und Abschaltung.

7.2.8 Anordnung von Überstromschutzeinrichtungen

Überstromschutzeinrichtungen sind immer dann notwendig, wenn der Leiterquerschnitt reduziert wird oder die Leitung aufgrund einer veränderten Verlegeart nicht mehr so hoch belastet werden darf. Die Überstromschutzeinrichtung ist immer am Beginn des Strompfades zu errichten, ab dem der reduzierte Belastungswert gilt.

Verlegebedingungen entscheiden mit

Häufig wird übersehen, dass z. B. durch eine Änderung der Verlegeart im Leitungsverlauf, wie Bündelung von Leitungen oder Übertritt in Räume mit einer höheren Umgebungstemperatur, ein niedrigerer Wert bei der Überstromschutzeinrichtung notwendig ist.

In der Regel wird man an den Stellen, an denen der max. Strombelag reduziert wird, keinen Leitungsschutz mittels einer weiteren Überstromschutzeinrichtung mit einem niedrigeren Bemessungswert einbauen. Das bedeutet aber, dass der Überstromschutz solcher Leiter zu Beginn schon auf die ungünstigsten Betriebsbedingungen im Verlauf des Leitungsweges abgestimmt sein muss.

Grundsätzlich müssen Überstromschutzeinrichtungen so dimensioniert sein, dass sie den Leiter entsprechend seinem Querschnitt, der Verlegeart, der Umgebungstemperatur und der Betriebsart bei der vorgesehenen Belastung schützen.

Kein Überstromschutz erforderlich

Eine Reduzierung des Leiterquerschnitts, und damit eine Reduzierung des Bemessungswertes einer Überstromschutzeinrichtung, ist dann nicht erforderlich, wenn **alle** folgenden Bedingungen gleichzeitig erfüllt werden:

- Die Leitung ist für die nachgeschaltete Last ausgelegt.
- Die Leitungslänge zwischen dem Verteilerstromkreis und dem Verbraucherstromkreis ist nicht länger als 3 m.
- Die Leitung ist erd- und kurzschlussfest verlegt.

Es dürfen keine Abzweige von dieser Verbindungsleitung für andere Stromkreise vorgesehen werden. Jeder Anschluss eines Verbraucherstromkreises mit einer eigenen Überstromschutzeinrichtung muss separat erfolgen.

Die Verbindungsleitung zwischen in Reihe geschalteten Überstromschutzeinrichtungen mit unterschiedlichen Auslösekennlinien ist eine empfindliche Stelle, siehe **Bild 7.7**. Da die Überstromschutzeinrichtung der Verbraucherstromkreise entsprechend dem Strombedarf auf der Verbraucherseite dimensioniert ist, sind die Auslösewerte in der Regel auch kleiner als die Auslösewerte der vorgeschalteten Überstromschutzeinrichtung des Verteilerstromkreises.

Auch die Größe der Anschlussklemmen nachgeschalteter Überstromschutzeinrichtungen ist meistens nur für kleinere Leiterquerschnitte geeignet, im Gegensatz zu jener der vorgeschalteten Schutzeinrichtungen. Damit kann der Querschnitt der Verbindungsleitung zwischen dem Verteilerstromkreis und dem Verbraucherstromkreis nur annähernd so groß gewählt werden wie der Querschnitt der Leitung auf der Verbraucherseite.

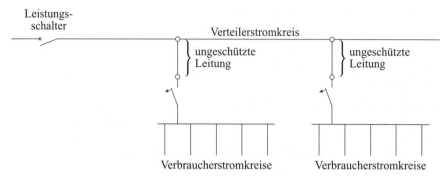

Bild 7.7 Verbindungsleitung zwischen Verteilerstromkreis und Verbraucherstromkreisen

Ein Extrembeispiel ist der Anschluss der Verbindungsleitung an einen Schienenverteiler. Die Kupferschiene eines Verteilerstromkreises kann normalerweise nicht an einen 10-A-Leitungsschutzschalter angeschlossen werden. Dies bedeutet, dass eine übergeordnete Überstromschutzeinrichtung des Verteilerstromkreises bei einem Kurzschluss für die Verbindungsleitung keinen Schutz darstellt.

Erd- und kurzschlusssichere Verlegung

Eine erd- und kurzschlusssichere Verlegung bedeutet, dass die betreffende Leitung so verlegt wird (auch innerhalb eines Schaltschranks), dass keine mechanischen Belastungen auftreten können. Dies kann erreicht werden, wenn solche Leitungen über ihre gesamte Länge separat in einem eigenen Kabelkanal verlegt werden.

Kein Kontakt der Isolierung mit den Stromschienen

Beim Anschluss eines Leiters an ein Stromschienensystem muss darauf geachtet werden, dass die Isolierung dieser Leitung keinen Kontakt mit den Stromschienen hat.

Erd- und kurzschlussfeste Leitung

Alternativ zur geschützten Verlegung kann auch eine Sonder-Gummiaderleitung vom Typ NSGAFöu entsprechend DIN VDE 0250-602 [64] eingesetzt werden, die eigentlich eine Hochspannungsleitung und für eine Spannung bis $U_0 = 1,8\,\text{kV}$ geeignet ist, siehe **Bild 7.8**.

Bild 7.8 Erd- und kurzschlussfeste Leitung

Bei der Verwendung für Stromkreise bis 1 000 V gilt diese Leitung als erd- und kurzschlusssichere Verbindung. Dieser Leitungstyp kann nur in trockenen Räumen verwendet werden. Die Umweltbedingungen gelten in der Regel auch für Schaltschränke und Verteiler.

Die Leitung besteht aus einem feindrähtigen Leiter (Klasse 5) und ist deshalb aufgrund ihrer Flexibilität für eine Verlegung in Schaltschränken und Verteilern bestens geeignet. Solche Leitungen bedürfen keiner besonderen geschützten Verlegung und können, z. B. in einem Schaltschrank, mit anderen Leitungen gemeinsam in einem Kabelkanal verlegt werden.

Da die Gummimischung keine Farbzusätze enthält, ist eine Aderkennzeichnung durch die Farbe der Isolation nicht möglich. In solchen Fällen ist eine Aderkennzeichnung an den Enden der Leitung mittels Beschriftung oder Farbbändern vorzunehmen.

Direktmontage an Stromschienen

Ein zeitgemäßer Anschluss einer Überstromschutzeinrichtung für Endstromkreise an einen Stromschienenverteiler ist die direkte Montage. Bei dieser Lösung gibt es keine ungeschützte Verbindungsleitung und das Konzept ist in der Regel typgeprüft, d. h., eine Kurzschlussprüfung ist nachgewiesen, siehe **Bild 7.9**.

Bild 7.9 Sammelschienen mit direkt angebauten Überstromschutzeinrichtungen

Anordnung an der Stromquelle

Der Anschluss der ersten Überstromschutzeinrichtung an eine Stromquelle benötigt grundsätzlich eine Verbindungsleitung. Das bedeutet, dass diese Verbindungsleitung, mag sie auch noch so kurz sein, immer ungeschützt ist.

Entsprechend DIN VDE 0100-430 darf in solchen Fällen die Überstromschutzeinrichtung auf der Versorgungsseite angeordnet werden, wenn die Auslösecharakteristik so ausgelegt ist, dass die Schutzanforderungen bei einem Kurzschluss erfüllt sind.

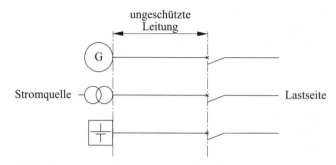

Bild 7.10 Leitungen ohne Überstromschutzeinrichtung

Natürlich dürfen an solchen Leitungen keine Abzweige vorgesehen werden und die Verbindungsleitung sollte so kurz wie möglich sein. Dies bedeutet, dass die Überstromschutzeinrichtung so nahe wie möglich an der Stromquelle angeordnet sein muss.

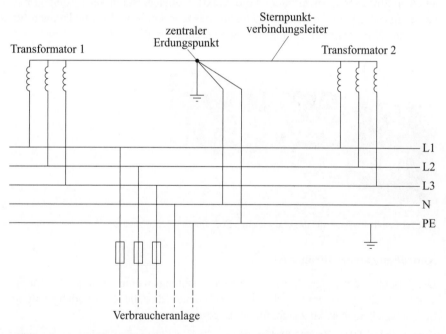

Bild 7.11 Anordnung der Überstromschutzeinrichtung auf der Verbraucherseite

Die Leitung von der Stromquelle bis zur Verbraucherseite muss (mechanisch) so geschützt werden, dass eine Beschädigung (mechanische Belastung) nicht zu erwarten ist. Die Anforderungen an eine erd- und kurzschlussfeste Verlegung müssen somit auch hier eingehalten werden. Diese Anforderungen gelten ebenfalls für Leitungen ohne Überstromschutzeinrichtung, die im Kabelboden verlegt sind. Eine mögliche Beschädigung, z. B. durch Drauftreten bei geöffneten Kabelbodenabdeckungen, muss bei der Planung der mechanischen Schutzmaßnahmen berücksichtigt werden.

7.2.9 Überstromschutzeinrichtungen

Der am Einbauort zu erwartende unbeeinflusste Kurzschlussstrom ist derjenige, der sich ohne Begrenzung der Amplitude einstellen würde. Die Anforderungen gelten grundsätzlich für jede beliebige Überstromschutzeinrichtung innerhalb der Maschine, siehe **Bild 7.12**. Aus diesem Zusammenhang erklärt sich die Anforderung, dass der Kurzschlussstrom über die Überstromschutzeinrichtung nicht nur von der Kurzschlussleistung des Netzes gespeist wird, sondern auch Stromanteile enthalten kann, die aus der Maschine kommen, z. B. generatorische Anteile von Motoren oder kapazitive Anteile von Kompensationsanlagen.

Details hierzu enthält DIN EN 60909-0 (**VDE 0102**) [65] „Kurzschluss-Ströme in Drehstromnetzen". Grob geschätzt haben Motoren erst ab etwa 30 kW in der Nähe des Abschaltorgans Einfluss. Näheres sollte vom Motorlieferanten erfragt werden.

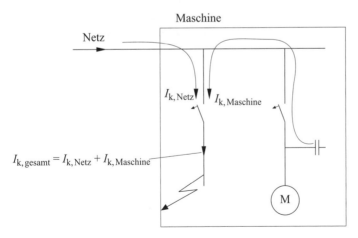

Bild 7.12 Erwartete Fehlerströme im Kurzschlussfall

Backup-Schutz

Stellt sich heraus, dass die Überstromschutzeinrichtungen der elektrischen Ausrüstung nicht die erforderliche Schaltleistung haben, muss eine Sicherung oder ein strombegrenzender Leistungsschalter vorgeschaltet werden, der sog. Backup-Schutz. Sicherungen oder vorgeschaltete Leistungsschalter sprechen durch ihre Auswahl nur bei sehr hohen Kurzschlussströmen an, dann aber so schnell, dass die dem Verbraucher angepasste Überstromschutzeinrichtung nur einen Teil der Kurzschlussausschaltleistung ihrer Schaltstrecke bewältigen muss.

Entweder gibt der Hersteller der Überstromschutzeinrichtung die vorzuschaltende Schmelzsicherung, den Backup-Schutz, vor, oder der Fachplaner muss die Auswahl mithilfe von Diagrammen und der Durchlassenergie (A^2s) nach den Geräteparameterkennlinien treffen.

Selektivität prüfen

Werden mehrere Überstromschutzeinrichtungen hintereinander errichtet, ist die Selektivität der Abschaltungen sicherzustellen. Dies bedeutet, dass die Überstromschutzeinrichtung, die der Fehlerstelle am nächsten ist, zuerst auslöst.

Sicherungstyp entsprechend Landesnorm

Eigentlich ist dieser Absatz nur für das Exportgeschäft von Bedeutung. Im Prinzip handelt es sich hier jedoch um eine vertragliche Vereinbarung zwischen Maschinenhersteller und Betreiber. Sind für den Schutz der elektrischen Ausrüstung Spezialsicherungen erforderlich, so sollten im Lieferumfang der Ersatzteile genügend Reservesicherungen vorgesehen werden.

Frage aus Anhang B beantworten

In Abschnitt 11 „Zubehör" des Fragebogens kann der gewünschte Sicherungstyp mit dem Betreiber festgelegt werden.
Es ist mit dem Betreiber zu klären, welche und wie viele Reservesicherungen das Ersatzteilpaket enthalten muss.

Bei industriellen Maschinen, die weltweit vertrieben werden, empfiehlt es sich immer, soweit wie möglich automatische Schutzeinrichtungen einzusetzen.

7.2.10   Bemessungs- und Einstellwerte der Überstromschutzeinrichtungen

Der Bemessungsstrom von Sicherungen bzw. der Einstellstrom von Überstromschutzeinrichtungen muss einerseits auf den Schutz der Leitungen abgestimmt sein, andererseits aber auch das Betriebsverhalten der angeschlossenen elektrischen Betriebsmittel berücksichtigen.

Das bedeutet, dass die Ansprechwerte der Schutzeinrichtungen so niedrig wie möglich ausgewählt werden müssen, um einen höchstmöglichen Schutz zu gewährleisten, jene dürfen aber bei den zu erwartenden Überströmen, wie Motoranlaufströmen, noch nicht auslösen, um die notwendige betriebliche Verfügbarkeit nicht zu beeinträchtigen.

Die Leiterquerschnitte müssen ebenfalls diesen Betriebsfall beherrschen. Einstellbare Überstromschutzeinrichtungen sollten so ausgewählt werden, dass der einstellbare Bereich ungefähr den zu erwartenden Strömen entspricht. Dadurch können grobe Einstellfehler bei Inbetriebnahme, Wartung und Service reduziert werden.

Kontaktverschweißung

Bei Auswahl der Schutzeinrichtung müssen auch die Fähigkeiten der angeschlossenen Schaltgeräte berücksichtigt werden, womit explizit das Problem von Kontaktverschweißungen gemeint ist. Ein Verschweißen von Schütz- bzw. Relaiskontakten lässt sich nicht in allen Fällen mit absoluter Sicherheit ausschließen. Hohe Ströme über die Kontakte führen zu elektrodynamischen Kräften, die auf die Kontaktelemente wirken und diese öffnen oder zumindest den Kontaktdruck verringern. Der dadurch entstehende Lichtbogen führt dann letztlich zum Verschweißen des Kontakts.

Hier spielt jetzt das Zeitverhalten der Überstromschutzgeräte beim Abschalten von Überströmen eine entscheidende Rolle. Große Kurzschlussströme (im Verhältnis zum Bemessungs- bzw. Einstellstrom der Schutzeinrichtung) schalten so schnell ab, dass es nicht zu einem Verschweißen der Schützkontakte kommt. Kleinere Kurzschlussströme führen jedoch zu einer zeitlich verzögerten Abschaltung, sodass in diesem Fall die Zeit des Lichtbogens ausreicht, um die Kontaktelemente zu verschweißen.

Lebensdauer mitentscheidend

Die Gefahr des Verschweißens von Schützkontakten wird größer, wenn die elektrische Lebensdauergrenze der Kontakte erreicht oder überschritten wird. Der Wartung der elektrischen Ausrüstung kommt daher eine hohe Bedeutung zu. Um diese jedoch in wirtschaftlich sinnvollen Grenzen zu halten und gleichzeitig ein hohes Maß an Sicherheit zu gewährleisten, sind mindestens die sicherheitsrelevanten Schütze, außer auf ihr Schaltvermögen und ihre Stromtragfähigkeit, auch auf ausreichende elektrische und mechanische Lebensdauer sowie auf ihre Kurzschlussfestigkeit zu dimensionieren. Die Wahrscheinlichkeit für ein Kontaktverschweißen wird deutlich reduziert, wenn die Kontakte bezüglich ihrer Stromtragfähigkeit überdimensioniert werden, der Bemessungs- bzw. Einstellstrom der Schutzeinrichtung jedoch so klein wie betrieblich sinnvoll gewählt wird, siehe DIN EN 60947-4-1 (**VDE 0660-102**).

Verantwortungsbewusste Wartung

Eine verantwortungsbewusste Wartung muss grundsätzlich die Kontrolle der Schützkontakte nach einem Ansprechen der vorgeschalteten Kurzschlussschutzeinrichtung einschließen, da ein erhöhter Kontaktabbrand sehr wahrscheinlich ist. Auch wenn noch kein Verschweißen der Kontaktelemente erfolgte, können diese doch soweit vorgeschädigt sein, dass ein Verschweißen bei einer der nächsten Kurzschlussabschaltungen wahrscheinlicher wird.

Man erkennt, dass die Erfüllung dieser Anforderung der Norm nicht nur eine Frage der richtigen Auswahl der Schutzeinrichtung ist, sondern auch eine Frage der richtigen Auswahl der Schaltgeräte und der betrieblichen Wartung.

Bemessungsstrom/Einstellstrom

Zur Festlegung des richtigen Bemessungs- bzw. Einstellstroms der Schutzeinrichtung wird auf Abschnitt 12.4 sowie auf die Anhänge D.2 und D.3 verwiesen. Abschnitt 12.4 enthält Aussagen über die zulässige Strombelastbarkeit von Leitungen im Normalbetrieb.

Strombelastbarkeit von Leitungen

Tabelle 6 in Abschnitt 12 der DIN EN 60204-1 (**VDE 0113-1**) enthält beispielhaft max. Strombelastbarkeitswerte für PVC-isolierte Leiter bei 40 °C Umgebungstemperatur in Abhängigkeit von ihrer Verlegeart (B1, B2 (Verlegung in Elektroinstallationskanälen), C (direkte Verlegung an Wänden) und E (Verlegung frei in Luft)), wie sie in weiten Bereichen der Installation von Maschinen auftreten.

Überlast/Kurzschluss

Überlaststrom und Kurzschlussstrom sind unterschiedliche Ereignisse, die entweder von **einem** Schutzgerät (z. B. Sicherung, Motorschutzschalter) oder von getrennt errichteten Schutzgeräten, wie z. B. einem Bimetall-Auslöser für den Überlaststrom und einem magnetischen Schnellauslöser für den Kurzschlussstrom, beherrscht werden.

Anhang D.2 verdeutlicht die Relationen der Kennwerte der Leiter und der Schutzgeräte sowie des projektierten Stroms zueinander. Der Auslösestrom der Schutzeinrichtung für die Überlast darf bis zu 45 % über der Strombelastbarkeit des Leiters liegen und auch eine gewisse Zeit anstehen, die von der Größe des Bemessungsstroms für das Schutzgerät abhängig ist. Für Schutzgeräte bis zu 63 A kann sich der Zeitraum bis auf 1 h dehnen. Dies bedeutet, dass die Werte so aufeinander abgestimmt sein müssen, dass die hierdurch verursachte höhere Erwärmung des Leiters noch keine schädliche Auswirkung auf die Isolation hat (Erweichung, vorzeitige Alterung). Oder anders ausgedrückt, die Werte aus Tabelle 6 der DIN EN 60204-1 (**VDE 0113-1**) bieten durchaus noch Spielraum für kurzzeitige Überlastungen.

Leitertemperatur

Anhang D.3 verdeutlicht die Vorgänge im Kurzschlussfall. Man geht davon aus, dass die Leiter zu Beginn des Kurzschlusses ihre max. zulässige Temperatur unter Normalbedingungen aufweisen. Durch den hohen Kurzschlussstrom wird der Leiter sehr schnell stark aufgeheizt. Der Kurzschlussstrom muss abgeschaltet werden, bevor der Leiter die für das jeweilige Isolationsmaterial max. zulässige Temperatur erreicht hat, bei der die Isolierung zerstört wird. Diese Zeit kann rechnerisch ermittelt werden, muss aber in jedem Fall kürzer als 5 s sein. Damit korrelieren diese Abschaltbedingungen mit den Abschaltbedingungen für den Fehlerschutz.

7.3 Schutz von Motoren gegen Überhitzung

Motoren können für sehr unterschiedliche Betriebsarten bemessen werden. **Bild 7.13** zeigt beispielhaft drei genormte Betriebsarten, siehe **Bild 7.13a** Dauerbetrieb, **Bild 7.13b** Kurzzeitbetrieb, **Bild 7.13c** Aussetzbetrieb. Weitere Unterscheidungen können erforderlich sein, wenn die Belastung konstant ist oder ständig wechselt, auch eine Rolle spielt, ob Anlauf- und Bremsvorgänge thermisch relevant sind oder vernachlässigt werden können.

Die Produktnorm für Motoren teilt diese Fakten in zehn unterschiedliche Betriebsarten ein, s. a. Abschnitt 14.5 dieses Buchs. So unterschiedlich wie die Betriebsarten und die Belastungen sein können, so unterschiedlich sind auch die Ursachen für eine Überhitzung durch Überlastung der Motoren.

Kühlarten

Motoren können, je nach Art der Kühlung, bei deren Ausfall beträchtlich überhitzen. Der mögliche Verlust der Kühlung ist abhängig von der Art und Weise, wie der Motor gekühlt wird. Die Kühlarten werden nach einem internationalen IC-Code, DIN EN 60034-6 (**VDE 0530-6**) [66], unterschieden, siehe **Bild 7.14**. Die Kühlmethoden für Motoren werden u. a. eingeteilt in:

Selbstkühlung: Wärmeabgabe über die Oberfläche ohne Hilfsmittel,

Eigenkühlung: Wärmeabgabe über Lüfter auf der eigenen Welle (drehzahlabhängige Kühlung),

Fremdkühlung: Wärmeabgabe über separaten Lüfter mit eigenem Motor (drehzahlunabhängige Kühlung).

Weitere Unterscheidungen können dahin gehen, ob der Motor innen und/oder außen belüftet ist, ob mit oder ohne Wärmetauscher usw. So unterschiedlich wie die Kühlungsmethoden sein können, so unterschiedlich können auch die Ursachen für eine Überhitzung des Motors sein, ohne dass dieser dabei überlastet wird.

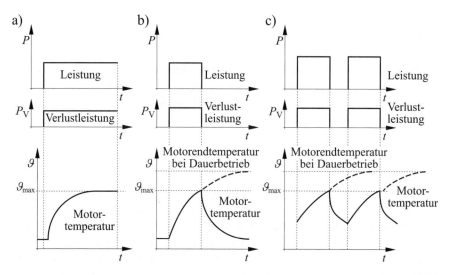

Bild 7.13 Beispiele für den Verlauf von Leistung P, Verlustleistung P_V und Temperatur ϑ eines Motors bei verschiedenen Betriebsarten –
a) S1 Dauerbetrieb, b) S2 Kurzzeitbetrieb, c) S3 Aussetzbetrieb

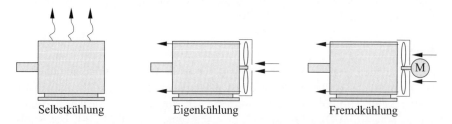

Bild 7.14 Beispiele von Kühlarten für Motoren

7.3.1 Allgemeines

Ziel des Schutzes von Motoren vor Überhitzung ist, Betriebszustände, die zu einer unzulässigen Erwärmung des Motors führen können, so rechtzeitig zu erkennen, dass eine Überhitzung vermieden werden kann und Folgeschäden im Motor verhindert werden. Solche Betriebszustände können sein:

1. eine erhöhte Verlustwärme, d. h. erhöhte Stromaufnahme (I^2t), infolge

   a) einer mechanischen Überlastung des Motors einschließlich Blockade des Läufers,

   b) zu langer Einschaltzeit bei Motoren, die nicht für Dauerbetrieb ausgelegt sind,

   c) Abweichungen vom vorgesehenen Belastungsdiagramm bei wechselnden Belastungen;

2. eine verminderte Wärmeabfuhr, d. h. Störungen in der Motorkühlung infolge von

   a) Verschmutzung,

   b) Lüfterausfall,

   c) zu hoher Kühlmitteltemperatur;

3. Abweichungen der Stromversorgung von den in Abschnitt 4.3.2 spezifizierten oder vom Motorhersteller festgelegten Werten.

Eine erhöhte Stromaufnahme lässt sich sowohl durch eine Strommessung als auch durch eine Temperaturmessung im Motor erfassen; eine verminderte Wärmeabfuhr kann nur durch eine Temperaturmessung erkannt werden. Beide Methoden haben ihre spezifischen Vor- und Nachteile. Eine Abweichung der Stromversorgung von den Bemessungswerten hat zwar auch Auswirkungen auf die Stromaufnahme und/ oder den Temperaturanstieg im Motor, sollte aber besser anderweitig erfasst und verhindert werden.

Schäden im Motor, wie Windungs- oder Wicklungsschluss, würden sich zwar auch in der Stromaufnahme und der Temperatur widerspiegeln und zu einer Abschaltung durch den Motorschutz führen; dieser hätte aber dann seinen eigentlichen Sinn verloren, weil die Ursache bereits der Schaden im Motor wäre, dieser also nicht mehr verhindert werden könnte.

Die zulässigen Betriebstemperaturen der Motorwicklung sind vom Isoliermaterial abhängig. Man unterscheidet für die gängigen Motoren drei Isolationsklassen, siehe **Tabelle 7.1**.

Schutzmaßnahmen gegen eine unzulässige Erwärmung jedes Motors werden erst ab einer Bemessungsleistung von > 0,5 kW gefordert. Bei den kleinen Motoren stellt es die Norm letztlich dem Hersteller frei, ob ein diesbezüglicher Schutz erforderlich

Isolationsklasse	B	F	H
Erwärmung bei 40 °C Kühlmitteltemperatur und Belastung mit Nennleistung des Motors	90 K	115 K	140 K
zulässige Betriebstemperatur unter Nennbedingungen	130 °C	155 °C	180 °C
max. zulässige Temperatur bei Überlast	145 °C	170 °C	195 °C

Tabelle 7.1 Maximale Wicklungstemperaturen für Überlastung mit langsamen Änderungen

ist oder nicht. Die Festlegung auf 0,5 kW ist letztlich ein Kompromiss, der sich an den Realisierungsmöglichkeiten und den Kosten orientiert. Eine aufwendige Temperaturerfassung dürfte bei so kleinen Motoren schwierig zu realisieren sein und eventuell teurer werden als ein neuer Motor.

Es gibt Fälle, in denen trotz Überhitzung des Motors keine automatische Abschaltung erfolgen, sondern stattdessen nur gewarnt werden soll. Diese Ausnahmen sind dann gegeben, wenn durch die sofortige Abschaltung eine Gefahr entstehen könnte oder wenn durch die automatische Abschaltung eine Gefahrenabwehr unterbrochen würde, wie z. B. bei einer Feuerlöschpumpe. In diesem Fall wird der Verlust des Motors in Kauf genommen, um die Restlaufzeit bis zur Selbstzerstörung des Motors noch zu nutzen.

Grundsätzlich gibt es drei Methoden, um einen Motor vor Überhitzung zu schützen, siehe **Bild 7.15**.

1. Kontrolle des Stroms,
2. Kontrolle der Wicklungstemperatur,
3. Begrenzung des Motorstroms.

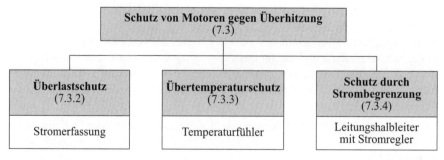

Bild 7.15 Maßnahmen zum Schutz von Motoren vor Überhitzung

Risikobeurteilung notwendig

Ein automatischer Wiederanlauf nach Abschaltung des Motors durch seine Schutzeinrichtungen sollte nicht erfolgen. Ob dies eventuell doch zulässig sein darf, muss im Rahmen einer Risikobewertung ermittelt werden.

7.3.2 Überlastschutz

Überlast ist in 3.1.45 ganz allgemein definiert als *„Zeit-Strom-Verhältnis in einem Stromkreis, das über der Bemessungsvolllast des fehlerfreien Stromkreises liegt"*.
Vereinfacht erfasst der Überlastungsschutz in den meisten Fällen jedoch nur den Motorstrom und leitet daraus, ähnlich wie beim Überlastungsschutz für Leiter, ein Maß für die aktuelle Belastung des Motors ab. Diese ist wegen der thermischen Zeitkonstanten des Motors aber nicht unbedingt ein Abbild der Wicklungstemperatur.

Bimetall als Überlastschutz

Im einfachsten Fall besteht diese Schutzeinrichtung aus einem Bimetallrelais, das nach einem Ansprechen die Abschaltung des Motors einleitet. Dies ist die klassische Methode, um Motoren bei Überlastung vor einer Überhitzung zu schützen.

Hohe Wicklungstemperaturen reduzieren die Lebensdauer der Isolation

Tabelle 7.1 zeigt in Abhängigkeit von der Isolierstoffklasse die zulässigen Erwärmungen und Betriebstemperaturen sowie die max. zulässigen Grenztemperaturen, bei denen der Motor abgeschaltet werden sollte. Dabei liegt die max. zulässige Grenztemperatur 15 °C über der zulässigen Betriebstemperatur. Diese Differenz ist jedoch nicht so zu verstehen, dass der Motor dauernd mit diesen Temperaturen betrieben werden dürfte. Eine dauernde Erhöhung der Betriebstemperatur von je 8 °C bis 10 °C halbiert in etwa die Lebensdauer der Wicklungsisolation. Eine dauernde Erhöhung um 15 °C würde die Lebensdauer auf etwa 30 % reduzieren.

Bimetall als Spiegelbild der Wicklungstemperatur

Bezogen auf die Erwärmung bei Nennbetrieb liegen diese Grenztemperaturen etwa 11 % bis 17 % über der zulässigen Betriebstemperatur. Auf den ersten Blick erscheint dies für die messtechnische Erfassung ein komfortabler Wert zu sein. Berücksichtigt man aber, dass sich die Erwärmung mit dem Wert von I^2 ändert, dann entspricht dies nur einer Stromerhöhung von 5 % bis 8 %. Diese Genauigkeit ist für ein robustes und einfaches Gerät wie ein Bimetall eine hohe Anforderung, insbesondere bei variablen Umgebungstemperaturen.

Schutz des Motors und der Zuleitung

Bei Motoren, die für den Dauerbetrieb ausgelegt sind und auch so betrieben werden, funktioniert diese Art der Überwachung durch Erfassung des Stroms recht gut. Bei solchen Antrieben wird es auch sehr oft möglich sein, den Überlastschutz des Motors und der Leitung in einem Gerät zu vereinen, wenn für den Kurzschlussschutz ein weiteres Gerät (z. B. magnetische Schnellauslösung) zur Verfügung steht. In diesem Fall muss allerdings der Strom in allen Außenleitern erfasst werden. Um nur eine Überlastung des Motors zu erfassen und auch, um einen Defekt im Motor zu erkennen, würde die Messung in einem Außenleiter bzw. in zwei Außenleitern ausreichen.

Thermische Zeitkonstante

Bei Motoren, die im Kurzzeit- oder Aussetzbetrieb und/oder mit ständig wechselnden Lasten und Drehzahlen betrieben werden und hierfür ausgelegt sind, kommt die „Bimetallmethode" aber sehr schnell an ihre Grenzen. Die Ursache liegt in der thermischen Zeitkonstanten des Motors. Die tatsächliche Erwärmung der Motorwicklung folgt einer Belastungsänderung nicht unmittelbar, sondern entsprechend der thermischen Zeitkonstanten zeitlich verzögert.

Je nach Baugröße, Bauart und Kühlungsmethode des Motors sind thermische Zeitkonstanten von 30 min bis 40 min keine Seltenheit. Dies bedeutet, dass bei Einschalt- oder Belastungszeiten, die nicht länger sind als diese Zeitkonstante, die Motorwicklung nie die Beharrungstemperatur erreicht, die der momentanen Belastung entspricht. Erst Einschalt- bzw. Belastungszeiten ab etwa drei Zeitkonstanten ($3 \cdot T$) entfalten im Motor die Wirkung eines Dauerbetriebs, siehe Bild 7.12A.

Pausen erlauben eine höhere Ausnutzung

Natürlich spielt auch die Länge der Pausen zwischen den Belastungen eine Rolle. Die thermische Eigenschaft wird jedoch bei der Auslegung der Motoren für diese Betriebsarten ausgenutzt, was zur Folge hat, dass jene während der Einschaltzeiten höher ausgenutzt werden können als vergleichbare Motoren für Dauerbetrieb, siehe Bild 7.12B und Bild 7.12C. Das Bimetall hat aber diesen thermischen Zeitverzug nicht. Es würde die höhere Ausnutzung des Motors eher als Überlast interpretieren und auslösen. Dies führt in der Regel dazu, dass solche Relais dann höher eingestellt werden, um die notwendige Verfügbarkeit sicherzustellen. Damit ist aber in einem echten Störungsfall kein ausreichender Schutz mehr vorhanden.

Übertemperaturschutz kann Überlastschutz übernehmen

Es gibt auch Überlastschutzeinrichtungen, die den tatsächlichen I^2t-Wert erfassen und die thermische Zeitkonstante des Motors elektronisch nachbilden. Diese Geräte stehen aber noch nicht für alle Motoren und Betriebsarten zur Verfügung. Die einfachere Alternative ist meist ein Übertemperaturschutz wie in Abschnitt 7.3.3 beschrieben.

Alle Methoden für einen Überlastungsschutz (durch Stromerfassung) versagen jedoch völlig, wenn die Überhitzung nicht auf einer Überlastung des Motors beruht, sondern auf einer gestörten oder verminderten Kühlung. Dies kann z. B. auch bei selbstgekühlten Motoren der Fall sein, wenn sie längere Zeit mit kleiner Drehzahl betrieben werden (z. B. beim Bohren großer Löcher). In solchen Fällen hilft nur eine direkte Temperaturmessung der Wicklung im Motor nach Abschnitt 7.3.3.

Überlastung erlaubt

Es gibt auch Motoren bzw. Antriebskonzepte, die nicht überlastet werden können, weil entweder die Motoren auf den speziellen Anwendungsfall ausgelegt wurden oder so konzipiert sind, dass sie ihr max. Drehmoment im Stillstand dauernd abgeben können (sog. Drehmomentmotoren), oder der Antrieb mit einem mechanischen Überlastungsschutz versehen ist. Für diese Fälle wird ausdrücklich zugestanden, dass auf den Überlastungsschutz verzichtet werden darf. Ein Übertemperaturschutz wird jedoch empfohlen, siehe hierzu Abschnitt 7.3.3.

7.3.3   Übertemperaturschutz

Zwecks Übertemperaturschutz werden Temperaturfühler direkt in die Motorwicklung eingebaut. In der Regel sind dies Kalt- bzw. Heißleiter oder PT100-Widerstände, die über ein jeweils spezielles Auswertegerät die Überschreitung der zulässigen Wicklungstemperatur erfassen und melden.

Mittlere Wicklungstemperatur

Die in Tabelle 7.1 genannten, max. zulässigen Temperaturen bei Überlast sind, wie die anderen Temperaturen auch, als „mittlere Wicklungstemperatur" zu verstehen. Die Temperaturverteilung innerhalb des Motors ist aber nicht gleichmäßig. Es gibt Heißpunkte, die schlecht gekühlt werden können, und es gibt gut gekühlte Wicklungsteile.

Heißpunkte

Die Temperaturfühler wird man möglichst in der Nähe der Heißpunkte anordnen, soweit der Einbau an diesen Stellen möglich ist. Für diese Messpunkte kann man dann auch etwas höhere Temperaturen als die in Tabelle 7.1 genannten zulassen.

Mit dieser Methode können Überhitzungen erkannt werden, die entweder durch eine Überlastung oder aber durch eine verminderte Kühlung verursacht werden. Dies gilt vor allem für solche Antriebe, die mechanisch nicht überlastet werden können. Es gibt jedoch Störungsfälle, im Rahmen derer sich die Temperaturverteilung innerhalb des Motors erheblich ändern kann, z. B. bei der Blockade des Läufers oder bei einer Stromversorgung mit hohem Oberschwingungsgehalt. Die Temperaturfühler sitzen dann nicht mehr an den Heißpunkten, sodass eine Überhitzung evtl. zu spät erkannt wird.

7.4 Schutz gegen anormale Temperaturen

Anormal (regelabweichend) ist eine Temperatur oder der Temperaturverlauf über die Zeit, die bzw. der sich entgegen der gewollten technischen Auslegung einstellt.

Bei einem Dauerstrom I und einer stetigen Wärmeabfuhr stellt sich eine Temperatur ϑ ein, die etwa nach $3 \ldots 5 \cdot T$ (T Erwärmungszeitkonstante) erreicht wird ($> 95\,\%$ des Endwerts), siehe **Bild 7.16**.

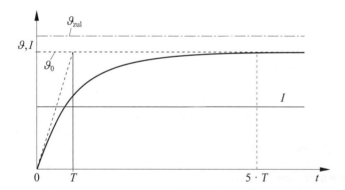

Bild 7.16 Erwärmungsvorgang bei konstanten Umgebungs- und Betriebsbedingungen

Wird die Wärmeabfuhr behindert, kann die Temperatur schnell über den zulässigen Wert steigen und einen Brand oder die Zerstörung des Betriebsmittels oder des Produktionsguts auslösen. Ebenso kann auch bei getakteter oder geregelter Stromzufuhr (hohe elektrische Leistung, schneller Temperaturanstieg) ein Reglerversagen eine Übertemperatur und als Folge einen Brand auslösen, siehe **Bild 7.17**. In beiden Fällen ist eine Temperaturüberwachung notwendig, die mindestens eine Warnung und ggf. auch eine Sicherheitsabschaltung einleitet.

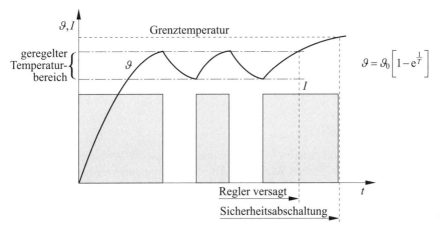

$$\vartheta = \vartheta_0 \left[1 - e^{\frac{1}{T}} \right]$$

Bild 7.17 Erwärmungsvorgang bei thermisch gesteuerter Stromzufuhr
(ϑ Temperatur, I Strom, t Zeit, T Erwärmungszeitkonstante)

7.5 Schutz gegen Folgen bei Unterbrechung der Stromversorgung oder Spannungseinbruch und Spannungswiederkehr

Die Toleranzen der Stromversorgung, innerhalb derer die Maschine störungsfrei arbeiten muss, sind in Abschnitt 4.3 der Norm festgelegt. Bei einer deutlichen Unterschreitung der zulässigen Spannungsuntergrenze, insbesondere bei Spannungsausfall, zu langer Dauer des Spannungseinbruchs oder zu kurzen Wiederholungsintervallen gegenüber den Auslegungswerten aus den Abschnitten 4.3.2 bzw. 4.3.3, muss die Stromversorgung automatisch abgeschaltet werden.

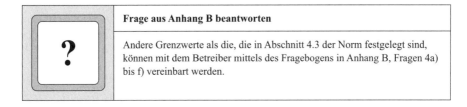

Frage aus Anhang B beantworten

Andere Grenzwerte als die, die in Abschnitt 4.3 der Norm festgelegt sind, können mit dem Betreiber mittels des Fragebogens in Anhang B, Fragen 4a) bis f) vereinbart werden.

Umrichter verfügen im Allgemeinen über solche Überwachungseinrichtungen in ihrer elektronischen Steuerung.

173

Risikobeurteilung notwendig

Bei großen Maschinenanlagen ist zu entscheiden, ob im Fall einer Unterschreitung von Grenzwerten oder bei Unterbrechungen nur der betroffene Anlagenteil oder besser gleich die gesamte Maschinenanlage abgeschaltet werden soll.

Verzögerter Aus-Befehl

In der Praxis stehen für die Abschaltung Unterspannungsauslöser und spezielle Spannungsrelais mit einstellbaren Werten für Abfallspannung und Verzögerungszeit zur Verfügung. Eine Verzögerungszeit kann mit Rücksicht auf die Verfügbarkeit einer Maschinenanlage sinnvoll sein, damit nicht jede kurze Spannungsunterbrechung zu einem kompletten Anlagenstillstand führt.

Unzulässige Verzögerung

Die Verzögerung für eine automatische Abschaltung bei Unterbrechung der Stromversorgung oder Spannungseinbruch und Spannungswiederkehr muss allerdings bei gewollten Aus-Befehlen, wie Betriebs-Aus, Not-Halt, Not-Aus und anderen Sicherheits-Aus-Befehlen, unwirksam sein.

Unterspannungsauslöser fallen im Bereich zwischen etwa 75 % bis 35 % der Bemessungsspannung (wie z. B. Schütze) mit einem Zeitverzug von einer bis zwei Perioden ab. In der Fehlerbetrachtung gilt eine solche Verzögerung der Abschaltung allgemein als genügend zuverlässig.

Auslösewert und Zeitverzug

Schütze sind bestimmungsgemäß für das Abfallen bei plötzlicher Spannungsabsenkung ausgelegt. Bei langsam sinkender Spannung, ohne dass der Abfallbereich der Schütze schlagartig durchschritten wird, könnte ein unkontrollierter Zustand eintreten, Schützkontakte könnten verschweißen oder Motoren wegen Überschreiten des Kippmoments stehen bleiben. Um solche Gefährdungen zu vermeiden, darf der Auslösewert der Unterspannungsüberwachung nicht zu tief eingestellt und der Zeitverzug nicht zu groß sein. Im Grundsatz darf eine Maschine nach Netzausfall und Spannungswiederkehr nicht selbsttätig wieder anlaufen.

Risikobeurteilung notwendig

Ein automatischer Wiederanlauf kann auf Basis einer Risikobewertung vorgesehen werden, wenn durch ihn keine Gefährdung entstehen kann. Dies kann z. B. bei Kühlmittelpumpen, Gebläsen, Kompressoren, Umformern, die üblicherweise unbeaufsichtigt laufen und mit fest angebrachten trennenden Schutzeinrichtungen versehen sind, erlaubt sein.

Bei umfangreichen Maschinenanlagen, in denen mehrere Maschinen koordiniert zusammenarbeiten müssen, ist sicher auch eine koordinierte Abschaltung und Wiedereinschaltung notwendig. Besteht z. B. eine Materialtransportstrecke aus mehreren Förderbändern, so muss ggf. auch die Reihenfolge, welches Förderband zuerst und welche nachfolgenden Förderbänder dann nacheinander abgeschaltet bzw. beim Wiederanlauf eingeschaltet werden, festgelegt und untereinander verriegelt werden, um Überschüttungen zu vermeiden.

7.6 Motorüberdrehzahlschutz

Beschleunigende Einwirkungen auf einen Antriebsmotor, wie antreibende Massen, aber auch Fehler in der Drehzahlregelung können einen Motor auf eine ungewollte Überdrehzahl beschleunigen. Ein typischer Fall von antreibenden Massen sind Hubwerke mit hängenden Lasten. Im Grunde genommen ist jeder Motor, bei dem die Last ein antreibendes Drehmoment erzeugen kann und den Motor damit in den Bremsbetrieb zwingt, durch Überdrehzahl gefährdet.

Darüber hinaus gibt es noch eine Reihe weiterer Betriebszustände, die im Fehlerfall unbeabsichtigte und unzulässige Überdrehzahlen erzeugen können:

- Umrichterantriebe, die mit Frequenzen über 50 Hz betrieben werden.

- Wird ein Bordgenerator, der eine Maschine versorgt, über einen Turbodiesel angetrieben, so ist die Leistung im Rückspeisebetrieb wesentlich geringer als die Nennleistung. Wird an einem solchen Netz ein Motor betrieben, der auch durch eine Last angetrieben werden kann, so ist dieser Motor durch Überdrehzahl extrem gefährdet, weil die Gesamtanordnung die Bremsenergie nicht zur Verfügung stellen kann.

Solche Betriebszustände können durch eine Drehzahlerfassung rechtzeitig erkannt und der Motor abgeschaltet werden.

Maximale mechanische Drehzahl beachten

Motoren haben, wie alle anderen Maschinenelemente auch, max. mechanisch zulässige Drehzahlen je nach Bauart, die von den Herstellern in der Regel in ihren Katalogen angegeben sind.

Wird ein Motor, der im Bremsbetrieb arbeitet, durch seine externe Last in eine Überdrehzahl gebracht, wird die Stromversorgung des Motors mithilfe der Drehzahlüberwachung abgeschaltet. In dieser Situation entfällt das Bremsmoment des Motors und die mechanische Bremse muss das gesamte benötigte Bremsmoment übernehmen.

Doch bis die Bremse das notwendige Bremsmoment aufgebaut hat, wird der Antrieb seine Drehzahl weiter erhöhen. Die dann erreichbare (Über-)Drehzahl muss unterhalb der max. mechanischen Drehzahl des Motors liegen, siehe **Bild 7.18**.

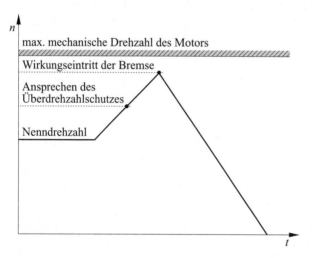

Bild 7.18 Drehzahlverlauf beim Ansprechen des Überdrehzahlschutzes (Vereinfachte Darstellung des Drehzahlverlaufs)

Überdrehzahlschutz beim Einrichtbetrieb

Ein Überdrehzahlschutz kann auch bei Drehzahlen unterhalb der Nenndrehzahl notwendig sein. Dies kann z. B. beim Einrichtbetrieb oder bei Einstellarbeiten mit reduzierter Drehzahl erforderlich sein, während derer eine Überschreitung der niedrigen Drehzahl eine Gefahr darstellen kann.

7.7 Zusätzlicher Erdschluss-/Fehlerstromschutz

Beim Fehlerschutz durch automatische Abschaltung von Stromkreisen werden bei der elektrischen Ausrüstung einer Maschine in der Regel Sicherungen, Leistungsschalter und Leitungsschutzschalter verwendet. Damit diese Überstromschutzeinrichtungen die erforderlichen Abschaltzeiten erreichen können, sind jedoch hohe Fehlerströme erforderlich.

Ein Leitungsschutzschalter mit der Auslösecharakteristik B benötigt z. B. den fünffachen Bemessungsstrom, um innerhalb von 0,1 s abschalten zu können. Dies bedeutet bei einem Leitungsschutzschalter B16 mit einem Bemessungsstrom von 16 A, dass die Abschaltzeit von 0,1 s nur erreicht werden kann, wenn der Fehlerstrom (Kurzschlussstrom) mindestens 80 A beträgt.

Fehlerstromschutzeinrichtungen benötigen nur einen geringen Fehlerstrom

Fehlerstromschutzeinrichtungen (RCDs) benötigen für eine schnelle Abschaltzeit im Gegensatz dazu nur geringe Differenzströme (Fehlerströme), um eine automatische Abschaltung einzuleiten. Durch die Fähigkeit der Erkennung eines Fehlerstroms, der unterhalb des Differenzbemessungsstroms von z. B. 30 mA liegt, kann eine automatische Abschaltung viel früher ausgelöst werden als beispielsweise bei einem Leitungsschutzschalter. Damit kann Stress in der elektrischen Anlage im Fehlerfall aufgrund hoher Kurzschlussströme reduziert werden.

Wirkungsprinzip einer RCD

Der Summenstromwandler ist in der Regel ein Ringkern, durch den die Außenleiter und der Neutralleiter geführt werden. Ist die Summe der Ströme gleich null, wird kein Magnetfeld aufgebaut, somit wird keine Spannung in der Sekundärwicklung induziert, siehe **Bild 7.19**.

Tritt nun ein Fehlerstrom auf, d. h., ein Strom fließt an der Fehlerstromschutzeinrichtung vorbei zurück zur Einspeisung, dann ist die Summe der Ströme im Summenstromwandler ungleich null. Somit wird entsprechend der Größe des Fehlerstroms, abhängig vom Körperwiderstand und vom Erdungswiderstand, ein Magnetfeld im Ringkern aufgebaut.

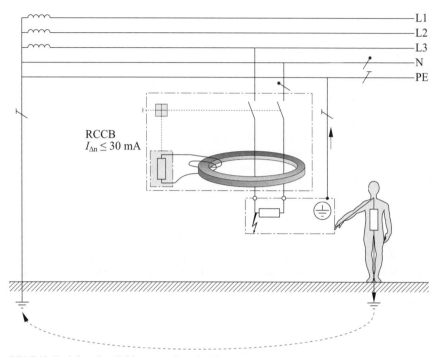

Bild 7.19 Funktion einer Fehlerstromschutzeinrichtung (RCD)

Ableitströme beachten

Fehlerstromschutzeinrichtungen erkennen auch betriebsbedingte Ableitströme über die Schutzleiter und können dann auch bei Normalbetrieb auslösen. Bei der Planung sind diese möglichen Ableitströme zu bewerten. Sind sie zu hoch, müssen jene ggf. zusätzlich in mehrere Stromkreise aufgeteilt werden.

Ableitströme werden meistens durch EMV-Filter in elektrischen Betriebsmitteln zu EMV-Zwecken generiert. Insbesondere bei Betriebsmitteln mit Leistungselektronik sind solche Filter notwendig, siehe **Bild 7.20**, aber auch Zuleitungen und z. B. Motoren können über ihre eigenen Kapazitäten, selbst bei hohen Taktfrequenzen, Ableitströme gegen Erde führen.

Eine Fehlerstromschutzeinrichtung löst immer bei einem Differenzstrom aus, der kleiner ist als der Bemessungsdifferenzstrom. Somit ist eine Fehlerstromschutzeinrichtung nur begrenzt tolerant gegenüber betriebsmäßigen Ableitströmen. Wird bei der Planung ein betriebsmäßiger Ableitstrom, der unterhalb des Auslösestroms der Fehlerstromschutzeinrichtung liegt, toleriert, kann die elektrische Ausrüstung beim kleinsten weiteren zusätzlichen Ableitstrom betriebsmäßig auslösen.

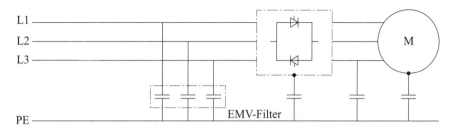

Bild 7.20 Kapazitive Ableitströme in einer elektrischen Anlage

Grenzen durch Gleichfehlerströme

Ein Eisenkern, der einen Leiter umschließt, wird bei einem Wechselstrom im Leiter magnetisiert. Die Grenzen der Magnetisierung werden durch das Material des Eisenkerns und durch die Höhe des Stroms und der Frequenz bestimmt.

Wird eine Wicklung um den Eisenkern angebracht, kann der magnetische Fluss in dieser Wicklung (Sekundärspule) eine Spannung induzieren.

Fließt durch den Leiter zusätzlich zum Wechselstrom ein Gleichstrom, kann der Eisenkern das magnetische Wechselfeld nicht mehr führen: Der Eisenkern befindet sich in der Sättigung, siehe **Bild 7.21**.

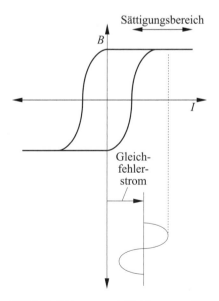

Bild 7.21 Fehlerstrom mit Gleichstromanteil

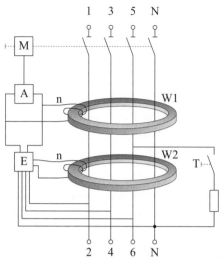

A Auslösekreis
M Mechanik (Schaltschloss)
E Elektronik für die Auslösung
  bei Gleichfehlerströmen
W1 Summenstromwandler für [═]
W2 Summenstromwandler für [∿]
n jeweilige Sekundärwicklung
T Prüftaste mit Prüfwiderstand

Bild 7.22 Prinzipieller Aufbau einer Fehlerstromschutzeinrichtung vom Typ B

Fehlerstromschutzeinrichtungen vom Typ A tolerieren nur einen Gleichfehlerstrom von max. 6 mA. Ist ein höherer Gleichstromanteil zu erwarten, kann eine Fehlerstromschutzeinrichtung vom Typ A nicht mehr auslösen, sie verliert ihre Schutzfunktion.

In solchen Fällen kann eine Fehlerstromschutzeinrichtung vom Typ B oder vom Typ B+ eingesetzt werden. Eine solche Fehlerstromschutzeinrichtung ist allstromsensitiv, also tolerant gegenüber Gleichfehlerstrom, siehe **Bild 7.22**.

Doch auch Typ B hat seine Grenzen. Treten in Stromkreisen, die mithilfe einer RCD geschützt werden, neben den Gleichfehlerströmen auch Wechselströme mit einer höheren Frequenz von > 1 kHz auf, kann nur Typ B+ vorgesehen werden, der bis zu einer Frequenz von 20 kHz wirksam funktioniert. Umrichter takten heutzutage den Wechselrichter mit einer Frequenz von 20 kHz.

Zusammenfassung von Fehlerstromschutzeinrichtungen unterschiedlicher Typen, s. a. VDE-Schriftenreihe, Band 9 [50]:

Typ	Hauptmerkmale
A	Bis zu einem Fehlerstrom von DC 6 mA geeignet
B	Gleichfehlerstromresistent, bei Wechselströmen bis 1 kHz
B+	Gleichfehlerstromresistent, bei Wechselströmen bis 20 kHz
F	Einschaltfehlerströme tolerierbar, verzögert bis 10 ms, bis zu einem Fehlerstrom von DC 10 mA geeignet

7.8   Drehfeldüberwachung

Bei Drehstrommotoren bestimmt die Phasenlage der Außenleiter die Drehrichtung. Falsche Drehrichtungen der Motoren verursachen gefährliche Situationen, da zum einen die Bewegung des Antriebs nicht den Befehlen des Bedieners folgt und zum anderen aber auch die Zuordnung von Endbegrenzungen zur Bewegungsrichtung falsch sein kann.

Deshalb müssen Maschinen, die mit einem Stecker über unterschiedliche Steckdosen an die Stromversorgung angeschlossen werden, oder mobile Maschinen, die räumlich umgesetzt und an unterschiedliche Stromversorgungen angeschlossen werden können, in der Einspeisung der Maschine mit einer Drehfeldüberwachungseinrichtung ausgerüstet sein. Liegt eine falsche Phasenlage vor, muss der Betrieb der Maschine gesperrt werden.

7.9   Schutz gegen Überspannung durch Blitzschlag und durch Schalthandlungen

Blitzschlag

Wenn Maßnahmen gegen Überspannungen bei Blitzeinwirkungen entsprechend DIN EN 62305-2 (**VDE 0185-305-2**) [67] vorgesehen werden müssen, ist deren Planung von einer Blitzschutzfachkraft durchzuführen.

Schutzmaßnahmen zum Schutz gegen Überspannungen werden in der Norm nicht grundsätzlich gefordert. Da die Eintrittswahrscheinlichkeit einer Überspannung in der elektrischen Ausrüstung einer Maschine durch Blitzschlag von mehreren Faktoren abhängig ist, wie z. B. dem Aufstellungsort oder der Blitzschutzanlage der Werkshalle, in der die Maschine steht, oder auch von Blitzschutzmaßnahmen in der zentralen Stromversorgung einer Fabrik, ist eine Abstimmung mit dem Betreiber erforderlich.

?	**Frage aus Anhang B beantworten**
	Beim Ausfüllen des Fragebogens sind im Rahmen der Frage 6d) zwischen dem Anwender und dem Lieferanten der Maschine die erforderlichen Überspannungsschutzmaßnahmen im Einklang mit den örtlichen Überspannungseinrichtungen und dem Blitzschutz festzulegen.

Eine einzige Überspannungsschutzeinrichtung (SPD) an einer einzigen Stelle innerhalb der elektrischen Ausrüstung ist keine Überspannungsschutzmaßnahme. Es ist immer ein abgestuftes System, bestehend aus mehreren Überspannungsschutzgeräten, die unter Beachtung der örtlich erforderlichen Überspannungskategorie ausgewählt sein müssen, vorzusehen.

Schalthandlungen

Überspannungen durch Schalthandlungen können bei einer Generatoreinspeisung der Maschine auftreten, oder wenn induktive oder kapazitive Lasten, wie Motoren, Transformatoren oder Blindstromkompensationsanlagen, geschaltet werden. DIN VDE 0100-443 [68] enthält hierzu Anforderungen an Schutzmaßnahmen.

Wird ein Schutz gegen Überspannungen vorgesehen, müssen die einzelnen Überspannungsschutzeinrichtungen dem Einbauort einer bestimmten Überspannungskategorie entsprechen, siehe **Bild 7.23**.

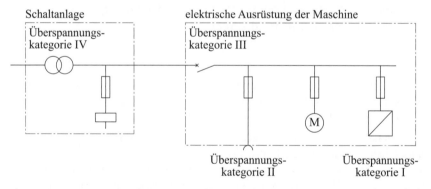

Bild 7.23 Überspannungskategorien in Abhängigkeit vom Einbauort

Je nach Überspannungskategorie können die Schutzeinrichtungen unterschiedliche Stehstoßspannungen beherrschen. **Tabelle 7.2** enthält eine Zuordnung der Überspannungskategorien zum Schutz bestimmter elektrischer Betriebsmittel.

Überspannungskategorie IV Betriebsmittel, die in der Nähe der Einspeisung einer elektrischen Ausrüstung angeschlossen werden;

Überspannungskategorie III Betriebsmittel, die fester Bestandteil einer elektrischen Anlage sind und von denen ein höherer Grad an Verfügbarkeit erwartet wird, sowie Betriebsmittel für die industrielle Anwendung;

Nennspannung	Überspannungskategorien			
	IV	III	II	I
	sehr hohe Steh-stoßspannung	hohe Stehstoß-spannung	normale Stehstoß-spannung	reduzierte Stehstoß-spannung
230/400 V	6 kV	4 kV	2,5 kV	1,5 kV
400/690 V	8 kV	6 kV	4 kV	2,5 kV
Beispiele von betriebsmittel	Betriebsmittel für Überwachungs-funktionen in der Einspeisung	fest installierte Betriebsmittel für die industrielle Anwendung	handgehaltene Werkzeuge	empfindliche Geräte mit eigenem zusätz-lichen Überspan-nungsschutz

Tabelle 7.2 Beispiele von Überspannungskategorien für Betriebsmittel

Überspannungskategorie II Betriebsmittel, die für den Anschluss an eine elektrische Anlage geeignet sind (tragbare Werkzeuge, Haushaltsgeräte);

Überspannungskategorie I Betriebsmittel, die für den Anschluss an eine elektrische Anlage geeignet sind und über eigene Überspannungsschutzeinrichtungen verfügen.

Im Rahmen dieser Norm wird vor allem der Geräteschutz angesprochen. Der Überspannungsschutz im Versorgungsnetz ist Aufgabe des Netzbetreibers. Ein Überspannungsschutz muss immer am Übergang zum niedrigeren Isolationspegel errichtet werden. Der Überspannungsschutz ist dabei möglichst nahe (= induktionsarm) am zu schützenden Objekt anzuordnen.

Kann die empfohlene Leitungslänge (≤ 0,5 m) nicht eingehalten werden, so sollte der Anschluss der Überspannungsschutzeinrichtung nicht mittels einer Stichleitung, sondern entsprechend DIN VDE 0100-534 [69] v-förmig erfolgen, siehe **Bild 7.24.**

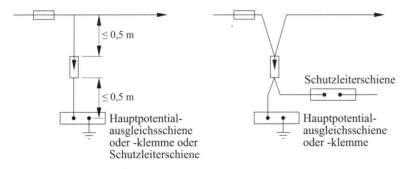

Bild 7.24 Anschluss von Überspannungsschutzeinrichtungen

183

Koordination erforderlich

Überspannungsschutzeinrichtungen innerhalb einer elektrischen Ausrüstung einer Maschine dürfen nicht ohne Überspannungsschutzeinrichtungen am Einspeisepunkt errichtet werden. Es ist immer eine Koordination zwischen den vorgeschalteten Überspannungsschutzeinrichtungen und den nachgeschalteten Überspannungsschutzeinrichtungen erforderlich.

7.10 Bemessungskurzschlussstrom

Die Höhe des Bemessungskurzschlussstroms ist abhängig von der Kurzschlussleistung der Stromversorgung einer Maschine. In allen Unterverteilungen innerhalb der elektrischen Ausrüstung müssen die Kurzschlussschutzeinrichtungen für den an der Anschlussstelle möglichen Kurzschlussstrom ausgelegt sein.

Leistungsschalter richtig dimensionieren

Der Bemessungskurzschlussstrom ist Grundlage für die Dimensionierung aller Kurzschlussschutzeinrichtungen innerhalb der elektrischen Ausrüstung. Immer wenn mithilfe der Kurzschlussschutzeinrichtung der Leiterquerschnitt reduziert wird, muss auch die Kurzschlussschutzeinrichtung den möglicherweise auftretenden Kurzschlussstrom zuverlässig schalten können. Es ist deshalb wichtig, dass für jedes Schaltgerät der Bemessungskurzschlussstrom festgelegt ist.

Hinter einer Kurzschlussschutzeinrichtung ist deshalb der reduzierte Durchlassstrom zu ermitteln, der in max. Form während der Ausschaltzeit auftreten kann. Dieser Wert ist dann für die Dimensionierung der nachgeschalteten Kurzschlussschutzeinrichtung wichtig.

Netztrenneinrichtung

Für die Dimensionierung der Kurzschlussschutzeinrichtung der Netztrenneinrichtung ist es wichtig, dass der unbeeinflusste Kurzschlussstrom an den Anschlussklemmen der Maschine bekannt ist.

Frage aus Anhang B beantworten

Frage 4a) dient dazu, dass der Betreiber die Höhe des unbeeinflussten Kurzschlussstroms an den Anschlussklemmen der Maschine nennt.

Ist der unbeeinflusste Kurzschlussstrom der Stromquelle zu klein, kann die Netztrenneinrichtung die elektrische Energie innerhalb der erforderlichen Abschaltzeit nicht abschalten, ist der Kurzschlussstrom zu groß, kann die Netztrenneinrichtung diesen nicht unterbrechen.

Dokumentation gemäß Abschnitt 17 erstellen

In der Gebrauchsanleitung ist anzugeben, wie groß der max. Kurzschlussstrom und der Mindestkurzschlussstrom der Stromquelle an den Netzanschlussklemmen der elektrischen Ausrüstung der Maschine sein darf.

8 (Schutz-)Potentialausgleich

8.1 Allgemeines

Der Schutzpotentialausgleich innerhalb und außerhalb einer Maschine ist eine wichtige (passive) Schutzmaßnahme zum Schutz gegen elektrischen Schlag.

Lange Abschaltzeiten erlaubt

Nur wenn alle gleichzeitig berührbaren elektrisch leitfähigen Teile in den Schutzpotentialausgleich eingebunden sind, können zum Schutz gegen einen elektrischen Schlag im Fehlerfall Abschaltzeiten von bis zu 5 s entsprechend Anhang A in einem TN-System bei $U_0 = 230$ V zugelassen werden. Für ein TT-System ist die max. Abschaltzeit auf 1 s begrenzt.

Diese Abschaltzeiten im Fehlerfall gelten jedoch nur für Maschinen, die weder bewegt noch in der Hand gehalten werden können und über einen umfassenden Schutzpotentialausgleich verfügen. Normalerweise sind entsprechend DIN VDE 0100-410 solche Abschaltzeiten nur in Verteilerstromkreisen zugelassen.

Gleichzeitig berührbar

Als gleichzeitig berührbar gelten leitfähige Teilen mit einem Abstand $\leq 2,5$ m. Ob alle leitfähigen Teile in der Umgebung einer Maschine tatsächlich in den örtlichen Schutzpotentialausgleich einbezogen werden müssen, ist für den Einzelfall zu bewerten.

Normalerweise können die in der Norm aufgeführten leitfähigen Teile, wie Schutzzäune, Leitern oder Handläufe in die Nähe einer Maschine kein anderes (fremdes) Potential annehmen, da sie in der Regel das gleiche Potential haben wie die Körper der Maschine in ihrer unmittelbaren Nähe. Ist das der Fall, brauchen diese leitfähigen Teile nicht mit in das Schutzpotentialausgleichssystem einbezogen werden.

Bei ausgedehnten Maschinenanlagen kann es da schon wieder ganz anders aussehen. Gerade die beispielhaft genannten leitfähigen Teile sind daraufhin zu überprüfen, ob sie ein fremdes Potential von einem anderen (entkoppelten) Erder einführen können.

Betriebsmittel und fremde leitfähige Teile

Fremde leitfähige Teile sind in der Lage, ein anderes Potential in die Nähe des Potentials einer Maschine zu leiten. Berührt eine Person sowohl die Maschine als auch das fremde leitfähige Teil, können aufgrund von entkoppelten Erdern unterschiedliche Potentiale gleichzeitig berührt werden, siehe **Bild 8.1**. Solche Potentialdifferenzen

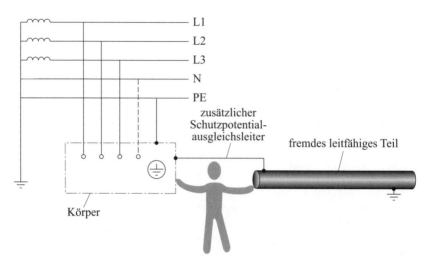

Bild 8.1 Schutzpotentialausgleichsleiter zwischen einem elektrischen Betriebsmittel und einem fremden leitfähigen Teil

können durch keine Schutzeinrichtung abgeschaltet werden. Hier hilft nur die passive Schutzmaßnahme: der Schutzpotentialausgleich.

Fremde leitfähige Teile, die ein anderes Potential in die Nähe einer Maschine übertragen können, sind z. B. Druckluftleitungen, die in ein anderes Gebäude zu einem Kompressor mit eigenem Erder führen, der eine Maschine versorgt, oder auch Wasserleitungen, die von einer zentralen geerdeten Verteileranlage aus installiert wurden. Aber auch Lüftungskanäle für den Rauchabzug können zu den fremden leitfähigen Teilen gehören.

Der Querschnitt des Schutzpotentialausgleichsleiters muss mindestens halb so groß sein wie der Querschnitt des zugeordneten Schutzleiters.

Betriebsmittel, die von entkoppelten geerdeten Stromquellen versorgt werden

Können zwei elektrische Betriebsmittel der Schutzklasse I, die von unterschiedlichen Stromquellen mit jeweils eigenem Erder versorgt werden, gleichzeitig berührt werden, dann können unterschiedliche Potentiale als Spannungsdifferenz gefasst werden, siehe **Bild 8.2**. Die Spannungsdifferenz kann sowohl eine Wechselspannung als auch eine Gleichspannung sein, je nachdem, welche vagabundierenden Erdströme in der Erde des Erders fließen. Meistens ist die Spannungsdifferenz zwischen zwei unabhängigen entkoppelten Erdern ein Gemisch aus einem Gleichspannungsanteil und einem rauschenden Wechselspannungsanteil.

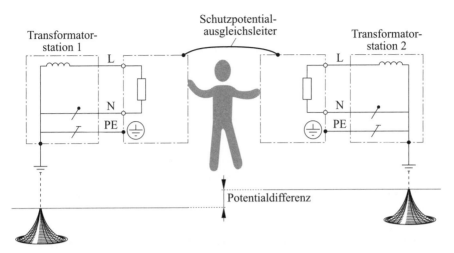

Bild 8.2 Schutzpotentialausgleichsleiter zwischen zwei elektrischen Betriebsmitteln, die von zwei unabhängigen Stromquellen versorgt werden

Eine solche Konfiguration kann auch schon eine einfache Elektroinstallation sein, wie z. B. die Stromversorgung einer Schutzklasse-I-Leuchte in der Nähe der Maschine, die von einer Stromquelle mit eigenem Erder versorgt wird, der vom Erder jener entkoppelt ist.

Der Querschnitt des Schutzpotentialausgleichsleiters muss mindestens so groß sein wie der Querschnitt des kleinsten Schutzleiters zu einem elektrischen Betriebsmittel.

Entkoppelte/gekoppelte Erder

Die höchste Spannungsdifferenz zwischen zwei Erden kann wirksam werden, wenn die Erder voneinander entkoppelt sind, siehe **Bild 8.3**. Wann zwei Erder voneinander entkoppelt sind, ist maßgeblich abhängig von ihrer Entfernung zueinander und der Leitfähigkeit des Erdmaterials. Eine Entkopplung kann eigentlich nur durch eine Messung ermittelt werden.

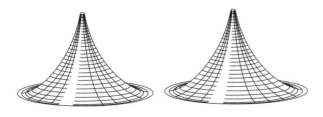

Bild 8.3 Entkoppelte Erder

189

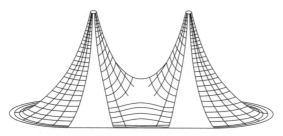

Bild 8.4 Teilweise gekoppelte Erder

Je nach Grad der Kopplung kann die Potentialdifferenz unterschiedlich ausfallen, siehe **Bild 8.4**. Je stärker die Kopplung ist, desto niedriger ist die mögliche Potentialdifferenz.

Aufbau eines Schutzpotentialausgleichssystems

Grundsätzlich ist für eine Maschine ein Schutzpotentialausgleichssystem zwischen den einzelnen Körpern der elektrischen Ausrüstung, den mechanischen Teilen der Maschine und den leitenden Teilen der Umgebung vorzusehen.

Die einzubeziehenden leitfähigen Teile werden in drei Gruppen aufgeteilt, siehe **Bild 8.5**.

Gruppe 1 enthält alle Verbindungen, die Schutzleiterverbindungen sind, wie:

- Schutzleiter der einzelnen Stromversorgungen,
- Körper der elektrischen Betriebsmittel,
- Montageplatten, auf denen elektrische Betriebsmittel montiert werden,
- Gehäuse mit elektrischen Betriebsmitteln,
- Körper der Maschine.

Gruppe 2 enthält alle leitfähigen Teile, die an das Schutzleitersystem angeschlossen werden müssen, aber deren Körper nicht als Schutzleiter verwendet werden dürfen, wie:

- metallene Elektroinstallationskanäle,
- flexible oder starre metallene Elektroinstallationsrohre,
- Schirme von Leitungen,
- Armierungen von Kabeln,
- metallene Rohre, die brennbare Substanzen enthalten,
- fremde leitfähige Teile, wenn sie ein anderes Erdpotential einführen können,

Potentialausgleichssystem einer Maschine

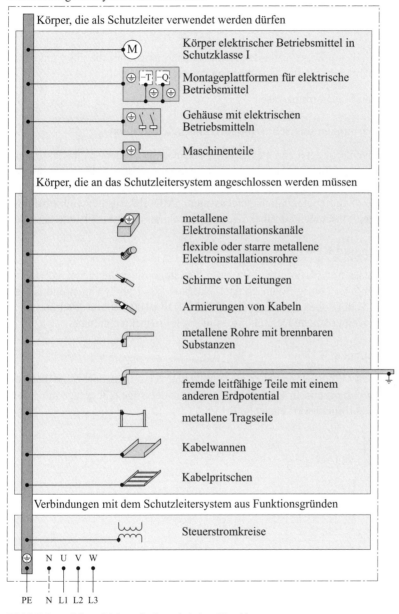

Bild 8.5 Potentialausgleichsmaßnahmen bei einer Maschine

191

- Tragseile,
- Kabelwannen,
- Kabelpritschen.

Gruppe 3 enthält leitfähige Teile der elektrischen Ausrüstung, die aus Funktionsgründen mit dem Schutzleitersystem verbunden werden, wie:

- Erdung von Steuerstromkreisen.

Schutzleiter ergänzen das Schutzpotentialausgleichssystem

Da die Stromversorgungen von elektrischen Betriebsmitteln der Schutzklasse I immer über den mitgeführten Schutzleiter mit der zentralen Erdungsschiene verbunden sind, entsteht schon alleine durch diese (Vielzahl an) Schutzleiterverbindungen ein umfangreiches Schutzpotentialausgleichssystem. Alle elektrischen Betriebsmittel verbinden somit Maschinenteile über die zentrale Erdungsschiene auch untereinander.

Kabelwannen und Kabelpritschen

Wichtig ist, dass nur bestimmte Teile einer Maschine als Schutzleiter verwendet werden dürfen. Der häufige Wunsch nach Nutzung von Kabelwannen und Kabelpritschen als Schutzleiter ist entsprechend DIN VDE 0100-540 ausdrücklich nicht erlaubt, auch wenn manche Hersteller dies in ihren Prospekten anbieten.

Reibverbindungen

Werden Körper von Maschinenteilen als Schutzleiter verwendet, darf keine Reibverbindung dazwischen sein. In solchen Fällen müssen derartige Übergänge mit einem Schutzleiter überbrückt werden, siehe **Bild 8.6**.

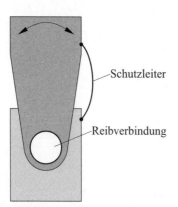

Schutzleiter

Reibverbindung

Bild 8.6 Schutzleiter zur Überbrückung einer Reibverbindung

8.2 Schutzleitersystem

Das Schutzleitersystem ist die Grundlage kurzer Abschaltzeiten im Fehlerfall zum Schutz gegen elektrischen Schlag bei den einzelnen elektrischen Betriebsmitteln und Gehäusen. Ein Schutzleitersystem besteht immer aus dem Schutzleiteranschlusspunkt in der elektrischen Anlage, dem Schutzleiter selbst und einem leitfähigen Körper, wie Konstruktionsteilen oder Gehäusen von elektrischen Betriebsmitteln.

Eng und verdrillt

Wichtig ist, dass die Schutzleiter soweit wie möglich immer mit „ihren" aktiven Leitern der Stromversorgung zusammen verlegt werden. Nur eine enge verdrillte Verlegung garantiert eine niedrige Impedanz (geringer induktiver Anteil), damit die Stromanstiegsgeschwindigkeit bei einem Kurzschlussstrom nicht unnötig verzögert wird.

Querschnitte

Der Schutzleiter muss den max. auftretenden Kurzschlussstrom führen können. Die Höhe und die Dauer des Kurzschlussstroms werden durch die vorgeschaltete Überstromschutzeinrichtung bestimmt.

Schutzleiter sind meistens Bestandteil einer Mehraderleitung und haben bis zu einem bestimmten Leiterquerschnitt den gleichen Querschnitt wie die aktiven Leiter.

Getrennte Verlegung

Wird ein Schutzleiter einzeln, also getrennt von den aktiven Leitern, verlegt, so gelten folgende Mindestquerschnitte:

- $\geq 2{,}5~\text{mm}^2$ Cu, wenn der Schutzleiter so verlegt wird, dass er gegen mechanische Belastungen (Beschädigungen) geschützt ist, z. B. bei einer Verlegung in einem Elektroinstallationsrohr oder in einem geschlossenen Elektroinstallationskanal,

- $\geq 4~\text{mm}^2$ Cu, wenn der Schutzleiter ohne einen Schutz gegen mechanische Belastung (Beschädigungen) verlegt wird, z. B. in Kabelwannen oder auf Kabelpritschen.

Elektrische Betriebsmittel der Schutzklasse II

Leitfähige Körper von Schutzklasse-II-Betriebsmitteln brauchen nicht mit einem Schutzleiter verbunden zu werden. Auch leitfähige Teile einer Maschine, an die ausschließlich Schutzklasse-II-Betriebsmittel angebaut sind, brauchen nicht in das Schutzleitersystem eingebunden werden, s. a. Abschnitt 6.3.2.2 in diesem Buch.

Schutztrennung

Ist für ein elektrisches Betriebsmittel zum Schutz gegen einen elektrischen Schlag die Schutzmaßnahme Schutztrennung vorgesehen, darf der Körper der leitfähigen Umhüllung nicht in das Schutzleitersystem eingebunden werden, s. a. Abschnitt 6.3.2.4 in diesem Buch.

Teile mit geringen Ausmaßen

Enthält die elektrische Ausrüstung leitfähige Teile oder Umhüllungen, die so klein sind, dass sie nicht von einer Hand umfasst werden können, oder nur eine berührbare Fläche haben, die kleiner als 50 mm × 50 mm groß ist, dann brauchen solche leitfähigen Teile nicht mithilfe eines Schutzleiters in den Schutzpotentialausgleich eingebunden werden.

Damit sind leitfähige Kleinteile wie Schrauben, Nieten gemeint, die außerhalb der elektrischen Ausrüstung zugänglich (berührbar) sind, aber auch leitfähige Körper innerhalb von Umhüllungen, wie leitfähige Kleinteile von elektrischen Betriebsmitteln, etwa das Magnetsystem von Schützen und Relais.

8.2.1   Schutzleiter

Alle Schutzleiter/Schutzpotentialausgleichsleiter müssen innerhalb der elektrischen Ausrüstung als solche identifizierbar (erkennbar) sein. Die Identifizierbarkeit kann durch Form, Anordnung, Kennzeichnung oder Farbe erfolgen.

Kennzeichnung durch Form

Schutzleiter oder Schutzpotentialausgleichsleiter, die z. B. flexibel sein müssen und aus geflochtenen Kupferleitern ohne eine Isolation bestehen, sind schon alleine durch ihre Form als solche in ihrer Schutzfunktion erkennbar. Solche „Bänder" werden häufig für die elektrische Verbindung zwischen Schaltschrank und Schaltschranktür oder Gehäuse und Deckel eingesetzt.

Kennzeichnung durch Anordnung

In Schaltschränken wird oft im unteren Teil, in dem die Leitungen eingeführt werden, eine Kupferschiene eingebaut. An diese Kupferschiene werden die Schutzleiter der eingeführten Leitungen angeschlossen. Diese Schutzleitersammelschienen sind aufgrund ihrer Anordnung als solche erkennbar.

Kennzeichnung durch Symbol oder Buchstaben

Sind Schutzleiter/Schutzpotentialausgleichsleiter nicht zugänglich oder Teil einer Mehraderleitung, ist die Zweifarbenkennzeichnung GRÜN-GELB über die gesamte Länge des Leiters nicht notwendig. In solchen Fällen reicht es aus, wenn an beiden Enden oder an zugänglichen Stellen der Schutzleiter entweder mit dem Symbol ⏚ oder mit den Buchstaben **PE** gekennzeichnet wird.

Schutzpotentialausgleichsleiter können in solchen Fällen an den Enden mit dem Symbol ⏚ oder mit den Buchstaben **PB** gekennzeichnet werden.

Kennzeichnung durch Farbe

Die häufigste Kennzeichnung eines Schutzleiters/Schutzpotentialausgleichsleiters ist die Kennzeichnung mittels einer Zweifarbenkombination. Diese Zweifarbenkombination muss aus den Farben GRÜN und GELB bestehen, über die gesamte Länge des Leiters erhalten bleiben und darf ausschließlich nur für Schutzleiter und Schutzpotentialausgleichsleiter verwendet werden.

Leiterwerkstoff

Als Leiterwerkstoff sollte Kupfer bevorzugt werden. Andere Leiterwerkstoffe sind erlaubt; der Schutzleiter/Schutzpotentialausgleichsleiter muss dann aber mindestens den gleichen Leitwert haben wie ein Kupferleiter.

Der Mindestquerschnitt eines Leiters aus einem alternativen Leitermaterial (hier wurde wohl an Aluminium gedacht) muss aus Stabilitätsgründen $\geq 16\ mm^2$ sein.

Besondere Bedingungen bei Aluminiumleitern

Alle Verbindungspunkte müssen so ausgelegt sein, dass ihre Stromtragfähigkeit durch äußere Einflüsse auf Dauer nicht beeinträchtigt wird. Insbesondere, wenn verschiedene Metalle durch das Schutzleitersystem miteinander verbunden werden, ist eine eventuelle elektrochemische Korrosion der Anschlussteile zu berücksichtigen.

Je größer der Abstand zwischen den Spannungspotentialen der Materialien ist, die miteinander verbunden werden, desto größer ist auch die Kontaktkorrosion unter Einfluss der Luftfeuchtigkeit an dieser Stelle, siehe **Tabelle 8.1**.

Je positiver der Wert des Spannungspotentials ist, desto edler ist das Metall. Durch die elektrochemische Korrosion wird das unedlere Metall angegriffen.

In diesem Zusammenhang muss auch darauf hingewiesen werden, dass bestimmte Aluminiumlegierungen für eine aggressive Atmosphäre ungeeignet sind, wie sie z. B. im Küstenbereich vorkommen kann.

Material	Spannungspotential
Kupfer	+0,34 V
Zinn	–0,14 V
Eisen	–0,44 V
Zink	–0,14 V
Aluminium	–1,66 V

Tabelle 8.1 Elektrochemische Spannungsreihe von Metallen

Montageflächen als Schutzleiter

Werden in Schaltschränken, Gehäusen oder Montagerahmen elektrische Betriebsmittel auf leitfähigen Montageplatten montiert und müssen diese elektrischen Betriebsmittel mit dem Schutzleitersystem verbunden werden, so darf eine örtliche Schutzleiterverbindung eines jeden elektrischen Betriebsmittels mit der Montageplatte erfolgen. Die Montageplatte wird in solchen Fällen dann einmalig mit dem Schutzleitersystem verbunden, siehe **Bild 8.7**.

Die Schutzleiterverbindung erfolgt in einem derartigen Fall dann in der Nähe der Schutzleiteranschlussklemme des elektrischen Betriebsmittels mit der Montageplatte.

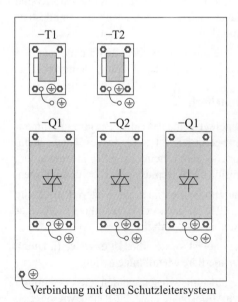

Verbindung mit dem Schutzleitersystem

Bild 8.7 Schutzleiterkonzept auf einer Montageplatte

Kein Schutzleiter an der Schutzleiteranschlussklemme

Es sind aber auch andere leitende Verbindungen erlaubt. Wenn z. B. die Befestigung des elektrischen Betriebsmittels auf der Montageplatte gleichzeitig eine elektrisch leitende Verbindung darstellt, kann auf den Schutzleiteranschluss zwischen dem elektrischen Betriebsmittel und der Montageplatte verzichtet werden.

Doch dies kann bei Kundenabnahmen von Schaltschränken Verwirrung auslösen, da in solchen Fällen an den (vorhanden) Schutzleiteranschlussklemmen der elektrischen Betriebsmittel kein Schutzleiter angeschlossen ist, siehe **Bild 8.8**.

Natürlich müssen sowohl die Befestigungsstellen der elektrischen Betriebsmittel als auch die Befestigungsschrauben eine elektrisch leitende Verbindung mit der Montageplatte garantieren.

Gerade bei solchen elektrisch leitenden Verbindungen muss darauf geachtet werden, dass die Qualität der Verbindung langfristig nicht durch mechanische, chemische oder elektrochemische Einwirkungen altert.

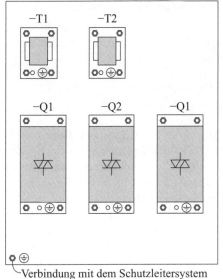

Verbindung mit dem Schutzleitersystem

Bild 8.8 Schutzleiterverbindungen durch Kontaktierung mit den Befestigungsschrauben

Querschnitt für zusammengefasste Schutzleiter

Bei der Zusammenfassung mehrerer Schutzleiter mittels einer Montageplatte muss darauf geachtet werden, dass die Schutzleiterverbindung der Montageplatte mit dem Schutzleitersystem für den max. möglichen Fehlerstrom entsprechend DIN VDE 0100-540 ausgelegt ist.

Für jeden Schutzleiter ein eigener Anschlusspunkt

Bei der Planung der Schutzleiterverbindungen zwischen den elektrischen Betriebsmitteln und der Montageplatte ist darauf zu achten, dass für jeden Schutzleiter eines jeden elektrischen Betriebsmittels eine eigene Anschlussklemme vorgesehen wird.

Eine zentrale Schraube an der Montageplatte, an der alle Schutzleiter der elektrischen Betriebsmittel zusammen an diese angeschlossen werden, ist nicht zugelassen, da beim Lösen der Verbindung für einen einzigen Schutzleiter gleich alle Schutzleiter vom Schutzleitersystem abgeklemmt werden.

Anforderungen an die Schutzleiter einer Maschine

Der Schutzleiter muss immer gemeinsam mit den aktiven Leitern Teil einer Mehraderleitung sein. Er darf aber innerhalb von Gehäusen, wie Schaltschränken oder Klemmenkästen, gemeinsam mit den Außenleitern auch einzeln verlegt werden.

Wenn ein Schutzleiter nicht Teil einer mehradrigen Leitung ist und separat von seinen dazugehörigen aktiven Leitern (Außenleiter + Neutralleiter) verlegt werden muss, so gelten die Mindestquerschnitte des Schutzleitersystems, wie:

- $\geq 2,5 \text{ mm}^2$ Cu, $\geq 16 \text{ mm}^2$ Al bei ungeschützter Verlegung,
- $\geq 4 \text{ mm}^2$ Cu, $\geq 16 \text{ mm}^2$ Al bei geschützter Verlegung.

Als geschützte Verlegung wird die Verlegung eines Schutzleiters in Elektroinstallationsrohren oder geschlossenen Elektroinstallationskanälen angesehen. Bei der Auswahl eines Elektroinstallationsrohres ist die Widerstandskraft des Rohres in Abhängigkeit von der zu erwartenden Belastung zu bewerten. DIN EN 61386-1 (**VDE 0605-1**) [70] unterscheidet die Ausführung von Elektroinstallationsrohren nach Belastungen. Je nach Verwendungszweck und den zu erwartenden Umwelteinflüssen sind Elektroinstallationsrohre entsprechend dem zwölfstelligen Zahlencode auszuwählen, siehe **Tabelle 8.2**. Werden Elektroinstallationsrohre beim Maschinenbetrieb im Freien dem Tageslicht ausgesetzt, müssen sie natürlich UV-beständig sein.

Entsprechend DIN VDE 0100-520 [71] sollte bei nicht zugänglichen Elektroinstallationsrohren die max. Länge von 15 m nicht überschritten werden, wobei max. zwei Richtungsänderungen erfolgen dürfen und die Verlegung möglichst geradlinig verlaufen sollte (DIN 18015-3 [72]).

Erste Stelle Druckfestigkeit	sehr leichte Druckfestigkeit	1
	leichte Druckfestigkeit	2
	mittlere Druckfestigkeit	3
	schwere Druckfestigkeit	4
	sehr schwere Druckfestigkeit	5
Zweite Stelle Schlagfestigkeit	sehr leichte Schlagfestigkeit	1
	leichte Schlagfestigkeit	2
	mittlere Schlagfestigkeit	3
	schwere Schlagfestigkeit	4
	sehr schwere Schlagfestigkeit	5
Dritte Stelle Minimale Dauergebrauchs- und Installationstemperatur	+5 °C	1
	−5 °C	2
	−15 °C	3
	−25 °C	4
	−45 °C	5
Vierte Stelle Maximale Dauergebrauchs- und Installationstemperatur	+60 °C	1
	+90 °C	2
	+105 °C	3
	+120 °C	4
	+150 °C	5
	+250 °C	6
	+400 °C	7
Fünfte Stelle Widerstand gegen Biegung	starr	1
	biegsam	2
	biegsam/sich selbst zurückbildend	3
	flexibel	4
Sechste Stelle Elektrische Eigenschaften	nicht erklärt	0
	mit elektrischen Leiteigenschaften	1
	mit elektrischen Isolationseigenschaften	2
	mit elektrischen Leit- und Isolationseigenschaften	3

Tabelle 8.2 Klassifizierungscode für Elektroinstallationsrohre

Siebte Stelle **Widerstand gegen das Ein-** **dringen von Festkörpern**	geschützt gegen feste Fremdkörper von 2,5 mm Durchmesser und größer	3
	geschützt gegen feste Fremdkörper von 1,0 mm Durchmesser und größer	4
	staubgeschützt	5
	staubdicht	6
Achte Stelle **Widerstand gegen das Ein-** **dringen von Wasser**	Schutz gegen vertikal fallende Wassertropfen, wenn das Rohrsystem bis zu 15° gekippt ist	2
	Schutz gegen sprühendes Wasser	3
	Schutz gegen spritzendes Wasser	4
	Schutz gegen Wasserstrahlen	5
	Schutz gegen kraftvolle Wasserstrahlen	6
	Schutz gegen die Auswirkungen von zeitweiligem Eintauchen in Wasser	7
Neunte Stelle **Korrosionsbeständigkeit von** **metallenen Elektro-Installa-** **tionsrohrsystemen und Elektro-** **Installationsrohrsystemen in** **Gemischtbauweise**	geringer Schutz innen und außen	1
	mittlerer Schutz innen und außen	2
	mittlerer Schutz innen, hoher Schutz außen	3
	hoher Schutz innen und außen	4
Zehnte Stelle **Zugfestigkeit**	nicht erklärt	0
	sehr leichte Zugfestigkeit	1
	leichte Zugfestigkeit	2
	mittlere Zugfestigkeit	3
	schwere Zugfestigkeit	4
	sehr schwere Zugfestigkeit	5
Elfte Stelle **Widerstand gegen Flammen-** **ausbreitung**	nicht flammenausbreitend	1
	flammenausbreitend	2
Zwölfte Stelle **Hängelastaufnahmefähigkeit**	nicht erklärt	0
	sehr leichte Hängelastaufnahmefähigkeit	1
	leichte Hängelastaufnahmefähigkeit	2
	mittlere Hängelastaufnahmefähigkeit	3
	schwere Hängelastaufnahmefähigkeit	4
	sehr schwere Hängelastaufnahmefähigkeit	5

Tabelle 8.2 *(Fortsetzung)* Klassifizierungscode für Elektroinstallationsrohre

Körper, die kein Schutzleiter sein dürfen

Alle leitfähigen Teile einer Maschine müssen mit dem Schutzleitersystem verbunden werden. Wenn mehrere Teile einer Maschine elektrisch leitend miteinander verbunden sind, braucht nicht jede einzelne Maschinenkomponente mit dem Schutzleitersystem verbunden werden.

Ist ein Maschinenteil mit einem elektrischen Motor elektrisch leitend verbunden, reicht die Schutzleiterverbindung der Stromversorgung des Motors aus, um alle miteinander verbundenen Maschinenteile in das Schutzleitersystem einzubinden, siehe **Bild 8.9**.

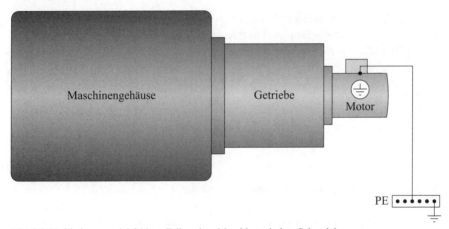

Bild 8.9 Verbindung von leitfähigen Teilen einer Maschine mit dem Schutzleitersystem

Der Querschnitt des Schutzleiters der Stromversorgung des Motors reicht immer aus, da der max. Fehlerstrom durch die Überstromschutzeinrichtung der Außenleiter der Stromversorgung bestimmt wird.

Eigentlich müssen alle leitfähigen Teile einer Maschine wie beim Schutzpotentialausgleich mit dem Schutzleitersystem verbunden werden. Werden die Anforderungen an das Schutzleitersystem berücksichtigt, hat man auch einen Schutzpotentialausgleich geschaffen, siehe Bild 8.7.

Hier noch einmal die Wiederholung der Anforderungen an ein Schutzpotentialausgleichssystem für leitfähige Teile, die an das Schutzleitersystem angeschlossen werden müssen, aber deren Körper nicht als Schutzleiter verwendet werden dürfen, wie:

- metallene Elektroinstallationskanäle,
- flexible oder starre metallene Elektroinstallationsrohre,

- Schirme von Leitungen,
- Armierungen von Kabeln,
- metallene Rohre, die brennbare Substanzen enthalten,
- fremde leitfähige Teile, wenn sie ein anderes Erdpotential einführen können,
- Tragseile,
- Kabelwannen,
- Kabelpritschen.

Kathodenschutz

Sind metallene Rohre an einer Maschine in einen Kathodenschutz einbezogen, dann müssen die hierfür abweichenden Anforderungen entsprechend DIN VDE 0100-540, Abschnitt 542.2.6 berücksichtigt werden:

Wenn Kathodenschutz angewendet wird und der Körper (eines elektrischen Betriebsmittels), der durch ein TT-System versorgt wird, direkt mit einem Metallrohr verbunden ist, darf für dieses besondere Betriebsmittel das Metallrohr für brennbare Flüssigkeiten oder Gase als alleiniger Erder verwendet werden.

8.2.2 Durchgängigkeit des Schutzleitersystems

Schutzleiterverbindungen sind Teil des Schutzes gegen einen elektrischen Schlag. Eine Unterbrechung des Schutzleiters kann somit zum Ausfall des Fehlerschutzes führen. Aus diesem Grund müssen bestimmte Anforderungen beachtet werden, insbesondere dann, wenn der Schutzleiter aus betrieblichen Gründen unterbrochen werden kann oder muss.

Entfernen eines Teils

Grundsätzlich dürfen Schutzleiterverbindungen nicht durch Maßnahmen unterbrochen werden, z. B. wenn ein leitendes Teil oder ein Betriebsmittel aus einer Maschine ausgebaut wird. In solchen Fällen dürfen andere Teile oder Betriebsmittel nicht auch noch vom Schutzleitersystem getrennt werden. Deshalb dürfen Schutzleiteranschlüsse von mehreren Teilen oder Betriebsmitteln nicht mithilfe einer einzigen Anschlussklemme mit dem Schutzleitersystem verbunden werden.

Gefahr der Unterbrechung durch Korrosion

Bestehen Schaltschränke oder Gehäuse der elektrischen Ausrüstung aus Aluminium, müssen die elektrochemischen Einflüsse an den Anschlussstellen von Schutzleitern beachtet werden. Hierfür sind spezielle Anschlusselemente zu verwenden. Auch beim Einsatz von Maschinen in einer chemischen Umgebung müssen wegen den vorherrschenden Bedingungen ggf. besondere Anschlüsse vorgesehen werden.

Bei fahrbaren Maschinen entstehen immer Schwingungen. Wird die elektrische Ausrüstung mitbewegt, sind die möglicherweise auftretenden Schwingungen mit ihren Beschleunigungs- und Amplitudenwerten zu beachten. Im Extremfall können keine Schraubverbindungen verwendet werden. Steckverbinder (Faston), wie sie in der Automobil-Branche eingesetzt werden, können in solchen Fällen hilfreich sein.

Wenn kein Schutzleiter angeschlossen werden kann

Es gibt Situation, in denen eine Schutzleiterverbindung mit einem Gerät oder Teil nicht möglich ist. In solchen besonderen Fällen dürfen Schutzleiterverbindungen auch über Reibstellen geführt werden.

Doch diese Verbindungen müssen dann auch speziell dafür geeignet sein. Ein niedriger Übergangswiderstand muss immer gewährleistet sein. Der Hersteller muss die Eignung auf Dauer (keine Kontaktminderung durch Korrosion, Schmutz) sicherstellen und erklären.

Als Verbindungselemente können Klammern, Scharniere oder Gleitschienen dienen. Diese müssen jedoch für diesen Zweck konstruiert und einer elektrischen Verbindung gleichwertig sein (DIN EN 61439-1 (**VDE 0660-500**).

Abschnitt 8.4.3.2.2 in DIN EN 61439-1 (**VDE 0660-600-1**) enthält zu diesem Thema folgende Aussage:

> *Tragende Metallflächen an herausnehmbaren Teilen gelten als ausreichend sicher mit dem durchgehenden Schutzleiter verbunden, wenn sie mit genügendem Druck auf der Gegenfläche aufliegen.*

Schutzleiterüberwachung

Müssen Leitungen, z. B. Leitungstrossen, aus betrieblichen Gründen ungeschützt abgelegt werden und sind sie infolgedessen nicht gegen mechanische Belastungen geschützt, so muss die Schutzleiterverbindung an dieser Leitung kontinuierlich überwacht werden.

Risikobeurteilung notwendig

Ist eine Unterbrechung des Schutzleiters innerhalb der elektrischen Ausrüstung durch mechanische Belastung möglich und kann dies nicht durch eine geschützte Verlegung verhindert werden, dann muss eine Schutzleiterüberwachung vorgesehen werden.

Der Markt bietet hierfür spezielle Schutzleiterüberwachungsgeräte an.

Durchgängigkeit bei Schleifringen und Schleifleitungen

Wird mithilfe von Stromschienen, Schleifleitungen oder Schleifringen die Durchgängigkeit des Schutzleiters von der Stromquelle bis zum elektrischen Betriebsmittel sichergestellt, müssen folgende Bedingungen erfüllt werden:

- Der Schutzleiter muss einen eigenen Schleifring, Schleifleiter haben,
- Verdopplung des Stromabnehmers zur Kontaktsicherheit oder
- Überwachung der Durchgängigkeit des Schutzleiters.

Risikobeurteilung notwendig

Bezüglich der Zuverlässigkeit von Schleifverbindungen beim Schutzleiter ist zu prüfen, ob an dem Stromabnehmer hierfür spezielle Maßnahmen zur Kontaktsicherheit geplant sind oder ob eine Überwachungseinrichtung vorgesehen werden muss.

Keine automatische Unterbrechung

Innerhalb einer Schutzleiterverbindung dürfen keine Kontakte (Schaltgerät, Überstromschutzeinrichtung, Sicherung) und auch keine Messeinrichtungen zwischengeschaltet werden, wie z. B. ein Bimetallrelais, da diese die Impedanz des Schutzleiters erhöhen können.

Öffnen zu Prüfzwecken

Müssen Schutzleiterverbindungen zu Prüfzwecken geöffnet werden, dann dürfen sie nur mit einem Werkzeug geöffnet werden können. Außerdem müssen solche Stellen innerhalb einer elektrischen Betriebsstätte angeordnet sein, zu der nur Elektrofachkräfte und elektrotechnisch unterwiesene Personen Zutritt haben.

Durchgängigkeit bei abklappbaren Stromabnehmern oder Stecker-/ Steckdosenkombinationen

Können Stromabnehmer von den Stromschienen, Schleifleitungen oder Schleifringen abgeklappt werden, muss der Kontakt des Schutzleiters beim Öffnen nacheilend und beim Schließen voreilend sichergestellt sein.

Stecker-/Steckdosenkombination

Werden Stecker-/Steckdosenkombinationen verwendet, gelten hierfür die gleichen Bedingungen. In CEE-Steckdosen und -Kupplungen, entsprechend DIN EN 60309-2 (**VDE 0623-2**) [73], ist deshalb die Kontakthülse für den Schutzleiter länger als die Kontakthülsen für die aktiven Leiter. An den Steckerstiften ist dies meistens nicht erkennbar. Stecker-/Steckdosenkombination, wie sie in Haushalten verwendet werden (Schuko-Steckverbindungen), sind somit bei Maschinen nicht zugelassen, siehe **Bild 8.10**.

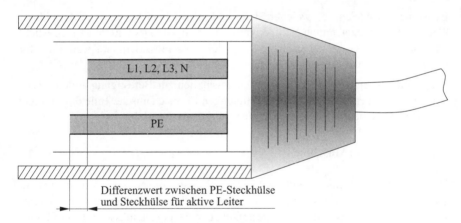

Bild 8.10 Differenzen in einer CEE-Steckdose/-Kupplung

Diese Anforderungen gelten an jeder Stelle innerhalb der elektrischen Ausrüstung einer Maschine. Ausnahmen für Steckdosen- und Beleuchtungsstromkreise (Zubehör-Stromkreise) sind unter bestimmten Bedingungen möglich, siehe Abschnitt 15 dieses Buchs.

8.2.3 Schutzleiteranschlusspunkte

Jeder Schutzleiteranschlusspunkt muss gekennzeichnet werden. Vorzugsweise ist das Symbol entsprechend IEC 60417 – 5019 zu verwenden, siehe **Bild 8.11**.

Bild 8.11 Symbol für den Schutzleiteranschluss

Alternativen

Alternativ kann der Anschluss mit den Buchstaben **PE** oder durch eine Farbmarke mit der Zweifarbenkombination GRÜN-GELB gekennzeichnet werden. Auch eine Kombination dieser drei Möglichkeiten ist zugelassen.

Anbringungsort des Kennzeichens

Es ist nicht festgelegt, an welcher Stelle und in welchem Abstand zur Anschlussklemme die Kennzeichnung erfolgen muss. Wichtig ist, dass (auf den ersten Blick) erkennbar ist, dass die vorgesehene Schutzleiteranschlussklemme speziell nur für den Anschluss eines Schutzleiters vorgesehen ist.

Schutzleiteranschlusspunkte dürfen nicht zusätzlich zur Befestigung anderer Teile verwendet werden. Auch Schraubverbindungen für mechanische Teile dürfen nicht zusätzlich für einen Schutzleiteranschluss mitbenutzt werden.

8.2.4 Fahrbare Maschinen

Wenn fahrbare Maschinen über eine eigene Bordstromversorgung verfügen (z. B. Diesel-Generator), ist das Schutzleitersystem in Übereinstimmung mit den Anforderungen für eine ortsfeste Maschine aufzubauen. Demnach müssen alle leitfähigen Konstruktionsteile der Maschine und der elektrischen Ausrüstung mithilfe von Schutzleitern mit dem Schutzleitersystem verbunden werden.

Wenn eine fahrbare Maschine alternativ auch an eine externe Stromversorgung angeschlossen wird, ist der Schutzleiter der Stromquelle mit dem Schutzleitersystem zu verbinden.

Wird die Stromquelle von der fahrbaren Maschine getrennt, ist eine Schutzleiterverbindung zwischen der (möglichen) Stromquelle und der fahrbaren Maschine nicht mehr notwendig.

Für Stecker-/Steckdosenkombinationen müssen die Bedingungen entsprechend Abschnitt 13.4.5 berücksichtigt werden.

8.2.5 Zusätzliche Anforderungen an die elektrische Ausrüstung mit Erdableitströmen größer 10 mA

Schutzleiter sollen betriebsbedingt keinen Strom führen. Ströme über einen Schutzleiter sind eigentlich nur für den Fehlerfall (Fehlerstrom) vorgesehen. Auch eine Signalübertragung über einen Schutzleiter ist nach DIN EN 61140 (**VDE 0140-1**) nicht erlaubt.

Wenn jedoch ein Schutzleiter betriebsmäßig einen Ableitstrom führt, ist er ohne zusätzliche Schutzmaßnahmen im Hinblick auf eine sichere Verbindung nur bis zu einem Ableitstrom von AC oder DC 10 mA zulässig.

Risikobeurteilung notwendig

Es ist abzuwägen, ob Ableitströme > AC oder DC 10 mA über den Schutzleiter der Stromversorgung einer Maschine zu erwarten sind. Gegebenenfalls müssen zusätzliche Maßnahmen zur Gewährleistung der Durchgängigkeit des Schutzleiters vorgesehen werden.

Ist mit einer Überschreitung des Grenzwertes zu rechnen, muss eine der folgenden Zusatzmaßnahmen zum Schutz gegen einen elektrischen Schlag im Fall der Unterbrechung des Schutzleiters vorgesehen werden, siehe **Tabelle 8.3**.

Methode	Hinweise
mechanischer Schutz gegen Beschädigung	erd- und kurzschlussfeste Verlegung
Schutzleiter mit einem Querschnitt von ≥ 10 mm^2 Cu oder 16 mm^2 Al	Anschlussklemme muss für den größeren Querschnitt geeignet sein
zweiter paralleler Schutzleiter mit gleichem Querschnitt	zweite Schutzleiter-Anschlussklemme vorsehen
automatische Abschaltung der Stromversorgung bei Unterbrechung des Schutzleiters	Überwachungseinrichtung muss die Stromversorgung automatisch abschalten
bei Steckverbindungen mit Gummischlauchleitung Schutzleiterquerschnitt $\geq 2,5$ mm^2	CEE-Stecker-/Steckdosenkombination entsprechend DIN EN 60309-2 (**VDE 0623-2**) verwenden

Tabelle 8.3 Mögliche zusätzliche Schutzmaßnahmen bei erhöhten Ableitströmen

Die Norm lässt keinen Verzicht auf eine der zusätzlich möglichen Maßnahmen zu, auch wenn die Berührungsspannung bei Unterbrechung des Schutzleiters einen ungefährlichen Wert annehmen kann. 10-mA-Ableitstrom heißt nicht, dass ein 10-mA-Berührungsstrom auftritt.

Dokumentation gemäß Abschnitt 17 erstellen

Treten im Schutzleiter betriebsmäßig Ableitströme von > AC oder DC
10 mA auf, muss die Gebrauchsanleitung Angaben (bei den Installations-
hinweisen) enthalten, welche der in Abschnitt 8.2.6 aufgelisteten Schutzmaßnahmen beim Anschluss der Stromversorgung vorgesehen werden muss.

Zusätzlich ist bei betriebsmäßigen Ableitströmen von > AC oder DC 10 mA an der
Netzanschlussstelle des Schutzleiters ein Warnschild zu dem Schutzleiter anzubringen, das einen Hinweis auf Ableitströme > 10 mA enthalten muss, siehe **Bild 8.12**.

Bild 8.12 Warnschild neben der Anschlussklemme des externen Schutzleiters

Physikalische Phänomene

Galvanische Kopplung

Jede Isolation ist endlich. Je nach Isolationsfähigkeit können in einer elektrischen
Anlage Leckageströme durch die Isolation über den Schutzleiter zur Stromquelle
abfließen. Doch diese Isolationsfehlerströme sind so gering, dass sie bei der Beurteilung von betriebsmäßigen Schutzleiterströmen der Maschine vernachlässigbar sind.

Kapazitive Kopplung

Jede Elektroinstallation hat grundsätzlich Kapazitäten gegen Erde. Doch bei Frequenzen von 50 Hz sind die kapazitiven Blindwiderstände sehr groß, siehe Gl. (8.1), was
zur Folge hat, dass nur sehr geringe Ableitströme über Kapazitäten auftreten können.

Ermittlung des kapazitiven Blindwiderstands $\quad X_C = \dfrac{1}{\omega \cdot C}$ $\qquad\qquad$ (8.1)

Da der kapazitive Blindwiderstand außer von der Größe der Kapazität (C) auch
von der Höhe der Frequenz (f) abhängig ist, siehe Gl. (8.2), entstehen signifikante
Ableitströme erst bei höheren Frequenzen.

Formelanteile von ω $(\omega = 2 \cdot \pi \cdot f)$ (8.2)

Ein Wechselrichter von Umrichtern taktet häufig mit einer Frequenz von bis zu 20 kHz. Durch die überlagerten Oberschwingungen können somit Frequenzen bis zu 100 kHz auftreten. Bei diesen Frequenzen fließen jetzt über die Kapazitäten der Elektroinstallation signifikante Ableitströme gegen Erde, wobei nicht alle kapazitiven Ableitströme gegen Erde grundsätzlich über die Schutzleiter fließen. Leitungsgebundene Ableitströme über einen Schutzleiter sind eher zufällig und können auch durch Planung nur schwer kanalisiert werden, siehe **Bild 8.13**.

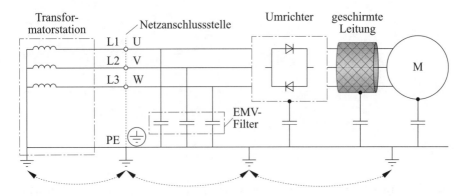

Bild 8.13 Kapazitäten bei einem umrichtergesteuerten Motor

Ableitströme sind vagabundierende Ströme, die über alle möglichen leitenden Verbindungen zur geerdeten Stromquelle zurückfließen. Da die Schutzleiter in der elektrischen Ausrüstung meistens eine niedrigere Impedanz haben als die leitfähigen Teile einer Maschine, fließt der Hauptteil der Ableitströme über die Schutzleiter. Erst an der Netzanschlussstelle sind jene wieder vereint.

Doch auch von der Netzanschlussstelle aus können in einem TN-System zwischen der Erdverbindung der Maschine und der Erdverbindung des Sternpunkts des Transformators Ableitströme durch die Erde parallel zum Schutzleiter fließen.

EMV-Filter erhöhen den kapazitiven Anteil beträchtlich

Da solch hohe Frequenzen auch aus Sicht der EMV Störungen verursachen können, werden EMV-Filter eingesetzt, die über ihre Kondensatoren ebenfalls kapazitive Ableitströme verursachen, siehe **Bild 8.14**.

Ableitströme von EMV-Filtern können reduziert werden, wenn eine Konfiguration, bei der die Verbindung zur Stromquelle hauptsächlich über den Neutralleiter erfolgt,

209

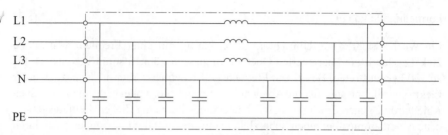

Bild 8.14 EMV-Filter-Konfiguration mit hohen Ableitströmen

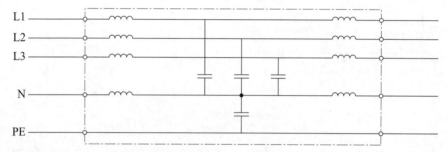

Bild 8.15 EMV-Filter-Konfiguration mit niedrigen Ableitströmen

gewählt wird, siehe **Bild 8.15**. Solche Konfigurationen enthalten mehr Induktivitäten, was zu mehr Volumen und Gewicht führt, sie produzieren auch mehr Wärmeverluste und sind außerdem teurer.

Induktive Kopplung

Induktive Ableitströme fließen nicht über den Schutzleiter zur Stromquelle zurück. Sie sind reine Verluste, die nach dem Transformatorprinzip die Stromquelle belasten.

Induktive Ableitströme können durch Einleiterkabel der benachbarten metallenen ferritischen Flächen entstehen. Auch entkoppelte Drehstromsysteme, wie sie durch Verteilungen in Kupferschienen entstehen, verursachen wegen ihrer Wechselfelder in benachbarten ferritischen Teilen Wirbelströme.

Wirbelströme sind innerhalb des magnetisierbaren (ferritischen) Metalls, in dem sie induziert wurden, gebunden und erwärmen dieses auch. Es fließt über einen angeschlossenen Schutzleiter kein Ableitstrom zur Stromquelle.

Ist ein solch induziertes ferritisches Teil, in dem Wirbelströme fließen, mehrfach mit einem Schutzleiter verbunden, können in diesem parallelen Leiterabschnitt Teilwirbelströme des Schutzleiters des ferritischen Teils fließen, siehe **Bild 8.16**. Diese bilden jedoch nur mit dem ferritischen Teil einen Stromkreis.

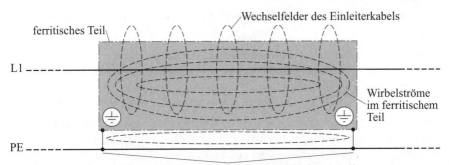

nur in diesem Abschnitt des Schutzleiters fließen Anteile
der Wirbelströme des ferritischen Teils

Bild 8.16 Wirbelströme in einem Schutzleiterabschnitt

Als Ableitströme aus Sicht des Schutzes gegen einen elektrischen Schlag sind somit nur die kapazitiven Ableitströme zu betrachten.

Gefahr des elektrischen Schlags bei Unterbrechung des Schutzleiters

Fließt betriebsbedingt ein Ableitstrom über einen Schutzleiter und der Schutzleiter wird durch einen Fehler unterbrochen, kann eine Person (oder Nutztier), die das betroffene leitende Teil der Maschine berührt, unfreiwillig die leitende Verbindung der Stromschleife für den Ableitstrom zur geerdeten Stromquelle werden.

Ableitströme bei fest errichteten Maschinen

Bei Maschinen, die nicht bewegt werden können und deren Gehäuse mit dem Schutzleiter verbunden ist, kann ein solcher Strompfad durch den Menschen bei Unterbrechung des Schutzleiters nicht auftreten, da eine solche Maschine erdfühlig mit dem örtlichen Potential verbunden ist.

Durch die vielen Schutzleiterverbindungen von elektrischen Betriebsmitteln und die Schutzpotentialausgleichsverbindungen innerhalb einer Maschine kann keine gefährliche Fehlerspannung bei Unterbrechung des Schutzleiters auftreten.

Ableitströme bei beweglichen Maschinen

Bei Maschinen, die bewegt werden können, ist die Situation eine andere. In solchen Fällen ist der Schutzleiter gemeinsam mit der Stromversorgung nur einmal mit der Maschine verbunden. Bei einer Unterbrechung des Schutzleiters in der Zuleitung kann eine Berührungsspannung auftreten, die so groß sein kann, dass sie für den Menschen gefährlich wird.

Ableitströme bei Maschinen, die während des Arbeitens von Hand getragen werden

Fließt über den Schutzleiter betriebsmäßig ein Ableitstrom, kann eine Unterbrechung des Schutzleiters zu einem elektrischen Schlag führen, wenn in einem solchen Fall eine Person dieses elektrische Betriebsmittel in der Hand hält. Die Person ist dann Teil der Erdverbindung zwischen dem Gehäuse und der Erde, siehe **Bild 8.17.**

Verfügt eine Maschine, die aus mehreren Komponenten besteht, über ein Schutzpotentialausgleichssystem, müssen keine zusätzlichen Maßnahmen zum Schutz bei Unterbrechung des Schutzleiters an den elektrischen Betriebsmitteln, die Teil der Maschine sind, vorgesehen werden.

Bei einem Motor, der an eine Maschine angeflanscht ist, braucht der Schutzleiter der Stromversorgung keinen zusätzlichen Schutz vor einer Unterbrechung, selbst wenn er betriebsmäßig einen Schutzleiterstrom von > AC oder DC 10 mA führen würde. Würde der Schutzleiterstrom während des Betriebs gemessen, so könnte dies auch ein (Teil-)Ableitstrom der gesamten Maschinenkomponente sein. Hier ist der Schutzleiter der Maschinenkomponente und nicht der Schutzleiter der Stromversorgung des Motors maßgebend.

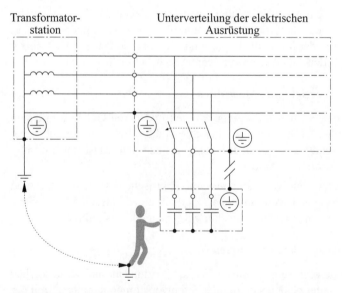

Bild 8.17 Ersatzstrompfad eines Ableitstroms bei unterbrochenem Schutzleiter

8.3 Maßnahmen zur Reduzierung hoher Ableitströme

Ist der Gesamtableitstrom einer Maschine oder Maschinenanlage zu hoch, können bei Teilmaschinen, einschließlich ihrer elektrischen Ausrüstung, mithilfe eines dazwischen geschalteten Transformators die Ableitströme örtlich gegen Erde abgeleitet werden, siehe **Bild 8.18**. Doch dies ergibt eigentlich nur Sinn, wenn dadurch der Ableitstrom über den Schutzleiter unter 10 mA abgesenkt werden kann und deshalb keine zusätzlichen Schutzmaßnahmen notwendig sind.

Führt die Schutzleiterverbindung zwischen dem Transformator (geerdetem Sternpunkt) und der elektrischen Ausrüstung trotzdem einen Ableitstrom > 10 mA, muss auch für diesen Teilabschnitt eine der möglichen zusätzlichen Schutzmaßnahmen gegen eine Unterbrechung des Schutzleiters entsprechend Abschnitt 8.2.8 vorgesehen werden.

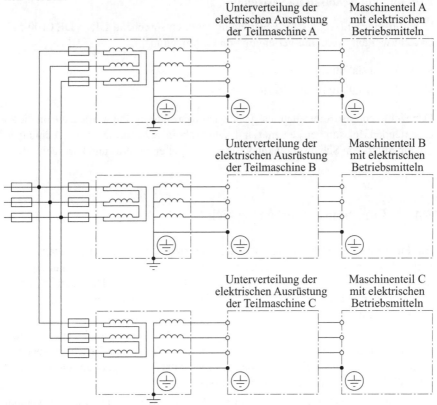

Bild 8.18 Transformatoren zur Reduzierung des Gesamtableitstroms einer Maschine

Brandschutz mithilfe einer 300-mA-RCD

Werden Maschinen in feuergefährdeten Betriebsstätten eingesetzt, kann als Brandschutz eine Fehlerstromschutzeinrichtung (RCD) mit einem Differenzbemessungsstrom von 300 mA verwendet werden.

Werden große Maschinen mit einem hohen Ableitstrom von mehr als 300 mA in einer solchen Umgebung betrieben, ist der Einsatz einer 300-mA-RCD nicht möglich.

In solchen Fällen kann der Brandschutz bei der elektrischen Ausrüstung der Maschine in diesen Räumen nur durch eine erd- und kurzschlussfeste Verlegung aller Leitungen sichergestellt werden. Die Verlegeart aller Leitungen muss über ihre gesamte Länge gewährleisten, dass keine mechanischen Belastungen und somit keine Beschädigungen möglich sind.

Erd- und kurzschlussfeste Verlegung

Eine erd- und kurzschlussfeste Verlegung kann entsprechend DIN VDE 0100-520 erreicht werden, wenn die Verlegung von Leitungen in:

- Elektroinstallationskanälen oder
- Elektroinstallationsrohren erfolgt.

Dabei müssen Elektroinstallationskanäle oder -rohre ausgewählt werden, die für die zu erwartenden Belastungen geeignet sind, siehe Tabelle 8.2 in diesem Buch. Leitungen, die innerhalb von Schaltschränken verlegt sind, gelten als erd- und kurzschlussfest.

8.4 Funktionspotentialausgleich

Ein Funktionspotentialausgleich unterscheidet sich von einem Schutzpotentialausgleich dadurch, dass die Bewertungskriterien für einen Funktionspotentialausgleich nicht den Schutz gegen einen elektrischen Schlag betrachten. Die Planungsregeln für die Errichtung eines Funktionspotentialausgleichs unterscheiden sich von den Regeln für einen Schutzpotentialausgleich.

Funktionspotentialausgleichsleiter und Schutzpotentialausgleichsleiter können durchaus parallel errichtet werden. Doch die unterschiedlichen Errichtungsbestimmungen können bei vagabundierenden Strömen dazu führen, dass jene entsprechend DIN VDE 0100-540 bewertet werden müssen.

Die Anschlusspunkte von Funktionspotentialausgleichsleitern sind mit dem Symbol IEC 60417 – 5020 zu kennzeichnen, siehe Bild 8.19.

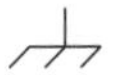

Bild 8.19 Symbol zur Kennzeichnung von Anschlussstellen eines Funktionspotentialausgleichsleiters

Ein Funktionspotentialausgleichsleiter darf nicht GRÜN-GELB gekennzeichnet werden.

Funktionspotentialausgleich gegen Fehlfunktionen

Bei Steuerstromkreisen, die von einem Transformator versorgt werden, kann die Erdung des „gemeinsamen Leiters" der Steuerung Fehlfunktionen während eines Isolationsfehler im „geschalteten Leiter" verhindern. Diese Verbindung ist keine Schutzmaßnahme zum Schutz gegen elektrischen Schlag, obwohl eine Verbindung mit dem Erdungssystem hergestellt wird, siehe Abschnitt 8.2.1 in diesem Buch.

Die Erdverbindung soll lediglich dafür sorgen, dass bei einem Erdschluss im „Schaltleiter" die Kurzschlussschutzeinrichtung des Stromstromkreises die Stromversorgung automatisch abschaltet, wodurch eine fehlerhafte Funktion der Maschine ausgeschlossen werden kann. Eine Abschaltzeit ist nicht festgelegt.

Kein System nach Art der Erdverbindung

Die Verbindung zwischen Steuerstromkreis und Erdungssystem wird nicht nach dem Prinzip nach Art der Erdverbindung (TN-, TT- oder IT-System) betrachtet. Steuerstromkreise dürfen geerdet oder ungeerdet betrieben werden.

Funktionspotentialausgleich gegen EMV-Störungen

Der Schirm einer Leitung entwickelt bei höheren Frequenzen (ca. ab 5 kHz bis 20 kHz) seine Schirmwirkung erst dann, wenn der Schirm beidseitig mit Erde verbunden ist. Doch wenn der Schirm dadurch Teil eines Schutzpotentialausgleichssystems wird, können über ihn Potentialausgleichsströme von unterschiedlichen Erderpotentialen fließen.

Ausgleichsströme über den Schirm

Hohe Ströme über einen Schirm reduzieren die Schirmwirkung und können das Schirmgeflecht überlasten. Da der Schirmdurchmesser in der Regel größer ist als so mancher Schutzpotentialausgleichsleiter, ist die Impedanz des Schirms aufgrund des Skin-Effekts bei höheren Frequenzen wesentlich niedriger als die Impedanz der Potentialausgleichsleiter. Dies hat zur Folge, dass über den Schirm höhere Strome fließen können als über benachbarte Potentialausgleichsleiter.

Die Anschlüsse an den leitenden Teilen müssen aufgrund des Skin-Effekts sowohl beim Schirm als auch beim Schirmentlastungsleiter großflächig erfolgen.

Schirmentlastungsleiter

Damit der Schirm nicht unnötig zusätzlich belastet wird, kann ein parallel verlegter Schirmentlastungsleiter notwendig sein, der dann ein Funktionspotentialausgleichsleiter ist, siehe **Bild 8.20**. Dabei sollte sich der Querschnitt des Schirmentlastungsleiters wegen des Skin-Effekts am Außendurchmesser des Schirms orientieren, und nicht an den Regeln der Querschnitte für Schutzpotentialausgleichsleiter.

Bild 8.20 Schirmentlastungsleiter (Funktionspotentialausgleich)

Skin-Effekt

Der Skin-Effekt tritt merkbar bei Frequenzen auf, die wesentlich größer als 1 kHz sind. Dabei drängt der Stromfluss mit steigender Frequenz vom Leiterinnern nach außen, siehe **Bild 8.21**. Je größer die Frequenz der Ströme, desto näher fließt der Strom an der Leiteroberfläche, das Leiterinnere wird praktisch vom Strom nicht durchflossen, siehe **Tabelle 8.4**. Für die Installation bedeutet das, dass möglichst feinstdrähtige Litzen verwendet werden sollten, die an den Anschlüssen großflächig mit dem Körper verbunden werden.

Ist eine elektrisch leitende Verbindung zwischen zwei Maschinen nicht zugelassen, muss die geschirmte Leitungsverbindung durch eine galvanisch trennende Verbindung ersetzt werden, z. B. kann die Verwendung eines Lichtwellenleiters (LWL) erfolgen. In solchen Fällen ist dann auch kein Schirmentlastungsleiter notwendig.

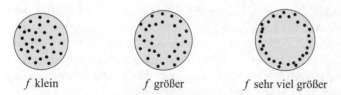

f klein f größer f sehr viel größer

Bild 8.21 Eindringtiefe des Stroms in Abhängigkeit von der Frequenz

Frequenz	Eindringtiefe
50 Hz	≈ 9 mm
1 kHz	≈ 2 mm
100 kHz	≈ 200 µm
10 MHz	≈ 20 µm

Tabelle 8.4 Beispiele für die Eindringtiefe des Stroms in einen Leiter bei unterschiedlichen Frequenzen

9 Steuerstromkreise und Steuerfunktionen

Anforderungen an die Methode der Stromversorgung von Steuerstromkreisen sind abhängig von den Anforderungen an die zu versorgende Steuerung. Bei der Planung der Stromversorgung müssen deshalb Anforderungen wie: stabile Stromversorgung, hohe Verfügbarkeit, lange Leitung, Bus-Systeme, vom Hauptstromkreis unabhängige Stromversorgung, elektronische Steuerungen oder Hilfsschütze berücksichtigt werden.

9.1 Steuerstromkreise

Bei der Planung von Steuerstromkreisen sind die Anforderungen an die Funktionen der erforderlichen Schutzverriegelungen und die notwendigen Funktionen im Fehlerfall zu betrachten.

Anforderungen bezüglich Fehlfunktionen von Steuerungen werden in der DIN EN 60204-1 (**VDE 0113-1**) nicht behandelt. Hierfür wird auf DIN EN 62061 (**VDE 0113-50**) verwiesen. Auch die DIN EN ISO 13849-1 kann hierzu angewandt werden. Zusätzlich enthält diese Norm auch Anforderungen an die funktionale Sicherheit von pneumatischen und hydraulischen Steuerungen.

9.1.1 Stromversorgungen von Steuerstromkreisen

Die Stromversorgung von Steuerstromkreisen muss in der Regel über einen Transformator erfolgen. Wichtig dabei ist, dass eine galvanische Trennung zwischen den Hauptstromkreisen und den Hilfsstromkreisen erreicht wird. Der Wegfall des Transformators ist nur sehr begrenzt erlaubt, siehe Tabelle 9.11 bis 9.14 in diesem Buch.

Steuertransformator

Es sind Standardtransformatoren für Steuerstromkreise entsprechend DIN EN 61558-2-2 (**VDE 0570-2-2**) [74] zu verwenden. Solche Transformatoren verfügen über eine Basisisolierung zwischen der Primär- und Sekundärwicklung. Die Sekundärspannung solcher Transformatoren darf zwischen 50 V und 1 000 V betragen. Doch DIN EN 60204-1 (**VDE 0113-1**) lässt bei einer Frequenz von 50 Hz nur eine Spannung bis max. 230 V zu.

Schaltnetzteil

Schaltnetzteile entsprechend DIN EN 61558-2-16 (**VDE 0570-2-16**) [75] sind auch zugelassen, da sie ebenfalls über einen Transformator mit galvanischer Trennung zwischen dem Primär- und Sekundärteil verfügen.

Gleichstromversorgungseinheit

Es dürfen auch Stromversorgungsgeräte mit einem Gleichstromausgang entsprechend DIN EN 61204-7 (**VDE 0557-7**) [76] verwendet werden. Solche Geräte werden auch als PSU (Power Supply Unit) bezeichnet. Die max. Gleichspannung für Steuerstromkreise ist auf 220 V begrenzt.

Phasengleichheit bei mehreren Steuertransformatoren

Werden mehrere Einphasentransformatoren für die Stromversorgung eines Steuerstromkreises verwendet, müssen die Primärwicklungen gemeinsam an einen Außenleiter angeschlossen werden, da sonst auf der Sekundärseite der parallel geschalteten Sekundärwicklungen aufgrund der unterschiedlichen Phasenlagen Ausgleichströme zwischen den Einphasentransformatoren fließen können.

AC/DC – kombinierte Steuerstromkreise

Wird in den Steuerstromkreisen einer Maschine sowohl eine Wechselstromversorgung als auch eine Gleichstromversorgung benötigt, muss jede Stromversorgung über einen eigenen Transformator vom Hauptstromkreis versorgt werden.

Geerdete DC-Steuerstromkreise

Wird ein Steuerstromkreis mit einer Gleichstromversorgung geerdet, muss die Versorgung des Steuerstromkreises vom Hauptstromkreis über einen Transformator

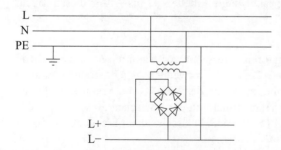

Bild 9.1 Geerdeter DC-Steuererstromkreis mit einem Transformator

mit getrennten Wicklungen erfolgen, da sonst über den Gleichrichter Potentialausgleichsströme fließen können, siehe **Bild 9.1**.

Verzicht auf einen Transformator

Bei kleinen Steuerungen darf auf die Verwendung eines Transformators zur Stromversorgung der Steuerung verzichtet werden. Dies ist erlaubt, wenn die Steuerung aus max. zwei Befehlsgeräten besteht, wie z. B. für das Ein-/Ausschalten einer Maschine. Sobald weitere Signale oder Bedingungen verknüpft werden müssen, ist ein Transformator notwendig.

9.1.2 Steuerspannung

Die Art und Weise der Stromversorgung für einen Steuerstromkreis ist zu Beginn der Planung der Steuerung zu entscheiden. Diese Tatsache wird häufig bei der Planung zuletzt betrachtet, da die Bedürfnisse bzw. Aufgaben, die an einen Steuerstromkreis gerichtet sind, zunächst im Vordergrund stehen. Kompakte Stromversorgungsmodule mit integrierten Schutzeinrichtungen verleiten dazu, sich keine Gedanken über die Auswahl und die Festlegungen der erforderlichen Art der Stromversorgung zu machen, doch dies kann zu bösen Überraschungen bei der Inbetriebnahme führen.

Grundsätzlich gibt es Anforderungen an die Stromversorgung für einen Steuerstromkreis, die abhängig von der Versorgungsquelle, deren Erdung und der Verwendung gelten. Bei der Auswahl einer bestimmten Stromversorgung müssen unterschiedliche Maßnahmen und Schutzvorkehrungen vorgesehen werden. Grundsätzlich wird bei Stromversorgungen für Steuerstromkreise zwischen einer Wechselstromversorgung (AC) oder Gleichstromversorgung (DC) unterschieden.

Direkt vom Hauptstromkreis versorgt

Die einfachste und kostengünstigste Stromversorgung eines Hilfsstromkreises ist die direkte Versorgung vom Hauptstromkreis aus, siehe **Bild 9.2**. Diese Konfiguration benötigt jedoch besondere Schutzmaßnahmen und die Höhe der Spannung ist immer von der Spannung des Hauptstromkreises abhängig.

Versorgung über einen Transformator

Die klassische Stromversorgung für einen Steuerstromkreis ist die Verwendung eines einphasigen Transformators, siehe **Bild 9.3**. Durch diese Methode wird eine vom Hauptstromkreis galvanisch getrennte Stromversorgung erreicht und die Betriebsspannung des Steuerstromkreises kann entsprechend den Anforderungen frei gewählt werden.

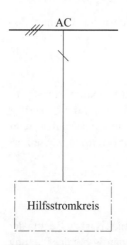

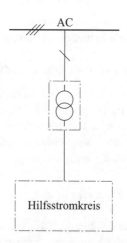

Bild 9.2 AC-Stromversorgung
direkt vom Hauptstromkreis

Bild 9.3 AC-Stromversorgung
über einen Transformator

Versorgung über einen Transformator mit Gleichrichter

Bei freiprogrammierbaren Steuerungen werden in der Regel kompakte Netzgeräte mit integrierter Gleichrichtung verwendet, siehe **Bild 9.4**. Hersteller von freiprogrammierbaren Steuerungen bieten solche Netzgeräte als Systemteil an. Die Höhe der Spannung beträgt meistens DC 24 V.

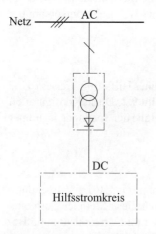

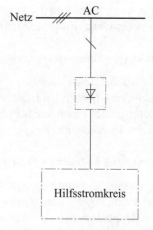

Bild 9.4 AC-Stromversorgung über
einen Transformator mit Gleichrichter

Bild 9.5 AC-Stromversorgung über
einen Transformator mit Gleichrichter

Direkt vom Hauptstromkreis über einen Gleichrichter versorgt

Bei Hilfsstromkreisen, die direkt von einem AC-Netz mittels eines Gleichrichters in Brückenschaltung versorgt werden, muss bei der Dimensionierung die für DC festgelegte max. Spannung von 220 V beachtet werden. Eine Stromversorgung, die einen Steuerstromkreis direkt über einen Gleichrichter an einem Wechselstromnetz mit Gleichstrom versorgt, ist heute nicht mehr gebräuchlich, siehe **Bild 9.5**. Der Gleichrichter benötigt eine Überstromschutzeinrichtung, die im Fehlerfall schnell genug abschaltet, um die Halbleiter zu schützen.

Von einer Batterie versorgt

Für den Inselbetrieb einer elektrischen Anlage, die nur unabhängig von einem Netz versorgt werden kann, ist dies eine praktikable Lösung, siehe **Bild 9.6**. Ein Ausfall oder eine Unterspannung muss bei der Planung berücksichtigt werden. Eine solche Art der Stromversorgung wird häufig bei mobilen kabellosen Steuerstellen verwendet. Die Batterie wird in der Regel geladen, wenn die Steuerstelle nicht verwendet wird.

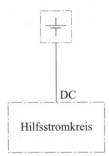

Bild 9.6 DC-Stromversorgung von einer Batterie

Ist eine Zustandsüberwachung des Hauptstromkreises erforderlich, muss im betreffenden Steuerstromkreis z. B. eine Batterie, die unabhängig vom Hauptstromkreis wirkt, vorgesehen werden. Wird eine Batterie während des Betriebs gleichzeitig (parallel) auch aufgeladen, müssen Zusatzmaßnahmen zur Spannungsbegrenzung vorgesehen werden, da die Ladespannung gegenüber der Batteriespannung höher ist.

Damit während eines Ladevorgangs der Batterie keine Überspannung im Hilfsstromkreis auftritt, kann die Batteriespannung während des Ladevorgangs mittels Dioden, die in Durchlassrichtung betrieben werden, reduziert werden. Diese Dioden werden auch als Gegenzellen bezeichnet. Zur Spannungsreduzierung werden sie beim Ladevorgang freigeschaltet, siehe **Bild 9.7**. Beim reinen Batteriebetrieb (ohne gleichzeitige Aufladung) werden die Dioden kurzgeschlossen. Siliziumdioden haben einen nahezu stromunabhängigen Spannungsabfall von ca. 0,7 V pro Diode. Deshalb kann durch die Anzahl der in Reihe geschalteten Dioden die erforderliche Spannungsreduzierung nahezu exakt erreicht werden.

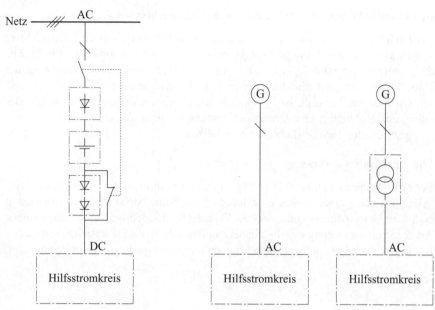

Bild 9.7 DC-Stromversorgung von einer
Batterie mit Gegenzellen beim Ladevorgang

Bild 9.8 AC-Stromversorgung von einem Generator

Versorgung von einem Generator

Wird ein Steuerstromkreis unabhängig von einem Netz von einem AC-Generator
versorgt, müssen bei der Planung zusätzlich mögliche Frequenzschwankungen, die
durch den Antrieb entstehen können, berücksichtigt werden, siehe **Bild 9.8**. Die
Toleranzgrenzen bezüglich der Frequenz der im Hilfsstromkreis verwendeten elektrischen Betriebsmittel sind dabei zu beachten.

Spannungshöhe

Die max. Höhe der Steuerspannung wurde im Rahmen der Funktionsbetrachtungen
von kontaktbehafteten Steuerungen festgelegt. Bei kontaktbehafteten Steuerungen
ist manchmal eine hohe Spannung wertvoll, wenn z. B. die Kontakte von Endschal-
tern oder Hilfsschützen durch Umwelteinflüsse oxidieren. In solchen Fällen ist ein
zuverlässiger Kontakt nicht mehr gewährleistet, insbesondere bei kleinen Strömen.
Höhere Spannungen können solche Oxidationen durchschlagen, wodurch die Zuverlässigkeit der Steuerung steigt.

Auch bei freiprogrammierbaren Steuerungen werden Kontakte (Endschalter, Grenz-
wertmelder) angeschlossen. Hier kann eine Systemspannung von DC 24 V ebenfalls
zu niedrig sein.

224

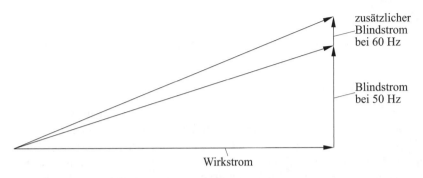

zusätzlicher
Blindstrom
bei 60 Hz

Blindstrom
bei 50 Hz

Wirkstrom

Bild 9.9 Frequenzabhängiger Blindstromanteil

Wechselspannung

Die max. Höhe der Versorgungsspannung für Hilfsstromkreise ist auf 230 V bei 50 Hz und auf 277 V bei 60 Hz begrenzt. Die Spannungshöhe von 60 Hz ist eine lineare Hochrechnung der Spannung auf Basis des Verhältnisses von 50 Hz zu 60 Hz, siehe **Bild 9.9**. Begründet wird diese mit der Annahme, dass bei einer Frequenzerhöhung bei induktiven Verbrauchern (z. B. Schützspulen) die Spannung um das Verhältnis 50/60 zu erhöhen ist, damit der Wirkstrom, der für die Funktion maßgeblich ist, wegen des erhöhten Blindstromanteils durch die angehobene Spannung annähernd ausgeglichen wird.

Bei dieser Betrachtung geht man davon aus, dass eine für eine Wechselspannung mit 230 V/50 Hz dimensionierte Steuerung von einer mit 277 V/60 Hz versorgt wird.

Formel für eine Impedanzberechnung:

Scheinwiderstandsberechnung $Z = R + j\omega \cdot L,$ (9.1)

Scheinwiderstandsberechnung mit aufgelöstem ω $\quad Z = R + j2 \cdot \pi \cdot f \cdot L.$ (9.2)

Da die Frequenzerhöhung als Faktor einen direkten Einfluss auf die Höhe der Impedanz hat (siehe **Gl. (9.1)** bzw. **Gl. (9.2)**), kann diese Annahme als annähernd ausreichend betrachtet werden. Natürlich sind die Verhältnisse nicht linear, aber diese grobe Anpassung erfüllt ihren Zweck.

Dass ein Hilfsstromkreis, der für eine 230-V/50-Hz-Stromversorgung projektiert wurden, ohne weitere Maßnahmen an eine 277-V/60-Hz-Stromversorgung ange-schlossen werden kann, ist jedoch unwahrscheinlich. Die Spannungen 230 V bzw. 277 V sollten deshalb auch nur als max. Spannungswerte angesehen werden.

Gleichspannung

Die Gleichspannung einer Steuerstromkreisversorgung sollte nicht höher sein als 220 V.

AC- oder DC-Stromversorgung?

Bei langen Zuleitungen, z. B. zu einer Schützspule oder einem Magnetventil, kann die Verwendung von Wechselspannung zu Fehlfunktionen führen. Leitungen haben eine Kapazität. Wird diese Kapazität aufgeladen, kann die gespeicherte kapazitive Energie trotz abgeschalteter Steuerspannung sowohl eine Schützspule als auch ein Magnetventil für einen bestimmten Zeitraum noch weiter versorgen. Ein Abschaltbefehl kann somit nur verzögert ausgeführt werden. In solchen Fällen ist die Nutzung einer Gleichstromversorgung die bessere Wahl.

Für Anlagen mit einem hohen Automatisierungsgrad, die in geschützter Umgebung (z. B. in einer Fertigungs- oder Maschinenhalle) betrieben werden, ist heute eine DC-24-V-Steuerspannung, insbesondere in Verbindung mit einer freiprogrammierbaren Steuerung, üblich. Komplette Stromversorgungseinheiten, die sogar über kurzzeitige Puffervermögen bei Spannungseinbrüchen verfügen, sind aus den Katalogen der Hersteller auswählbar und von diesen zu beziehen. Bei umfangreichen Anlagen mit einem hohen Strombedarf, z. B. 40 A, werden heutzutage dreiphasige Netzgeräte zur Bildung einer einphasigen Steuerspannung verwendet, siehe **Bild 9.10**.

Bild 9.10 Kompakte Stromversorgungseinheit (Siemens AG)

Von den Herstellern werden für Sekundärstromkreise spezielle Überstrom- und Kurzschlussschutzeinrichtungen angeboten, siehe **Bild 9.11** und **Bild 9.12**.

Bild 9.11 Diagnosemodul zur Aufteilung des Laststroms (Siemens AG)

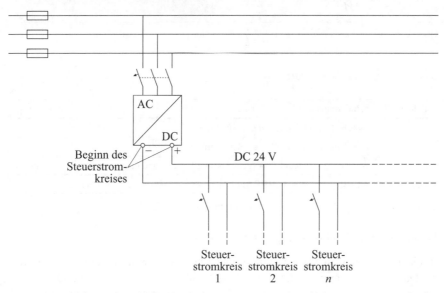

Bild 9.12 Drehstromnetzgerät für die Stromversorgung von Steuerstromkreisen

Bei solchen primär getakteten Netzgeräten ist die Ausgangsseite in der Regel potentialfrei (ungeerdet) sowie kurzschluss- und leerlauffest. Ob eine Steuerspannung geerdet werden muss oder ungeerdet betrieben werden sollte, ist vom Verwendungszweck abhängig. Bei freiprogrammierbaren Steuerungen werden die Steuerstromkreise normalerweise automatisch auf Erdschluss überwacht.

9.1.3 Schutz

Isolationsfehler in einem geerdeten Steuerstromkreis

In einem geerdeten Steuerstromkreis löst bei einem Kurzschluss zwischen den beiden aktiven Leitern (1) die Überstromschutzeinrichtung aus. Ebenso, wenn der mit einer Überstromschutzeinrichtung geschützte aktive Leiter einen Isolationsfehler aufweist (2). Tritt dagegen im geerdeten aktiven Leiter (3) ein Isolationsfehler auf, führt dies nicht zu einer Abschaltung, siehe **Bild 9.13** und **Tabelle 9.1**, der Fehler bleibt unbemerkt. Es kann nicht mit einer Fehlfunktion der Steuerung gerechnet werden.

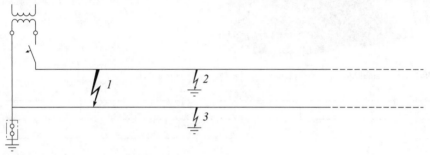

Bild 9.13 Mögliche Isolationsfehler

Fehlerfall	Fehlerstelle	Auslösung
(1)	zwischen den aktiven Leitern (Querschluss)	ja
(2)	zwischen geschütztem Leiter (Schaltleiter*) und Erde	ja
(3)	zwischen geerdetem Leiter (gemeinsamer Leiter*) und Erde	nein
*) Begriffe aus der DIN EN 60204-1 (**VDE 0113-1**) [1] für kontaktbehaftete Steuerungen		

Tabelle 9.1 Auslösung der Überstromschutzeinrichtung im Fehlerfall

Isolationsfehler in einem ungeerdeten Hilfsstromkreis

In einem ungeerdeten Steuerstromkreis löst bei einem Kurzschluss zwischen den beiden aktiven Leitern (1) die Kurzschlussschutzeinrichtung aus. Tritt dagegen in einem der beiden (ungeerdeten) aktiven Leitern (2) oder (3) ein Isolationsfehler auf, führt dies nicht zu einer Abschaltung durch die Überstromschutzeinrichtung, siehe **Bild 9.14** und **Tabelle 9.2**, die erforderliche Isolationsüberwachungseinrichtung (IMD) erkennt den Isolationsfehler. Ungeerdete Steuerstromkreise werden immer dann verwendet, wenn der 1. Isolationsfehler die Stromversorgung noch nicht abschalten darf. Dem Maschinenführer soll mithilfe einer Warnmeldung die Möglichkeit gegeben werden, den Maschinenbetrieb ordnungsgemäß zu beenden.

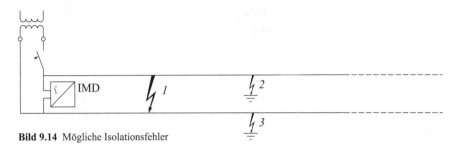

Bild 9.14 Mögliche Isolationsfehler

Fehlerfall	Fehlerstelle	Auslösung
(1)	zwischen aktiven Leitern (Querschluss)	ja
(2)	zwischen geschütztem Leiter (Schaltleiter*) und Erde	nein
(3)	zwischen ungeschütztem Leiter (gemeinsamer Leiter*) und Erde	nein
*) Begriffe aus DIN EN 60204-1 (**VDE 0113-1**) [1] für kontaktbehaftete Steuerungen		

Tabelle 9.2 Auslösung der Kurzschlussschutzeinrichtung im Fehlerfall

Steuerstromkreise müssen grundsätzlich mit einer Überstromschutzeinrichtung ausgerüstet werden, s. a. Abschnitt 7.2.4 und 7.2.10 in diesem Buch.

Überstrom- oder Kurzschlussschutz?

Früher wurde ein Schutz bei Überstrom nicht gefordert, da alle Verbraucher eines Steuerstromkreises bereits bei der Planung bekannt waren und somit mit einer Überlastung bei richtiger Dimensionierung nicht gerechnet werden brauchte. Es war lediglich ein Kurzschlussschutz notwendig. Doch heutzutage verfügen Überstromschutzeinrichtungen grundsätzlich sowohl über eine Überlast- als auch über eine Kurzschlussschutzeinrichtung. Damit ist die Frage, ob für einen Steuerstromkreis ein Schutz bei Überlastung vorgesehen werden sollte, obsolet.

Schutz gegen elektrischen Schlag

Beträgt die Versorgungsspannung mehr als AC 50 V oder DC 120 V, muss bei einem Isolationsfehler auch ein Schutz gegen elektrischen Schlag vorgesehen werden, wobei für Steuerstromkreise die gleichen Abschaltzeiten gelten wie für den Hauptstromkreis. Bei fest errichteten Maschinen, deren leitfähigen Teile mit dem Schutzleitersystem verbunden sind, reicht z. B. bei $U_0 \leq 230$ V eine Abschaltzeit von 5 s aus.

Im Zusammenhang mit der Prüfung der möglichen Abschaltzeit ist die Übertragungsleistung des Transformators zu bewerten. Nur wenn der notwendige Kurzschlussstrom zur Verfügung steht, kann in der erforderlichen Zeit automatisch abgeschaltet werden.

Überstromschutzeinrichtungen für Hilfsstromkreise werden i. d. R. auf die Belange des Hilfsstromkreises dimensioniert und auf der Sekundärseite des Transformators angeordnet.

Es besteht auch die Möglichkeit, den Transformator und den Hilfsstromkreis auf der Sekundärseite durch eine primärseitig angeordnete Überstromschutzeinrichtung gemeinsam zu schützen, siehe **Bild 9.15**. Doch bei der Auswahl der Schutzeinrichtung (Nennstrom, Auslösecharakteristik) sollten die Empfehlungen des Transformatorherstellers unbedingt beachtet werden.

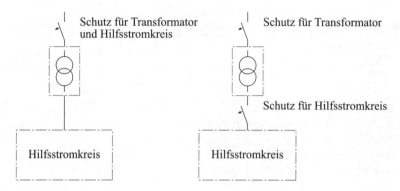

Bild 9.15 Primär- und sekundärseitiger Schutz für den Steuerstromkreis

Ein- oder zweipolig abschalten?

Egal, ob der Steuerstromkreis geerdet oder ungeerdet betrieben wird, eine einpolige Schutzeinrichtung reicht zum Schutz bei Kurzschluss und zum Schutz gegen elektrischen Schlag bei Spannungen ≤ AC 50 V/DC 120 V aus. Eine allpolige (zweipolige) Abschaltung der Stromversorgung für einen Steuerstromkreis wird häufig zur galvanischen Trennung von Steuerungsgruppen vorgesehen, um z. B. einen Isolationsfehler eingrenzen zu können. Entsprechend sowohl DIN VDE 0100-557 [63] als auch DIN EN 60204-1 (**VDE 0113-1**) ist eine zweipolige Schutzeinrichtung nicht erforderlich.

Werden jedoch in den einzelnen Steuerstromkreisen unterschiedliche Querschnitte verwendet, ist für jeden Steuerstromkreis unbedingt eine zweipolige Schutzeinrichtung erforderlich, da bei einem Kurzschluss zwischen zwei Leitungen von unterschiedlichen Stromkreisen mit verschiedenen Querschnitten jeweils eigene, zugeordnete Kurzschlussschutzeinrichtungen notwendig sind, siehe **Bild 9.16**. Dies gilt sowohl für geerdete als auch für ungeerdete Hilfsstromkreise.

Beilage zur VDE-Schriftenreihe 26
Elektrische Ausrüstung von Maschinen und Maschinenanlagen

Farben für Bedienteile

Bedienteile sind in Abhängigkeit ihrer Verwendung farblich zu kennzeichnen. Dabei darf aus verschiedenen Farben ausgewählt werden – mit Ausnahme des Bediengeräts für Not-Halt und Not-Aus. Bei einigen Funktionen wird eine bestimmte Farbe bevorzugt.

Für Start-/Ein-Bedienteile

Rot	Gelb	Blau	Grün	Weiß	Grau	Schwarz
nein	nein	nein	alternativ	vorzugsweise	alternativ	alternativ

Für Not-Halt-/Not-Aus-Bedienteile

Rot	Gelb	Blau	Grün	Weiß	Grau	Schwarz
ja	Hintergrund*	nein	nein	nein	nein	nein

*) wenn vorhanden

Für Stopp-/Aus-Bedienteile

Rot	Gelb	Blau	Grün	Weiß	Grau	Schwarz
alternativ*	nein	nein	nein	alternativ	alternativ	vorzugsweise

*) nicht in der Nähe von Not-Befehlsgeräten

Kombinationen aus Start-/Ein- und Stopp-/Aus-Bedienteilen

Rot	Gelb	Blau	Grün	Weiß	Grau	Schwarz
nein	nein	nein	nein	ja	ja	ja

Für Tippbetrieb-Bedienteile

Rot	Gelb	Blau	Grün	Weiß	Grau	Schwarz
nein	nein	nein	nein	ja	ja	ja

Für Rückstell-Bedienteile

Rot	Gelb	Blau	Grün	Weiß	Grau	Schwarz
nein	nein	ja	nein	vorzugsweise	vorzugsweise	vorzugsweise

Für Rückstell-Bedienteile mit zusätzlicher Stopp-/Aus-Funktion

Rot	Gelb	Blau	Grün	Weiß	Grau	Schwarz
nein	nein	nein	nein	alternativ	alternativ	ja

Für Unterbrechung eines Automatikbetriebs

Rot	Gelb	Blau	Grün	Weiß	Grau	Schwarz
nein	ja	nein	nein	nein	nein	nein

Symbole für Bedienteile

Symbole für die Bedienteile der Steuerung der elektrischen Ausrüstung.

Funktion	Symbol-Nummer	Symbol
EIN	IEC 60417 – 5007	
AUS	IEC 60417 – 5008	
EIN/AUS	IEC 60417 – 5010	
EIN (mit selbsttätiger Rückstellung)	IEC 60417 – 5011	

Symbole für die Bedienteile, die eine Funktion der Maschine auslösen.

Funktion	Symbol-Nummer	Symbol
START	IEC 60417 – 5104	
STOPP	IEC 60417 – 5110A	
START (mit selbsttätiger Rückstellung)	IEC 60417 – 5010	
Not-Halt (mit selbsttätiger Rückstellung)	IEC 60417 – 5638	

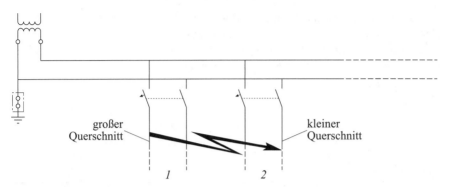

Bild 9.16 Zweipolige Kurzschlussschutzeinrichtung bei Mehrfachverteilung

9.2 Steuerfunktionen

9.2.1 Allgemeines

Steuerfunktionen entsprechend DIN EN 60204-1 (**VDE 0113-1**) enthalten keine Anforderungen an die funktionale Sicherheit nach einer SIL- oder PL-Klassifizierung [77]. Alle Befehlsgeräte, Sensoren und Verriegelungen müssen durch am Markt erprobte Produkte ausgeführt werden. Zu Steuerfunktionen in gefahrbringenden Situationen siehe Abschnitt 9.4 in diesem Buch.

9.2.2 Kategorien der Stoppfunktionen

Der Begriff „Stoppfunktionen" ist international gebräuchlich und wurde deshalb auch in der deutschen Fassung der DIN EN 60204-1 (**VDE 0113-1**) beibehalten. Hierbei beschreibt der Begriff „Stopp" ganz allgemein das Anhalten und Stillsetzen einer Bewegung oder eines Prozesses.

Im Gegensatz zur Start-Funktion bedeutet die Stoppfunktion, dass ein Leistungsstellglied deaktiviert werden muss, also z. B. das Abschalten (Entregen) eines Schützes oder Sperren der Zündimpulse eines Stromrichters.

In vielen Fällen ist der Begriff Stoppfunktion mit einem Abschalten der Spannung von Antriebselementen verbunden. Doch der Begriff „Stopp" wurde in der Vergangenheit häufig auch als Synonym für das „Ausschalten" verwendet. Dies führte zu erheblichen Begriffsverwirrungen, insbesondere bei den Handlungen im Notfall. Doch beim Not-Halt bzw. Not-Aus muss zwischen stoppen und ausschalten eindeutig unterschieden werden.

Die Bewegungen von mechanischen Teilen einer Maschine müssen mithilfe von elektrotechnischen oder mechanischen Maßnahmen beendet werden können. Die möglichen Methoden zur Beendigung von Bewegungen umfassen drei verschiedene Arten. Es sind also drei Stopp-Kategorien umsetzbar.

Risikobeurteilung notwendig

Bei Festlegung der Stopp-Kategorie ist zu prüfen, welche die angemessene Variante ist und ob die ausgewählte Stopp-Kategorie überhaupt realisierbar ist.

Die drei Kategorien für die Stoppfunktion legen lediglich die Möglichkeiten fest, wie die Energie eines elektrischen Antriebs gesteuert werden kann, um diesen stillzusetzen – unabhängig davon, ob es sich bei diesem Stillsetzvorgang um eine betriebliche Maßnahme oder um eine Notmaßnahme handelt. Die Klassifizierung beinhaltet keine Rangordnung. Der Vorgang des Stillsetzens ist nicht nur in Bezug zur elektrischen Ausrüstung zu betrachten, sondern ganzheitlich im Hinblick auf den jeweiligen Antrieb. Bezüglich der Benummerung der Kategorien für die Stoppfunktionen sollte man keinen höheren Sinn vermuten und auch keine Vergleiche mit anderen Kategorien oder Klassen anderer Normen anstellen.

Muss eine Maschine angehalten werden, sei es wegen eines normalen Betriebsstopps, beim Anfahren einer Endlagenbegrenzung oder bei Auslösung eines Not-Halt-Befehls, ist eine sofortige Unterbrechung der Energiezufuhr nicht immer die beste Lösung, um eine Maschine schnellstmöglich zum Stehen zu bringen. In den meisten Fällen, in denen eine Stoppfunktion ausgelöst wird, liegt nämlich nicht ein Fehler in der elektrischen Antriebstechnik vor, sondern betriebliche oder sonstige äußere Umstände erfordern eine mehr oder weniger schnelle Stillsetzung. Es wäre somit ein Fehler, auf die Fähigkeiten der vorhandenen motorischen Abbremsung zu verzichten.

Für die je nach Art der verwendeten Betriebsmittel möglichen Stillsetzmethoden wurden drei Stopp-Kategorien definiert, die jeweils nach Notwendigkeit angewendet werden können. Diese Definitionen beschreiben die elektrotechnischen Möglichkeiten eines Stillsetzvorgangs und der Energiesteuerung (**Tabelle 9.3**). Ob dieser Vorgang evtl. noch durch eine mechanische Bremse beeinflusst wird (z. B. im Stillstand), ist nicht Gegenstand dieser Norm und muss vom Maschinenplaner im Rahmen der Risikobeurteilung entschieden werden.

Welche Stopp-Kategorie bei welchem Antrieb und unter welchen Umständen realisiert werden muss, ist durch eine Risikobeurteilung, z. B. nach der DIN EN ISO 12100 [19], zu ermitteln. Diese Prozedur ist beispielsweise für den Betriebsstopp in Abschnitt 9.2.5.3 und für den Not-Halt in Abschnitt 9.2.5.4.2 festgelegt.

Vorgang	Stopp-Kategorien		
	0 **Ungesteuertes Stillsetzen** **(3.56)**	**1** **Gesteuertes Stillsetzen** **(3.11)**	**2** **Gesteuertes Stillsetzen** **(3.11)**
Steuerung der Energie- zufuhr	sofortige Unterbrechung der Energiezufuhr	Unterbrechung der Energiezufuhr erst, wenn Stillstand erreicht ist	Energiezufuhr bleibt auch im Stillstand erhalten
Verzögerungs- vorgang	unkontrolliertes Austrudeln entsprechend den Massen und Reibungsverhältnissen	kontrolliertes Verzögern entsprechend den Vorgaben der Steuerung/Regelung	kontrolliertes Verzögern entsprechend den Vorgaben der Steuerung/Regelung
Stillstand	keine Kontrolle durch elektrische Ausrüstung	keine Kontrolle durch elektrische Ausrüstung	Stillstand wird über die Steuerung des Motors gewährleistet

Tabelle 9.3 Funktionen der Stopp-Kategorien

Stopp-Kategorie 0

Die Stoppfunktion der Stopp-Kategorie 0 ist – elektrisch gesehen – ein einfaches Abschalten der Motorspannung bzw. eine Impulssperre bei Halbleiterschützen. Sie wird auch „ungesteuertes Stillsetzen" genannt, weil der Antrieb anschließend entsprechend seinen Massen- und Reibungsverhältnissen unkontrolliert austrudelt.

Bei geregelten Antrieben mit Leistungshalbleitern, die im generatorischen Betrieb arbeiten können, muss erst der Maschinenstrom durch die Antriebsregelung herunter-gefahren werden, bevor die Spannung abgeschaltet werden darf, um Folgeschä-den an den Stromrichtern zu vermeiden. Die hierfür notwendige Zeit kann bis zu 100 ms betragen. Hieran entzündet sich häufig eine Prinzipiendiskussion, weil diese Verzögerung des Abschaltsignals für die Spannung der normativen Forderung nach *„sofortiger Unterbrechung der Energiezufuhr"* widersprechen würde. Hierbei wird Folgendes übersehen:

1. Die Energiezufuhr wird nicht erst durch das Abschalten der Spannung unterbro-chen, sondern durch das Abregeln des Stroms über die Regelung, dies beginnt wenige Millisekunden nach dem Stopp-Signal und ist nach spätestens 100 ms abgeschlossen, je nach Größe und Betriebszustand des Antriebs. Das anschlie-ßende Abschalten der Spannung ist für den eigentlichen Stillsetzvorgang bereits bedeutungslos.

2. Wird bei einer reinen Schützschaltung das Abschaltsignal auf das Motorschütz gegeben, dauert es auch eine gewisse Zeit, bis die Hauptkontakte öffnen, weil im Schütz zunächst ein Magnetfeld abgebaut und Massen beschleunigt werden müs-sen. Diese Vorgänge benötigen je nach Schütztyp und Größe etwa 20 ms bis 50 ms.

Jetzt entsteht an den Kontakten ein Lichtbogen, der je nach Betriebszustand des Motors nach etwa ein bis zwei Netzperioden verlöscht. Das heißt, auch bei dieser Schaltung beträgt der Zeitverzug bis zur endgültigen Unterbrechung der Energiezufuhr etwa 30 ms bis 90 ms.

Der Begriff „sofortig" ist also nicht absolut, sondern relativ zu verstehen und bedeutet: so schnell wie mit der verwendeten Technik möglich.

Stopp-Kategorie 1

Die Stoppfunktion der Stopp-Kategorie 1 setzt elektrische Energie oder auch andere Hilfsenergien aktiv zum Stillsetzen ein. Sie wird deshalb auch „gesteuertes Stillsetzen" genannt. Bei dieser Stopp-Kategorie wird die Energiezufuhr erst unterbrochen (ausgeschaltet oder Impulssperre), wenn der Stillstand erreicht ist. Anforderungen an Gegenstrombremsungen sind in Abschnitt 9.3.5 festgelegt (Gefahr der Drehrichtungsumkehr bei Konterbremsung).

Stopp-Kategorie 2

Bei der Stoppfunktion der Stopp-Kategorie 2 wird der Antrieb wie bei der Stopp-Kategorie 1 stillgesetzt, jedoch wird die Energiezufuhr im Stillstand nicht unterbrochen. Der Stillstand des Antriebs wird rein elektrisch sichergestellt (geregelter Stillstand).

Unterbrechen der Energiezufuhr

Um die Unterschiede bei dieser Vorgehensweise und damit auch die Veränderungen in den hierfür zulässigen Betriebsmitteln hervorzuheben, wurde zusätzlich die Formulierung „Unterbrechen der Energiezufuhr" gewählt.

Diese soll bewusst von Begriffen wie „Abschalten, Ausschalten" oder „Trennen" abweichen, um nicht den Eindruck zu erwecken, dass hier zwangsläufig mechanische Schaltelemente eingesetzt werden müssten.

Elektrische Energie ist letztlich das Produkt aus den beiden Faktoren Spannung und Strom. Das Abschalten des Faktors Spannung unterbricht zwangsläufig auch den Strom und damit die Energiezufuhr. Im Gegensatz dazu stellt das Herunterregeln des Faktors Strom zwar auch eine Unterbrechung der Energiezufuhr dar, aber ohne dass die Spannung abgeschaltet wird.

Das bedeutet, dass dieses „Unterbrechen" auch durch Leistungselektronik erfolgen darf, mit der keine galvanische Trennung von der Netzspannung erreicht werden kann. Die Unterbrechung der Energiezufuhr kann also durch ein Herunterregeln des Motors über seine Leistungselektronik mit abschließender Impulssperre erfolgen. Die Verwendung von Halbleiterschützen ist daher ebenfalls zur Unterbrechung der Energiezufuhr geeignet.

9.2.3   Betrieb

Der Betrieb einer Maschine unterscheidet sich in Handbetrieb, bei dem die Maschine durch Einzelbefehle dirigiert wird, und Auslösung einer Automatik, bei der eine Maschine unter Aufsicht des Bedienpersonals selbstständig ein Automatikprogramm durchführt. Eine Maschine kann auch ohne Aufsicht einen Automatikbetrieb durchführen.

9.2.3.1 Allgemeines

Sicherheitsfunktionen werden in Steuerungen integriert, um dafür zu sorgen, dass sicherheitsrelevante Funktionen an einer Maschine im vorgesehenen Umfeld nur im zulässigen Rahmen ausgeführt werden können (aktive Vorkehrungen).

Risikobeurteilung notwendig

Je nach Gefährdungsgrad müssen Sicherheitsfunktionen und/oder Schutzmaßnahmen vorgesehen werden, damit hinsichtlich der Maschine keine gefährliche Situation entstehen kann. Entscheidungen hinsichtlich der Notwendigkeit von Sicherheitsfunktionen und/oder Schutzmaßnahmen sind mithilfe der DIN EN ISO 12100 zu treffen.

Maschinenhersteller führt die Risikobeurteilung durch

Für die Risikobeurteilung und die daraus resultierenden Schutzmaßnahmen, einschließlich der Einstufung der Sicherheitsfunktionen in eine SIL- oder PL-Klasse, ist der Maschinenbauer bzw. Lieferant der Maschine verantwortlich.

Mehrere Bedienstationen

Kann eine Maschine von mehreren Bedienstationen aus befehligt werden, muss sichergestellt sein, dass bei gleichzeitiger Bedienung von mehreren Bedienstationen einer Maschine aus keine Gefahren entstehen können. Wenn erforderlich, sollte eine Bedienstation auch nur eine Maschine befehligen.

9.2.3.2 Start

Der Start einer Maschine muss durch eine aktive Ansteuerung des betreffenden Stromkreises erfolgen. Bevor eine Maschine gestartet werden kann, müssen alle für die gewählte Betriebsart erforderlichen Sicherheitsfunktionen und/oder Schutzmaßnahmen aktiv und funktionsfähig sein.

Einstell- und Wartungsarbeiten

Von Einstell- und Wartungsarbeiten dürfen ausgewählte Schutz- und Sicherheitsfunktionen ausgenommen werden, wenn die dafür notwendige Betriebsart angewählt wurde und nur das zugelassene Personal Zugang zu der Maschine hat.

Arbeitsgänge ohne Sicherheitsfunktionen und/oder Schutzmaßnahmen

Können beim Betrieb einer Maschine notwendige Sicherheitsfunktionen und/oder Schutzmaßnahmen nicht realisiert werden, so sollte dieser nur mit Steuergeräten möglich sein, die eine selbsttätige Rückstellung beim Loslassen aufweisen. Zusätzlich sollte dabei immer eine Zustimmeinrichtung betätigt werden müssen, damit ein zufälliges unbeabsichtigtes Starten der Maschine verhindert wird. Beispiele hierfür sind insbesondere fahrbare Maschinen, z. B. Flurförderzeuge, die in Bereichen arbeiten, in denen auch Personenverkehr stattfindet.

Akustische und/oder visuelle Warnsignale

Für einen Maschinenstart, bei dem eine Gefährdung möglich ist, ist zu prüfen, ob ein akustisches und/oder visuelles Warnsignal automatisch ausgelöst werden muss.

Mehrere Bedienstationen

Wenn eine Maschine nur gemeinsam von mehreren Bedienstationen aus gestartet werden darf, müssen alle Starteinrichtungen gleichzeitig betätigt werden, wobei der Begriff „gleichzeitig" bedeutet, dass sich alle Einschaltbefehle zu einem bestimmten Zeitpunkt überlappen müssen, sie müssen nicht synchron ausgelöst werden. Voraussetzung ist, dass sich zuvor alle Start-Befehlseinrichtungen in ihrer Ruhestellung (AUS-Stellung) befanden.

9.2.3.3 Stopp

Hierunter fällt jeder Befehl zum Stillsetzen, entweder willkürlich von Hand gegeben oder automatisch durch die Maschinensteuerung. Die Befehlsumsetzung erfolgt in einer der drei Stopp-Kategorien entsprechend Abschnitt 9.2.2.

	Risikobeurteilung notwendig
	Die Auswahl, welche Stopp-Kategorie bei welchem Stopp-Befehl vorzusehen ist, muss abhängig von einer Risikobeurteilung erfolgen. Dabei ist der sichere und zuverlässige Übergang zum Stillstand zu beachten.

Stopp-Kategorie 0

Die Stopp-Kategorie 0 ist immer dann anzuwenden, wenn ein Fehlverhalten in der Antriebssteuerung oder der Regelung vorliegt oder wenn die elektrische Energieversorgung Fehler aufweist. In solchen Fällen kann mit dem fehlerhaften oder ausgefallenen Antrieb eine Stopp-Kategorie 1 oder 2 nicht mehr realisiert werden.

Die Stopp-Kategorie 0 kann auch bei betrieblichen Stoppvorgängen genutzt werden, wenn die Anhaltezeit keine Rolle spielt oder über mechanische Bremsen gesteuert wird.

Stopp-Kategorie 1

Die Stopp-Kategorie 1 bietet sich immer dann an, wenn der Antrieb entweder aus betrieblichen Gründen oder aufgrund äußerer Einflüsse möglichst schnell, aber trotzdem schonend, stillgesetzt werden muss, und/oder wenn keine mechanische Bremse zur Verfügung steht. Das Drehmoment des Motors kann über die Antriebsregelung so eingestellt werden, dass die bewegten Massen mit der gewünschten Verzögerung abgebremst werden, ohne dass unzulässig hohe Drehmomentänderungen auftreten. Dies setzt natürlich voraus, dass die Energieversorgung des Antriebs sowie die Antriebsregelung und Steuerung noch fehlerfrei arbeiten.

Die Energiezufuhr zum Antrieb wird erst unterbrochen, wenn der Stillstand erreicht wurde. Ein eventuell notwendiges Haltemoment kann im Stillstand allerdings nicht mehr vom Antriebsmotor aufgebracht werden, sondern muss durch eine mechanische Bremse oder Verriegelung sichergestellt werden.

Stopp-Kategorie 2

Die Stopp-Kategorie 2 wird dann erforderlich, wenn ein Haltemoment im Stillstand auch von dem Antriebsmotor aufgebracht werden muss. Dies kann betriebliche Gründe haben, z. B. wenn ein Wiederanlauf aus einem mechanisch erzeugten Haltemoment zu Schäden am Produktionsgut führen würde. Ein solches Argument kann z. B. für „hängende Achsen" an einer Fräsmaschine gelten. Bei einem Wiederanlauf aus einer Stopp-Kategorie 0 oder 1 mit einem mechanisch erzeugten Haltemoment lassen sich in der Übergangsphase zum motorischen Drehmoment Unstetigkeiten nicht immer vermeiden. Wenn jedoch während der Stillstandsphase in der Stopp-Kategorie 2 Arbeiten im Gefahrenbereich dieses Antriebs durchgeführt werden, z. B. Einrichtarbeiten, dann müssen sehr hohe Anforderungen an die funktionale Sicherheit der Schaltung gestellt werden.

Stopp durch Netztrenneinrichtung

Wird die Stoppfunktion einer Maschine durch die Betätigung der Netztrenneinrichtung realisiert, ist dies natürlich ein Stopp der Stopp-Kategorie 0. Bei geregelten Antrieben ist diese Art der Abschaltung problematisch, da die Antriebe dann wegen ihrer Regelungen nicht ordnungsgemäß herunterfahren werden können.

Vorrang von Stoppfunktionen vor Startfunktionen

Stoppfunktionen müssen immer die zugehörigen Startfunktionen aufheben, gleichgültig, ob die Startfunktion von einem Befehlsgeber oder einer übergeordneten Automatikfunktion ausgelöst wurde. Hieraus folgt zwangsläufig, dass die Aufhebung eines Stopp-Befehls nicht automatisch zu einem Wiederanlauf des betroffenen Antriebs führt. Hierfür ist ein erneuter Startbefehl entsprechend Abschnitt 9.2.5.2 erforderlich.

Mehrere Bedienstationen

Risikobeurteilung notwendig
Kann eine Maschine von mehreren Bedienstationen aus gesteuert werden, so muss mithilfe einer Risikobeurteilung ermittelt werden, unter welchen Umständen von jeder Bedienstation aus ein Stopp-Signal wirksam werden muss.

Bei Auslösung eines Stopp-Befehls kann es erforderlich sein, dass andere Funktionen, die keine Bewegung erzeugen, ebenfalls abgeschaltet werden müssen. Andererseits kann es Funktionen bei einer Maschine geben, die auf keinem Fall bei einem Stopp-Signal mitabgeschaltet werden dürfen, wie z. B. die Stromversorgung für einen Lastmagneten oder Vakuumheber.

9.2.3.4 Handlungen im Notfall (Not-Halt, Not-Aus)

Grundsätzlich muss jede Maschine so sicher sein, dass keine Handlungen im Notfall notwendig sind. Not-Halt oder Not-Aus sind keine risikomindernden Einrichtungen. Sie sind nur für Risiken vorgesehen, die weder vorhersehbar sind noch durch Schutzmaßnahmen gemindert werden können.

Welche Bedieneinrichtung für welchen Notfall?

Befehlsgeräte zur Auslösung sowohl eines Not-Halt-Befehls als auch eines Not-Aus-Befehls unterscheiden sich in der Regel nicht (roter Pilzdrucktaster mit gelbem Hintergrund). Die Befehlsgeräte müssen in beiden Fällen der Produktnorm DIN EN 60947-5-5 (**VDE 0660-210**) entsprechen.

Gelben Hintergrund nicht beschriften

Der gelbe Hintergrund braucht in beiden Fällen nicht beschriftet zu werden, denn die Person, die im Notfall auf ein solches Befehlsgerät „schlägt", soll vorher nicht lesen, nur betätigen.

Schutzkragen nur begrenzt sinnvoll

Grundsätzlich sollen Befehlsgeräte zur Auslösung eines Not-Halts oder Not-Aus in der Nähe der möglichen Gefährdungen ohne Hindernisse zugänglich sein. Ein Schutzkragen um den roten Pilzknopf herum ist eher als Hindernis zu betrachten, siehe DIN EN ISO 13850 [78]. Doch es kann Situationen geben, in denen der Montageort eines solchen Befehlsgeräts unbeabsichtigt oder zufällig, also ungewollt, berührt werden kann. In solchen Fällen ist ein Schutzkragen angemessen. Ein auf dem Steuerpult montiertes Not-Halt-Befehlsgerät benötigt sicher keinen Schutzkragen [79].

9.2.3.4.1 Allgemeines

Dieser Abschnitt behandelt nur die funktionalen Aspekte von Not-Halt und Not-Aus. Zu den Anforderungen an die hierfür erforderlichen Befehlsgeräte siehe Abschnitt 10.7 und 10.8. Hinsichtlich Definition und funktionale Unterschiede von Not-Halt und Not-Aus siehe Anhang E.

Bewusste Handlung notwendig

Ein Not-Halt- oder Not-Aus-Befehl basiert auf einer bewussten menschlichen Entscheidung und Handlung. Mit dieser Handlung wird ein bestimmter Stillsetzvorgang der Maschine oder ein Abschaltvorgang der elektrischen Ausrüstung ausgelöst. Derselbe Vorgang, ausgelöst durch ein Steuersignal einer Schutzverriegelung der Maschine, gilt nicht als Not-Halt- bzw. Not-Aus-Funktion (Handlung im Notfall), weil die menschliche Entscheidung und die Handlung fehlen.

Blockierung des Signals

Ein einmal ausgelöster Not-Halt- oder Not-Aus-Befehl muss so lange gespeichert werden, bis er durch eine bewusste menschliche Handlung zurückgesetzt wird. Die Speicherung muss durch ein verrastendes Befehlsgerät erfolgen. Der Text in der Maschinenrichtlinie 2006/42/EG, Anhang I, 1.2.4.3 lautet wie folgt:

> *Wenn das Not-Halt-Befehlsgerät nach Auslösung eines Haltbefehls nicht mehr betätigt wird, muss dieser Befehl durch die Blockierung des Not-Halt-Befehls bis zu ihrer Freigabe aufrecht erhalten bleiben; es darf nicht möglich sein, das Gerät zu blockieren, ohne dass dieses einen Haltebefehl auslöst; das Gerät darf nur durch eine geeignete Betätigung freigegeben werden können.*

Im Leitfaden zur Maschinenrichtlinie [6] wird dazu folgende Aussage gemacht:

> *Diese Anforderung kann erfüllt werden, indem NOT-HALT-Befehlsgeräte mit „Sperrfunktion" montiert werden, die nur durch eine gezielte Aktion wieder entriegelt werden können.*

Explizite Anforderungen an die Verrastung für Not-Aus-Befehlsgeräte sind nicht vorgegeben.

Zurücksetzung nur am Auslöseort

Das Zurücksetzen darf nur von dem Ort aus möglich sein, von dem aus der NOT-HALT- oder NOT-AUS-Befehl ausgelöst wurde. Der Grund dafür ist, dass auch nur von dieser Stelle aus beurteilt werden kann, ob die Ursache der Handlung im Notfall behoben wurde.

Mehrere Not-Befehlsgeräte

In ausgedehnten Anlagen kann es mehrere Befehlsstellen für solche Handlungen im Notfall geben. Wurden in einem Notfall mehrere Not-Halt- oder Not-Aus-Befehlsgeräte betätigt, muss jedes dieser Signale gespeichert und mit einer separaten Handlung wieder zurückgesetzt werden. Wie auch bei den Stopp-Befehlen nach Abschnitt 9.2.5.3 darf das Zurücksetzen der Signale keinen Start der Maschine einleiten, sondern nur einen neuen, bewusst eingeleiteten Start ermöglichen.

Keine risikomindernde Maßnahme

Ein wesentlicher Aspekt geht noch aus dem Querverweis auf die DIN EN ISO 12100 in der Anmerkung hervor. Nach dieser Norm ist eine Not-Halt- oder Not-Aus-Funktion nur eine ergänzende Schutzmaßnahme und darf nicht als primäre risikomindernde Maßnahme eingesetzt werden. Der Grund hierfür ist die Abhängigkeit von der Anwesenheit einer Person, die in der Lage sein muss, eine Gefahrensituation zu erkennen und die Handlung im Notfall auszulösen. Man kann sich nicht darauf verlassen, dass eine solche Person im Notfall auch tatsächlich anwesend ist.

9.2.3.4.2 Not-Halt

Ein Not-Halt-Befehlsgerät ist an jeder Steuerstelle für eine Maschine notwendig. Bei größeren Maschinen können ggf. weitere zusätzliche Not-Halt-Befehlsgeräte erforderlich sein. Mithilfe von Not-Halt-Einrichtungen kann eine Gefährdung weder reduziert noch abgewendet werden. Sie sind zusätzlich erforderlich für Situationen, in denen keine Schutzmaßnahme hilft, wenn z. B. der/das zu bearbeitende Werkstoff/ Werkstück seine spezifizierten Eigenschaften nicht einhält und deshalb Bewegungsabläufe möglichst schnell gestoppt werden müssen.

Not-Halt ist unabhängig von Steuerbefehlen

Die Anforderungen und die Erwartungshaltung an eine Maschine, wenn ein Not-Halt ausgelöst wird, sind auf die Beendigung von Bewegungen ausgerichtet, unabhängig davon, ob die Steuerung weiterhin einen Steuerbefehl zum Betrieb der Antriebe der Maschine auslöst. Die elektrische Ausrüstung braucht in einem solchen Fall nicht von der Stromversorgung getrennt zu werden. Eine Schutzabschaltung zum Schutz gegen elektrischen Schlag wird nicht verlangt. Nach einer Not-Halt-Auslösung darf nicht an der elektrischen Ausrüstung gearbeitet werden. Hierfür ist eine Freischaltung der elektrischen Ausrüstung mittels der Netztrenneinrichtung der Maschine notwendig.

DIN EN ISO 13850

Die Prinzipien für die Ausführung eines Not-Halts, einschließlich deren funktionale Aspekte, enthält DIN EN ISO 13850. Diese Norm legt die Anforderungen und die Gestaltungsleitsätze für einen Not-Halt, unabhängig von der Art der verwendeten Energie für die Steuerfunktionen, fest.

Wahl der Stopp-Kategorie

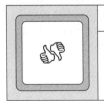

Risikobeurteilung notwendig
Ein Not-Halt-Befehl muss entweder in einer Stopp-Kategorie 0 oder 1 bei den betroffenen Antrieben umgesetzt werden. Die Stopp-Kategorie ist durch eine Risikobeurteilung festzulegen. Ein Not-Halt muss entweder in einer Stopp-Kategorie 0 oder 1 ausgeführt sein.

Verfügt ein Antrieb über einen Umrichter mit einem STO-Befehl (Safe Torque Off), reicht bei einem Not-Halt-Befehl die Ansteuerung dieses Signals aus.

Not-Halt mit Stopp-Kategorie 2 nur mit Stillstandsüberwachung

Normalerweise ist die Einleitung eines Stopps der Kategorie 2 bei Not-Halt nicht zulässig. Da jedoch bestimmte Maschinen nach einem Stopp mit Bremseinfall und Wiedereinschaltung das zu bearbeitende Werkstück zerstören könnten, wie z. B. die hängende Achse bei einer Fräsmaschine, ist in besonderen Fällen eine Ausnahme erlaubt, wenn der betroffene Antrieb während seines Stillstands überwacht wird. Kann der Stillstand nicht erreicht werden, muss die Energiezufuhr unterbrochen werden.

Not-Halt hat Vorrang

Die Not-Halt-Funktion muss gegenüber allen anderen Funktionen Vorrang haben; jedoch darf durch die Auslösung eines Not-Halts keine andere Gefährdung verursacht werden. So dürfen z. B. bei der Auslösung und einem daraus resultierenden schlagartigen Blockieren des Antriebs keine Teile beschädigt werden oder umstürzen und keine unzulässig hohen Kräfte auf Materialien oder Werkstücke einwirken.

9.2.3.4.3 Not-Aus

Not-Aus-Einrichtungen werden als ergänzende Schutzmaßnahme nur für Sonderfälle benötigt. Solche Sonderfälle treten lediglich dann auf, wenn die Gefahr eines elektrischen Schlags durch Unaufmerksamkeit oder durch eine unbeabsichtigte Berührung von spannungsführenden Teilen möglich ist. Doch wie soll so etwas erdenklich sein? Alle elektrischen Anlagen müssen doch so errichtet werden, dass die Gefahr eines elektrischen Schlags nicht möglich ist.

Schutz durch Hindernis oder Abstand

Es gibt Anwendungsfälle, bei denen der Basisschutz gegen einen elektrischen Schlag nur durch eine einfache Schutzvorkehrung, z. B. „Schutz durch Hindernis" oder „Schutz durch Anordnung außerhalb des Handbereichs" (durch Abstand), gewährleistet wird. Diese Schutzvorkehrungen können leicht überwunden werden. Deshalb dürfen auch nur Elektrofachkräfte oder elektrotechnisch unterwiesene Personen Zutritt zu solchen elektrischen Anlagen haben.

Warum so ein einfacher Basisschutz?

Elektrische Betriebsmittel, insbesondere Schutzeinrichtungen mit einem automatischen Auslöser oder elektrotechnische Betriebsmittel mit einem Einstellorgan, müssen manchmal während des Betriebs der elektrischen Anlage von einer Elektrofachkraft oder elektrotechnisch unterwiesenen Person bedient werden können. Der Zugang zu solchen Betriebsmitteln muss dabei ohne Demontage von Abdeckungen für die

Bedienung und für Messungen an den Anschlussklemmen zwecks Fehlersuche möglich sein.

Was soll ein Not-Aus bewirken?

Falls in solchen besonderen Anwendungsfällen eine Elektrofachkraft oder elektrotechnisch unterwiesene Personen trotzdem ein aktives Teil berührt und sich infolge einer Muskelverkrampfung davon selbst nicht mehr lösen kann, wird eine Abschaltung der Stromversorgung für eine Bergung durch eine andere Person benötigt. Dafür ist eine Not-Aus-Einrichtung erforderlich.

Wofür ist ein Not-Aus erforderlich?

Sollte trotz Ausbildung und/oder Schulung eine Person ein aktives Teil berühren und dann wegen Muskelverkrampfung „an Spannung hängen", muss der Retter diese Person bergen können. Doch bevor die Spannung der elektrischen Ausrüstung nicht galvanisch vom Netz getrennt ist, darf der Retter diese Person nicht anfassen, sonst ereilt ihn das gleiche Schicksal. Für diese Situation ist ein Not-Aus notwendig, siehe **Bild 9.17**.

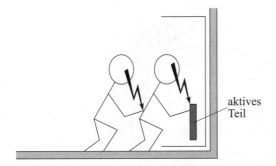

aktives
Teil

Bild 9.17 Ohne eine Abschaltung (Trennung) der Stromversorgung hängt der Retter auch „an Spannung"

Je nach Höhe der Durchströmung des menschlichen Körpers hat Strom unterschiedliche Auswirkungen, zur Durchströmungsdauer von z. B. > 10 s siehe **Tabelle 9.4**.

Wechselströme bis 100 Hz	Bereich	Bezeichnung	Wirkung
bis 0,5 mA	AC-1	Wahrnehmungs-grenze	Minimalwert des Berührungsstroms, der von einer durchströmten Person noch wahrgenommen wird
0,5 mA bis 5 mA	AC-2	unwillkürliche Muskelver-krampfung	Minimalwert des Berührungsstroms, der unbeabsichtigte Muskelkontraktionen bewirkt
5 mA bis ca. 40 mA	AC-3	extreme Muskel-verkrampfung	Maximalwert des Berührungsstroms, bei dem eine Person, die ein aktives Teil umfasst, noch loslassen kann
ab > 40 mA	AC-4	Herzkammer-flimmern	Minimalwert des Berührungsstroms, der Herzkammerflimmern bewirkt (Herzstillstand, gleich Tod des Menschen)

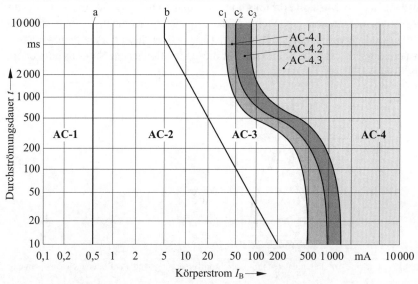

Tabelle 9.4 Grenzbereiche bei Wechselstrom entsprechend DIN IEC/TS 60479-1 (**VDE V 0140-479-1**) [51]

Schaltgerät muss Trennereigenschaften haben

Als Schaltgeräte für Not-Aus-Schaltungen dürfen entsprechend DIN VDE 0100-537 [80] z. B. Lasttrennschalter, Leistungsschalter oder Leitungsschutzschalter verwendet werden. Doch wenn eine elektrische Ausrüstung für eine Maschine in einer elektrischen Betriebsstätte mit einem Basisschutz durch Hindernis oder Abstand untergebracht wird, ist die Anschlussleistung so groß, dass eigentlich für die Abschaltung durch die Netztrenneinrichtung nur ein Leistungsschalter mit Unterspannungsauslöser infrage kommt. Schütze sind nicht erlaubt. Das Schaltgerät muss grundsätzlich über Trennereigenschaften verfügen.

Wenn eine Stopp-Kategorie 0 nicht erlaubt ist

Die Auslösung eines Not-Aus ist für den Antrieb der Maschine immer eine Stopp-Kategorie 0. Ist diese Stopp-Kategorie nicht zulässig, muss der Basisschutz auch innerhalb einer elektrischen Betriebsstätte in einer bestimmten Schutzart ausgeführt werden, damit kein Not-Aus notwendig ist.

Dies kann erreicht werden, indem die gesamte elektrische Ausrüstung in Schaltschränken untergebracht wird und sich die Schaltschranktüren erst öffnen lassen, nachdem die Stromversorgung abgeschaltet wurde.

9.2.3.5 Betriebsarten

Müssen Maschinen für bestimmte Betriebsarten oder für die Instandhaltung (Wartung, Inspektion, Instandsetzung) umgeschaltet oder freigeschaltet werden, so bedient man sich in der Regel eines Betriebsarten-Wahlschalters, der in jeder Schaltstellung verriegelbar sein muss. Bei dieser Umschaltung/Freischaltung müssen manchmal auch Sicherheitsfunktionen teilweise abgeschaltet/aufgehoben oder andere Sicherheitsfunktionen hinzugeschaltet werden. Die Auswahl der unverzichtbaren Sicherheitsfunktionen muss je nach Betriebsart einzeln festgelegt werden. Alle am Umschaltprozess beteiligten Elemente (Wahlschalter, Zuleitungen, Sicherheitssteuerung, Aktor (Schütz oder Leistungselektronik)) müssen den Sicherheitsgrad aufweisen, der für die betroffenen Sicherheitsfunktionen erforderlich ist.

Bild 9.18 zeigt mögliche Betriebsarten einer Maschine. Je nach Maschinenart können eine oder mehrere dieser Betriebsarten notwendig sein. Bei den Betriebsarten Einrichtbetrieb und Instandhaltung sind auf jeden Fall die besonderen Anforderungen zu berücksichtigen.

Bei der Umschaltung von Betriebsarten dürfen keine Funktionen automatisch gestartet werden. Diese sollten nach der Umschaltung bewusst eingeleitet werden. Damit soll u. a. verhindert werden, dass bereits beim Überschalten auf eine nicht gewünschte Betriebsart unbeabsichtigte Funktionen automatisch gestartet werden.

Falls eine Umschaltung der Betriebsart eine kritische Situation auslösen kann, muss der Zugang zum oder die Betätigung des Betriebsarten-Wahlschalters durch eine Maßnahme wie Schlüssel oder Zugangscode auf den autorisierten Personenkreis eingeschränkt werden, siehe **Bild 9.19**. Bloße administrative Maßnahmen werden in diesem Fall als nicht ausreichend erachtet.

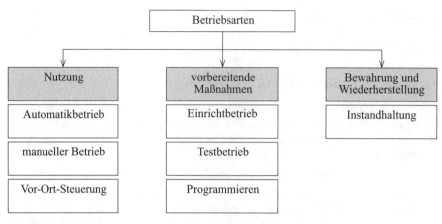

Bild 9.18 Einordnung der Betriebsarten in Tätigkeitsbereiche

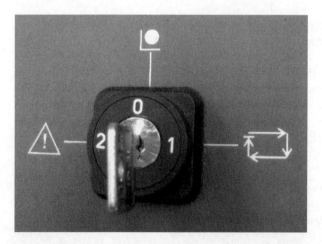

Bild 9.19 Betriebsarten-Wahlschalter (Siemens AG)

Es muss jederzeit erkennbar sein, welche Betriebsart angewählt ist. Dies kann durch die Beschriftung der Stellungen des Betriebsarten-Wahlschalters, über Meldeleuchten oder mittels einer Bildschirmanzeige erreicht werden. Um einen Ausfall der Lampen von Meldeleuchten überprüfen zu können, ist zusätzlich eine Lampenprüftaste vorzusehen. Sowohl der Betriebsarten-Wahlschalter als auch die Anzeige sollten in der Nähe der Maschinenteile an der Stelle angebracht werden, an der die Entscheidung über die Wahl der Betriebsart festgelegt wird. Ist die angewählte Betriebsart nur anhand der Stellung des Wahlschalters erkennbar, ist ein Verdrehungsschutz des Schalters im Gehäuse wichtig, siehe Abschnitt 10.5.

Die Anwahl einer bestimmten Betriebsart mithilfe des Betriebsarten-Wahlschalters darf Antriebe nicht automatisch in Gang setzen.

9.2.3.6 Überwachung von Befehlshandlungen

Grundsätzlich müssen alle Bewegungen einer Maschine durch Überwachungseinrichtungen innerhalb ihrer erlaubten (geplanten) Grenzen geschützt werden. Dies gilt auch, wenn die Maschine von einer Person gesteuert wird.

Lineare Bewegungen sind z. B. durch Endschalter oder einen mechanischen Puffer (der in der Lage ist, die kinetische Energie aufzunehmen) zu begrenzen. Kann eine Überlastung des Antriebs oder auch der kompletten Maschine durch einen Steuerbefehl erreicht werden, muss eine Überlastschutzeinrichtung eine solche automatisch verhindern.

Auch eine Kollision der Maschine mit benachbarten Teilen oder einer anderen Maschine muss durch eine Schutzeinrichtung verhindert werden.

Bei kleinen Maschinen, die von Hand geführt werden, kann der Bediener die Überwachung übernehmen, wenn eine Grenzüberschreitung von ihm erkannt werden kann.

9.2.3.7 Befehlseinrichtungen mit selbsttätiger Rückstellung

Die selbsttätige Rückstellung gilt für Bedienelemente von handbedienten Maschinen oder einzelnen Funktionen. Zweck dieser Befehlseinrichtungen ist, dass die durch Betätigung eingeleiteten Funktionen selbsttätig wieder beendet werden, wenn die Befehlseinrichtung losgelassen wird. Solche Befehlseinrichtungen können z. B. sein: Meisterschalter oder Joysticks mit Federrückstellung, aber auch einfache Drucktaster.

In der Regel werden mit diesen Bedienelementen kurzzeitige Funktionen gesteuert. Etwas problematischer werden diese Befehlseinrichtungen, wenn mit ihnen Vorgänge gesteuert werden sollen, die eine hohe Feinfühligkeit des Bedieners erfordern, z. B. die Vorgabe von variablen Feingeschwindigkeiten bei Positioniervorgängen und dies eventuell auch über längere Zeiträume hinweg. Bei der Auswahl von Befehlseinrichtungen mit selbsttätiger Rückstellung für solche Vorgänge ist darauf zu achten, dass die Betätigungskraft nur so groß ist, dass sie auch über den vorgesehenen Zeitraum vom Bediener aufgebracht werden kann, ohne dass dies zu Muskelverspannungen führt (Maschinenrichtlinie, Anhang I, 1.1.6 Ergonomie und 1.2.2 Stellteile). Sind die notwendigen Betätigungskräfte zu groß, verführt dies den Bediener zu Manipulationen an den Befehlseinrichtungen.

9.2.3.8 Zweihandschaltung

Zweihandschaltungen bestehen grundsätzlich aus zwei Befehlseinrichtungen, die mit beiden Händen zu betätigen sind, siehe **Bild 9.20**. Richtiger wäre deshalb, hier von einer Zweihand-Befehlsgabe zu sprechen, denn über die elektrische Schaltung wird nichts ausgesagt, eher noch werden Bedingungen für die Schaltungsauslegung genannt. Die Zweihandschaltung soll verhindern, dass eine freie Hand beim Startbefehl in den gefährlichen Bereich einer Maschine, z. B. Presse, greifen kann.

Die Kombinationen von funktionalen Eigenschaften bei Zweihandschaltungen werden entsprechend DIN EN 574 [81] in drei Typen unterschieden, siehe **Tabelle 9.5**.

Bild 9.20 Bediengerät mit Zweihandschaltung (Siemens AG)

	Typ I	Typ II	Typ III
Start	gleichzeitige Betätigung	gleichzeitige Betätigung	gleichzeitige Betätigung innerhalb von 0,5 s
Stopp	Loslassen eines Befehls-geräts	Loslassen eines Befehls-geräts	Loslassen eines Befehls-geräts
Neustart	keine Anforderung	nach Loslassen beider Be-diengeräte	nach Loslassen beider Be-diengeräte

Tabelle 9.5 Funktionale Unterschiede von Zweihandschaltungen

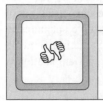

Risikobeurteilung notwendig

Der zu verwendende Typ einer Zweihandschaltung ist in Abhängigkeit von dem Ergebnis aus der Risikobeurteilung festzulegen.

9.2.3.9 Zustimmungsfunktion

Eine Zustimmungsfunktion wird manchmal umgangssprachlich auch als „Totmannschaltung" bezeichnet. Die Zustimmungsfunktion ist eine zusätzliche Freigabefunktion, um eine Bewegung durch eine zweite Handlung einzuleiten. Hierfür ist neben der Start-Befehlseinrichtung zusätzlich eine Zustimmeinrichtung erforderlich, siehe Abschnitt 10.9.

Durch diese zweite Funktion soll ein unbeabsichtigter Start einer Maschine oder eines Prozesses durch die zufällige oder unbeabsichtigte Betätigung des Start-Befehlsgebers verhindert werden. Weiterhin soll es hiermit möglich sein, vor allem im Gefahrenfall, eine Bewegung oder einen Prozess schnell stillzusetzen. Mit der Zustimmungsfunktion allein darf eine Bewegung nicht eingeleitet werden können. Hierzu ist ein gesonderter Startbefehl notwendig. Jedoch muss die Freigabesteuerung einen Stopp-Befehl alleine auslösen können.

Maßnahme gegen das unbeabsichtigte Einleiten einer Bewegung

Freigabesteuerungen werden angewendet, um bei Befehlsgebern, die leicht unbeabsichtigt betätigt werden können, wie z. B. Joysticks oder Meisterschalter, ein unbeabsichtigtes Einleiten einer Bewegung zu verhindern. Das zweite Einsatzgebiet der Freigabesteuerungen sind spezielle Arbeitsvorgänge, die bei einer Aufhebung von Sicherheitsfunktionen oder Schutzmaßnahmen notwendig sind, wie z. B. beim Einrichtbetrieb. In diesem Fall soll mit der Zustimmungsfunktion zumindest ein Teil der „aufgehobenen Sicherheit" kompensiert werden.

Entsprechend diesen Aufgabenstellungen gibt es die Geräte für die Freigabesteuerung in zwei Ausführungen:

1. mit zwei Stellungen
2. werden überwiegend verwendet, um die Auswirkung einer unbeabsichtigten Betätigung von Joysticks oder Meisterschaltern zu verhindern
3. mit drei Stellungen
4. überwiegend verwendet beim Einrichtbetrieb

Manipulation verhindern

Die Auswertung der Steuersignale beider Varianten muss so aufgebaut sein, dass ein Überlisten – z. B. durch Festkleben des Tasters – nicht möglich ist. Beispielsweise muss vor jedem Neustart die Freigabetaste losgelassen werden. Weiterhin ist darauf zu achten, dass Leitungsquerschlüsse bei mobilen Einrichtungen keine Freigabe einleiten.

Die Freigabeeinrichtung mit drei Stellungen hat sicherheitstechnisch einige Vorteile gegenüber der mit zwei Stellungen. Bei längerer Signalgabe dürfte sie jedoch ergonomisch ungünstiger sein.

9.2.3.10 Kombinierte Start-Stopp-Steuerung

Kann mit nur einer Taste eine Funktion gestartet und durch wiederholtes Betätigen wieder ausgeschaltet werden, so spricht man von einer kombinierten Start-Stopp-Steuerung. Solche Steuerungen sind für Funktionen, die einen gefahrbringenden Zustand erzeugen, nicht zulässig, auch wenn der Ein-Zustand durch eine integrierte Meldelampe angezeigt wird. Kombinierte Start-Stopp-Befehlseinrichtungen dürfen nur für untergeordnete Funktionen, wie z. B. Beleuchtung oder Ventilatoren, verwendet werden. Auch Hilfsaggregate, deren Ausfall Folgeschäden verursachen kann, wie z. B. Schmiermittelpumpen oder eine Kühlluftversorgung von Motoren, sollten nicht durch solche kombinierten Start-Stopp-Steuerungen ein- bzw. ausgeschaltet werden.

9.2.4   Kabellose Steuerungen (CCS)

9.2.4.1   Allgemeine Anforderungen

Kabellose Steuerungen (CCS = Cable Control System) sind Steuerungen von Maschinen, bei denen die Signale zwischen den Bedieneinrichtungen über Funk, Laser, Infrarot, Ultraschall oder Ähnliches übertragen werden.

Es ist unerheblich, ob die Steuerung oder die Bedienstation beweglich ist. Maßgebend ist der Übertragungsweg der Befehle zwischen der Bedienstation und der Steuerung. Der Begriff „kabellos" wurde bewusst gewählt (nicht drahtlos), um z. B. Lichtwellenleiter von den Anforderungen an die Datenübertragung nicht auszuschließen. In diesem Abschnitt werden also Datenübertragungen angesprochen.

Die Zuverlässigkeitsanforderungen sind in Abhängigkeit von den Sicherheitsanforderungen der Befehle festzulegen, wie z. B. das Signal für einen Not-Halt.

Sichere Datenübertragung

Bei der Betrachtung von möglichen Übertragungsfehlern bei sicherheitsgerichteten Datenübertragungssystemen sind die Aspekte der DIN EN 61784-3 (**VDE 0803-500**) [82] zu bewerten und ggf. zu berücksichtigen. Anforderungen an kabellose Steuerungen von Maschinen sind jetzt in der DIN EN 62745 (**VDE 0113-1-1**) [83] festgelegt.

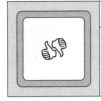

Risikobeurteilung notwendig

Die Anforderungen an die Funktionalität und die Reaktionszeiten einer CCS müssen mithilfe einer Risikobeurteilung ermittelt werden.

Der Planer einer elektrischen Ausrüstung sollte katalogmäßige Systeme für die Datenübertragung vorsehen, die diese beiden Normen berücksichtigen.

9.2.4.2 Überwachung der Wirksamkeit eines kabellosen Steuerungssystems zur Steuerung einer Maschine

Eine kabellose Steuerung muss über eine Kontrolleinrichtung verfügen, die die Wirksamkeit der Datenübertragung automatisch oder in Intervallen überwacht. Die Wirksamkeit (nicht der Ausfall) ist in der Nähe der Bedienelemente anzuzeigen.

Warnung vor Verlust der Wirksamkeit

Bei nachlassender Wirksamkeit der Datenübertragung, z. B. durch reduzierten Signalpegel oder bei Absinken der Batterieleistung, muss eine Warnung an den Bediener erfolgen, bevor die Steuerfähigkeit der kabellosen Steuerung verloren geht. Die Warneinrichtung muss nicht an der Steuerstelle angebracht sein, sie kann auch in der Nähe des Bedieners an der Maschine oder im Gebäude befestigt werden.

Automatischer Stopp bei Unterbrechung der Wirksamkeit

Die Wirksamkeit der Datenübertragung kann durch eine ungünstige Position der Bedienstation zur Empfangsstation der Steuerung für eine kurze Zeit unterbrochen werden, z. B. bei Funklöchern an bestimmten Orten in der Nähe der Maschine. Für solche Fälle muss in Abhängigkeit von einer möglichen Gefährdung durch einen unkontrollierten Betrieb (Blindflug) die erlaubte Zeit ermittelt werden, nach der eine automatische Abschaltung der Maschine oder von Teilen der Maschine erforderlich ist.

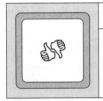

Risikobeurteilung notwendig

Mithilfe einer Risikobeurteilung ist die Zeit bei Unterbrechung der Wirksamkeit zu ermitteln, nach der die Steuerung die Maschine oder Teile der Maschine automatisch abschalten muss.

Zuerst in einen vorbestimmten Zustand übergehen

Kann ein sofortiger automatischer Stopp beim Verlust der Wirksamkeit der Übertragung zu einer Gefährdung führen, kann es notwendig sein, dass die Maschine, bevor der Stopp-Befehl wirksam wird, zuerst in eine definierte Position zurückgefahren wird.

Kein automatischer Wiederanlauf

Nach Wiederkehr der Wirksamkeit der Übertragung darf die Maschine nicht automatisch wieder in Gang gesetzt werden. Hierfür ist ein bewusstes Starten durch den Bediener erforderlich.

9.2.4.3 Grenzen der Steuerung

Grenzen der Steuerung heißt in diesem Zusammenhang, dass Maßnahmen ergriffen werden müssen, damit die Kommunikation nur auf bestimmte fest zugeordnete Steuerstellen und eine bestimmte Maschine begrenzt ist.

Im Einzelnen bedeutet dies, dass insbesondere dann, wenn in einem Bereich mehrere Maschinen mit einer kabellosen Steuerung betrieben werden, die Steuersignale so beschaffen sein müssen (z. B. Übertragungsfrequenzen, Adresscodes), dass sie eindeutig nur die vorgesehene Maschine ansprechen können und die beabsichtigte Funktion auslösen.

9.2.4.4 Verwendung von mehreren kabellosen Steuerstellen

Kann eine Maschine durch mehrere kabellosen Steuerstellen gesteuert werden, müssen folgende Bedingungen eingehalten werden:

- Nur eine kabellose Steuerstelle darf aktiv sein (ausgenommen, es ist betriebsbedingt erforderlich).

- Die Umschaltung von einer Steuerstelle auf eine andere Steuerstelle muss manuell an der Steuerstelle erfolgen, die aktiv ist.

- Eine Umschaltung von einer Steuerstelle auf eine andere Steuerstelle darf nur möglich sein, wenn an beiden Steuerstellen die gleiche Betriebsart (z. B. Einrichtbetrieb) und/oder Funktion angewählt wurde.

- Eine Umschaltung von einer Steuerstelle auf eine andere Steuerstelle darf die an der Steuerstelle eingeschaltete Betriebsart und/oder Funktion nicht verändern.

- Es muss eine Anzeige vorgesehen werden, die anzeigt, dass die Steuerstelle die Kontrolle über die betroffene Maschine hat.

Risikobeurteilung notwendig

Mithilfe einer Risikobeurteilung ist die Art und Weise der Anzeige festzulegen, anhand derer erkannt werden kann, welche Steuerstelle die Kontrolle über die Maschine(n) hat.

Kann eine Maschine mithilfe von mehreren kabellosen Steuerstellen gesteuert werden, kann es sinnvoll sein, eine Anzeige innerhalb des Gebäudes so zu errichten, dass die einzelnen Bediener erkennen können, welche Steuerstelle die Maschine lenkt.

9.2.4.5 Tragbare kabellose Steuerstellen

Tragbare kabellose Steuerstellen müssen vor einer Nutzung durch nicht autorisierte Personen geschützt werden. Dies kann z. B. durch einen Schlüsselschalter oder einen Code an der Steuerstelle erfolgen.

Jede Maschine muss mit einer Anzeige ausgestattet sein, die darauf hinweist, dass die Maschine von einer tragbaren kabellosen Steuerstelle aus gesteuert wird. Dies kann z. B. mittels einer Signalsäule erfolgen, siehe **Bild 9.21**.

— Rot
— Gelb
— Grün
— Weiß

Bild 9.21 Signalsäule (Siemens AG)

Ist eine tragbare kabellose Steuerstelle dafür vorgesehen, mehrere Maschinen (einzeln) zu steuern, muss eine Einrichtung zur Anwahl einer bestimmten Maschine vorgesehen werden, wobei die Anwahl einer Maschine keine Steuerbefehle auslösen darf. Vorzugsweise sollte die Umschalteinrichtung an der tragbaren kabellosen Steuerstelle vorgesehen werden.

9.2.4.6 Absichtliche Deaktivierung kabelloser Steuerstellen

Für die absichtliche (bewusste) Deaktivierung einer kabellosen Steuerstelle, nach der eine automatische Abschaltung erfolgen muss, gelten auch die tolerierbaren Verzögerungszeiten bei Verlust der Wirksamkeit einer Datenübertragung, die mithilfe einer Risikobeurteilung, siehe Abschnitt 9.2.4.2, ermittelt wurden.

Darf der Betrieb einer Maschine durch die Deaktivierung der kabellosen Steuerung nicht unterbrochen werden, müssen Mittel vorgesehen werden, die eine automatische Abschaltung verhindern. Die Deaktivierung einer kabellosen Steuerstelle muss jedoch die Aktivierung einer fest montierten tragbaren Steuerstelle zur Folge haben. Eine mögliche Maßnahme kann z. B. ein Drucktaster sein, der während der Deaktivierungsphase der kabellosen Steuerstelle betätigt werden muss, damit der Betrieb nicht unterbrochen wird.

9.2.4.7 Not-Halt-Geräte an tragbaren kabellosen Steuerstellen

Eine grundsätzliche Anforderung an Maschinensteuerungen ist das Vorhandensein eines Not-Halt-Befehlsgeräts. Diese Anforderung leitet sich aus der Maschinenrichtlinie ab.

Jederzeit zugänglich und funktionsfähig?

Das Bedienteil für einen Not-Halt muss farblich besonders gekennzeichnet sein, nämlich durch einen roten Taster mit einem gelben Hintergrund. Eine weitere Anforderung an das Not-Halt-Befehlsgerät aus der Maschinenrichtlinie ist, dass das Bedienteil jederzeit zugänglich und funktionsfähig sein muss.

Genau diese Anforderungen sind das Problem bei kabellosen Bedienstationen. Bewegliche Maschinen können häufig auf unterschiedliche Bedienstationen umgeschaltet werden, alternativ stationäre und kabellose, von denen immer nur eine scharf geschaltet sein darf. Ist aber die kabellose Bedienstation abgeschaltet oder wird gar die Energieversorgung entfernt, dann ist auch das Signal für Not-Halt unwirksam.

Das Not-Halt-Befehlsgerät ist aber weiterhin zugänglich und die rot-gelbe Kennzeichnung ist weiterhin erkennbar, wodurch ja gerade auch für Laien signalisiert wird, dass es sich um ein Not-Halt-Befehlsgerät handelt.

Zusätzlicher Not-Halt

Grundsätzlich darf ein Not-Halt an einer kabellosen Steuerstelle nicht das einzige Not-Halt-Befehlsgerät für diese Maschine sein. Wird eine Maschine nur von einer kabellosen Steuerstelle (mit einem Not-Halt) aus gesteuert, muss zusätzlich mindestens ein separates Not-Halt-Befehlsgerät vorgesehen werden.

Kann an einer kabellosen Steuerstelle ein Not-Halt-Befehlsgerät inaktiv sein, müssen Vorkehrungen vorgesehen werden, damit dies erkennbar ist. Mittlerweile hat sich ein Not-Halt-Befehlsgerät am Markt etabliert, bei dem der gelbe Hintergrund gelb beleuchtet wird, wenn das Not-Halt-Befehlsgerät aktiv ist. Ist das Not-Halt-Befehlsgerät inaktiv, hat das Bediengerät keinen gelben Hintergrund.

Dokumentation gemäß Abschnitt 17 erstellen

Wird ein Not-Halt-Befehlsgerät durch eine Methode dahingehend gekennzeichnet, dass es aktiv bzw. inaktiv ist, so muss diese Methode in der Gebrauchsanleitung beschrieben werden.

DIN EN ISO 13850 macht dazu folgende Aussagen:

*Zusätzlich muss mindestens eine der nachfolgenden Maßnahmen angewendet
werden, um eine Verwechslung zwischen aktiven und nicht aktiven Not-Halt-
Geräten zu vermeiden:*

- *Veränderung der Farbe des Geräts mittels Beleuchtung des aktiven Not-
Halt-Geräts;*

- *automatische (selbstbetätigende) Abdeckung des inaktiven Not-Halt-
Geräts; wo es nicht sinnvoll anwendbar ist, darf eine manuell betätigte
Abdeckung verwendet werden, vorausgesetzt, dass die Abdeckung an der
Bedienstation befestigt bleibt;*

- *Vorkehrung zur angemessenen Lagerung der deaktivierten oder kabellosen
Bedienstationen.*

*Die Bedienungsanleitung der Maschine muss Aussagen dazu machen, welche
Maßnahme angewendet wurde, damit eine Verwechslung zwischen aktiven und
nicht aktiven Not-Halt-Geräte(n) vermieden wird. Die richtige Handhabung
dieser Maßnahmen muss erklärt werden.*

9.2.4.8 Not-Halt: Rücksetzung

Wird ein Not-Halt-Befehl an einer kabellosen Steuerung ausgelöst, darf eine automatische Rückstellung des Signals nicht durch Folgendes erfolgen:

- Verlust und Wiederkehr der Stromversorgung,

- Deaktivierung und (Wieder-)Aktivierung,

- Verlust der Kommunikation,

- Ausfall oder Teilausfall der kabellosen Steuerung.

Diese Anforderungen sind sehr hart, zeigen aber, dass ein ausgelöster Not-Halt-Befehl nicht durch irgendwelche Prozeduren einfach zurückgesetzt werden kann, nur durch eine bewusste Handlung an der Steuerstelle, an der dieser Not-Halt-Befehl ausgelöst wurde.

Dokumentation gemäß Abschnitt 17 erstellen

In der Gebrauchsanleitung muss beschrieben werden, dass die Rücksetzung des ausgelösten Not-Halt-Zustands erst dann erfolgen darf, wenn der Auslösegrund beseitigt wurde.

Risikobeurteilung notwendig

Mithilfe einer Risikobeurteilung ist zu prüfen, ob ein oder mehrere weitere fest installierte Not-Halt-Befehlsgeräte zusätzlich zum Not-Halt-Befehlsgerät an der kabellosen Steuerstelle notwendig sind und wo sie errichtet werden müssen.

9.3 Schutzverriegelungen

9.3.1 Schließen oder Zurücksetzen einer verriegelten Schutzeinrichtung

Grundsätzlich darf das Schließen einer Schutzeinrichtung (Herstellen des sicheren Zustands) noch keinen gefährlichen Maschinenbetrieb einleiten. Die Anmerkung weist allerdings auf eine mögliche Ausnahme hin, die sich aus einer besonderen Ausführung einer Schutzeinrichtung ergibt, der „trennenden Schutzeinrichtung mit Startfunktion" (steuernde trennende Schutzeinrichtungen). Diese Schutzeinrichtungen sind dazu bestimmt und ausgelegt, die Maschine in ganz bestimmten Prozessschritten zu stoppen und wieder zu starten.

Doch der Startvorgang ist an eine Reihe von Voraussetzungen geknüpft, DIN EN ISO 12100 enthält in Abschnitt 6.3.3.2.5 bestimmte zwingende Bedingungen hierfür:

Eine trennende Schutzeinrichtung mit Startfunktion darf nur verwendet werden, wenn

a) *sämtliche Anforderungen an verriegelte trennende Schutzeinrichtungen erfüllt sind (siehe ISO 14119 [84]),*

b) *die Zyklusdauer der Maschine kurz ist,*

c) *die max. Öffnungszeit der trennenden Schutzeinrichtung auf einen niedrigen Wert voreingestellt ist (z. B. ebenso lang wie die Dauer eines Zyklus) und sobald diese Zeit überschritten ist, die gefährdenden Funktionen nicht mehr durch Schließen der trennenden Schutzeinrichtung mit Startfunktion ausgelöst werden können und vor einem erneuten Ingangsetzen der Maschine eine Rückstellung erforderlich ist,*

d) *die Maße oder die Form der Maschine den Zugang von Personen oder Körperteilen in den Gefährdungsbereich oder zwischen Gefährdungsbereich und trennende Schutzeinrichtung verhindern, solange diese geschlossen ist (siehe ISO 14120),*

e) *alle weiteren trennenden Schutzeinrichtungen, sowohl feststehende (abnehmbarer Typ) als auch bewegliche, verriegelte trennende Schutzeinrichtungen sind,*

f) *die mit der trennenden Schutzeinrichtung mit Startfunktion verbundene Verriegelungseinrichtung so konstruiert ist – z. B. durch Redundanz des Positionsmelders und Verwendung einer Selbstüberwachung (siehe Abschnitt 6.2.11.6) –, dass ihr Ausfall nicht zu einem unbeabsichtigten/unerwarteten Anlauf führen kann, und*

g) *die trennende Schutzeinrichtung sicher offen gehalten wird (z. B. mit einer Feder oder mit einem Gegengewicht), damit ihr Zufallen aufgrund ihres Eigengewichts keinen Start auslösen kann.*

Die Auflistung der Bedingungen aus DIN EN ISO 12100 zeigt, dass die Prozeduren der Verriegelungen mit Startfunktionen Teil der Risikobeurteilung sind und vom Maschinenplaner festgelegt werden müssen.

9.3.2 Überschreiten von Betriebsgrenzen

Betriebsgrenzen können durch äußere Einflüsse überschritten werden, z. B. Geschwindigkeiten durch extreme Belastungsänderungen, oder Drücke durch Verstopfungen in den Förderleitungen. Wenn dies zu gefährlichen Situationen führen kann, müssen diese Werte überwacht werden, damit rechtzeitig eingegriffen werden kann.

Risikobeurteilung notwendig

Die erforderlichen Aktionen/Reaktionen der Steuerung, die bei Überschreitung von Grenzen oder Grenzwerten notwendig sind, müssen im Rahmen einer Risikobeurteilung gemeinsam mit dem Maschinenplaner ermittelt werden.

Bei der Festlegung der Aktionen/Reaktionen der Steuerung sind die möglichen Schäden (Sachschäden und/oder Personenschäden) beim Überschreiten der Betriebsgrenzen miteinzubeziehen.

Beispiel:

Kann ein Roboter, der für seine Bewegungen innerhalb einer abgegrenzten Zelle keine Überwachungseinrichtungen benötigt, aufgrund seiner verfügbaren Kräfte im Fehlerfall ein Schutzgitter, z. B. zu einem Verkehrsweg, durchbrechen, so muss für diese Bewegung eine Raumüberwachung vorgesehen werden, die diese Gefahr erkennt und eine angemessene Reaktionen einleitet, siehe **Bild 9.22**. In der Regel werden solche Sicherheitsfunktionen durch eine Steuerung mit einer funktionalen Sicherheit und den entsprechenden fehlersicheren Sensoren und Aktoren realisiert.

Risikobeurteilung notwendig

Mithilfe einer Risikobeurteilung ist der erforderliche Level (SIL bzw. PL) entsprechend DIN EN 62061 (**VDE 0113-50**) bzw. DIN EN ISO 13849-1 zu ermitteln.

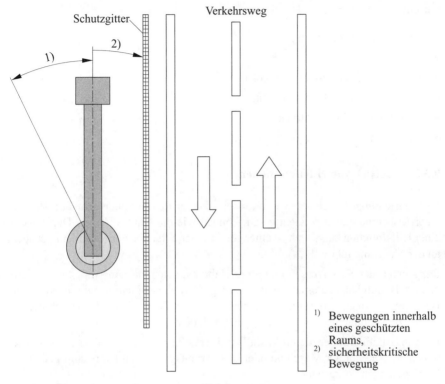

Schutzgitter

Verkehrsweg

1)

2)

1) Bewegungen innerhalb
eines geschützten
Raums,
2) sicherheitskritische
Bewegung

Bild 9.22 Überwachung von Bewegungen zu Verkehrswegen

Herausfahren aus einer Abschaltung

Wenn ein Antrieb z. B. in eine Endlagenbegrenzung gefahren wurde oder eine Überlasteinrichtung die relevante Bewegung des Antriebs abgeschaltet hat, muss sichergestellt werden, dass der Antrieb anschließend nur so bewegt werden kann (meist in die Gegenrichtung), dass die Maschine wieder aus dem kritischen Zustand herausgefahren werden kann. Die Steuerung für das Herausfahren aus dieser Endlagenbegrenzung muss dieselbe Sicherheitsstufe haben wie die Endlagenbegrenzung selbst. Dabei ist zu beachten, dass Steuerungen die Sicherheitsabschaltungen nicht unwirksam machen dürfen.

Auch nach einer Positionsänderung von Hand (z. B. Überfahren der Endlagenbegrenzung, Verstellen eines Wegzählers) darf die Steuerung eines jeden Antriebs nur die dann erlaubten Bewegungen zulassen.

Abschaltgründe können z. B. sein:

- Endlage einer Bewegung,
- max. Last,
- max. Drehzahl (Geschwindigkeit),
- max. oder minimale Temperatur,
- max. oder minimaler Druck,
- Überstrom.

9.3.3 Betrieb von Hilfsfunktionen

Hilfseinrichtungen realisieren Funktionen, die für den ordnungsgemäßen Betrieb einer Maschine genauso wichtig sein können wie die Hauptsysteme. Der Ausfall einer Hilfsfunktion kann auch zu einer gefährlichen Situation oder zu einem Schaden an der Maschine führen.

Der Ausfall der Stromversorgung eines Haltemagneten, der ein Werkstück fixiert, kann z. B. durchaus zu einer für Personen gefährlichen Situation führen. Auch die Beleuchtung für eine Maschine kann bei Ausfall für den Bediener der Maschine, der für die Bewegung verantwortlich ist, eine bedeutende Rolle spielen.

Für alle Hilfsfunktionen, deren Ausfall zu einer gefährlichen Situation oder zu einem Schadensrisiko an der Maschine oder dem Arbeitsgut führen kann, sind geeignete Verriegelungen vorzusehen.

Das Funktionieren von Hilfseinrichtungen einschließlich ihrer Stromversorgungen einer Maschine kann z. B. notwendig sein bei:

- Lastmagnet,
- Saugheber,
- Schmierung,
- Kühlung,
- Heizung,
- Spänebeseitigung,
- Beleuchtung,
- automatischen Kupplungen.

9.3.4 Verriegelung zwischen verschiedenen Funktionen und für gegenläufige Bewegungen

Schaltgeräte/Steuergeräte, die für eine Maschine Vorgänge einleiten, die nicht zusammen betrieben werden dürfen, müssen gegeneinander verriegelt sein.

Bei Wendeschützen mit sehr kurzen Eigenzeiten kann unter Umständen das eine Schütz schneller schließen als das andere Schütz den Lichtbogen löschen kann, sodass ein Lichtbogenkurzschluss zwischen den Kontakten der Schütze entsteht.

Kein synchrones Ansteuern

Hier hilft nur die Verriegelung über zusätzliche Hilfsschütze. Kleine Wendeschütze mit kurzen Eigenzeiten können, wenn sie synchron angesteuert werden, beide kurzzeitig schließen und so einen Kurzschluss verursachen. Sie müssen über die Steuerung so verriegelt sein, dass ein synchrones Ansteuern nicht möglich ist. Alternativ bietet der Markt für solche Umkehrschaltungen (siehe **Bild 9.23**) mechanisch verriegelte Schützwendekombinationen an, die selbst bei mechanischen Stößen ihre Kontakte nicht gleichzeitig schließen können.

Müssen unterschiedliche Antriebe einer Maschine oder verschiedene Maschinen koordiniert zusammenarbeiten und besteht im Fehlerfall ein hohes Schadensrisiko, dann sind einfache Verriegelungen unter Umständen nicht ausreichend.

Entweder müssen jene hohe sicherheitstechnische Eigenschaften aufweisen oder es sind andere Sicherheitsmaßnahmen vorzusehen. Dabei können die Anforderungen an diese Sicherheitsfunktionen mit den dazu notwendigen Sensoren erheblich sein.

Bild 9.23 Mechanisch verklinkte Schützwendekombination

Kein Betrieb bei geschlossener Bremse

Schließt eine mechanische Bremse, weil ihre Betätigungseinrichtung ausgefallen ist, z. B. bei Auslösung des Schutzschalters wegen Überstrom, während der zugehörige Antrieb läuft, muss der Antrieb auch unverzüglich (automatisch) abgeschaltet werden. Im Gegenzug gilt natürlich auch: Kann eine Bremse wegen eines Ausfalls der Ansteuereinrichtung nicht geöffnet werden, so darf der Antrieb nicht gegen die geschlossene Bremse aktiviert werden.

9.3.5 Gegenstrombremsung

Wird ein ungeregelter Drehstrommotor durch Phasenumkehr (Gegenstrombremsung, Kontern) abgebremst, kann es nach dem Stillstand zu einer Drehrichtungsumkehr kommen, wenn die Gegenstrombremsung nicht exakt im Stillstand unterbrochen wird.

Kann hierdurch eine gefährliche Situation entstehen, müssen Maßnahmen vorgesehen werden, die den Stillstand erfassen und den Bremsvorgang rechtzeitig unterbrechen. Eine rein zeitabhängige Steuerung wird als nicht ausreichend betrachtet, weil die Bremszeit von zu vielen äußeren Einflüssen, wie Netzspannung, Lastmomente und Trägheitsmomente der bewegten Massen, abhängig ist.

Die Steuerung muss in der Lage sein, eine Veränderung an der Lage von Maschinenteilen, die von Hand weiterbewegt wurden, z. B. durch das Drehen an der Motorwelle, zu erkennen. In solchen Fällen muss die Steuerung nur die Gegenbewegung zulassen, die nach Überschreitung z. B. einer Endlage erlaubt ist.

9.3.6 Aufhebung von Sicherheitsfunktionen und/oder Schutzmaßnahmen

Dieser Abschnitt betrachtet Anforderungen, die im Besonderen die Einstellarbeiten, die an einer Maschine durchgeführt werden müssen, oder eine Wartung, während der die Maschine in Betrieb sein muss, betreffen.

Bei manchen Betriebsarten einer Maschine können Gefährdungen nicht durch Schutzmaßnahmen auf das tolerierbare Maß reduziert werden, da sonst die erforderlichen Tätigkeiten nicht durchgeführt werden können.

Gerade bei Einstell- und Justierarbeiten ist häufig die unmittelbare Nähe des Personals zu bewegenden Teilen gegeben. Für solche Situationen muss trotzdem ein Mindestmaß an Schutz gewährleistet sein.

Die notwendigen Mindestschutzmaßnahmen werden gestartet, wenn mit dem Wahlschalter die Betriebsart eingestellt wird. Bei der Anwahl z. B. der Betriebsart „Einrichtbetrieb" müssen deshalb automatisch folgende Bedingungen erfüllt werden:

- alle anderen Betriebsarten müssen deaktiviert sein,

- die Bedienung der Maschine muss mit einem Zustimmgerät erfolgen,

- die Zustimmeinrichtung muss in der Nähe der Gefährdung errichtet werden, damit während der Betätigung die Sicht auf das gefahrbringende Teil möglich ist,

- der Betrieb mit aufgehobenen Schutzeinrichtungen und Zustimmeinrichtung darf nur mit einem Betrieb mit reduzierter Gefahr, wie niedriger Geschwindigkeit, Leistung oder Kraft, möglich sein,

- ein Automatikbetrieb darf nur im Schrittbetrieb, der durch die Zustimmeinrichtung weitergeschaltet werden kann, erfolgen,

- Maschinensensoren dürfen nicht manipuliert werden können.

Können die genannten Bedingungen nicht erfüllt werden, müssen zusätzliche Schutzmaßnahmen für den Einstellbetrieb und für Wartungen vorgesehen werden.

9.4   Steuerfunktionen im Fehlerfall

Steuerungen sorgen für ein betriebsgerechtes Verhalten der Maschine, in Abhängigkeit von den betrieblichen Anforderungen an eine Maschine und den daraus resultierenden Befehlen an die Steuerung. Fehler in der elektrischen Ausrüstung, die zu gefahrbringenden Situationen oder Schäden an der Maschine führen können, müssen gesondert betrachtet werden.

Die folgenden Abschnitte geben unabhängig von den Detailfestlegungen der DIN EN 62061 (**VDE 0113-50**) bzw. DIN EN ISO 13849-1 allgemeingültige Schutzziele und Maßnahmen vor, die losgelöst von der verwendeten Technik zu realisieren sind.

9.4.1   Allgemeine Anforderungen

Je nach dem Ergebnis der Risikobeurteilung können auch sicherheitsrelevante Anforderungen der Steuerung übertragen werden. Die Anforderungen an eine Steuerung für risikomindernde Maßnahmen sind entsprechend DIN EN 62016 (**VDE 0113-50**) in SIL (Sicherheits-Integritätslevel) oder entsprechend DIN ISO 13849-1 in PL (Performance Level) unterteilt. Welchen SIL oder PL eine Steuerung erfüllen muss, ist durch die Risikobeurteilung zu ermitteln.

Risikobeurteilung notwendig

Welchen SIL bzw. PL eine Steuerung erreichen muss, ist durch eine Risiko-beurteilung entsprechend DIN EN ISO 12100 zu ermitteln.
Für mechanische Risiken, die durch die Sicherheitssteuerung reduziert werden sollen, ist in der Regel der Maschinenplaner verantwortlich.
Für elektrische Risiken ist in der Regel der elektrotechnische Fachplaner verantwortlich.

Bei einem Fehler in der Steuerung, gleichgültig ob sie nur funktionelle Aufgaben durchführt oder auch sicherheitsrelevante Aufgaben hat, darf die Steuerung weder Fehlfunktionen auslösen noch die Maschine unsicher machen. Sind die Anforderungen an eine Steuerung geringer als SIL 1, reicht die Erfüllung der Anforderungen entsprechend DIN EN 60204-1 (**VDE 0113-1**) aus.

Ergänzend zu den bereits mehrfach erwähnten Schutz- und Auslöseeinrichtungen sowie den Schutzverriegelungen kommt folgenden Maßnahmen, insbesondere für sicherheitskritische Teile von Steuerungen, eine besondere Bedeutung zu.

Um eine sicherheitsgerichtete Steuerung zu realisieren, können die folgenden Maßnahmen vorgesehen werden:

- Verriegelungen zu Schutzzwecken in der Steuerung vorsehen,

- Verwendung von erprobten Schaltungstechniken,

- Verwendung von qualitativ hochwertigen Komponenten, um die Fehlerwahrscheinlichkeit zu verringern,

- teilweiser oder vollständiger redundanter und/oder diversitärer Aufbau der Steuerungen, um Fehler rechtzeitig zu entdecken und gefährliche Auswirkungen dieser Fehler zu vermeiden oder zumindest zu begrenzen,

- regelmäßige, eventuell auch automatisierte wiederkehrende Funktionsprüfungen, um unerkannte Fehler in selten benötigten Funktionen frühzeitig zu entdecken bzw. bevor durch einen wenig kritischen Fehler in Kombination mit einem zweiten Fehler eventuell eine kritische Situation entsteht.

Ein weiterer kritischer Punkt sind Daten- und Programmspeicher. Wenn die Speicherfähigkeit von einer Fremdenergiequelle abhängig ist, muss Vorsorge für einen möglichen Ausfall der Energieversorgung getroffen werden, z. B. beim Austausch einer Batterie. Weiterhin ist einem unbeabsichtigten oder versehentlichen Ändern der Speicherinhalte vorzubeugen, indem der Zugriff auf die Speicherinhalte durch geeignete Mittel nur einem kleinen autorisierten Personenkreis ermöglicht wird. Rein organisatorische Maßnahmen hierfür werden als nicht ausreichend erachtet.

9.4.2 Maßnahmen zur Risikoverminderung im Fehlerfall

9.4.2.1 Allgemeines

Die in diesem Abschnitt aufgeführten möglichen Maßnahmen zur Risikoverminderung im Fehlerfall sind ein Mix von sicherheitstechnisch bewährten Komponenten und schaltungstechnischen Maßnahmen, wie sie auch in Abschnitt 9.4.1 aufgeführt sind.

9.4.2.2 Verwendung von erprobten Techniken und Bauteilen

Erprobte Techniken sind Methoden bei z. B. klassischen Hilfsschützsteuerungen, die schon in der Vergangenheit sicheres Funktionieren gewährleistet haben. Dabei haben sich über viele Jahre hinweg verschiedene Methoden aus Betriebserfahrungen entwickelt, wie z. B.:

- Erdung des Steuerstromkreises,
- Bestimmtes Stromversorgungskonzept in Abhängigkeit vom Steuerstromkreis,
- Stillsetzung durch Abschaltung,
- Abschaltkontakte auf beiden Seiten einer Schützspule,
- Verwendung von zwangsläufig öffnenden Kontakten,
- Kontaktüberwachung durch mechanisch gekoppelten Hilfskontakt,
- Kontaktüberwachung durch Spiegelkontakt,
- Verriegelungen von unzulässigen Schaltkombinationen.

Dimensionierung

Die richtige Dimensionierung und Auswahl der elektrotechnischen Komponenten, in Abhängigkeit von ihren Einsatzbedingungen, ist die erste wichtige Aktion. Dabei spielen die zulässige Spannungshöhe und der max. zulässige Strom, der auftreten kann, eine große Rolle, um sicher zu einer verantwortlichen Vorgehensweise zu gelangen. Aber auch die Umwelt, die Häufigkeit der Nutzung und die max. mögliche Schaltspielzahl sind wichtige Kriterien, die bei der Auswahl eine Rolle spielen sollten.

Die Verwendung von für einen bestimmten Einsatzfall genormte Produkte erfüllt die Forderung nach erprobten Bauteilen. So sollte z. B. ein Not-Halt- bzw. Not-Aus-Befehlsgerät der Norm DIN EN 60947-5-5 (**VDE 0660-210**) [85] entsprechen.

9.4.2.3 Teilweise oder vollständige Ausführung

Redundanz ist das Vorsehen von mehr Steuer-/Regel- und/oder Antriebssträngen als zur Erfüllung einer Funktion benötigt werden. Letztlich wird jede noch so redundante Steuer- und Regelstrecke in ein gemeinsames Wirkungsglied (Schütz, Ventil, Motor usw.) einer Maschine einmünden. Wie weit man den redundanten Aufbau treibt, hängt von der Risikobeurteilung und der Fehlerbetrachtung ab, ferner, ob eine funktionsbeteiligte (online) oder eine nicht funktionsbeteiligte (offline) Redundanz gewählt wird.

Online-Redundanz

Bei einer Online-Redundanz wird die betriebliche Steuerfunktion zweikanalig aufgebaut und diese beiden Kanäle werden kontinuierlich miteinander verglichen. Eine Divergenz der beiden Kanäle wird als Fehler in einem Kanal gewertet und leitet eine entsprechende Maßnahme ein.

Offline-Redundanz

Bei einer Offline-Redundanz wird die ordnungsgemäße Funktion der Maschine überwacht („schlummernde" Sicherheitssteuerung), wobei die Steuerung einkanalig aufgebaut sein kann. In ihrer einfachsten Form überwacht sie nur die Betriebsgrenzen und führt zu einer Abschaltung, die von der Betriebssteuerung unabhängig ist. Ein Fehler in einer „schlummernden" Sicherheitssteuerung wird beim fehlerfreien Betrieb nicht erkannt. Es müssen deshalb Maßnahmen vorgesehen werden, um die Sicherheitssteuerung zu prüfen bzw. zu testen. Diese Anforderung kann z. B. mittels einer „wiederkehrenden Prüfung" in einem vom Hersteller vorgegebenen Zeitraum oder durch eine Prüfung der Sicherheitsstromkreise vor jeder Benutzung der Maschine oder durch automatische Prüfzyklen während des Normalbetriebs erfüllt werden.

Zwei- oder mehrkanalige Redundanz

Ob zwei- oder mehrkanalige Redundanz angewendet wird: Bei Ausfall eines Kanals muss mit dem verbleibenden Kanal die Sicherheitsaufgabe noch gelöst werden können. Ein erneuter Start setzt voraus, dass alle Kanäle wieder voll funktionsfähig sind. Das bedingt im Grundsatz rechtzeitiges Erkennen, dass ein Kanal ausgefallen ist, z. B. durch einen Vergleich der Ausgänge ausfallkritischer, redundanter Kanäle.

Ausfallverdächtige Bauteile

In einem Steuersystem sind nicht alle Betriebsmittel gleich ausfallverdächtig. Bestimmte Fehler dürfen unter festgelegten Randbedingungen in der Fehlerbetrachtung ausgeschlossen werden. Andere Fehler können dagegen nicht ausgeschlossen werden. Das kann dann zu einer partiellen Redundanz führen.

Schützsicherheitskombination

Bei den Aktoren werden z. B. bei kleinen Leistungen für die „sichere" Abschaltung häufig Schützsicherheitskombinationen eingesetzt. Schützsicherheitskombinationen verfügen über zwei Schütze, deren Hauptstrombahnen in Reihe geschaltet sind. Eine Überwachung prüft beim Ein- oder Ausschalten beide Schütze auf gleiche Funktion. Fällt eines der beiden Schütze aus, kann die Kombination nicht mehr eingeschaltet werden.

Steuerungen, die DIN EN 62061 (**VDE 0113-50**) oder DIN EN ISO 13849-1 entsprechen, verfügen über eine automatische Fehlererkennung. Der geforderte Grad der Fehlererkennung ist abhängig vom zu realisierendem SIL bzw. PL.

9.4.2.4 Diversitäre Ausführung

Zufallsfehler können bei gleichen Bauelementen unter gleichen Randbedingungen (Spannungstoleranz, Temperatur, Feuchte, Vibration usw.) eher gleichzeitig auftreten, und damit den Wert der Redundanz infrage stellen, als bei Bauelementen unterschiedlicher Herkunft.

Systemfehler ausschließen

Ähnliches gilt auch für Systemfehler. Vor allem bei redundanten Anordnungen mit gewünschter hoher Zuverlässigkeit für die Erfüllung der Sicherheitsaufgabe sollte man in den redundanten Pfaden deshalb mit Komponenten aus unterschiedlicher Fertigung und/oder mit unterschiedlichen Steuerungsstrukturen arbeiten.

Unterschiedliche Steuerungsstruktur

Unterschiedliche Steuerungsstruktur bedeutet z. B.: einen Kanal nach dem Arbeitsstromprinzip und den zweiten Kanal nach dem Ruhestromprinzip aufzubauen bzw. bei elektronischen Steuerungen mit 1- bzw. 0-Signalen. Bei programmierbaren Steuerungen werden zur Programmierung von Betriebssteuerung und Sicherheitsfunktionen manchmal sogar unterschiedliche Programmierer eingesetzt.

Unterschiedliche Hersteller

Diversität kann auch durch die Verwendung unterschiedlicher Betriebsmitteltypen oder durch Betriebsmittel unterschiedlicher Hersteller erreicht werden. Bei Diversität durch unterschiedliche Hersteller ist jedoch Vorsicht geboten. Trotz unterschiedlichem Herstellerlogo kann es sich um dasselbe Produkt handeln, das von einem einzigen Hersteller produziert wurde (Brandlabeling), sodass keine Diversität gegeben ist.

Unterschiedliche Medien

Ein diversitärer Aufbau durch elektrotechnische und nicht elektrotechnische (z. B. hydraulische, pneumatische Betriebsmittel) Steuerungen ergibt sicher eine zuverlässige Redundanz. Doch ist dies nur in den Fällen sinnvoll, in denen bereits eine Mischung aus elektrischen und pneumatischen oder hydraulischen Systemen vorhanden ist.

9.4.2.5 Vorkehrungen für Funktionsprüfungen

Automatische Prüfungen haben den Vorteil, benutzerunabhängig abzulaufen, in einem Umfang und einer Häufigkeit wie vom Konstrukteur und Ausrüster vorgegeben. Der Benutzer erfährt nur das negative Prüfresultat.

Keine Störung des Arbeitsprozesses

Solche Prüfläufe sollen den eigentlichen Arbeitsprozess nicht stören. Insofern ergeben sich Einschränkungen hinsichtlich Häufigkeit und Umfang der Anwendung, vor allem in elektronischen Mess-, Steuer- und Regelausrüstungen.

Anlauftestung

Eine weitere Art der Funktionsprüfung ist die Anlauftestung, im Rahmen derer einem Prozess-Start immer eine Prüfhandlung vorausgehen muss. Für berührungslos wirkende Schutzeinrichtungen (BWS), einschließlich Lichtvorhänge, siehe DIN EN 61496-1 **(VDE 0113-201)** [86].

Wiederkehrende Prüfung

Kann die elektrische Ausrüstung nicht automatisch geprüft werden, ist eine wiederkehrende Prüfung nach Angaben des Maschinenherstellers vorzunehmen.

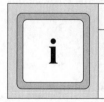

Dokumentation gemäß Abschnitt 17 erstellen

Die Prüfmethoden und die Information, wie oft eine Prüfung durchgeführt werden muss, sind in der Gebrauchsanleitung anzugeben.

Automatische Fehlererkennung

Verfügt die Steuerung über eine eigene automatische Fehlererkennung, so kann für diese Funktion auf eine wiederkehrende Prüfung verzichtet werden. Steuerungen entsprechend DIN EN 62061 (**VDE 0113-50**) und DIN EN ISO 13849-1 verfügen über eine automatische Fehlererkennung.

9.4.3 Schutz gegen Fehlfunktionen von Steuerstromkreisen

Der Schutz vor Fehlfunktionen kann bei klassischen Hilfsschützsteuerungen durch die richtige Auswahl in Verbindung mit Überwachungs- und Schutzmaßnahmen der Stromversorgung erhöht werden.

Kennwerte für Stromversorgungen von Steuerstromkreisen sind:

* Höhe der Spannung,
* Stromart,
* Erdung.

Die Auswahl der richtigen Kennwerte ist immer abhängig von der Nutzung im Zusammenhang mit dem Hauptstromkreis.

9.4.3.1 Isolationsfehler

9.4.3.1.1 Allgemeines

TN- oder TT-System?

Grundsätzlich wird die Erdung von Steuerstromkreisen nicht nach den Regeln der „Systeme nach Art ihrer Erdverbindung" (TN-, IT-System) betrachtet. Der geerdete aktive Leiter der Sekundärseite eines Einphasentransformators bleibt bei einem Steuerstromkreis weiterhin ein aktiver Leiter, darum wird er nicht als Neutralleiter betrachtet und deshalb auch nicht so gekennzeichnet. Es gibt bei Hilfsstromkreisen nur die Varianten geerdete oder ungeerdete Steuerstromkreise.

Geerdete Steuerstromkreise

Bei der Erdung einer Steuerstromkreisversorgung sollte diese in der Nähe des Transformators vorgenommen werden und entsprechend gekennzeichnet werden. Es empfiehlt sich, die Erdung einmalig mittels eines lösbaren Verbindungselements vorzunehmen. So kann im Rahmen einer Fehlersuche bei einem Erdschluss die Erdverbindung einfach geöffnet werden. In ausgedehnten Anlagen kann es hilfreich sein, mehrere Abzweige, die unabhängig voneinander geerdet sind, aufzubauen. In solchen Fällen kann dann die jeweilige Erdverbindung unabhängig von anderen Steuerstromkreisen zu Messzwecken geöffnet werden.

269

Ungeerdete Steuerstromkreise

Bei einer ungeerdeten Steuerstromkreisversorgung ist grundsätzlich eine Isolationsüberwachungseinrichtung (IMD) vorzusehen. Bei der Planung muss bewertet werden, ob ein Erdschluss im Hilfsstromkreis zu einer gefährlichen Fehlfunktion im Hauptstromkreis führen kann. In solchen Fällen muss natürlich eine Person das Signal der Isolationsüberwachungseinrichtung registrieren können und entsprechende Maßnahmen ergreifen. Damit sind ungeerdete Hilfsstromkreise nur in überwachten Anlagen sinnvoll. Würde mit dem Signal der Isolationsüberwachungseinrichtung die Anlage automatisch abgeschaltet, sollte man eigentlich eine geerdete Hilfsstromversorgung vorziehen. Ungeerdete Hilfsstromversorgungen sollten nur dort vorgesehen werden, wo im Erdschlussfall noch eine Funktion kontrolliert zu Ende geführt werden muss, bevor (durch eine Person) abgeschaltet wird.

Bei einer Stromversorgung mittels eines Transformators, der auf der Sekundärseite einen vom Hauptstromkreis galvanisch getrennten Stromkreis bildet, wird manchmal gestritten, ob dieser Sekundärstromkreis hinsichtlich der Systeme nach Art ihrer Erdverbindungen (TN-, TT- oder IT-System) betrachtet werden muss.

In der Regel sind Sekundärstromkreise von Hilfsstromkreisen einphasige Wechsel- oder Gleichstromkreise. Beide Leiter sind entsprechend DIN VDE 0100-100, Abschnitt 312.1 stromführend. Wird einer der Leiter des Sekundärstromkreises geerdet, dann wird dieser Leiter <u>nicht</u> automatisch zu einem Neutralleiter und die Isolation des Leiters wird auch nicht blau gekennzeichnet. Tabelle 3.1 zeigt die Gegensätze von bzw. Anforderungen an Haupt- und Hilfsstromkreise.

In einem ungeerdeten Hauptstromkreis (IT-System) führt ein zweiter Fehler im selben aktiven Leiter nicht zu einer Fehlfunktion oder elektrischen Gefährdung. Ein zweiter Erdfehler in einem anderen aktiven Leiter muss mittels einer Überstromschutzeinrichtung innerhalb der relevanten Zeit (spannungsabhängig) abgeschaltet werden.

In einem ungeerdeten Hilfsstromkreis hingegen kann ein zweiter Erdfehler im selben aktiven Leiter, z. B. innerhalb der Steuerung, unbemerkt von der Überstromschutzeinrichtung zu einer Fehlfunktion führen, siehe Bild 3.1. Ein zweiter Erdfehler in einem anderen aktiven Leiter muss mittels einer Überstromschutzeinrichtung innerhalb der relevanten Zeit abgeschaltet werden.

Bei der Auswahl der Stromversorgungsmethode muss eine mögliche Fehlfunktion durch einen Erdschluss im Steuerstromkreis im Vordergrund stehen. DIN EN 60204-1 (**VDE 0113-1**) enthält eine Vielzahl von Stromversorgungsmethoden.

9.4.3.1.2   Methode a) Geerdete Stromkreise, die über einen Transformator versorgt werden

Siehe **Tabelle 9.6**.

Methode a)	Geerdeter Stromkreis, der über einen Transformator versorgt wird

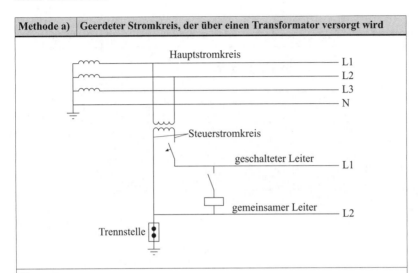

Konzept:
Mithilfe eines Einphasentransformators wird die Steuerung vom Hauptstromkreis versorgt.
Der Schutz gegen Kurzschluss erfolgt durch eine einpolige Überstromschutzeinrichtung im geschalteten Leiter.
Der gemeinsame Leiter wird mit dem Schutzleitersystem verbunden.
Für Messzwecke (Isolationsfehlersuche) ist eine Trennstelle zwischen der Schutzleiterverbindung und dem gemeinsamen Leiter in der Nähe des Transformators vorzusehen.
Der Transformator kann an zwei Außenleiter oder an einen Außenleiter und einen Neutralleiter angeschlossen werden. Größere Maschinen werden meistens ohne Neutralleiter versorgt.

Vorteile:
Bei einem Erdschluss auf der Seite des geschalteten Leiters erfolgt automatisch eine Abschaltung der Stromversorgung durch die Überstromschutzeinrichtung.
Die Überstromschutzeinrichtung kann auch den Schutz gegen elektrischen Schlag übernehmen.

Nachteile:
Bei einem Isolationsfehler im Steuerstromkreis wird die Steuerung automatisch ohne Vorwarnung abgeschaltet. In einem solchen Fall steht die Maschine nicht mehr zur Verfügung.
Bei langen Leitungen zu Schützspulen oder Magnetventilen wirkt die Kapazität der Zuleitungen wie ein Kondensator und verlängert die Abfallzeiten.

Empfehlungen:
Für Steuerungen, die mit Hilfsschützen aufgebaut sind, ist diese Art der Stromversorgung die einfachste Lösung.

Tabelle 9.6 Geerdeter Stromkreis, der über einen Transformator versorgt wird

9.4.3.1.3 Methode b) Ungeerdete Stromkreise, die über einen Transformator versorgt werden

Siehe **Tabelle 9.7** bis **9.9**.

Methode b1)	Ungeerdeter Stromkreis, der über einen Transformator versorgt wird

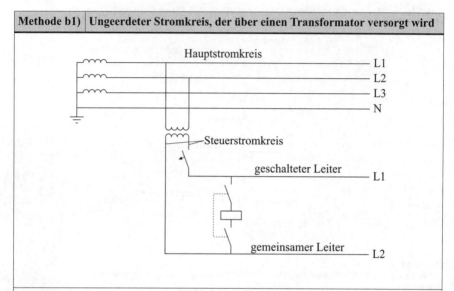

Konzept:
Mithilfe eines Einphasentransformators wird die Steuerung vom Hauptstromkreis versorgt.
Der Schutz gegen Kurzschluss erfolgt durch eine einpolige Überstromschutzeinrichtung im geschalteten Leiter.
Der Transformator kann an zwei Außenleiter oder an einen Außenleiter und einen Neutralleiter angeschlossen werden. Größere Maschinen werden meistens ohne Neutralleiter versorgt.
Alle Aktoren werden an beiden Anschlüssen über parallel gesteuerte Kontakte angesteuert.

Vorteile:
Doppelerdschlüsse innerhalb der Steuerung können nicht zu einer Fehlfunktion führen.
Durch parallel schaltende Kontakte, sowohl im geschalteten Leiter als auch im gemeinsamen Leiter (der in diesem Fall auch ein geschalteter Leiter ist), ist die Steuerung völlig immun gegen Fehlfunktionen durch Erdschlüsse im Steuerstromkreis.

Nachteile:
Ein Erdschluss wird nicht erkannt.

Empfehlungen:
Nur für Steuerungen zu empfehlen, bei denen der Schutz gegen Fehlfunktionen im Erdschlussfall bedeutsam im Vordergrund steht.

Tabelle 9.7 Ungeerdeter Stromkreis, der über einen Transformator versorgt wird

Methode b2)	Ungeerdeter Stromkreis, der über einen Transformator versorgt wird, mit Isolationsüberwachung, die automatisch abschaltet

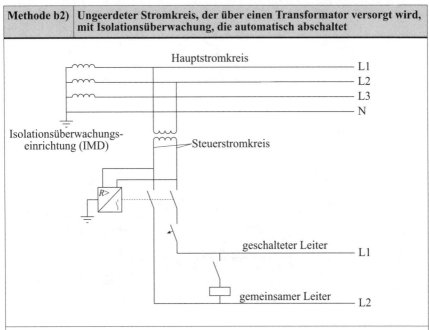

Konzept:
Mithilfe eines Einphasentransformators wird die Steuerung vom Hauptstromkreis versorgt.
Der Schutz gegen Kurzschluss erfolgt durch eine einpolige Überstromschutzeinrichtung im geschalteten Leiter.
Der Transformator kann an zwei Außenleiter oder an einen Außenleiter und einen Neutralleiter angeschlossen werden. Größere Maschinen werden meistens ohne Neutralleiter versorgt.
Eine Isolationsüberwachungseinrichtung (IMD) überwacht die Isolation des ungeerdeten Steuerstromkreises und schaltet die Stromversorgung bei Unterschreitung automatisch ab.

Vorteile:
Bereits bei geringen Fehlerströmen wird die Steuerung automatisch abgeschaltet.
Fehlfunktionen durch Erdschlüsse werden verhindert.

Nachteile:
Die Steuerung wird bereits bei geringen Fehlerströmen abgeschaltet.
Die Isolationsüberwachungseinrichtung (IMD) schaltet ohne Vorwarnung bei Unterschreitung des Isolationswiderstands ab.

Empfehlungen:
Nur für Steuerungen zu empfehlen, bei denen der Schutz gegen Fehlfunktionen im Erdschlussfall bedeutsam im Vordergrund steht und das Schalten von Aktoren mit Doppelkontakten nicht möglich ist (Methode b1).

Tabelle 9.8 Ungeerdeter Stromkreis, der über einen Transformator versorgt wird, mit Isolationsüberwachung, die automatisch abschaltet

Methode b3)	Ungeerdeter Stromkreis, der über einen Transformator versorgt wird, mit Isolationsüberwachung, die eine Warnung auslöst

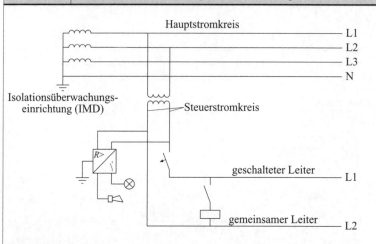

Konzept:
Mithilfe eines Einphasentransformators wird die Steuerung vom Hauptstromkreis versorgt.
Der Schutz gegen Kurzschluss erfolgt durch eine einpolige Überstromschutzeinrichtung im geschalteten Leiter.
Der Transformator kann an zwei Außenleiter oder an einen Außenleiter und einen Neutralleiter angeschlossen werden. Größere Maschinen werden meistens ohne Neutralleiter versorgt.
Eine Isolationsüberwachungseinrichtung (IMD) überwacht die Isolation des ungeerdeten Steuerstromkreises und löst bei Unterschreitung automatisch eine akustische und optische Warnung aus.

Vorteile:
Bereits bei geringen Fehlerströmen wird ein Unterschreiten des Isolationswiderstands gemeldet.
Die Bedienperson wird automatisch vor Fehlfunktionen gewarnt und kann darauf reagieren.

Nachteile:
Die Steuerung wird bei Fehlerströmen nicht automatisch abgeschaltet.
Die Maschine kann bei einem Isolationsfehler Fehlfunktionen ausführen, wenn die Bedienperson nicht auf die Warnung reagiert.

Empfehlungen:
Für Maschinen, die von einer Person bedient werden und bei denen es wichtig ist, frühzeitig informiert zu werden, dass mit einer Fehlfunktion der Maschine wegen eines Isolationsfehlers zu rechnen ist.
Die Verfügbarkeit der Maschine ist höher als bei Methode b2), da nicht sofort automatisch abgeschaltet wird.

Tabelle 9.9 Ungeerdeter Stromkreis, der über einen Transformator versorgt wird, mit Isolationsüberwachung, die eine Warnung auslöst

9.4.3.1.4 Methode c) Stromkreise, die über einen Transformator mit einer geerdeten Mittelanzapfung versorgt werden

Siehe **Tabelle 9.10.**

Methode c)	Stromkreis, der über einen Transformator mit einer geerdeten Mittelanzapfung versorgt wird

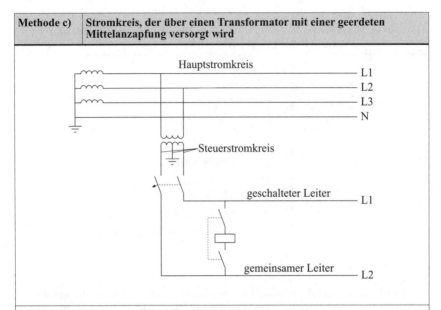

Konzept:
Mithilfe eines Einphasentransformators, der an einer Mittenanzapfung geerdet ist, wird die Steuerung vom Hauptstromkreis versorgt.
Der Schutz gegen Kurzschluss erfolgt durch eine zweipolige Überstromschutzeinrichtung. Der Transformator kann an zwei Außenleiter oder an einen Außenleiter und einen Neutralleiter angeschlossen werden. Größere Maschinen werden meistens ohne Neutralleiter versorgt. Alle Aktoren werden an beiden Anschlüssen über parallel gesteuerte Kontakte angesteuert.

Vorteile:
Die Berührungsspannung im Fehlerfall ist nur halb so hoch wie die Spannung zwischen den Versorgungsanschlüssen.
Doppelerdschlüsse innerhalb der Steuerung können nicht zu einer Fehlfunktion führen.
Aufgrund parallel schaltender Kontakte, sowohl im geschalteten Leiter als auch im gemein samen Leiter (der in diesem Fall auch ein geschalteter Leiter ist), ist die Steuerung völlig immun gegen Fehlfunktionen durch Erdschlüsse im Steuerstromkreis.

Nachteile:
Spezieller Transformator erforderlich.

Empfehlungen:
Für Maschinen, die für den US-amerikanischen Markt vorgesehen sind.

Tabelle 9.10 Stromkreis, der über einen Transformator mit einer geerdeten Mittelanzapfung versorgt wird

9.4.3.1.5   Methode d) Stromkreise, die nicht über einen Transformator versorgt werden

Siehe **Tabelle 9.11** bis **9.14**.

Methode d1a)	**Steuerstromkreis, der direkt vom Hauptstromkreis von einem aktiven Leiter versorgt wird**

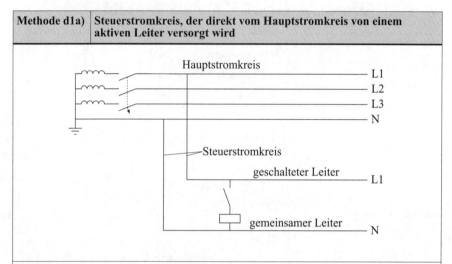

Konzept:
Der Steuerstromkreis wird direkt vom Hauptstromkreis von einem Außenleiter versorgt. Die Überstromschutzeinrichtung übernimmt auch den Überstromschutz des Steuerstromkreises.

Vorteile:
Kein eigener Transformator für den Steuerstromkreis erforderlich.
Keine eigene Überstromschutzeinrichtung für den Steuerstromkreis erforderlich.

Nachteile:
Nur für Steuerungen mit max. zwei Steuergeräten erlaubt.
Leitungen und Kontakte des Steuerstromkreises müssen entsprechend der Überstromschutzeinrichtung im Hauptstromkreis ausgelegt werden.
Keine galvanische Trennung zwischen Haupt- und Steuerstromkreis.

Empfehlungen:
Für Maschinen mit einer Steuerung für eine Ein-/Aus- oder Umschaltung.

Tabelle 9.11 Steuerstromkreis, der direkt vom Hauptstromkreis von einem aktiven Leiter versorgt wird

Methode d1b)	Steuerstromkreis, der direkt vom Hauptstromkreis von zwei aktiven Leitern versorgt wird

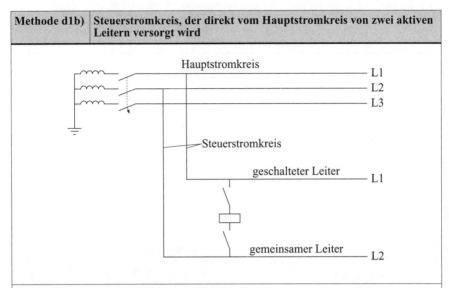

Konzept:
Der Steuerstromkreis wird direkt vom Hauptstromkreis von zwei Außenleitern versorgt. Die Überstromschutzeinrichtung übernimmt auch den Überstromschutz des Steuerstromkreises.

Vorteile:
Kein eigener Transformator für den Steuerstromkreis erforderlich.
Keine eigene Überstromschutzeinrichtung für den Steuerstromkreis erforderlich.
Versorgung des Steuerstromkreises auch bei nicht vorhandenem Neutralleiter möglich.
Aufgrund parallel schaltender Kontakte, sowohl im geschalteten Leiter als auch im gemeinsamen Leiter (der in diesem Fall auch ein geschalteter Leiter ist), ist die Steuerung völlig immun gegen Fehlfunktionen durch Erdschlüsse im Steuerstromkreis.

Nachteile:
Nur für Steuerungen mit max. zwei Steuergeräten erlaubt.
Leitungen und Kontakte des Steuerstromkreises müssen entsprechend der Überstromschutzeinrichtung im Hauptstromkreis ausgelegt werden.
Keine galvanische Trennung zwischen dem Haupt- und Steuerstromkreis.
Verkettete Spannung wird als Steuerspannung verwendet.
Maximale Steuerspannung bei 50 Hz ist AC 230 V.

Empfehlungen:
Für Maschinen mit einer Steuerung für eine Ein-/Aus- oder Umschaltung, die über keinen Neutralleiteranschluss verfügen.

Tabelle 9.12 Steuerstromkreis, der direkt vom Hauptstromkreis von zwei aktiven Leitern versorgt wird

Methode d2a)	Steuerstromkreis, der direkt vom Hauptstromkreis von einem aktiven Leiter versorgt wird, mit einer Isolationsüberwachungseinrichtung (IMD) in einem ungeerdeten Netz

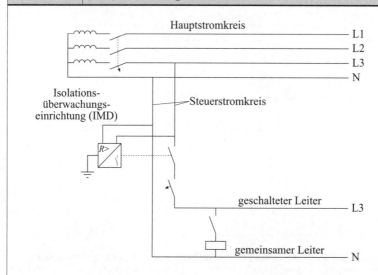

Konzept:
Der Hauptstromkreis wird ungeerdet betrieben (IT-System).
Der Steuerstromkreis wird direkt vom Hauptstromkreis von einem Außenleiter versorgt.
Die Überstromschutzeinrichtung übernimmt auch den Überstromschutz des Steuerstromkreises.
Eine Isolationsüberwachungseinrichtung (IMD) überwacht sowohl den Hauptstromkreis als auch den Steuerstromkreis.
Bei einem Isolationsfehler wird die Stromversorgung des Steuerstromkreises abgeschaltet.

Vorteile:
Kein eigener Transformator für den Steuerstromkreis erforderlich.
Keine eigene Überstromschutzeinrichtung für den Steuerstromkreis erforderlich.
Ein Isolationsfehler im Haupt- oder Steuerstromkreis führt zur Abschaltung der Maschine.

Nachteile:
Nur für Steuerungen mit max. zwei Steuergeräten erlaubt.
Leitungen und Kontakte des Steuerstromkreises müssen entsprechend der Überstromschutzeinrichtung im Hauptstromkreis ausgelegt werden.
Keine galvanische Trennung zwischen dem Haupt- und Steuerstromkreis.
Der Isolationswiderstand des Hauptstromkreises schaltet die Steuerung ab.

Empfehlungen:
Für Maschinen mit einer Steuerung für eine Ein-/Aus- oder Umschaltung.
Für Maschinen, die von einem IT-System mit Neutralleiter versorgt werden und bei denen bereits ein kleiner Isolationsfehler zu einer Abschaltung führen muss.

Tabelle 9.13 Steuerstromkreis, der direkt vom Hauptstromkreis von einem aktiven Leiter versorgt wird, mit einer Isolationsüberwachungseinrichtung (IMD) in einem ungeerdeten Netz

Methode d2b)	Steuerstromkreis, der direkt vom Hauptstromkreis von zwei aktiven Leitern versorgt wird, mit einer Isolationsüberwachungseinrichtung (IMD) in einem ungeerdeten Netz

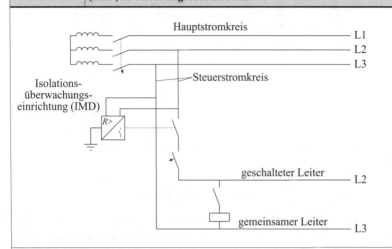

Konzept:
Der Hauptstromkreis wird ungeerdet betrieben (IT-System).
Der Steuerstromkreis wird direkt vom Hauptstromkreis von zwei Außenleitern versorgt.
Die Überstromschutzeinrichtung übernimmt auch den Überstromschutz des Steuerstromkreises.
Eine Isolationsüberwachungseinrichtung (IMD) überwacht sowohl den Hauptstromkreis als auch den Steuerstromkreis.
Bei einem Isolationsfehler wird die Stromversorgung des Steuerstromkreises abgeschaltet.

Vorteile:
Kein eigener Transformator für den Steuerstromkreis erforderlich.
Keine eigene Überstromschutzeinrichtung für den Steuerstromkreis erforderlich.
Versorgung des Steuerstromkreises auch bei nicht vorhandenem Neutralleiter möglich.
Ein Isolationsfehler im Haupt- oder Steuerstromkreis führt zur Abschaltung der Maschine.

Nachteile:
Nur für Steuerungen mit max. zwei Steuergeräten erlaubt.
Leitungen und Kontakte des Steuerstromkreises müssen entsprechend der Überstromschutzeinrichtung im Hauptstromkreis ausgelegt werden.
Keine galvanische Trennung zwischen dem Haupt- und Steuerstromkreis.
Der Isolationswiderstand des Hauptstromkreises schaltet die Steuerung ab.
Verkettete Spannung wird als Steuerspannung verwendet.
Maximale Steuerspannung bei 50 Hz ist AC 230 V.

Empfehlungen:
Für Maschinen mit einer Steuerung für eine Ein-/Aus- oder Umschaltung.
Für Maschinen, die von einem IT-System ohne Neutralleiter versorgt werden und bei denen bereits ein kleiner Isolationsfehler zu einer Abschaltung führen muss.

Tabelle 9.14 Steuerstromkreis, der direkt vom Hauptstromkreis von zwei aktiven Leitern versorgt wird, mit einer Isolationsüberwachungseinrichtung (IMD) in einem ungeerdeten Netz

9.4.3.2 Spannungsunterbrechungen

Beim Einsatz von elektronischen freiprogrammierbaren Steuerungen darf eine Spannungsunterbrechung der Stromversorgung bezüglich der Steuerung nicht zum Verlust des Steuerprogramms führen. Dies bedeutet, dass das Anwenderprogramm auf einem nicht flüchtigen Speichermedium (z. B. Eprom) abgelegt sein muss, oder die elektronische freiprogrammierbare Steuerung muss über eine eigene Pufferbatterie verfügen, die auch bei langen Abschaltungen der Stromversorgung einer Maschine die Erhaltung des Anwenderprogramms auf einem flüchtigen Speicher gewährleistet.

Die Anforderungen aus Abschnitt 7.5, in dem das Verhalten der Maschine bei Unterbrechung der Stromversorgung, Spannungseinbrüchen und Spannungswiederkehr festgelegt ist, gelten auch für den Betrieb mit elektronischen freiprogrammierbaren Steuerungen.

9.4.3.3 Verlust der Durchgängigkeit eines Stromkreises

Signale von Steuerungen oder Sensoren müssen manchmal auch über Schleifleitungen oder Schleifringe zu beweglichen Teilen einer Maschine geführt werden. Dies kann z. B. bei rotierenden Maschinenteilen der Fall sein. In solchen Fällen wird für sicherheitsrelevante Signale die Verdopplung der Schleifkontakte empfohlen.

Elektronische Steuerungen, die entsprechend DIN EN 62061 (**VDE 0113-50**) oder DIN EN ISO 13849-1 hergestellt und zertifiziert sind, können den Verlust einer Verbindung von Signalgebern erkennen und abschalten.

10   Bedienerschnittstellen und an der Maschine befestigte Steuergeräte

10.1   Allgemeines

Abschnitt 10 enthält Anforderungen an zwei Gruppen von Steuergeräten.

Bedienerschnittstelle

Mit Bedienerschnittstelle ist hier die Mensch-Maschine-Schnittstelle gemeint (HMI = Human Machine Interface). Hierzu gehören nicht nur Bedienelemente, sondern auch Anzeigeleuchten und Anzeigen einschließlich Bildschirme, also Rückmeldungen der Maschine an den Bediener. Beides kann sowohl in separaten Bedienstationen eingebaut, aber auch – z. B. für „Vor-Ort-Steuerungen" – an der Maschine angebaut sein.

An der Maschine befestigte Steuergeräte

Mit „an der Maschine befestigten Steuergeräten" sind alle nicht von einer Person betätigten Steuergeräte gemeint. Dazu gehören Aktoren und Sensoren, die in der Maschinensteuerung Funktionen auslösen.
In Abschnitt 10 werden hauptsächlich vom Bediener betätigte Steuergeräte betrachtet. Die Anforderungen aus Abschnitt 10.1.1, 10.1.2 und 10.1.3 gelten zum Teil auch für nicht von einem Bediener betätigte Steuergeräte. Mit Abschnitt 10.1.4 widmet sich ein eigener Abschnitt den Positionssensoren.

10.1.1   Allgemeine Anforderungen

Die Mensch-Maschine-Schnittstelle ist ein wesentliches sicherheitsrelevantes Element. Die Eindeutigkeit bei der Bedienung und die schnelle Erfassung von optischen und akustischen Signalen tragen wesentlich zur Reduzierung des Risikos bei. Intuitives Erfassen einer gewollten Bewegung einer Maschine führt zu deren Beherrschung. DIN EN 61310-1 (**VDE 0113-101**) [87], DIN EN 61310-2 (**VDE 0113-102**) [88], DIN EN 61310-3 (**VDE 0113-103**) [42] liefern wertvolle Angaben zu Anforderungen an Anzeigen, Kennzeichnung und Bedienung.

Grundsätzlich müssen Bewegungsrichtungen von Stellteilen mit der Bewegungsrichtung der Systeme einer Maschine übereinstimmen, also AUF – AB, VOR – ZURÜCK, RECHTS – LINKS. Bei der Auswahl sind die Grundsätze der Ergonomie, der Bewegungsraum und die Ausbildung des vorgesehenen Bedieners zu beachten.

Für eine sichere und schnelle Bedienung ist die eindeutige Zuordnung der Bedienteile zu ihren Funktionen sicherzustellen. Kann eine zufällige, nicht beabsichtigte Betätigung zu einer Gefährdungssituation führen, müssen hierfür konstruktive Maßnahmen, z. B. Schutzkragen oder hochklappbare Abdeckungen, vorgesehen werden.

Werden mehrere Bedienteile zusammen angeordnet, so sind diese in sinnfälligen Gruppen zusammenzufassen. STOPP-Bedienteile sind z. B. in der Nähe der Start-Bedienteile anzuordnen. Gehören mehrere Bedienteile zu einer Gruppe, so ist das STOPP-Bedienteil dieser Gruppe zuzuordnen, siehe DIN EN 61310-3 (**VDE 0113-103**).

DIN EN 60204-1 (**VDE 0113-1**) enthält auch Anforderungen an Bildschirme und berührungsempfindliche Bildschirme (Touchscreen). Die Farben für Anzeigen entsprechend Tabelle 4 in Abschnitt 10.3.2 der Norm gelten auch für Bildschirme. Für berührungsempfindliche Bildschirme gelten für die Darstellung von Bedienelementen sowohl die vorgegebenen Farben entsprechend Abschnitt 10.2.1 als auch die Symbole entsprechend Tabelle 2 in Abschnitt 10.2.2 der Norm wie für Drucktaster.

Die Anforderungen an numerische/alphanumerische Tasten sowie berührungsempfindliche Bereiche auf Bildschirmen enthält DIN EN 60447 (**VDE 0196**) [89]. Diese gelten insbesondere für die Festlegung von sicherheitsbezogenen Befehlen.

10.1.2 Anordnung und Montage

Der erste Absatz gilt für beide Gruppen, sowohl für die Bediener-Schnittstelle als auch für an der Maschine montierte Steuergeräte (z. B. Sensoren). Der zweite und der dritte Absatz betreffen ausschließlich die Bediener-Schnittstellen.

Unbeabsichtigte Betätigung

Steuergeräte (Befehlsgeräte, Sensoren) müssen so angebracht sein, dass sie nicht durch Tätigkeiten um die Maschine herum und an der Maschine selbst beschädigt bzw. unbeabsichtigt betätigt werden können. Insbesondere das unbeabsichtigte Betätigen von Drucktastern und Schaltern muss durch Anordnung, Schutzkragen oder Ähnliches verhindert werden. Sensoren sind ebenfalls vor unbeabsichtigtem Betätigen zu schützen.

Verkehrswege

Bei der Anordnung von Steuergeräten im Bereich von Verkehrswegen muss dieser Aspekt ebenfalls beachtet werden. Gerade Befehlsgeräte zum Stillsetzen bzw. Ausschalten im Notfall werden oft, z. B. bei räumlich weit ausgedehnten Maschinen und Anlagen wie Transferstraßen, Pressenstraßen usw., auch wegen der leichten Erreichbarkeit für alle Personen, in der Nähe von Verkehrswegen installiert.

Bei einer derartigen Anbringung muss jedoch durch zusätzliche Maßnahmen erreicht werden, dass ein unbeabsichtigtes Betätigen dieser Einrichtungen beim Begehen der Verkehrswege verhindert ist, auch um z. B. ungewollte Betriebsstörungen zu vermeiden. Zusätzliche Schutzabdeckungen, die ein unbeabsichtigtes Betätigen verhindern sollen, dürfen jedoch den schnellen Zugriff auf die Befehlsgeräte nicht behindern.

Anordnungshöhe

Bezüglich der Anordnung von handbetätigten Bedienteilen wird lediglich eine Mindesthöhe von 0,6 m über der Bedienebene (= Zugangsebene) gefordert, siehe **Bild 10.1**, sowie die leichte Erreichbarkeit von der üblichen Arbeitsposition des Bedieners aus. Jedoch sind auch der max. Höhe Grenzen gesetzt. Zum Beispiel wird für Netztrenneinrichtungen in Abschnitt 5.3.4 eine obere Grenze angegeben, die max. 1,9 m betragen darf, vorzugsweise jedoch 1,7 m nicht überschreiten sollte.

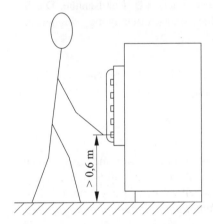

Bild 10.1 Mindesthöhe der Bedieneinrichtungen

Ergonomie beachten

Hier sind die Aspekte der Ergonomie zu berücksichtigen. Sowohl kleine als auch große Menschen müssen die Bedienteile sicher betätigen können. Die den Konstruktionen zugrunde liegenden Abmessungen des menschlichen Körpers sind DIN EN 547-3 [90] zu entnehmen.

Bedienteile sind immer außerhalb von Gefahrenbereichen anzuordnen und der Betriebszustand der Maschine muss entweder direkt oder über Rückmeldungen erkennbar sein.

283

10.1.3 Schutzart

Die Schutzart von Steuergeräten (Befehlsgeräte, Sensoren) muss den Umgebungsbedingungen an den Bedienerschnittstellen und an der Maschine laut DIN EN 60529 (**VDE 0470-1**) entsprechen, s. a. Abschnitt 11.3 in diesem Buch.

Aggressive Flüssigkeiten

Besondere Aufmerksamkeit gilt Stellen an Steuergeräten, an denen aggressive Flüssigkeiten, Dämpfe oder Gase auftreten können. An solchen sind besondere Maßnahmen zum Schutz der Steuergeräte vorzusehen.

Robuste Betätigung

Wenn derartige Flüssigkeiten auftreten können, muss berücksichtigt werden, dass auch der Bediener eine Schutzausrüstung verwendet, z. B. Handschuhe. Die Bedieneinrichtungen müssen dann für eine solche (robuste) Betätigung geeignet sein.

Hochdruckreiniger

Ist zu Reinigungszwecken einer Maschine einschließlich ihrer Steuergeräte der Einsatz eines Hochdruckreinigers vorgesehen, sind die Steuergeräte in der Schutzart IP99 auszuführen.

Tastaturen und Bildschirme

Diese Anforderungen gelten auch für Tastaturen und Bildschirme, einschließlich der berührungsempfindlichen Bildschirme. Tastaturen und Bildschirme, die für den Büroalltag oder für Privathaushalte entwickelt wurden, erfüllen meist nicht die Anforderungen an eine Bedienung direkt an einer Maschine.

Drahtsicher

Für den Schutz gegen elektrischen Schlag (direktes Berühren) müssen Bedieneinrichtungen mindestens in der Schutzart IPXXD (drahtsicher) ausgeführt sein. In den oben beschriebenen Fällen ist jedoch aufgrund der äußeren Einflüsse häufig eine höhere Schutzart als die für den Schutz gegen elektrischen Schlag erforderlich.

10.1.4 Positionssensoren

Der Begriff Positionssensor gilt in dieser Norm für Positionsschalter, Endschalter usw., abhängig von deren Funktionen, und gleichermaßen auch für elektromechanische wie berührungslos wirkende Steuergeräte.

Bild 10.2 zeigt ein Beispiel, wie ein Endschalter angeordnet werden sollte, damit er bei unkontrollierten Bewegungen nicht zerstört wird.

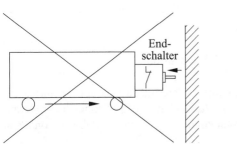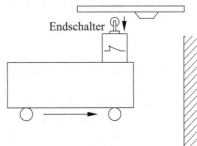

Bild 10.2 Anordnung eines Endschalters

Funktionale Sicherheit

Risikobeurteilung notwendig

Anforderungen an die Zuverlässigkeit und funktionale Sicherheit sind insbesondere beim Einsatz in sicherheitsbezogenen Steuerfunktionen im Rahmen einer Risikobeurteilung entsprechend DIN EN 62061 (**VDE 0113-50**) oder DIN EN ISO 13849-1 zu ermitteln.

Zwangsöffnend

Die Forderung nach „zwangsöffnenden" Wegfühlern deutet zunächst auf elektromechanische Steuereinrichtungen hin. Deswegen sind aber berührungslose elektronische Geräte nicht verboten, wenn sie eine vergleichbare Zuverlässigkeit aufweisen. Dies kann durch geeignete Maßnahmen entsprechend Abschnitt 9.4.2, z. B. durch einen redundanten Aufbau, erreicht werden.

Zwangsöffnend bedeutet entsprechend DIN EN 60947-5-1 (**VDE 0660-200**) [91]:

Die Sicherstellung einer Kontakttrennung als direktes Ergebnis einer festgelegten Bewegung des Bedienteils des Schalters über nicht federnde Teile (z. B. nicht von einer Feder abhängig).

285

Sprungfunktion

Daher dürfen im Allgemeinen keine Schalter mit Sprungfunktion für Sicherheitsfunktionen verwendet werden. Es sind jedoch auch Schalter mit Sprungfunktion erhältlich, bei denen die Zwangsöffnung der Kontakte durch zusätzliche Maßnahmen erreicht wird.

10.1.5 Tragbare und herabhängende Bedienstationen

Bei tragbaren oder herabhängenden Bedienstationen sind die Betätigungseinrichtungen so zu schützen, dass sie beim An- oder Aufschlagen, beim Pendeln oder Herunterfallen keine Befehle (Signale) auslösen können. Seitliche Schutzbügel können in solchen Fällen ein wirksamer Schutz sein.

Beschleunigungskräfte beachten

Die beim An- oder Aufschlagen auftretenden Beschleunigungskräfte dürfen nicht zu einem selbstständigen Schließen von Kontakten der Befehlsgeber führen und einen unbeabsichtigten Befehl auslösen.

10.2 Bedienteile

Bedienteile sind elektrische Betriebsmittel zum Steuern, mit deren Funktionen eine Maschine nicht automatisch, sondern von Hand, also willentlich, gesteuert wird. Die Bedienteile müssen den auslösenden Funktionen an der Maschine mittels einer Codierung zugeordnet werden können. Dies kann erfolgen durch:

- Farbe,
- Form (siehe **Bild 10.3**),
- Symbol,
- Anordnung

oder eine Kombination dieser Merkmale. Dies gilt insbesondere dann, wenn für mehrere unterschiedliche Funktionen dieselbe Farbe gewählt wurde.

Bild 10.3 Beispiele von Formen (DIN EN 61310-1 (**VDE 0113-101**))

10.2.1 Farben

Bedienteile sind in Abhängigkeit von ihrer Verwendung farblich zu kennzeichnen. Dabei darf aus verschiedenen Farben ausgewählt werden – mit Ausnahme des Bediengeräts für Not-Halt und Not-Aus. Bei einigen Funktionen wird eine bestimmte Farbe bevorzugt (siehe Tabelle 10.1).

Für Start-/Ein-Bedienteile

Rot	Gelb	Blau	Grün	Weiß	Grau	Schwarz
nein	nein	nein	alternativ	vorzugs-weise	alternativ	alternativ

Für Not-Halt-/Not-Aus-Bedienteile

Rot	Gelb	Blau	Grün	Weiß	Grau	Schwarz
ja	Hinter-grund*	nein	nein	nein	nein	nein

*) wenn vorhanden

Für Stopp-/Aus-Bedienteile

Rot	Gelb	Blau	Grün	Weiß	Grau	Schwarz
alternativ*	nein	nein	nein	alternativ	alternativ	vorzugs-weise

*) nicht in der Nähe von Not-Befehlsgeräten

Kombinationen aus Start-/Ein- und Stopp-/Aus-Bedienteilen

Rot	Gelb	Blau	Grün	Weiß	Grau	Schwarz
nein	nein	nein	nein	ja	ja	ja

Für Tippbetrieb-Bedienteile

Rot	Gelb	Blau	Grün	Weiß	Grau	Schwarz
nein	nein	nein	nein	ja	ja	ja

287

Für Rückstell-Bedienteile

Rot	Gelb	Blau	Grün	Weiß	Grau	
nein	nein	ja	nein	vorzugs-weise	vorzugs-weise	vorzugs-weise

Für Rückstell-Bedienteile mit zusätzlicher Stopp-/Aus-Funktion

Rot	Gelb	Blau	Grün	Weiß	Grau	Schwarz
nein	nein	nein	nein	alternativ	alternativ	ja

Für Unterbrechung eines Automatikbetriebs

Rot	Gelb	Blau	Grün	Weiß	Grau	Schwarz
nein	ja	nein	nein	nein	nein	nein

Eine Farbe für verschiedene Funktionen

Wird eine Farbe bei Bediengeräten mehrfach für verschiedene Funktionen verwendet, müssen diese Befehlsgeräte zusätzlich durch die Form des Bediengeräts oder ein Symbol unterscheidbar sein.

10.2.2 Kennzeichnung

Bedienteile einer Maschine können durch Symbole, die in IEC 60417-DB festgelegt sind, gekennzeichnet werden.

Zwei Gruppen von Symbolen

Die Symbole sind dabei in zwei Gruppen unterteilt, wobei eine Gruppe für die Steuerung der elektrischen Ausrüstung gilt und die andere Gruppe für das Auslösen von Maschinenfunktionen vorgesehen ist.

Unabhängigkeit von der Sprache

Der Vorteil bei der Verwendung von Symbolen liegt in der Unabhängigkeit von der Sprache des Verwendungslands.

Dokumentation gemäß Abschnitt 17 erstellen

Die Bedeutung der Symbole muss in der Gebrauchsanleitung erklärt werden.

Symbole für die Bedienteile der Steuerung der elektrischen Ausrüstung enthält **Tabelle 10.1**.

Funktion	Symbol-Nummer	Symbol
EIN	IEC 60417 – 5007	
AUS	IEC 60417 – 5008	
EIN/AUS	IEC 60417 – 5010	
EIN (mit selbsttätiger Rückstellung)	IEC 60417 – 5011	

Tabelle 10.1 Symbole für Bedienteile (Leistung)

Symbole für Bedienteile, die eine Funktion der Maschine auslösen, enthält **Tabelle 10.2**.

Funktion	Symbol-Nummer	Symbol
START	IEC 60417 – 5104	
STOPP	IEC 60417 – 5110A	
START (mit selbsttätiger Rückstellung)	IEC 60417 – 5011	
Not-Halt (mit selbsttätiger Rückstellung)	IEC 60417 – 5638	

Tabelle 10.2 Symbole für Bedienteile (Maschinenbedienung)

Anbringort des Symbols

Das Symbol sollte vorzugsweise auf dem Bedienteil angebracht werden. Alternativ kann das Symbol auch neben dem Bedienteil angebracht werden.

10.3 Anzeigeleuchten und Anzeigen

Unter diesem Titel sind sehr unterschiedliche Arten von Anzeigeleuchten und Anzeigen zusammengefasst. Dies können z. B. sein:

- einzelne Anzeigeleuchten in Bedienstationen,
- Signalsäulen an der Maschine, um den Maschinenstatus sichtbar zu machen (siehe Bild 10.6),
- Zusammenfassung von mehreren Anzeigeleuchten in Signaltableaus, z. B. Störstellensignalanlagen,
- Anzeigen auf Bildschirmen.

10.3.1 Allgemeines

Funktional kann man optische Anzeigen in folgende Gruppen unterteilen:

- Anzeigen, die das Bedienpersonal auf bestimmte betriebliche Vorgänge aufmerksam machen oder zu bestimmten Aktionen veranlassen sollen (empfohlene Farben: ROT, GELB, BLAU und GRÜN),
- Bestätigungen (Quittierungen), dass ein bestimmter Befehl ausgeführt wurde oder dass sich ein bestimmter Zustand an der Maschine eingestellt hat (empfohlene Farben: BLAU und WEIß, in besonderen Fällen: GRÜN).

Prüfeinrichtung

Für Warn- und Störmeldungen ist eine Prüfeinrichtung notwendig. Dies ist deshalb sinnvoll, da Warn- und Störmeldungen im ungestörten Betrieb in der Regel nicht aktiv sind, sodass der Ausfall einer Anzeige oder eines akustischen Signalgebers nicht zwangsläufig bemerkt wird. Es ist aber zu empfehlen, grundsätzlich Prüfeinrichtungen für alle optischen Anzeigen vorzusehen.

Aus einer normalen Position des Bedieners sichtbar

Für die Anordnung von Anzeigeleuchten und Bildschirmen verweist die Norm auf DIN EN 61410-1 (**VDE 0113-101**), deren wichtigste ergonomische Anforderungen im Folgenden auszugsweise wiedergegeben und kommentiert sind:

Symmetrische Bereiche

Bei der Anordnung sichtbarer Signale ist das Blickfeld des Menschen aus physiologischer Sicht sowohl in der Horizontalen, siehe **Bild 10.5**, als auch in der Vertikalen, siehe **Bild 10.4**, zu beachten. Dabei wird das Blickfeld, bezogen auf eine Sichtlinie (D), in symmetrische Bereiche eingeteilt. Die Bereiche werden als empfohlen (A), annehmbar (B) bzw. nicht geeignet (C) klassifiziert.

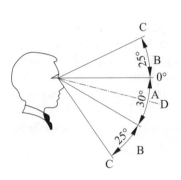

Bild 10.4 Vertikaler Sichtbereich   **Bild 10.5** Horizontales Blickfeld

Diese Einteilung ergibt sich aus der Verteilung der licht- und farbempfindlichen Sensoren auf der Netzhaut des Auges und der Datenverarbeitung dieser Sensorsignale im Gehirn. Hierbei ist A der zentrale Bereich des größten Scharfsehens und der höchsten Farbempfindlichkeit des Auges, ohne den Kopf zu bewegen.

Bereich für die wichtigsten Informationen

In diesem Bereich sollten die wichtigsten Informationen angeordnet werden, die in jedem Fall beachtet werden müssen. Diese dringen dann auch unmittelbar in das Bewusstsein ein, weil das menschliche Gehirn diesem Bereich eine hohe Priorität zuordnet. Bereich B umfasst schon das sog. periphere Sehen, dem das menschliche Gehirn eine geringere Priorität zuordnet. Das Farbsehen ist bereits deutlich eingeschränkt. Dieser Bereich ist also nur für weniger wichtige Informationen geeignet.

Kaum noch wahrgenommene Informationen

Bereich C wird in der Regel ohne den Kopf zu bewegen kaum noch wahrgenommen. In Stresssituationen kann das Gehirn sogar alle Informationen aus den Bereichen B und C unterdrücken und sich nur auf den Bereich A konzentrieren. Die Wahrnehmbarkeit in diesen beiden Bereichen kann allerdings durch Bewegungen oder z. B. auch Blinksignale wieder deutlich gesteigert werden (Abschnitt 10.3.3).

Blendwirkung der Signale

Helligkeit, Farben und Kontraste von sichtbaren Signalen sind sowohl in Abhängigkeit von der Helligkeit des Umfelds im Normalfall als auch den Bedingungen im Notfall zu wählen. Diese Aspekte müssen jedoch gegen die Blendwirkung der Signale auf den Bediener abgewogen werden.

Grafische Symbole

Grafische Symbole müssen einfach, unterscheidbar und logisch sein, um leicht verständlich und eindeutig interpretiert werden zu können. Sicherheitszeichen müssen, entsprechend ihrer Informationen, wie Verbot, Gebot und Warnung, durch eine Kombination von Form und Farbe erkennbar sein. Zusatzzeichen dürfen ausschließlich in Verbindung mit einem Sicherheitszeichen verwendet werden, wenn dieses keine eindeutige Sicherheitsaussage übermittelt (DIN EN 61310-1 (**VDE 0113-101**)).

Beim Einsatz von Bildschirmen sollten auch die Anforderungen an einen Bildschirmarbeitsplatz beachtet werden (DIN EN ISO 9241 [92]).

10.3.2 Farben

Meldeleuchten sind entsprechend den Farbzuordnungen in **Tabelle 10.3** farblich zu codieren:

	Rot	Gelb	Blau	Grün	Weiß
Bedeutung	Notfall	anormal	zwingend	normal	neutral
Information	gefährlicher Zustand	bevorstehender kritischer Zustand	Handlung erforderlich	normaler Zustand	Alternative zu ROT, GELB, BLAU oder GRÜN
Handlung	sofortiges Handeln erforderlich	beobachten oder eingreifen	Handlung erforderlich	keine Vorgaben	überwachen

Tabelle 10.3 Farben von Anzeigeleuchten und ihre Bedeutung

Anzeigesäulen

Bei Fertigungsanlagen, die aus einer Vielzahl von Einzelmaschinen bestehen, sind Signalsäulen für das Service-Personal sehr hilfreich, da der Status jeder Teilmaschine schon von Weitem sichtbar ist. Die Farbreihenfolge ist hier vorgegeben, wobei die Wichtigkeit der Information von unten nach oben hin zunimmt. Die Farben der einzelnen Etagen sind von oben nach unten zugeordnet, siehe **Bild 10.6**.

— Rot
— Gelb
— Grün
— Weiß

Bild 10.6 Signalsäule (Siemens AG)

Personen mit Farbschwäche

Bei Anzeigesäulen sollte immer dieselbe Farbreihenfolge bei allen Maschinen einer Maschinenhalle eingehalten werden, da sich Personen mit Farbschwäche, wie auch bei Verkehrsampeln, an der Position der leuchtenden Lampe auf der Säule orientieren und nicht an deren Farbe.

10.3.3 Blinkende Leuchten und Anzeigen

Der Einsatz von blinkenden Leuchten und Anzeigen sollte abhängig von der Notwendigkeit des „Auf-sich-aufmerksam-Machens" gegenüber anderen Anzeigen entschieden werden. Werden nur wenige Leuchten und Anzeigen verwendet, ist der Einsatz von blinkenden Elementen in der Regel nicht erforderlich.

Aus folgenden Gründen können blinkende Leuchten und Anzeigen eingesetzt werden:

* Aufmerksamkeit erzeugen,
* zum Handeln auffordern,
* eine Abweichung melden,
* Wechsel eines Prozesses anzeigen.

Blinkfrequenz

Durch die Höhe der Blinkfrequenz kann die Dringlichkeit angezeigt werden. Je höher die Blinkfrequenz, desto wichtiger ist die Meldung (IEC 60073). Neben der Blinkfrequenz ist auch das Puls-/Pausen-Verhältnis festgelegt.

Wechsel vom Blinken in die Daueranzeige

Werden Bildschirme eingesetzt, auf denen eine Vielzahl von Meldungen angezeigt wird, kann es sehr hilfreich sein, wenn z. B. die Erstmeldung blinkend und die Folgemeldungen als Daueranzeige angezeigt werden. Es ist auch üblich, dass Meldungen zuerst blinkend erscheinen, bei der Quittierung (Kenntnisnahme) in Dauerlicht wechseln und erst wieder verlöschen, wenn der gemeldete Zustand (oder eine Störung) aufgehoben ist. Damit kann z. B. beim Auftreten einer neuen Meldung diese anhand ihres Blinkens als nächste erkannt werden.

Entsprechend DIN EN 60073 (**VDE 0199**) sollte für ein normales Blinken eine Frequenz von 1,4 Hz bis 2,8 Hz gewählt werden, wobei das Verhältnis Puls zu Pause etwa 1 : 1 sein sollte.

Akustisches Warnsignal

Werden zusätzlich zur blinkenden Anzeige auch akustische Warnsignale verwendet, so sind in DIN EN 60073 (**VDE 0199**) hierfür, z. B. im Hinblick auf die Sicherheit von Personen oder die Umwelt, bestimmte akustische Codes festgelegt, siehe **Bild 10.7**. Normalerweise kann das akustische Warnsignal mithilfe einer Quittiertaste abgeschaltet werden. Beim Auftreten einer weiteren Anzeige mit akustischem Warnsignal kann das Warnsignal wieder aktiviert werden.

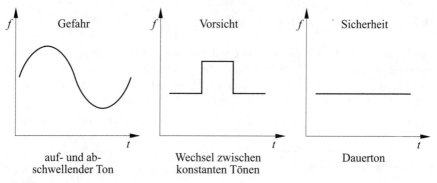

Bild 10.7 Bedeutung akustischer Codes

10.4 Leuchtdrucktaster

Bei der Verwendung von Leuchtdrucktastern gelten dieselben Farbcodierungen wie bei Drucktastern, Anzeigeleuchten und Anzeigen. Die Farbe WEIß ist z. B. dann zu verwenden, wenn eine Beleuchtung bei einer Farbcodierung mit einer „dunklen" Farbe keine Wirkung hätte.

Damit die Funktionsfähigkeit der Beleuchtung von Leuchtdrucktastern sichergestellt werden kann, sollte auch hier eine Lampenprüfeinrichtung vorgesehen werden.

Not-Halt-Befehlsgeräte dürfen ebenfalls beleuchtet werden, doch das Bedienteil muss unabhängig von der Beleuchtung immer ROT sein.

10.5 Drehbare Bedienelemente

Geräte, die bei Nutzung ein Drehmoment auf ihre Befestigung ausüben, wie z. B. bei einem Potentiometer, Wahlschalter oder Not-Bedieneinrichtungen, müssen durch Vorkehrungen so gesichert werden, dass ein Verdrehen des festen Teils verhindert wird.

Kraftschlüssige Verbindung

Eine Verbindung, die nur durch Reibung zwischen dem festen Teil und der Pultplatte ein Verdrehen verhindert, wird als nicht ausreichende Sicherung betrachtet.

Formschlüssige Verbindung

Schutz gegen Verdrehen bietet z. B. eine formschlüssige Verbindung zwischen dem festen Teil und der Pultplatte. Dies kann z. B. eine Rastnase sein, siehe **Bild 10.8**, die im Befestigungsloch in eine entsprechende Einkerbung fasst.

Bild 10.8 Aussparung in einer Pultplatte für die Befestigung eines drehbaren Bedienelements

Ob eine zentrale Mutter, die mittels einer Fächerscheibe das feste Bedienteil in der Pultplatte hält, ein wirksamer Verdrehschutz ist, müssen die Hersteller solcher Geräte beurteilen und garantieren.

10.6 Starteinrichtungen

Einrichtungen, mit denen eine Maschine bzw. Teilfunktionen gestartet werden, müssen gegen zufälliges oder unbeabsichtigtes Betätigen geschützt sein. Dies kann durch mechanische Schutzeinrichtungen, wie Schutzkragen, Schutzbügel, Abdeckklappen, Schlüssel, oder mithilfe einer Zweihandschaltung oder mittels Freigabesteuerungen erreicht werden.

10.7 Geräte für Not-Halt

10.7.1 Anordnung der Geräte für Not-Halt

Wenn sich der Planer einer Maschine oder maschinellen Anlage mit dem Thema Not-Halt beschäftigt, sollte er dies auf der Basis der Erläuterungen in Anhang E tun.

Risikobeurteilung notwendig

Die Stellen, an denen ein Not-Halt erforderlich ist, müssen vom Maschinenplaner im Rahmen einer Risikobeurteilung ermittelt werden. Die Positionen sind dabei so zu wählen, dass eine betätigende Person die Notwendigkeit einer Auslösung erkennen kann.

Die Position eines Not-Halt-Befehlsgeräts muss den Bediener in die Lage versetzen, eine Gefährdung (im Wirkungsbereich) mit dem Not-Halt-Befehlsgerät in Verbindung zu bringen (DIN EN ISO 13850).

An jeder Steuerstelle

Jede Steuerstelle, von der aus eine Maschine gesteuert werden kann, muss über ein Not-Halt-Befehlsgerät verfügen (DIN EN ISO 13850).

Risikobeurteilung notwendig

Auf ein Not-Halt-Befehlsgerät an einer Steuerstelle kann verzichtet werden, wenn eine Risikobeurteilung ergibt, dass dieses Gerät nicht erforderlich ist.

Unwirksamer Not-Halt

Kann ein Not-Halt-Befehlsgerät deaktiviert bzw. unwirksam sein, z. B. bei batteriebetriebenen oder steckbaren Steuerstellen, so müssen Maßnahmen vorgesehen werden, damit es nicht zu einer Verwechselung kommen kann, aufgrund derer ein unwirksames Not-Halt-Befehlsgerät betätigt wird.

Maßnahmen gegen eine Verwechselung

Maßnahmen gegen eine Verwechselung von aktiven und inaktiven Not-Halt-Befehlsgeräten können sein (DIN EN ISO 13850):

- Veränderung der Hintergrundfarbe GELB des Geräts mittels Beleuchtung,
- automatische Abdeckung eines inaktiven Not-Halt-Befehlsgeräts,
- Wegschließen der Bedienstation.

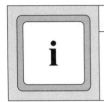

Dokumentation gemäß Abschnitt 17 erstellen

In der Gebrauchsanleitung der Maschine müssen Aussagen enthalten sein, welche Maßnahmen anzuwenden sind, damit eine Verwechslung von aktiven und inaktiven Not-Halt-Geräten vermieden wird.

Zusätzlich ein festverdrahtetes Not-Halt-Befehlsgerät

Wenn Not-Halt-Geräte auf absteckbaren oder kabellosen Bedienstationen (z. B. steckbare, tragbare Programmiergeräte) angebracht sind, dann muss immer mindestens ein fest verdrahtetes (stationäres) Not-Halt-Gerät an der Maschine verfügbar sein. Ein deaktivierbares Not-Halt-Befehlsgerät darf nicht als alleinige Einrichtung zur Einleitung eines Not-Halts verwendet werden.

DIN EN 60204-1 (VDE 0113-1) und/oder DIN EN ISO 13850?

Die Anforderungen an einen Not-Halt in DIN EN ISO 13850 richten sich in erster Linie an den Maschinenplaner. Die elektrischen Anforderungen an einen Not-Halt in der DIN EN 60204-1 (**VDE 0113-1**) richten sich an den Fachplaner für die elektrische Ausrüstung. Doch sowohl Maschinenplaner wie auch Fachplaner für die elektrische Ausrüstung müssen beide Normen kennen.

Wer darf NOT-HALT auslösen?

Die Betätigung (Auslösung) eines NOT-HALTS darf nicht von den Kenntnissen einer zufällig anwesenden Person über die Maschine abhängig sein. Dies bedeutet, dass jede (handlungsfähige) Person in der Lage sein muss, einen NOT-HALT auslösen zu können. In DIN EN ISO 13850 ist festgelegt, dass die Entscheidung, das NOT-HALT-Befehlsgerät zu betätigen, der Person keine Überlegungen bezüglich der sich daraus ergebenden Wirkungen abverlangen darf.

10.7.2 Arten von Not-Halt-Geräten

Grundsätzlich wird zwischen Drucktastern, die von Hand oder mit dem Fuß betätigt werden können, und Reißleinenschaltern unterschieden. Reißleinenschalter werden hauptsächlich im Bereich von Förderbändern verwendet. Für solche Schalter besteht auch keine Forderung nach einem gelben Hintergrund.

Schutzkragen

Grundsätzlich sollen Not-Halt-Befehlsgeräte so angeordnet werden, dass ein Schutz gegen unbeabsichtigtes irrtümliches Betätigen ausgeschlossen werden kann und somit ein Schutzkragen nicht notwendig ist, siehe **Bild 10.9**.

Bild 10.9 Bevorzugte Ausführung

Ist ein Schutzkragen gegen unbeabsichtigtes irrtümliches Betätigen doch erforderlich, so darf er keine scharfen Ecken und Kanten oder raue Oberflächen haben, die eine Verletzung bei Betätigung hervorrufen könnten.

Die Betätigung des Not-Halt-Befehlsgeräts muss trotz eines Schutzkragens mit der Handinnenfläche von jeder Position des Bedieners aus möglich sein, siehe **Bild 10.10**.

Als Not-Halt-Befehlsgeräte können z. B. folgende Geräte verwendet werden:

* Drucktaster ohne oder mit mechanischem Schutz,
* Reißleinenschalter,
* Fußschalter ohne mechanischen Schutz.

Not-Halt-Befehlsgeräte müssen der DIN EN 60947-5-5 (**VDE 0660-210**) entsprechen, wobei die Kontakte zwangsöffnend ausgeführt sein müssen. Auch Befehlsgeräte für Not-Aus müssen mit dieser Norm übereinstimmen.

Bild 10.10 Nur für Sonderfälle geeignete Ausführung

10.7.3 Betätigung der Netztrenneinrichtung, um Not-Halt zu bewirken

An einer Maschine kann die Netztrenneinrichtung die Funktion des Not-Halts übernehmen, vorausgesetzt, die STOPP-Kategorie 0 (ungesteuertes Stillsetzen) ist zulässig.

Roter Hebel, gelber Hintergrund

Die Netztrenneinrichtung muss dann auch die Farbgebung „rotes Bedienteil mit gelbem Hintergrund" aufweisen. Ist eine Netztrenneinrichtung nicht für einen Not-Halt vorgesehen, darf sie farblich auch nicht so koloriert werden.

Normaler Dreh(hebel)antrieb erlaubt

Es werden keine Anforderungen an die Form des Bedienteils gestellt. Hier kann der üblicherweise vorhandene Dreh(hebel)antrieb auch für die Auslösung eines Not-Halts verwendet werden.

Leicht erreichbar

Wenn eine Netztrenneinrichtung auch als Not-Halt verwendet wird, muss sie leicht erreichbar sein. Aus diesem Grund wird eine solche Lösung nur bei kleineren Maschinen zur Anwendung kommen können.

10.8 Geräte für Not-Aus

Not-Aus-Einrichtungen werden als ergänzende Schutzmaßnahme nur für Sonderfälle benötigt. Solche Sonderfälle treten ausschließlich dann auf, wenn die Gefahr eines elektrischen Schlags durch Unaufmerksamkeit oder durch eine unbeabsichtigte Berührung von spannungsführenden Teilen möglich ist.

10.8.1 Anordnung der Geräte für Not-Aus

Not-Aus-Geräte sind an Orten notwendig, an denen der Schutz gegen einen elektrischen Schlag nur durch Abstand oder Hindernis erfolgt. Dies ist bei Maschinen in der Regel nur innerhalb von elektrischen Betriebsstätten oder in der Nähe von Schleifleitungen, siehe **Bild 10.11**, oder Stromschienen, siehe **Bild 10.12**, der Fall.

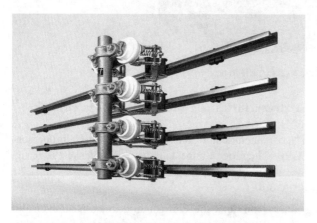

Bild 10.11 Stromschienen (Stemmann-Technik GmbH, Schüttorf)

In elektrischen Betriebsstätten sollte das Not-Aus-Befehlsgerät in der Nähe der Zutrittstür im Inneren des Raumes angebracht werden. Damit kann eine Person, die eine „an Spannung hängende Person" zu retten versucht, bereits beim Eintritt in die elektrische Betriebsstätte das Not-Aus-Befehlsgerät auslösen, siehe **Bild 10.13**.

Eine Anordnung an einer Schranktür der elektrischen Anlage ist nicht zu empfehlen, da das Not-Aus-Befehlsgerät im geöffneten Zustand der Tür nicht mehr betätigt werden kann.

Bild 10.12 Schleifleitungen (Paul Vahle GmbH & Co. KG, Kamen)

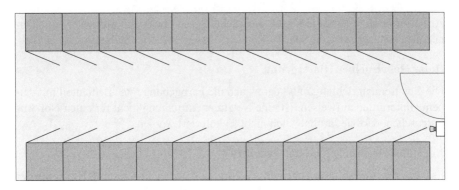

Bild 10.13 Montageort für ein Not-Aus-Befehlsgerät

Verwechselung mit Not-Halt

Müssen Not-Aus-Befehlsgeräte zusammen mit oder in der Nähe von Not-Halt-Befehlsgeräten errichtet werden, dann müssen Maßnahmen zur Unterscheidung der beiden Not-Befehlsgeräte getroffen werden.

Keine Beschriftung des gelben Hintergrunds

Eine Beschriftung des gelben Hintergrunds mit Not-Aus bzw. Not-Halt sollte nicht vorgesehen werden, da der Bediener in einer Notsituation nicht „lesen" soll, um eine Entscheidung herbeizuführen, welches der beiden Not-Befehlsgeräte er betätigen soll, er soll „draufschlagen".

Eine der Möglichkeiten zur Verhinderung einer Verwechselung ist eine Abdeckung oder Einschlagscheibe über dem Not-Aus-Befehlsgerät, da eine Betätigung in der Regel nicht vom Maschinenbediener durchgeführt wird.

10.8.2   Arten von Not-Aus-Befehlsgeräten

Als Not-Aus-Befehlsgeräte können z. B. folgende Geräte verwendet werden:

* Drucktaster ohne oder mit mechanischem Schutz,
* Reißleinenschalter.

Die Kontakte von Not-Aus-Befehlsgeräten müssen der DIN EN 60947-5-1 (**VDE 0660-200**) entsprechen, wobei die Kontakte zwangsöffnend ausgeführt sein müssen.

10.8.3   Betätigung der Netztrenneinrichtung vor Ort, um Not-Aus zu bewirken

An einer Maschine kann die Netztrenneinrichtung auch die Funktion des Not-Aus übernehmen, vorausgesetzt, die STOPP-Kategorie 0 (ungesteuertes Stillsetzen) ist zulässig.

Roter Hebel, gelber Hintergrund

Die Netztrenneinrichtung muss dann auch die Farbgebung rotes Bedienteil mit gelbem Hintergrund aufweisen. Ist eine Netztrenneinrichtung nicht für einen Not-Aus vorgesehen, darf sie farblich auch nicht so koloriert werden.

Normaler Dreh(hebel)antrieb erlaubt

Es werden keine Anforderungen an die Form des Bedienteils gestellt. Hier kann der üblicherweise vorhandene Dreh(hebel)antrieb auch zur Auslösung eines Not-Aus verwendet werden.

Leicht erreichbar

Wenn eine Netztrenneinrichtung auch als Not-Aus verwendet wird, muss sie leicht erreichbar sein. Aus diesem Grund wird eine solche Lösung nur bei kleineren Maschinen zur Anwendung kommen können.

10.9 Zustimmeinrichtungen

Eine Zustimmungsfunktion wird manchmal umgangssprachlich auch als „Totmann-schaltung" bezeichnet. Die Zustimmungsfunktion ist eine zusätzliche Freigabefunktion, um eine Bewegung durch eine zweite Handlung einzuleiten. Hierfür ist neben der Start-Befehlseinrichtung zusätzlich eine Zustimmeinrichtung erforderlich.

Manipulation verhindern

Zustimmeinrichtungen müssen manipulationssicher (Umgehung) sein. Gerade an Zustimmeinrichtungen, die den Bediener an das Befehlsgerät binden, wird der Wunsch nach Umgehungsmaßnahmen immer entstehen. Die Entwickler solcher Geräte sind deshalb dazu angehalten, Manipulationen möglichst zu verhindern. Auch per Steuerung können Manipulationen verhindert werden, wenn z. B. vor jedem Neuanlauf die Zustimmtaste wieder losgelassen werden muss. Zusätzlich können auch noch Pausenzeiten zwischen zwei Betätigungen eine Manipulation erschweren.

Bei der Verwendung eines Typs mit drei Stellungen ist die dritte Position wieder eine Aus-Funktion. Mit dieser Methode wird erreicht, dass sowohl bei einem Loslassen als auch beim panischen Durchdrücken der Freigabesteuerung in einer Schreck-situation ein Aus-Befehl erzeugt wird. Im Rahmen empirischer Untersuchungen hat sich herausgestellt, dass der Mensch in einer Schrecksituation eher dazu neigt zu verkrampfen, d. h. den Schalter durchzudrücken anstatt loszulassen.

Zustimmeinrichtungen unterscheiden sich hinsichtlich der Art und Anzahl der Betätigungsstufen für den Bediener. Es gibt Zustimmeinrichtungen mit zwei Stellungen, siehe **Bild 10.14**, und Zustimmeinrichtungen mit drei Stellungen, siehe **Bild 10.15**.

- Zustimmeinrichtung mit zwei Stellungen
  - – **Stellung 1**: Aus-Funktion (Bedienteil ist nicht betätigt),
  - – **Stellung 2**: Freigabe-Funktion (Bedienteil ist betätigt);
- Zustimmeinrichtung mit drei Stellungen
  - – **Stellung 1**: Aus-Funktion (Bedienteil ist nicht betätigt),
  - – **Stellung 2**: Freigabe-Funktion (Bedienteil ist in der Mittelstellung betätigt),
  - – **Stellung 3**: Aus-Funktion (Bedienteil ist über die Mittelstellung betätigt).

Zustimmeinrichtungen mit drei Stellungen müssen der DIN EN 60947-5-8 (**VDE 0660-215**) [93] entsprechen.

Zustimmeinrichtungen, die über einen langen Zeitraum betätigt werden, müssen von der Bedienperson tatsächlich auch so lange gedrückt werden können. Prinzipiell sind die ergonomischen Grundsätze zu beachten.

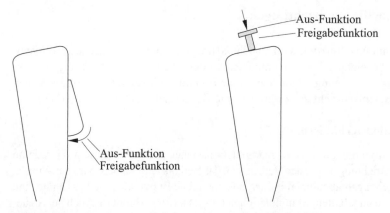

Bild 10.14 Joystick mit integrierter Zustimmeinrichtung mit zwei Stellungen

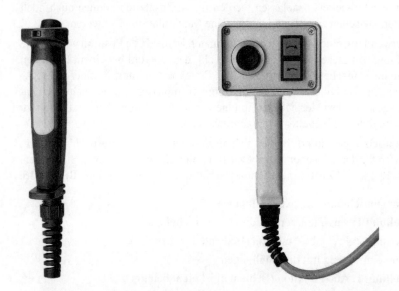

Bild 10.15 Freigabeeinrichtungen mit drei Stellungen und optionalen zusätzlichen Befehlsgebern (K. A. Schmersal GmbH & Co. KG, Wettenberg)

11   Schaltgeräte: Anordnung, Befestigung und Gehäuse

Die Planung von Schaltschränken/Gehäusen und der Einbau von elektrotechnischen Komponenten ist grundsätzlich entsprechend den Anforderungen der Normenreihe DIN EN 61439 (Serie VDE 0660-500) durchzuführen. DIN EN 60204-1 (**VDE 0113-1**) enthält hiervon abweichende bzw. ergänzende Anforderungen an den Fall, dass Schaltschränke für Maschinen eingesetzt werden. Da es immer wieder zu Meinungsverschiedenheiten kam, welche Norm denn für Maschinen zu gelten habe, hat die DKE am 03.11.2014 folgende Verlautbarung veröffentlicht:

Anwendungsbereich von DIN EN 60204-1 sowie DIN EN 61439-1 und DIN EN 61439-2

Die Sicherheitsgrundnorm DIN EN 60204-1 „Sicherheit von Maschinen – Elektrische Ausrüstung von Maschinen – Teil 1: Allgemeine Anforderungen an die elektrische Ausrüstung von Maschinen" ist im Amtsblatt der EU unter der Richtlinie 2006/95/EG (Niederspannungsrichtlinie) und der Richtlinie 2006/42/EG (Maschinenrichtlinie) gelistet. Weitere Listungen der Norm unter anderen Direktiven (wie z. B. EMV-Richtlinie) wurden in Hinblick auf Errichtungsanforderungen nicht betrachtet.

DIN EN 60204-1 enthält umfangreiche Anforderungen an elektrische, elektronische und programmierbare elektronische Ausrüstungen und Systeme von Maschinen. Dies beinhaltet ebenfalls den Einbau elektrischer Komponenten und Betriebsmittel in Schaltanlagen und somit die Errichtung von Schaltgerätekombinationen (z. B. Schaltkästen, Schaltschränke und Bedienpulte) als Bestandteil der elektrischen Ausrüstung von Maschinen. Zusätzlich zu den Anforderungen der DIN EN 60204-1 und abhängig von der Maschine, ihrer bestimmungsgemäßen Verwendung und ihrer elektrischen Ausrüstung, kann der Konstrukteur Teile der elektrischen Ausrüstung der Maschine auswählen, die in Übereinstimmung mit den relevanten Teilen der DIN EN 61439-Serie sind.

Die Norm DIN EN 61439-1 „Niederspannungs-Schaltgerätekombinationen – Teil 1: Allgemeine Festlegungen" und DIN EN 62439-2 „Niederspannungs-Schaltgerätekombinationen – Teil 2: Energie-Schaltgerätekombinationen" sind ausschließlich unter der Niederspannungsrichtlinie gelistet und enthalten keine speziellen Anforderungen an die elektrische Ausrüstung von Maschinen.

Diese Normen lösen somit nicht die Vermutungswirkung aus, dass bei deren Anwendung die relevanten Anforderungen der Maschinenrichtlinie erfüllt werden.

> **Zusammenfassung**
>
> *Die Anwendung der DIN EN 60204-1 erlaubt die Konformität mit den entsprechenden grundlegenden Anforderungen der Maschinenrichtlinie oder Niederspannungsrichtlinie zu erklären (Vermutungswirkung für die im Anhang ZZ aufgeführten Anforderungen des Anhangs I der Maschinenrichtlinie).*
>
> *Als Ergebnis der Risikobewertung kann der Hersteller der Schaltgerätekombination technische Regeln, z. B. die der DIN EN 61439-1 oder DIN EN 61439-2, als ergänzende Konstruktionshilfe (z. B. Erwärmungs- und Kurzschlussbetrachtungen) verwenden.*
>
> *Die ausschließliche Anwendung der DIN EN 61439-1 oder DIN EN 61439-2 ist für die Sicherheit von Maschinen jedoch nicht ausreichend.*
>
> *Für die Konformitätserklärung von Schaltgerätekombinationen, die Teil der elektrischen Ausrüstung von Maschinen sind, ist die Berücksichtigung der DIN EN 60204-1 ausreichend.*

11.1 Allgemeine Anforderungen

Elektrische Betriebsmittel müssen im Hinblick auf die Instandhaltung sowohl in Schaltschränken als auch in Maschinengehäusen entsprechend ihrem Gewicht so befestigt werden, dass ein ordnungsmäßiger Betrieb möglich ist. Können Vibrationen beim Transport oder während des Betriebs an den Befestigungen auftreten, muss dies berücksichtigt werden.

Zugang für Instandhaltungsarbeiten

Zwecks Instandhaltung muss ein ungehinderter Zugang für Elektrofachkräfte und elektrotechnisch unterwiesene Personen zu allen elektrischen Betriebsmitteln möglich sein. Werden Schwenkrahmen verwendet, muss bei max. Ausschwenkwinkel der Zugang zu allen hinter dem Schwenkrahmen montierten elektrischen Betriebsmitteln möglich sein.

Umweltbedingungen

In Abhängigkeit von den Umweltbedingungen am Einsatzort der Maschine muss eine entsprechende Schutzart für die Schaltschränke oder Maschinengehäuse gewählt werden. Bestehen z. B. Schaltschränke oder elektrische Betriebsmittel (z. B. Motoren) aus Aluminium und ist ein Einsatzort am Meer vorgesehen, muss das Aluminium meerwasserbeständig sein.

Instandhaltung entsprechend DIN EN 13306 [94]

Kombination aller technischen und administrativen Maßnahmen sowie Maßnahmen des Managements während des Lebenszyklus einer Einheit, die dem Erhalt oder der Wiederherstellung ihres funktionsfähigen Zustands dient, sodass sie die geforderte Funktion erfüllen kann, siehe Bild 11.1.

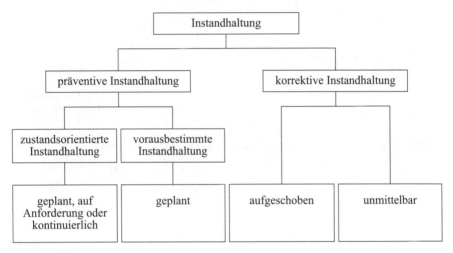

Bild 11.1 Elemente der Instandhaltung (DIN EN 13306)

11.2 Anordnung und Befestigung

11.2.1 Zugänglichkeit und Instandhaltung

Erster wichtiger Aspekt bei der Planung ist die räumliche Anordnung (Disposition) von elektrischen Betriebsmitteln. Es muss sichergestellt werden, dass eine Identifizierung möglich ist, ohne dass etwas ausgebaut oder so verschoben werden muss, dass die Verdrahtung bewegt werden muss. Das Betriebsmittelkennzeichen, das an den Betriebsmitteln angebracht ist, darf nicht durch die elektrischen Anschlüsse verdeckt werden.

Identifizieren heißt, die Übereinstimmung eines Betriebsmittels und seiner Funktion mit der Dokumentation feststellen zu können. Am einfachsten geschieht dies mit einem Anlagen-Kennzeichen, welches sich sowohl auf den Betriebsmitteln als auch in der Dokumentation wiederfindet. Doch auch andere Möglichkeiten der Identifizierung sind zulässig.

307

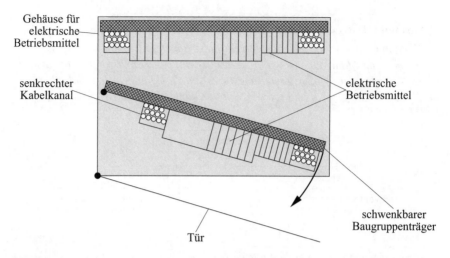

Bild 11.2 Doppelseitige Geräteanordnung in einem Gehäuse mit Schwenkrahmen

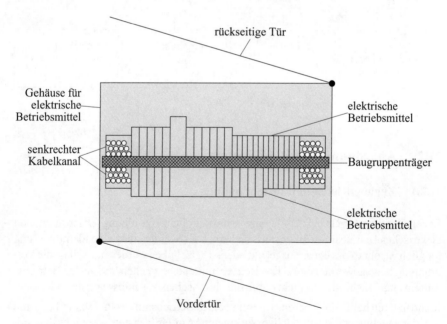

Bild 11.3 Doppelseitige Geräteanordnung in einem Gehäuse mit vorderer und rückseitiger Tür

Wenn wegen der Notwendigkeit eines kompakten Aufbaus die Geräte in zwei senkrechten Ebenen hintereinander angeordnet werden müssen, muss die vordere Ebene wie eine Tür ausschwenkbar (Schwenkrahmen) sein, siehe **Bild 11.2**. Werden die Geräte auf beiden Seiten eines Baugruppenträgers gegeneinander angeordnet, so müssen Vorder- und Rückseite zugänglich sein, siehe **Bild 11.3**.

Demontage

Eine Demontage von fehlerhaften Betriebsmitteln sollte mit möglichst wenig handwerklichem Aufwand möglich sein. Kann ein Betriebsmittel nur durch Lösen der elektrischen Anschlüsse demontiert werden, steigt die Wahrscheinlichkeit, dass Fehler beim Wiedereinbau auftreten können.

Steckbare Funktionsteile

Heute bieten viele Hersteller elektrische Betriebsmittel an, deren Funktionsteil steckbar auf einer Anschlussplatte montiert ist. Solche Betriebsmittel können ohne Ab- und Anklemmen der Anschlüsse ausgewechselt werden. Montagefehler durch Reparatur- und Wartungsarbeiten können so erheblich reduziert werden. Auch die Notwendigkeit einer Aderidentifizierung, die für einen schnellen Austausch von ausgefallenen Betriebsmitteln wichtig ist, ist dann nicht mehr so dringend erforderlich. Steckbare Betriebsmittel dürfen untereinander nicht kompatibel sein, wenn sie unterschiedliche Funktionen haben.

Einbauhöhe

Alle Geräte, die regelmäßig für Instandhaltung und Einstellung überprüft werden müssen, sollten leicht zugänglich sein. Hierunter versteht man, dass sie in annähernd normaler Arbeitshaltung erreichbar sind, d. h. zwischen 0,4 m und 2,0 m oberhalb der Zugangsebene. Hierzu sollten keine zusätzlichen Aufstiegshilfen (z. B. eine Leiter oder ein unzulässiger Hocker oder Stuhl) erforderlich sein.

Abdeckungen

Abdeckungen oder sonstige Hindernisse sollten mit wenigen Handgriffen und mit einfachem Werkzeug (Schraubenschlüssel, Schraubendreher) entfernt werden können. Reihenklemmen dürfen tiefer eingebaut werden, jedoch nicht unterhalb von 0,2 m über der Zugangsebene, weil dann eine ordnungsgemäße Führung der anzuschließenden Leitungen Probleme bereitet, siehe **Bild 11.4**.

Der Anschlussraum unterhalb von Reihenklemmen muss insbesondere für einen EMV-gerechten Anschluss wesentlich größer ausfallen, siehe **Bild 11.5**. Ein EMV-

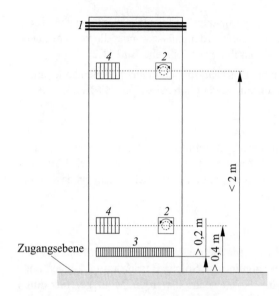

Bild 11.4
Einbaubereiche über Zugangsebene
1 Sammelschiene,
2 einzustellendes oder
   zu wartendes Gerät,
3 Reihenklemmen,
4 Motor-, Leitungsschutzschalter

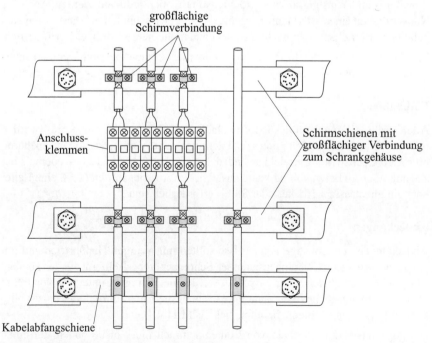

Bild 11.5 EMV-gerechter Anschluss einer geschirmten Leitung

gerechter Anschluss von geschirmten Leitungen benötigt eine großflächige Verbindung zum Schutzleitersystem (Skin-Effekt). Der Schirm muss deshalb sowohl auf der externen als auch auf der internen Schaltschrankverdrahtung mittels Schellen angeschlossen werden.

Türeinbau

In Türen sollten so wenig wie möglich und nur die elektrischen Betriebsmittel eingebaut werden, die aus funktionalen Gründen unbedingt notwendig sind, wie z. B. Bedienelemente und Anzeigen, die für die Schnittstelle Wartungspersonal notwendig sind, sowie Geräte für Kühlung und Belüftung, siehe **Bild 11.6**.

Bild 11.6 Einbauten in Schaltschranktüren (Siemens AG)

Zuschlagende Türen

Das ruck- und schlagartige Öffnen und Schließen einer Tür darf keine Fehlfunktion an den eingebauten elektrischen Betriebsmitteln auslösen. Ein zu hohes Gewicht der eingebauten elektrischen Betriebsmittel kann dazu führen, dass die Tür im Rahmen von Instandhaltungsarbeiten nicht mehr hantierbar ist. Diese Überlegungen haben in einem erschütterungsreichen Betrieb besondere Bedeutung, wie z. B. bei beweglichen Maschinen, bei denen die elektrische Ausrüstung mitbewegt wird. Ein zu hohes

Gewicht von Einbauteilen kann die Tür verziehen, sodass die vorgesehene Schutzart nicht mehr gewährleistet ist.

Schutzart auf der Rückseite der Tür

Die Schutzart der elektrischen Anschlüsse von elektrischen Betriebsmitteln, die in Schranktüren eingebaut sind, muss mindestens IPXXA (Handrückensicherheit) entsprechen.

Steckverbinder

Anforderungen an Steckverbindungen und steckbare Geräte haben den Zweck, Verwechslungen zu vermeiden, die zu Fehlfunktionen führen könnten. Eine bloße Markierung kann nicht ausreichend sein. Bewährt haben sich z. B. mechanisch codierte Stecker, sodass ein Vertauschen nicht möglich ist.

Stecker/Steckdosen-Kombinationen

Die Formulierung „ungehindert zugänglich" bedeutet, dass Stecker/Steckdosen-Kombinationen so angebracht sein müssen, dass sie frei zugänglich sind, falls sie während des Betriebs benötigt werden.

Anschlussstellen für Prüfgeräte

Anschlussstellen für Mess- oder Prüfgeräte innerhalb der elektrischen Ausrüstung einer Maschine müssen folgende Bedingungen erfüllen:

- ungehinderter Zugang,
- identifizierbar (mithilfe der Dokumentation),
- Isolation entsprechend der höchsten auftretenden Spannung,
- ausreichender Platz (um die Steckverbindung herum).

11.2.2 Räumliche Trennung oder Gruppierung

Im ersten Absatz dieses Abschnitts wird der gemeinsame Aufbau von nicht elektrischen und elektrotechnischen Betriebsmitteln in einem Gehäuse behandelt.

Bei der Planung müssen zuerst folgende Situationen bewertet werden:

- Muss ein elektrotechnischer Laie Zugang zu dem Gehäuse haben, in dem sowohl elektrotechnische als auch nicht elektrotechnische Betriebsmittel eingebaut sind?
- Kann eine Undichtheit von hydraulischen oder pneumatischen Betriebsmitteln negative Auswirkungen auf die elektrische Ausrüstung haben?

Risikobeurteilung notwendig

Mithilfe dieser Parameter kann im Rahmen einer Risikobeurteilung die zulässige Ausführung ermittelt werden.

Da in der Vergangenheit immer wieder Interpretationsschwierigkeiten bei der Umsetzung dieser Anforderungen auftraten, wurde von der DKE 2016 eine Verlautbarung speziell für Fluidkomponenten in Gehäusen für die elektrische Ausrüstung veröffentlicht. Hier der Text der Verlautbarung:

Verlautbarung des DKE/K 225 bezüglich Fluidkomponenten in Gehäusen für die elektrische Ausrüstung von Maschinen vom 28. November 2016:

In DIN EN 60204-1 (**VDE 0113-1**) „Sicherheit von Maschinen – Elektrische Ausrüstung von Maschinen – Teil 1" werden unter 11.2.2 Anforderungen an Anordnungen und Aufbau sowie die räumliche Trennung von elektrischen und nicht elektrischen Geräten beschrieben.

Die geforderte Trennung zwischen rein elektrischen und nicht elektrischen Betriebsmitteln beruht dabei auf folgenden Überlegungen:

- *Wartung und Inbetriebnahme der nicht elektrischen Betriebsmittel wird ggf. nicht von Elektrofachkräften oder elektrotechnisch unterwiesenen Personen durchgeführt. Hieraus können zusätzliche Gefährdungen durch elektrischen Schlag bei Arbeiten innerhalb des Gehäuses der Schaltschrankkombination entstehen.*

- *Probleme und Störungen an nicht elektrischen Betriebsmitteln können erhebliche Auswirkungen auf die elektrischen Betriebsmittel haben. Dies betrifft vor allem den Austritt von Flüssigkeiten und Schmutz.*

- *Druckluft und Hydraulikflüssigkeit können bei thermischer Überlastung oder Beschädigung von elektrischen Betriebsmitteln zusätzlich brandbeschleunigend innerhalb des Gehäuses einer Schaltgerätekombination oder von Kabelkanälen wirken.*

- *Hohe Betriebstemperaturen im Bereich elektrischer Betriebsmittel können zur thermischen Beschädigung von Fluidleitungen und dem ungewollten Austreten von Fluidstoffen führen.*

313

- *Der normale Betrieb von nicht elektrischen Betriebsmitteln (z. B. pneumatische Komponenten) kann ebenfalls zu einer unerwünschten Verschmutzung mit Folgeschäden an elektrischen Geräten führen (z. B. Abluft, Ölverschmutzung, Betauung).*

Die unter Abschnitt 11.2.2 beschriebenen Anforderungen können bei sehr kompakten Maschinen schwierig umsetzbar sein. Eine Trennwand zwischen den Anordnungsbereichen, welche in der Schutzart an die Gefährdungsbeurteilung (z. B. Hydraulikanlagen mit hohem Druck oder Elektroventile von Hydraulikanlagen) anzupassen ist, kann hierbei eine technische Lösung bieten.

Bei elektropneumatischen Ventilen, welche mit gereinigter und entfeuchteter Druckluftversorgung betrieben werden, ist basierend auf der erforderlichen Risikobewertung ggf. ein Einsatz im Gehäuse der elektrischen Betriebsmittel zulässig. Ein Eintrag der Abluft ist in diesem Fall zu vermeiden. Für die Spezifikation der Druckluftversorgung kann ISO 8573-1:2010 genutzt werden. Fluidschläuche sollten ausreichend getrennt von elektrischen Betriebsmitteln und Leitungen verlegt und abgeschottet werden. Bei einer solchen Lösung ist eine eindeutige Regelung für den Zugang durch Elektrofachkräfte oder elektrotechnisch unterwiesene Personen in der Dokumentation erforderlich.

Dokumentation gemäß Abschnitt 17 erstellen

Entsprechend der Verlautbarung muss in der Gebrauchsanleitung angegeben werden, welcher Personenkreis Zugang zu den Einbauräumen mit elektrischen und nicht elektrischen Betriebsmitteln haben darf.

Bei größeren Maschinen und maschinellen Anlagen dürften getrennte Einbauräume eine Selbstverständlichkeit sein, siehe **Bild 11.7**.

Bei kompakten Maschinensteuerungen, die zum Teil in das Maschinengehäuse integriert sind, müssen die Anforderungen besonders bewertet werden.

Steuergeräte zusammen mit Hauptstromkreisen

Einbauräume von Schaltgeräten des Hauptstromkreises müssen von den Einbauräumen der Steuergeräte, die von einer Steuerspannung oder einer externen Stromversorgung versorgt werden, räumlich getrennt oder optisch unterscheidbar sein, siehe **Bild 11.8**.

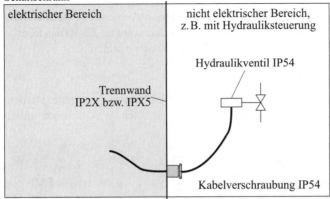

Schaltschrank

| elektrischer Bereich | nicht elektrischer Bereich, z. B. mit Hydrauliksteuerung |

Bild 11.7 Getrennte Einbauräume für elektrische und nicht elektrische Betriebsmittel

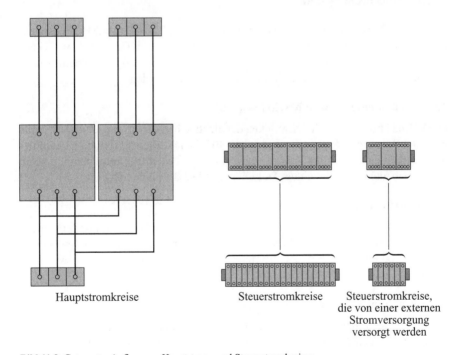

Hauptstromkreise Steuerstromkreise Steuerstromkreise, die von einer externen Stromversorgung versorgt werden

Bild 11.8 Getrennter Aufbau von Hauptstrom- und Steuerstromkreisen

315

Gruppenbildung

Schaltgeräte des Hauptstromkreises und Steuergeräte, die von einer Steuerspannung versorgt werden, müssen jeweils in Gruppen angeordnet werden. Zusätzlich können noch fremdgespeiste Steuerstromkreise eine eigene Gruppe bilden.

Nebeneinander gruppieren

Die Gruppen dürfen (als Gruppe) neben einer anderen Gruppe angeordnet werden, wenn die einzelnen Gruppen identifizierbar sind, z. B. durch ihre Größe oder durch Trennwände.

Luft- und Kriechstrecken

Werden unterschiedliche Gruppen nebeneinander angeordnet, müssen die Luft- und Kriechstrecken für die höchste vorkommende Spannung eingehalten werden. Die physikalischen Umgebungsbedingungen müssen dabei auch berücksichtigt werden.

11.2.3 Wärmeentwicklung

Elektrische Betriebsmittel erzeugen Verlustwärme. Werden elektrische Betriebsmittel in ein Gehäuse eingebaut, erhöht sich die Innentemperatur im Gehäuse bzw. Schaltschrank während des Betriebs, bis die Temperatur höher als die Außentemperatur ist. Nur so kann Wärme an die Umgebung abgegeben werden.

40 °C Außentemperatur am Schaltschrank

Die Wärmeabfuhr von Schaltschränken der elektrischen Ausrüstung einer Maschine muss auf Basis einer Außentemperatur von 40 °C an den Schaltschränken kalkuliert werden, siehe Abschnitt 4.4.3. Somit muss immer mit einer Kühlmitteltemperatur an den eingebauten Betriebsmitteln kalkuliert werden, die höher als 40 °C ist.

Zusatzmaßnahmen

Treten Temperaturen auf, die höher als die max. mögliche Kühlmitteltemperatur der elektrischen Betriebsmittel unter Berücksichtigung des zu erwartenden Gleichzeitigkeitsfaktors sind, müssen Zusatzmaßnahmen vorgesehen werden, wie z. B. Ventilation oder sogar Klimatisierung.

Anordnung im Schaltschrank

Wichtig ist auch der Schaltschrankaufbau. Da aufgrund der Thermik warme Luft immer nach oben steigt, sollten Betriebsmittel mit einer geringen Verlustwärme (Steuerungen) stets unterhalb von Betriebsmitteln mit einer höheren Verlustwärme (Leistungselektronik) angeordnet werden.

Berechnungen

Die Berechnung der max. Wärme an den elektrischen Betriebsmitteln kann eigentlich nur mithilfe von speziellen Rechenprogrammen erfolgen, wie sie von Schaltschrankherstellern angeboten werden.

Kondensation

Bei der Berechnung einer Klimaanlage muss darauf geachtet werden, dass die Temperatur in den Schaltschränken nicht zu niedrig ist, da sonst beim Öffnen der Schaltschränke mit Kondensation zu rechnen wäre. Eine Temperatur von 35 °C ist eine ausreichend niedrige Kühlmitteltemperatur für elektrische Betriebsmittel in einem Schaltschrank.

Keine Erwärmungsprüfung

DIN EN 60204-1 (**VDE 0113-1**) fordert zwar keine Erwärmungsprüfung bzw. keinen Nachweis durch Berechnung, doch wenn bei der Inbetriebnahme zu hohe Kühlmitteltemperaturen an den elektrischen Betriebsmitteln auftreten, hat man ein Problem. Eine gewissenhafte Kalkulation der Temperaturen bei der Planung der Schaltschränke kann am Ende viel Geld sparen.

DIN EN 61439-1 (VDE 0660-600-1)/DIN EN 61439-2 (VDE 0660-600-2) im Vertrag aufgeführt?

Müssen die Schaltschränke einer elektrischen Ausrüstung für Maschinen laut Vertrag auch DIN EN 61439-1 (**VDE 0660-600-1**) und DIN EN 61439-2 (**VDE 0660-600-2**) entsprechen, gelten andere Bedingungen als die aus DIN EN 60205-1 (**VDE 0113-1**).

Prüfung oder Berechnung?

Anforderungen der Norm an Schaltgerätekombinationen gelten im Besonderen speziell für Schaltschränke, die in Serie hergestellt werden. Nur in solchen Fällen können Nachweise durch Prüfungen erbracht werden.

Unikate

Sind Schaltschränke Unikate, also Schaltschränke, die speziell für eine bestimmte Maschine geplant und gefertigt werden, sind Eignungsprüfungen nicht sinnvoll. In solchen Fällen müssen Nachweise durch Berechnungen oder die Verwendung von referenzgeprüften Teilsystemen ausreichend sein. Insbesondere Kurzschluss- und Erwärmungsprüfungen sind für Unikate nicht geeignet.

317

11.3   Schutzart

Die notwendige Schutzart eines Gehäuses, in dem elektrische Betriebsmittel eingebaut sind, ist abhängig vom Schutz gegen einen elektrischen Schlag und vom Schutz
gegen das Eindringen von Wasser und Feststoffen.

Struktur des IP-Codes

Der IP-Code ist in der DIN EN 60529 (**VDE 0470-1**) festgelegt, siehe **Bild 11.9**.

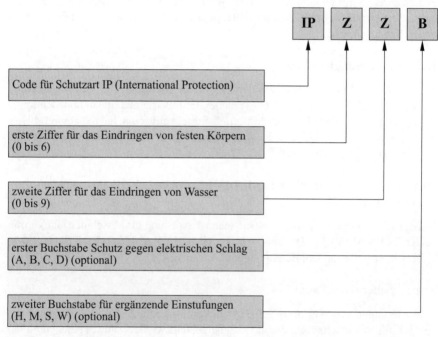

Bild 11.9 Struktur des IP-Codes

Code für den Schutz des Betriebsmittels

Die Anforderungen an den Schutz eines Betriebsmittels werden durch die zwei Ziffern im IP-Code festgelegt, siehe **Tabelle 11.1**.

Bedeutung der IP-Codes für den Schutz des Betriebsmittels			
1. Kennziffer		**2. Kennziffer**	
Schutz gegen Eindringen von festen Fremdkörpern		**Schutz gegen Eindringen von Wasser**	
IP0X	nicht geschützt	IPX0	nicht geschützt
IP1X	≥ 50,0 mm Durchmesser	IPX1	senkrechtes Tropfen
IP2X	≥ 12,5 mm Durchmesser	IPX2	Tropfen (15° Neigung)
IP3X	≥ 2,5 mm Durchmesser	IPX3	Sprühwasser
IP4X	≥ 1,0 mm Durchmesser	IPX4	Spritzwasser
IP5X	staubgeschützt	IPX5	Strahlwasser
IP6X	staubdicht	IPX6	starkes Strahlwasser
	–	IPX7	zeitweiliges Untertauchen
	–	IPX8	dauerndes Untertauchen
	–	IPX9	Hochdruck

Tabelle 11.1 IP-Code für den Schutz des Betriebsmittels

Die Informationen zu einem **speziellen Schutz** eines Betriebsmittels werden durch den **ergänzenden Buchstaben** nach den zwei Ziffern im IP-Code festgelegt, siehe **Tabelle 11.2**.

Bedeutung der IP-Codes für einen speziellen Schutz des Betriebsmittels	
Zugang zu gefährlichen Teilen (sowohl elektrische als auch mechanische)	
IPXXH	Hochspannungsgeräte
IPXXM	Bewegung während der Wasserprüfung
IPXXS	Stillstand bei der Wasserprüfung
IPXXW	Wetterbedingungen

Tabelle 11.2 IP-Code für einen speziellen Schutz des Betriebsmittels

Code für den Schutz von Personen

Die Anforderungen an den Schutz von Personen bezüglich der Schutzart des Betriebsmittels werden durch einen **zusätzlichen Buchstaben** nach den zwei Ziffern im IP-Code festgelegt, siehe **Tabelle 11.3**.

Bedeutung der IP-Codes für den Schutz von Personen	
Zugang zu gefährlichen Teilen (sowohl elektrische als auch mechanische)	
IPXX_	kein Schutz
IPXXA	handrückensicher
IPXXB	fingersicher
IPXXC	werkzeugsicher
IPXXD	drahtsicher

Tabelle 11.3 IP-Code für den Personenschutz bei Betriebsmitteln

Schutz des Betriebsmittels – Schutz von Personen

Die erste Ziffer und der erste Buchstabe im IP-Code legen eigentlich immer den gleichen Umfang einer Kapselung eines Betriebsmittels fest. Doch im Gegensatz zur ersten Ziffer, die den Schutz des Betriebsmittels festlegt, wird mit dem zusätzlichen Buchstaben der Schutz von Personen gegenüber dem Betriebsmittel festgelegt.

Wenn ein Schutz für Personen festgelegt ist, ist der Schutz des Betriebsmittels eigentlich immer gleich mit festgelegt. Muss der Personenschutz mitberücksichtigt werden, wird der IP-Code in der Regel immer als Doppelcode angegeben, wie z. B. für den Schutz gegen einen elektrischen Schlag durch Handrückensicherheit als „IP1X bzw. IPXXA" oder durch Fingersicherheit als „IP2X bzw. IPXXB", siehe **Tabelle 11.4**.

IP-Code	Schutz des Betriebsmittels	IP-Code	Schutz von Personen
	Eindringen von festen Fremdkörpern		**Zugang zu gefährlichen Teilen**
IP 0X	kein Schutz	IP XX_	kein Schutz
IP 1X	≥ 50 mm Durchmesser	IP XXA	handrückensicher
IP 2X	$\geq 12,5$ mm Durchmesser	IP XXB	fingersicher
IP 3X	$\geq 12,5$ mm Durchmesser	IP XXC	Werkzeug
IP 4X	≥ 1 mm Durchmesser	IP XXD	Draht

Tabelle 11.4 Gegenüberstellung der Codes für den Schutz des Betriebsmittels und den Schutz von Personen

Zusammenfassung

Tabelle 11.5 zeigt die Gegenüberstellung der Schutzarten für den Schutz des Betriebsmittels vor Eindringen von festen Fremdkörpern bzw. Wasser.

Bedeutung der IP-Codes für den Schutz des Betriebsmittels			
1. Kennziffer		**2. Kennziffer**	
Schutz gegen Eindringen von festen Fremdkörpern		**Schutz gegen Eindringen von Wasser**	
IP0X	nicht geschützt	IPX0	nicht geschützt
IP1X	≥ 50,0 mm Durchmesser	IPX1	senkrechtes Tropfen
IP2X	≥ 12,5 mm Durchmesser	IPX2	Tropfen (15° Neigung)
IP3X	≥ 2,5 mm Durchmesser	IPX3	Sprühwasser
IP4X	≥ 1,0 mm Durchmesser	IPX4	Spritzwasser
IP5X	staubgeschützt	IPX5	Strahlwasser
IP6X	staubdicht	IPX6	starkes Strahlwasser
	–	IPX7	zeitweiliges Untertauchen
	–	IPX8	dauerndes Untertauchen
	–	IPX9	Hochdruck

Tabelle 11.5 Gegenüberstellung IP-Codes für den Schutz des Betriebsmittels vor Eindringen von festen Fremdkörpern bzw. Wasser

Schutzart von Schaltgerätekombinationen

Die Schutzart von Schaltgerätekombinationen muss immer in Abhängigkeit von den zu erwartenden oder im Vertrag spezifizierten physikalischen Umweltbedingungen ausgewählt werden. Bei der Auswahl der Schutzart müssen möglicherweise auch von der Maschine ausgehenden Stäube, Kühlmittel, Schmiermittel und Späne berücksichtigt werden.

Mindestschutzart von Schaltgerätekombinationen

Schaltgerätekombinationen müssen mindestens in der Schutzart IP22 ausgeführt sein.

Ausnahmen von der Schutzart IP22

Schaltgerätekombinationen brauchen nicht mindestens in der Schutzart IP22 ausgeführt sein, wenn sie in einer elektrischen Betriebsstätte aufgestellt sind, in der mit dem Auftreten von festen Fremdkörpern oder Flüssigkeiten nicht gerechnet werden braucht. In klimatisierten elektrischen Betriebsstätten muss mit dem Auftreten von Tropfwasser durch Kondensation gerechnet werden.

Bei Schleifleitungssystemen ist IP22 aus konstruktiven Gründen nicht realisierbar. Zur Bestimmung der Schutzart müssen deshalb die Anforderungen aus Abschnitt 12.7.1 beachtet werden, in welchem der Basisschutz zum Schutz gegen einen elektrischen Schlag festgelegt ist.

Typische Schutzart für Gehäuse

Typische Schutzarten für Gehäuse der elektrischen Ausrüstung einer Maschine sind beispielhaft:

- belüftete Gehäuse   IP10;
- belüftete Gehäuse, die andere Teile enthalten   IP32;
- Gehäuse für industrielle Anwendungen   IP32, IP43, IP54;
- Gehäuse, die mit Niederdruck abgespritzt werden   IP55;
- Gehäuse mit Schutz gegen feinen Staub   IP65;
- Gehäuse, die Schleifleitungen enthalten   IP2X.

11.4 Gehäuse, Türen und Öffnungen

Grundsätzlich müssen alle Gehäuse, die elektrotechnische Komponenten enthalten, so ausgeführt sein, dass sie den folgenden Beanspruchungen bei Normalbetrieb widerstehen können:

- mechanischen,
- elektrischen,
- thermischen,
- durch Feuchtigkeit,
- durch andere Umwelteinflüsse (mit denen zu rechnen ist).

Verschlüsse

Verschlüsse von Abdeckungen oder Türen müssen unverlierbar ausgeführt sein.

Fenster

Fenster bzw. Sichtscheiben müssen den zu erwartenden mechanischen und chemischen Beanspruchungen standhalten können.

Kann Sonnenlicht durch die Scheibe auf UV-empfindliche Materialien, z. B. PVC-Isolierungen, scheinen, muss dies durch eine geeignete Positionierung der Scheibe verhindert werden.

Türen

Gehäuse- und auch Schaltschranktüren sollten nicht breiter als 0,9 m sein und die Scharniere sollten senkrecht angeordnet werden. Der mögliche Öffnungswinkel von solchen Türen sollte dabei mindestens 95° betragen.

Fugen, Dichtungen

Fugen und Dichtungen von Abdeckungen und Türen müssen den zu erwartenden Umwelteinflüssen widerstehen können. Die Fugen und Dichtungen müssen der Schutzart des Gehäuses entsprechen. Durch das Öffnen und Schließen der Abdeckungen und Türen dürfen die Fugen und Dichtungen ihre Dichtfähigkeit entsprechend der festgelegten Schutzart nicht verlieren.

Öffnungen

Müssen Öffnungen in Gehäusen vorgesehen werden, z. B. zur Einführung von Leitungen, müssen nach der Errichtung alle Öffnungen so verschlossen werden, dass die erforderliche Schutzart des Gehäuses erreicht wird. Dies kann z. B. durch Kabelverschraubungen oder Lippendichtungen gewährleistet werden.

Ein Gehäuse darf zum Ablauf von kondensierter Luftfeuchtigkeit, auch bei einer höheren Schutzart, z. B. IP44, im Boden eine Öffnung haben.

Zwischen verschiedenen Gehäusen

Zwischen nebeneinander montierten Gehäusen mit elektrischen Ausrüstungen und Gehäusen mit Flüssigkeiten oder Stäuben dürfen keine Öffnungen (Verbindungen) vorhanden sein.

Ausgenommen von diesen Anforderungen sind elektrische Betriebsmittel (z. B. Ventile), die eine solche Flüssigkeit steuern. Auch Kühlflüssigkeiten, die zur Kühlung von elektrischen Komponenten verwendet werden, sind hiervon ausgenommen.

Befestigungslöcher

Befestigungslöcher an oder in einem Gehäuse dürfen die erforderliche Schutzart des Gehäuses nach der Montage nicht beeinträchtigen.

Oberflächentemperatur

Kann die Oberflächentemperatur von einem Gehäuse so hoch sein, dass ein Feuerrisiko oder ein anderes schädliches Risiko entstehen kann, müssen besondere Maßnahmen vorgesehen werden. Eine Risikoverminderung kann erreicht werden durch folgende Maßnahmen:

- das Gehäuse selbst schützt vor Feuerrisiko oder anderen schädlichen Risiken,
- mit einem ausreichend großen Abstand zu anderen Teilen ist für eine ausreichende Wärmeableitung gesorgt,
- Abschirmung gegen die Übertragung der hohen Temperaturen von heißen Oberflächen der Geräte durch ein Material.

Können Oberflächen mit einer Temperatur, die für den menschlichen Körper gefährlich ist, berührt werden, müssen solche Flächen mit dem Symbol DIN EN ISO 7010 – W017 gekennzeichnet werden, siehe Abschnitt 16.2.2.

11.5 Zugang zur elektrischen Ausrüstung

Wird eine elektrische Ausrüstung in einer elektrischen Betriebsstätte untergebracht, muss diese Betriebsstätte über eine Tür zugänglich sein.

Anforderungen an die Tür

Die Tür zu einer elektrischen Betriebsstätte muss eine Mindestbreite von 0,9 m und eine Mindesthöhe von 2,0 m aufweisen und sich nach außen (in Fluchtrichtung) öffnen lassen.

Der Schließmechanismus der Tür muss ein Panikschloss haben, damit auch eine von außen abgeschlossene Tür von innen ohne einen Schlüssel oder ein Werkzeug geöffnet werden kann.

Weitere Anforderungen an elektrische Betriebsstätten entsprechend DIN VDE 0100-729 [95]:

Allgemeines zu Bedien- und Wartungsgängen

Der Zugang zu elektrischen Betriebsstätten ist nur

- Elektrofachkräften,
- elektrotechnisch unterwiesenen Personen und in besonderen Fällen

- Personen, die von einer Elektrofachkraft oder elektrotechnisch unterwiesenen Person beaufsichtigt werden

gestattet.

Der Betreiber einer elektrischen Anlage ist dafür verantwortlich, dass nur der Personenkreis mit den o. g. Qualifikationen Zutritt hat. Welchen Personen Zutritt erlaubt wird, sollte vom Betreiber gemeinsam mit der Berufsgenossenschaft festgelegt werden.

Schutz gegen elektrischen Schlag

Innerhalb einer elektrischen Betriebsstätte darf der Basisschutz durch Abstand, Hindernisse oder durch Anordnung außerhalb des Handbereichs als alleiniger Schutz gegen elektrischen Schlag vorgesehen werden. Ein Fehlerschutz ist nicht gefordert.

Diese Besonderheit ist notwendig, da Service-Personal an elektrischen Betriebsmitteln z. B. Einstellarbeiten vornehmen oder Auslösehebel betätigen muss, deren elektrische Anschlüsse unter Spannung stehen.

Mindestgangbreite ist von mehreren Faktoren abhängig

In Abhängigkeit vom Basisschutz müssen die Bedienungs- und Wartungsgänge eine Mindestbreite aufweisen. Weitere Aspekte, wie eine Blockade von geöffneten Schaltschranktüren oder das Hervorragen von Betätigungselementen über den Schaltschrank hinaus bei Leistungsschaltern sowie die Trennstellung oder auch der benötigte Raum eines komplett herausgezogenen Leistungsschalters vor dem Schaltschrank, sind bei den Mindestabmessungen mitbestimmend.

Bedien- und Wartungsgänge sind keine Fluchtwege

Bedien- und Wartungsgänge sind Gänge, die zu Flucht-, Rettungs- oder Verkehrswegen führen, aber selbst keine Flucht-, Rettungs- oder Verkehrswege sind. Deshalb gelten die Mindestabmessungen der staatlichen Arbeitsschutz- und Bauvorschriften nicht für die Bedien- und Wartungsgänge von elektrischen Betriebsstätten.

Schutz durch Hindernis

Der Schutz durch Hindernis wird erreicht, wenn ein mechanisches (festes) Hindernis, wie Schutzleiste, Geländer oder Hindernisse mit einer Auslenkung, wie nicht leitende Ketten und Seile, vor einem aktiven Teil (ohne Isolation) errichtet sind.

Der Abstand von einem Hindernis zu aktiven Teilen muss $\geq$ 500 mm sein. Bei nachgebenden Hindernissen (nicht leitende Ketten und Seile) gilt der Abstand der max. Auslenkung des Hindernisses zum aktiven Teil. Dieser Schutz verhindert nur ein zufälliges unbeabsichtigtes Berühren von aktiven (nicht isolierten) Teilen.

Finger- und Handrückensicherheit

Im Bereich von Einstell- und Auslöseeinrichtungen an elektrischen Betriebsstätten darf der Abstand zu aktiven Teilen reduziert werden. Doch im Umkreis von 300 mm um Einstell- und Auslöseeinrichtungen herum müssen alle aktiven Teile fingersicher (IPXXB) ausgeführt sein. Die Umgebung des Bewegungstrichters der Hand zu den Einstell- und Auslöseeinrichtungen muss handrückensicher (IPXXA) ausgeführt sein.

Schutz durch Abstand

Ein Schutz durch Abstand wird erreicht, wenn eine Person durch ein Hindernis auf Abstand zu aktiven Teilen gehalten wird. Das Erreichen eines aktiven Teils durch eine Person ist nicht möglich.

Durchgangshöhe

Die Durchgangshöhe unter aktiven Teilen innerhalb einer elektrischen Betriebsstätte ist abhängig von der Methode der Abdeckung oder Umhüllung.

Gangbreiten entsprechend DIN VDE 0100-729

Gangbreiten sind grundsätzlich abhängig vom Basisschutz der aktiven Teile einer elektrischen Ausrüstung innerhalb einer elektrischen Betriebsstätte. Folgende Mindestabmessungen müssen eingehalten werden:

- bei ungeschützten Teilen: einseitig = 900 mm, beidseitig = 1 300 mm;
- bei Schutz durch Hindernisse: generell = 700 mm;
- bei Schutz durch Umhüllung: generell = 700 mm.

Diese Gangbreiten gelten nur, wenn keine Körper in den Gang hineinragen oder temporär hineinragen können. Doch es können oft betriebsmäßig, also dauerhaft; oder auch temporär Körper in den Gang hineinragen. In solchen Fällen muss der Gang dementsprechend breiter ausgeführt werden. Es gibt keine Vorgaben, ob dann der gesamte Gang breiter sein muss oder die Verbreiterung nur im Bereich der Störkanten gefordert ist. Damit jedoch keine weiteren Störkanten entstehen, sollte der Gang über seine gesamte Länge die gleiche Breite aufweisen.

Die Gangbreite kann dauerhaft durch elektrische Betriebsmittel reduziert sein. Dabei müssen z. B. folgende Störkanten betrachtet werden:

- Schaltbedienelemente,
- Leistungsschalter in Trennstellung.

Die Gangbreite ist zusätzlich abhängig vom Basisschutz der elektrischen Betriebsmittel, die innerhalb der elektrischen Betriebsstätte errichtet sind.

Gangbreiten mit Basisschutz durch Abstand

Die größte Aufmerksamkeit wird von Personen erwartet, die eine elektrische Betriebsstätte betreten, in der die aktiven Teile nicht gegen Berühren geschützt sind. Da man davon ausgeht, dass Elektrofachkräfte und elektrotechnisch eingewiesene Personen ungeschützte aktive Teile nicht bewusst berühren, sind Mindestabstände für Gangbreiten und Durchgangshöhen festgelegt, die geeignet sind, sich innerhalb einer elektrischen Betriebsstätte ohne Berührung von aktiven Teilen zu bewegen.

Werden elektrische Betriebsmittel auf Schaltgerüste montiert und wird kein Berührungsschutz vorgesehen, muss bei gegenüberstehenden Schaltgerüsten und beidseitigen Störkanten eine Gangbreite von mindestens 900 mm eingehalten werden, siehe **Bild 11.10**. Sind nur auf einer Seite einer beidseitigen Anordnung Störkanten vorhanden, ist ein Mindestabstand von 1 100 mm einzuhalten. Sind Schaltgerüste nur auf einer Seite innerhalb der elektrischen Betriebsstätte montiert, gilt zwischen der Wand und den Störkanten eine Mindestbreite von 700 mm.

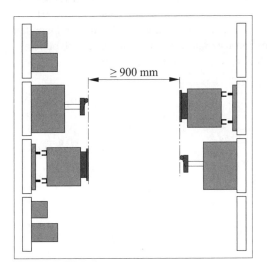 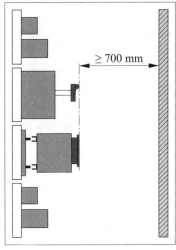

Bild 11.10 Gangbreiten ohne Basisschutz

Gangbreiten mit Basisschutz durch Hindernisse

Der Basisschutz „Schutz durch Hindernisse" ist eine Schutzmaßnahme, die sowohl eines Hindernisses bedarf als auch des Sachverstands der betroffenen Person. Hindernisse sollen eine unbeabsichtigte zufällige **körperliche Näherung** zu aktiven Teilen verhindern. Ein bewusstes Berühren von aktiven Teilen durch Umgehung eines Hindernisses ist jedoch möglich. Wichtig ist, dass während des Bedienens von elektrischen Betriebsmitteln während des Betriebs keine aktiven Teile unbeabsichtigt berührt werden können.

Hindernisse können sein:

- Schutzleisten,
- Geländer,
- nicht leitende Ketten und Seile.

Der Abstand zwischen einem Hindernis und einem aktiven Teilen muss mindestens 500 mm betragen. Bei nicht leitenden Ketten oder Seilen muss dieser Abstand bei max. Auslenkung gewährleistet sein.

Werden elektrische Betriebsmittel auf Schaltgerüsten montiert und ist ein Berührungsschutz durch Hindernisse vorgesehen, muss bei gegenüberstehenden Schaltgerüsten und beidseitigen Störkanten eine Gangbreite von mindestens 700 mm eingehalten werden, siehe **Bild 11.11**. Sind Schaltgerüste nur auf einer Seite innerhalb der elektrischen Betriebsstätte montiert, gilt eine Mindestbreite von 700 mm.

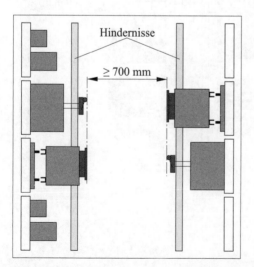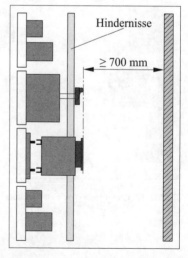

Bild 11.11 Gangbreiten mit einem Basisschutz durch Hindernisse

Gangbreiten mit Basisschutz durch Umhüllung

Werden elektrische Betriebsmittel in Schaltschränken aufgebaut, muss bei gegenüberstehenden Schaltschränken und beidseitigen Störkanten eine Gangbreite von mindestens 600 mm eingehalten werden. Sind Schaltschränke nur auf einer Seite innerhalb der elektrischen Betriebsstätte montiert, gilt eine Mindestbreite von 600 mm.

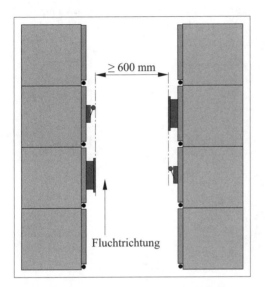 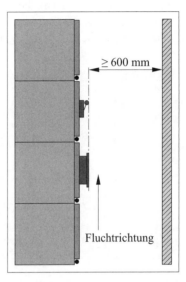

Bild 11.12 Gangbreiten mit einem Basisschutz durch Umhüllung

Temporäre Störkanten in Bedien- und Wartungsgängen

Die Gangbreite kann bei Instandsetzungsarbeiten (temporär) durch elektrische Betriebsmittel reduziert sein. Temporäre Verringerungen von Gangbreiten können z. B. verursacht werden durch:

- Schaltschränke mit geöffneten Doppeltüren,
- Schaltschranktüren in arretierter Offenstellung,
- Schaltschranktüren, die durch einen herausgeklappten Schwenkrahmen blockiert sind,
- Leistungsschalterwagen, die vollständig aus dem Schaltschrank herausgezogen sind.

Schaltschrank mit Doppeltür

Schaltschranktüren sollten sich immer in Fluchtrichtung schließen lassen, siehe **Bild 11.13**. Bei Schaltschränken mit Doppeltüren, die rechts und links am Schrank angeschlagen werden, muss die Aufschlagweite der Tür, die sich nur gegen die Fluchtrichtung öffnen lässt, als verbleibende Restgangbreite betrachtet werden. Meistens kann sich die Tür, die in Fluchtrichtung aufgeschlagen werden kann, nicht vollständig an die geschlossene Schaltschranktür des Nachbarschranks anlehnen, sodass eine deutliche Einengung des Gangs auftritt.

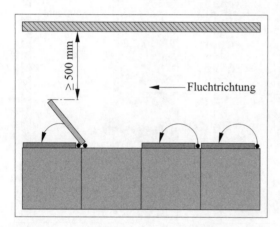

Bild 11.13 Schließrichtung von Schaltschranktüren in Abhängigkeit von der Fluchtrichtung

Schaltschranktür in arretierter Stellung

Werden elektrische Betriebsstätten auf fahrbaren Maschinen montiert (z. B. auf einem Containerkran), kann es von Vorteil sein, die Schaltschranktüren in ihrer geöffneten Stellung für Instandsetzungsarbeiten an der elektrischen Ausrüstung mechanisch zu arretieren, siehe **Bild 11.14**. In solchen Fällen führt die geöffnete arretierte Tür zu einer Einengung des Gangs.

Die Fluchtrichtung wird nicht bewertet, da die Mindestbreite für beide Fluchtrichtungen gleich groß ist.

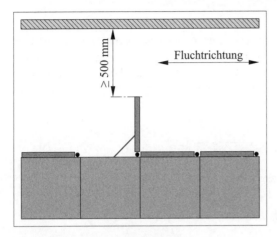

Bild 11.14 Arretierbare Schaltschranktür

Blockierte Schaltschranktür durch herausgeklappten Schwenkrahmen

Sind in Schaltschränken Schwenkrahmen eingebaut, muss die max. Auslenkung des Schwenkrahmens aus dem Schaltschrank und die damit verbundene Blockierung der Schaltschranktür bewertet werden, siehe **Bild 11.15**.

Die Fluchtrichtung wird nicht bewertet, da die Mindestbreite für beide Fluchtrichtungen gleich groß ist.

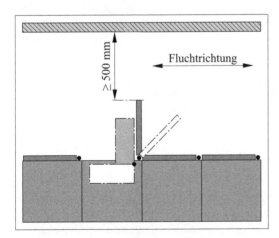

Bild 11.15 Blockierung der Schaltschranktür durch Schwenkrahmen

331

Leistungsschalterwagen

Große Leistungsschalter können als beweglicher herausziehbarer Wagen ausgeführt sein, der komplett aus seiner Position im Schaltschrank herausgezogen werden kann, siehe **Bild 11.16**. Bei solchen technischen Lösungen muss der komplett in den Gang herausgezogene Leistungsschalterwagen mit der offen stehenden Tür als Einengung der Gangbreite berücksichtigt werden.

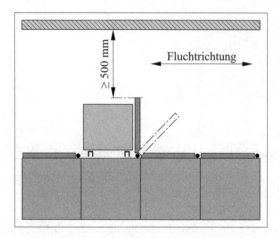

Bild 11.16 Blockierung der Schaltschranktür durch herausgezogenen Schaltwagen

Die Fluchtrichtung wird nicht bewertet, da die Mindestbreite für beide Fluchtrichtungen gleich groß ist.

Gegenüberliegende Störkanten

Kann die Gangbreite durch gegenüberliegende Einrichtungen verringert werden, gilt der Abstand zwischen den gegenüberliegenden Störkanten als Mindestbreite des Gangs, siehe **Bild 11.17**.

Maximale Längen von Bedien- und Wartungsgängen

Die Länge der Bedien- und Wartungsgänge innerhalb einer elektrischen Betriebsstätte ist begrenzt. Je nach Länge der Gänge muss auf der gegenüberliegenden Seite der Tür entweder eine Verbindung zu den anderen Gängen (> 10 m ≤ 20 m) oder eine zweite Tür (< 20 m) vorgesehen werden. Die max. Anzahl der Gänge ist nicht festgelegt. Es können somit in einer elektrischen Betriebsstätte mehrere parallel verlaufende Gänge vorgesehen werden. Die Gangbreite innerhalb der Gänge muss bei geschlossenen

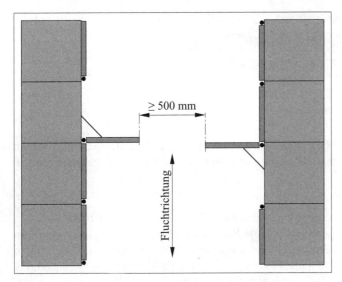

Bild 11.17 Gegenüberliegende arretierbare Schaltschranktüren

Schaltschränken ohne Hindernisse (z. B. Schaltbedienelemente) oder bei offenen Schaltgerüsten mit einem Schutz durch Hindernis mindestens 700 mm betragen.

Ganglängen ≤ 10 m

Bei Ganglängen von ≤ 10 m brauchen die Gänge von nur einer Seite aus zugänglich sein. Der Weg von der Zugangstür (stirnseitig) zum jeweiligen Gang muss mindestens 700 mm breit sein, siehe **Bild 11.18**.

Die stirnseitige Position der Zugangstür ist nicht vorgegeben.

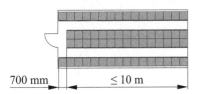

Bild 11.18 Bedien- und Wartungsgänge ≤ 10 m

Ganglängen > 10 m bis 20 m

Bei Ganglängen von > 10 m bis 20 m müssen die Gänge innerhalb der elektrischen Betriebsstätte von beiden Seiten aus zugänglich sein. Der Weg von der Zugangstür zum jeweiligen Gang muss mindestens 700 mm breit sein, siehe **Bild 11.19**.

333

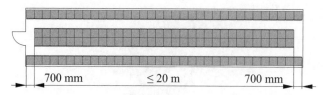

700 mm ≤ 20 m 700 mm

Bild 11.19 Bedien- und Wartungsgänge > 10 m bis 20 m

Auch am Ende eines Gangs auf der der Tür gegenüberliegenden Seite muss beim Wechsel zu einem anderen Gang eine Mindestbreite von 700 mm eingehalten werden.

Ganglängen > 20 m

Bei Ganglängen von > 20 m muss der Zugang zur elektrischen Betriebsstätte von beiden Seiten aus möglich sein, siehe **Bild 11.20**. Bei den stirnseitigen Wegen an den Zugangstüren zu den einzelnen Gängen muss eine Mindestbreite von 700 mm eingehalten werden. Die Fluchtrichtung sollte sich ab Mitte der Gänge umkehren. Damit muss dann auch die Zuschlagrichtung der Schaltschranktüren geändert werden.

Die max. Ganglänge darf 35 m nicht überschreiten.

Fluchtrichtungsänderung

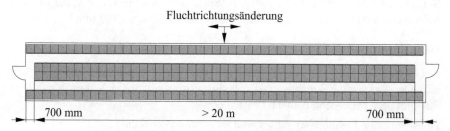

700 mm > 20 m 700 mm

Bild 11.20 Bedien- und Wartungsgänge > 20 m

12   Leiter, Kabel und Leitungen

Leiter

In der englischen Fassung der DIN EN 60204-1 (**VDE 0113-1**) werden Einzelleiter als „conductor" oder allgemein als „wires" bezeichnet. In der deutschen Übersetzung werden sie Leiter genannt.

Kabel

Im englischen Sprachraum werden alle mehradrigen Übertragungsmedien mit dem Begriff „cable" bezeichnet. In Deutschland wird dagegen zwischen Kabel und Leitung unterschieden. Deshalb ist in der deutschen Ausgabe der Norm die Bezeichnung „cables" mit Kabel/Leitungen übersetzt.

Prüft man jedoch die deutsche Bezeichnung „Kabel" anhand der relevanten Produktnormen, siehe z. B. DIN VDE 0276-603 [79], so ist erkennbar, dass es sich dabei immer um ein Übertragungsmedium handelt, das vorzugsweise in Erde verlegt wird, was bei Maschinen selten der Fall ist. Meistens sind die Leiter in einem Kabel massiv oder mehrdrähtig und nicht flexibel. Somit sind in der Norm mit den im Englischen als „cables" bezeichneten Komponenten immer Leitungen gemeint.

Doch auch wenn bei einer Maschine Leitungen vorgegeben sind, kann es notwendig sein, trotzdem Kabel zu verwenden, wenn z. B. der benötigte Leiterquerschnitt bei Leitungen nicht verfügbar ist. Aber solche Lösungen sind nur für fest verlegte Verbindungen geeignet.

Leitungen

Leitungen sind flexibel aufgebaut und eignen sich zur Verwendung in Innenräumen und im Freien. Insbesondere für den Anschluss beweglicher Komponenten sind Leitungen von Bedeutung. Sie werden jedoch wegen ihrer höheren „Erschütterungstauglichkeit" und leichteren Handhabung bei der Montage auch für fest verlegte Verbindungen an Maschinen verwendet.

Zusammenfassung

In DIN VDE 0289-1 [97] ist der Unterschied zwischen Kabeln und Leitungen normativ festgelegt. Die Zuordnung der Begriffe erfolgt durch die Normenreihen DIN VDE 0250 [98] für Leitungen und DIN VDE 0271 [99] für Kabel.

12.1 Allgemeine Anforderungen

Der gesamte Abschnitt 12 ist eine Auswahl von Bestimmungen und technischen Daten aus anderen Normen. Im Wesentlichen stützt es sich bezüglich der Strombelastbarkeiten auf IEC 60364-5-523 bzw. DIN VDE 0298-4 [100] sowie auf andere deutsche Normenwerke.

Zur richtigen Auswahl und Dimensionierung von Leitungen sind folgende Aspekte zu berücksichtigen:

*   der Schutz gegen elektrischen Schlag,
*   die Spannungsfestigkeit,
*   die richtige Dimensionierung, bezogen auf die auftretenden Ströme, und die Verlegeart der Kabel und Leitungen, z. B. Häufung, aber auch äußere Einflüsse wie Umgebungstemperaturen,
*   der Einfluss von korrosiven Stoffen oder mechanischen Beanspruchungen,
*   die Gefährdung bei Bränden.

Normen für Leitungen

Wegen eines fehlenden internationalen Normenwerks für Leitungen wird man sich zumindest in Deutschland überwiegend auf das deutsche Normenwerk stützen bzw., soweit vorhanden, auf die europäischen Harmonisierungsdokumente. Bewährt haben sich für die feste Verlegung z. B.:

*   Reihe DIN VDE 0250 – Isolierte Starkstromleitungen (NYM),
*   Reihe DIN VDE 0281 bzw. Reihe HD 21 – Starkstromleitungen mit thermoplastischer Isolierhülle (PVC-Steuerleitungen H05VV5-F, H05VVC4 V5-K),
*   Reihe DIN VDE 0282 bzw. Reihe HD 22 oder IEC 60245 – Starkstromleitungen mit vernetzter Isolierhülle oder gummi-isolierte Leitungen (Gummischlauchleitungen H07RN-F; A07RN-F); die IEC 60245 war die Basis für das (neuere) HD 22, ist aber technisch nicht so aktuell und umfassend wie das HD 22.

In Klammern sind jeweils die alten deutschen Benennungen bzw. Beispiele für Typenbezeichnungen genannt.

Bei der Auswahl und der Verlegung der Leitungen sind ggf. erschwerende Betriebsbedingungen zu berücksichtigen.

Einsatzfall beachten

Grundsätzlich ist die Auswahl von Leitungen in Verbindung mit den Abschnitten 4.2 und 4.4 vorzunehmen. Leitungen müssen immer für den jeweiligen Anwendungsfall geeignet sein. Dies gilt insbesondere für nicht genormte Spezialleitungen, Signal-, Mess- und Meldestromkreise. So ist z. B. nicht jede Leitung für den Einsatz im Freien oder besondere Betriebsbedingungen, wie etwa ungewöhnlich hohe bzw. niedrige Umgebungstemperaturen, geeignet. Entsprechende Angaben der Hersteller (Spezifikation) sind zu beachten und ggf. zu erfragen.

Kabel, die im Freien installiert werden, müssen hierfür geeignet sein (UV-Einstrahlung, Temperaturen, Ozon usw.). Bei der Dimensionierung muss eine eventuelle Aufheizung durch Sonneneinstrahlung berücksichtigt werden, oder die Leitungen müssen entsprechend geschützt werden.

Erforderliche Leiterquerschnitte

Bei der Wahl des erforderlichen Leiterquerschnitts sind im Wesentlichen drei Kriterien zu berücksichtigen:

1. Strombelastbarkeit der Leitungen mit Rücksicht auf die thermische Beanspruchung,

2. Spannungsfall (der Leitung),

3. Kurzschlussfall.

Kurzschlussschutz

Zum Kurzschlussfall werden in DIN EN 60204-1 (**VDE 0113-1**) keine näheren Angaben gemacht. Die Abschaltbedingungen zum Schutz der Leiter sind aber denen zum Fehlerschutz durch die automatische Abschaltung der Stromversorgung ähnlich. Die in Abschnitt 6.3.3 getroffenen Maßnahmen zum Schutz gegen einen elektrischen Schlag sind in der Regel auch ausreichend zum Schutz der Leiter im Kurzschlussfall.

Ist ein Fehlerschutz durch automatische Abschaltung nicht vorgesehen, müssen eigene Schutzmaßnahmen für die Leitungen im Hinblick auf einen Kurzschlussfall installiert werden.

12.2 Leiter

Die Dimensionierung von Leitern muss grundsätzlich entsprechend der Stromtragfähigkeit und Wärmeabgabefähigkeit erfolgen. Doch auch die mechanische Festigkeit ist ein wichtiger Parameter.

Mindestquerschnitt für mechanische Festigkeit

Bei der Berechnung von Leiterquerschnitten muss zwecks Langzeitstabilität der Verdrahtung ein Mindestquerschnitt eingehalten werden.

Grundsätzlich sollte als Leitermaterial Kupfer verwendet werden.

Aluminium als Leiter

Wird Aluminium eingesetzt, ist ein Mindestquerschnitt von 16 mm^2 einzuhalten. Der Grund dafür ist die geringere mechanische Festigkeit im Vergleich zu Kupferleitern. Aluminium ist empfindlich gegen Einkerbungen und beim Verbiegen, deshalb ist es als Leitermaterial bei Leitern und Leitungen für Maschinen nicht zu empfehlen. Der hohe Mindestquerschnitt dient zur Gewährleistung der mechanischen Festigkeit.

Aluminium wird, wenn es verwendet wird, in der Regel als elektrischer Leiter hauptsächlich bei Freileitungen oder in Kabeln eingesetzt.

Kupfer als Leiter

Doch auch für Kupferleiter sind Mindestquerschnitte aus mechanischen Gründen festgelegt. Diese sind allerdings wesentlich geringer als bei Aluminiumleitern.

Werden besondere Maßnahmen zum Schutz bei Vibration oder anderen mechanischen Belastungen vorgesehen, können die vorgegebenen Mindestquerschnitte eventuell unterschritten werden. **Tabelle 12.1** zeigt am Beispiel von dreiadrigen Leitungen die vorgegebenen Mindestquerschnitte.

Einbauort	Anwendungsbeispiel	Mindestquerschnitt
außerhalb von Gehäusen	Leitungen für Hauptstromkreise, die fest verlegt sind	0,75 mm^2
	Leitungen für Hauptstromkreise, die häufig bewegt werden	0,75 mm^2
	Leitungen für Steuerstromkreise	0,20 mm^2
	Leitungen für die Datenübertragung oder für Bus-Systeme	0,08 mm^2
innerhalb von Gehäusen	Leitungen für Hauptstromkreise, die fest verlegt sind	0,75 mm^2
	Leitungen für Steuerstromkreise	0,20 mm^2
	Leitungen für die Datenübertragung oder für Bus-Systeme	0,08 mm^2

Tabelle 12.1 Mindestquerschnitte für dreiadrige Leiter in Abhängigkeit von der Verlegeart

Die Tabelle zeigt, dass bei dreiadrigen Leitungen der Mindestquerschnitt bei Leitungen gleich ist, egal ob sie innerhalb oder außerhalb eines Gehäuses verlegt werden.

Leiterklassen

Bei der Auswahl der Leiter kommt es zusätzlich auch darauf an, ob sie einer betriebsmäßigen Bewegung ausgesetzt sind. DIN EN 60228 (**VDE 0295**) [101] unterscheidet vier Leiterklassen, siehe **Tabelle 12.2**.

Klasse	Aufbau	Anwendungsbereich
1	massiv	Für Leiter zwischen fest montierten elektrischen Betriebsmitteln
2	mehrdrähtig	
3	unbesetzt	
4	unbesetzt	
5	feindrähtig	Für Leiter zu elektrischen Betriebsmitteln, die während des Betriebs bewegt werden
6	feinstdrähtig	

Tabelle 12.2 Unterscheidung der Klassen bei Leitern

Die Leiterklassen sind ausschließlich für eine feste Installation vorgesehen. Leiterklasse 2 sagt noch nichts über die Flexibilität des Leiters für bewegliche Einsatzfälle aus. Sie soll lediglich das Verlegen der Leiter bei größeren Querschnitten (z. B. über 10 mm^2) erleichtern.

Für Einsatzfälle, bei denen die Leiter einer häufigen Bewegung ausgesetzt sind, müssen flexible mehrdrähtige Leiter der Klasse 5 oder der Klasse 6 eingesetzt werden. Hierbei wird eine Bewegung pro Stunde bereits als „häufige Bewegung" erachtet.

In Anwendungen, die Vibrationen ausgesetzt sind, wie z. B. bei fahrbaren Maschinen, empfiehlt es sich auch bei fester Verlegung, mindestens Leiter der Klasse 5 zu verwenden.

Bei eindrähtigen Leitern ist darauf zu achten, dass diese außerhalb von Gehäusen nicht mit einer Basisisolierung verlegt werden dürfen. In solchen Fällen ist eine eindrähtige Mantelleitung (zweite Isolation) zu verwenden.

12.3 Isolierung

Die Auswahl der richtigen Isolation für Leiter und Leitungen sollte immer entsprechend den Datenblättern der Hersteller unter Berücksichtigung der Anwendersituation getroffen werden.

Besondere Anwendersituationen

Besondere Anwendersituationen umfassen z. B. Anforderungen an eine Weiterleitung bei einem Brand (Brandschutz) oder der Entstehung von korrosivem Chlorid (Salzsäure), das sich durch brennendes PVC bildet.

In Gehäusen dürfte PVC dominieren. Im Freien, in landwirtschaftlichen Betriebsstätten mit Tierhaltung, wird eine Gummiart vorzuziehen sein.

PVC ist auch der bevorzugte Werkstoff für die Isolierung und den Mantel von Kabeln, die im Freien und in Erde verlegt werden. Flexible Leitungen, die im Freien verwendet werden, müssen insbesondere den externen thermischen (Sonneneinstrahlung) und natürlich auch den mechanischen Beanspruchungen standhalten. Für die Isolierung und auch für den Mantel werden hier bevorzugt Gummiwerkstoffe eingesetzt.

Wenn keine besonderen Anforderungen, z. B. an das Verhalten im Brandfall, gestellt werden, ist PVC der geeignete Isolierwerkstoff für Leitungen zur inneren Verdrahtung von Anlagen und Geräten. In anderen Fällen sind Leitungen mit halogenfreien Werkstoffen und entsprechenden Eigenschaften zu verwenden.

Die Brenngase von PVC-Materialien können in Verbindung mit der Luftfeuchtigkeit oder Löschwasser zu erheblichen Folgeschäden an Maschinen und Gebäuden führen. Einfach „schwer entflammbar" zu fordern genügt nicht. Die örtlichen feuerpolizeilichen Vorschriften sind zu beachten.

> **?**
>
> **Frage aus Anhang B beantworten**
>
> Mit Beantwortung der Frage 3 h) werden die Anforderungen an flammhemmende Leiter und Leitungen festgelegt.

Kabelhersteller können am ehesten Auskunft über Brennbarkeit, Isolationserhalt, Abgabe korrosiver und toxischer Gase geben. Hieran ist nicht nur bei der Verkabelung der Maschine selbst zu denken, sondern insbesondere auch bei umfangreichen maschinellen Anlagen, wenn Kabeltrassen Brandabschnitte kreuzen oder in Flucht- und Rettungswegen verlegt werden.

Erhalt der Funktionsfähigkeit

Der Hinweis auf den Erhalt der Funktionsfähigkeit von sicherheitsbezogenen Funktionen zielt darauf ab, dass es im Brandfall noch möglich sein sollte, die Maschine ordnungsgemäß in einen sicheren Zustand zu bringen.

Mechanische Festigkeit

Die Isolation von Leitern und Leitungen muss den zu erwartenden mechanischen Belastungen, sowohl bei der Verlegung als auch später während des Betriebs, standhalten. Insbesondere das Einziehen von Leitern und Leitungen in Elektroinstallationsrohre oder Kabelkanäle stellt eine mechanische Belastung dar.

Durchschlagsfestigkeit

Die Isolation von Leitern und Leitungen für elektrische Anlagen einer Maschine mit einer Bemessungsspannung AC $\geq$ 50 V bzw. DC $\geq$ 120 V muss 5 min lang einer Prüfspannung von AC 2 000 V standhalten.

Leiter und Leitungen für PELV-Stromkreise (AC < 50 V bzw. DC < 120 V) müssen 5 min lang einer Prüfspannung von AC 500 V standhalten.

Die Angaben über die Durchschlagsfestigkeit der Isolierung bedeuten nicht, dass solche Prüfungen nach Fertigstellung der Installation durchgeführt werden müssten. Man darf sich auf die Angaben der Kabel- und Leitungshersteller verlassen, wenn diese ihre Prüfergebnisse in entsprechenden Produktdokumentationen angeben. Normalerweise gehören solche Prüfvorschriften auch in die entsprechenden Produktnormen für Leitungen. Die Anforderungen aus DIN EN 60204-1 (**VDE 0113-1**) sind deshalb beim Fehlen entsprechender Normen als Auswahlkriterium miteinzubeziehen.

12.4 Strombelastbarkeit im Normalbetrieb

Die Strombelastung von Leitern darf nur so hoch gewählt werden, dass die für das jeweilige Isoliermaterial zulässigen Leitertemperaturen im Normalbetrieb nicht überschritten werden. Entsprechend **DIN VDE 0100-520 Beiblatt 2** [102] ist die höchste Betriebstemperatur des Leitermaterials auf 70 °C festgelegt.

Damit diese Temperatur nicht überschritten wird, enthält die Norm Angaben über den max. Strom in Abhängigkeit von der Verlegeart und die Kühlmitteltemperatur der belasteten Leiter von Leitungen für die Auswahl durch den Anwender.

Kühlmitteltemperatur 40 °C statt 25 °C

In Tabelle 6 der DIN EN 60204-1 (**VDE 0113-1**) sind beispielhaft, abweichend von DIN VDE 0100-520 Beiblatt 2, max. Stromwerte für eine Kühlmitteltemperatur von 40 °C entsprechend Abschnitt 4.4.3 der Norm, anstelle von 25 °C, angegeben.

Verlegearten

Die max. Stromwerte in Tabelle 6 der DIN EN 60204-1 (**VDE 0113-1**) sind beispielhaft für folgende Referenzverlegearten angegeben:

B1 Leiter, die in einem Elektroinstallationsrohr oder Kabelkanal verlegt werden

B2 (Mehrader-)Leitungen, die in einem Elektroinstallationsrohr oder Kabelkanal verlegt werden

C Leiter oder Leitungen, die auf Kabelwannen verlegt werden

E Leitungen, die auf Kabelpritschen verlegt werden

Je besser eine Wärmeabfuhr aufgrund der Verlegeart ist, desto höher ist auch die max. Strombelastbarkeit der Leiter.

Alle Einflussfaktoren, siehe **Bild 12.1**, wurden von Leitungsherstellern in entsprechenden Strombelastbarkeitstabellen sowie Tabellen mit Korrekturfaktoren verarbeitet, die in anderen Normen, wie z. B. in DIN VDE 0100-520 oder DIN VDE 0298-4, vorliegen. In der Praxis hat der Planer keine andere Möglichkeit als sich an diesen Tabellen zu orientieren und darauf zu vertrauen, dass die Ersteller dieser Normen die Einflussgrößen richtig berücksichtigt haben. Auch die Festlegungen in DIN EN 60204-1 (**VDE 0113-1**) sind letztlich nur ein Auszug aus diesen Normenwerken, angepasst an die Verhältnisse bei Maschinen.

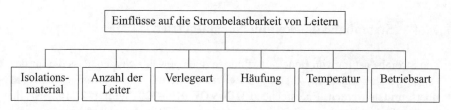

Bild 12.1 Einflussfaktoren auf die Strombelastbarkeit von Leitern

Ungünstigste Stelle bestimmt den Leiterquerschnitt

Grundsätzlich ist bei der Festlegung der Leiterquerschnitte von den ungünstigsten Verhältnissen innerhalb eines Leitungsweges auszugehen, d. h. von dem Abschnitt, in dem die ungünstigste Verlegeart, die größte Häufung und/oder die höchste Umgebungstemperatur vorherrscht. Diese Festlegung gilt dann für den gesamten Leitungsweg, auch wenn die ungünstigen Betriebsverhältnisse nur an einer Stelle vorhanden sind, z. B. beim Durchtritt durch eine Wärmedämmung. Allerdings gilt dies nur, wenn die Einflussgrößen eine gewisse Mindestlänge (etwa 1 m) überschreiten, sodass man nicht davon ausgehen kann, dass die hier auftretende größere Erwärmung schnell über die angrenzenden Leitungsstücke abgeleitet wird.

Innenverdrahtung

Bei Leitungen für die Innenverdrahtungen von Schaltschränken sind die Anforderungen aus DIN EN 61439-1 (**VDE 0660-600-1**) oder andere zutreffende Gerätenormen zu beachten.

Anmerkung 2 unterstreicht nochmals, dass sich die Festlegungen dieses Abschnitts ausschließlich auf solche Belastungen beziehen, bei denen die Leiter im Dauerbetrieb ihre Beharrungstemperatur erreichen.

Kurzzeit-/Aussetzbetrieb

Im Rahmen der Festlegung der Leiterquerschnitte wird die Beharrungstemperatur, die im Dauerbetrieb erreicht wird, betrachtet. Bei abweichenden Betriebsarten wie Kurzzeit- oder Aussetzbetrieb oder Schweranläufen von Antrieben können erleichternde oder erschwerende Faktoren wirksam werden. Diese zu beurteilen, ist häufig sehr komplex und ohne die Unterstützung der Hersteller kaum möglich, da hierbei Parameter zu berücksichtigen sind, die in den üblichen Leitungskatalogen nicht veröffentlicht werden.

12.5 Spannungsfall bei Leitern und Leitungen

Der max. zulässige Spannungsfall von 5 % gilt für Verbindungsleitungen von der Netzanschlussstelle bis zu ihren elektrischen Betriebsmitteln.

Erhöhung des Leiterquerschnitts

Ist der Spannungsfall zu groß, kann durch die Verwendung eines größeren Leiterquerschnitts der Spannungsfall teilweise kompensiert werden.

Spannungstoleranzen der Stromversorgung

Bei der Dimensionierung der Betriebsmittel muss zusätzlich die erlaubte Spannungstoleranz von –10 % bei der Stromversorgung der Maschine mitberücksichtigt werden, sodass mit einer reduzierten Versorgungsspannung an den Betriebsmitteln von –15 % gerechnet werden muss, siehe **Bild 12.2.**

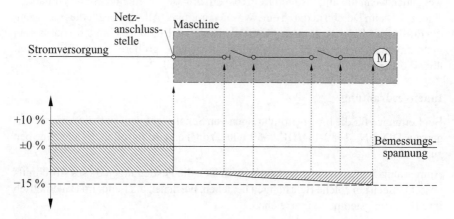

Bild 12.2 Erlaubter Spannungsfall von der Stromversorgung bis zum elektrischen Betriebsmittel

Schalt-/Schutzgeräte

Tritt innerhalb von Schalt- und/oder Schutzgeräten ein Spannungsfall auf, der den Wert von 5 % erkennbar verändert, muss auch dieser Spannungsfall berücksichtigt werden.

Steuerstromkreise

Der Spannungsfall innerhalb einer Steuerung ist von diesen Anforderungen ausgenommen. Die Norm verweist auf die Berücksichtigung von Herstellerangaben zu Steuergeräten. Insbesondere sind beim Spannungsfall innerhalb einer Steuerung mögliche hohe Einschaltströme zu berücksichtigen.

Da jedoch (mit wenigen Ausnahmen bei kleineren Maschinen) die Steuerspannungen über einen separaten Transformator versorgt werden, kann ein Spannungsverlust durch entsprechende Auslegung des Transformators kompensiert werden, z. B. durch mehrere Anzapfungen.

Festlegung der notwendigen Leiterquerschnitte

In der Praxis wird bei der Bemessung der Leitungen in der Regel wie folgt vorgegangen:

1. Bestimmung des notwendigen Leiterquerschnitts nach Tabelle 6 der DIN EN 60204-1 (**VDE 0113-1**) oder ähnlichen Tabellen aus anderen Normen unter Berücksichtigung der notwendigen Korrekturfaktoren.

2. Mit dem ermittelten Leiterquerschnitt wird die Kontrolle für den Kurzschlussfall durchgeführt, d. h. Überprüfung, ob der Kurzschlussstrom die notwendige Höhe erreichen kann, damit im Störungsfall die vorgeschaltete Überstromschutzeinrichtung zum Schutz gegen einen elektrischen Schlag und zum Schutz bei Überstrom in der erforderlichen Zeit auslösen kann.

3. Kontrolle des Spannungsfalls unter den üblichen Betriebsbedingungen.

4. Ergibt eine dieser beiden Kontrollen ein negatives Ergebnis, wie:
   - Kurzschlussstrom zu niedrig und führt nicht zur Abschaltung und/oder
   - Abschaltzeit zu lang oder
   - Spannungsfall zu groß,

   muss ein größerer Querschnitt gewählt werden. Die Leitungen sind dann thermisch überdimensioniert.

Unter normalen Betriebsbedingungen

Die Formulierung „*unter normalen Betriebsbedingungen*" im normativen Text weist darauf hin, dass nicht unbedingt mit dem Nennstrom der elektrischen Betriebsmittel gerechnet werden muss, sondern mit der betrieblichen Belastung, die zu erwarten ist.

Schwerlastfall = Sonderfall

Wenn z. B. ein Motor einer Maschine mit mehreren Antrieben wegen eines besonderen Schwerlastfalls – der relativ selten vorkommt – überdimensioniert wurde, so wäre es unsinnig, mit dessen Nennstrom zu rechnen, sondern es kann der tatsächliche Belastungsstrom im Normalfall angesetzt werden.

Auf der anderen Seite muss natürlich ebenfalls gewährleistet sein, dass die Betriebsverhältnisse im Schwerlastfall derart sind, dass die zulässigen Spannungsgrenzen auch hier nicht unterschritten werden.

Dies gilt sowohl für die Zuleitung zur Maschine als auch für die Zuleitungen zu den einzelnen elektrischen Betriebsmitteln. Die einwandfreie Funktion muss in beiden Fällen (Schwerlastfall und Normalfall) gewährleistet sein. Bei einem Schwerlastfall kann meistens davon ausgegangen werden, dass nicht auch alle anderen Antriebe gleichzeitig betrieben werden, wie es vielleicht im Normalbetrieb der Fall ist.

12.6 Flexible Leitungen

In diesem Abschnitt sind die Anforderungen an solche Leitungen festgelegt, die betriebsmäßig bewegt werden.

Bewegliche Teile

Der wesentliche Einsatz von flexiblen Leitungen dient der Versorgung von elektrischen Betriebsmitteln, die auf beweglichen Teilen einer Maschine montiert sind.

Bewegliche Maschinen

Ein weiteres Einsatzgebiet von flexiblen Leitungen ist die Energieversorgung von mobilen Maschinen, wie z. B. Krane oder fahrbare Geräte im Tagebau. In solchen Fällen handelt es sich fast immer um Spezialleitungen, da diese Leitungen erheblichen mechanischen Beanspruchungen unterliegen.

Sonderleitungen

Für die Dimensionierung von flexiblen Leitungen gilt im Prinzip dasselbe, was in den Abschnitten 12.4 und 12.5 erläutert wird. Bezüglich flexibler Leitungen zur Energieversorgung von beweglichen Maschinen ist es jedoch sinnvoll, sich auf die Belastungstabellen der Leitungshersteller zu stützen und nicht Tabelle 6 der DIN EN 60204-1 (**VDE 0113-1**) anzuwenden.

Bei diesen Leitungen handelt es sich meistens um Spezialleitungen mit besonderen Leitungskonstruktionen und einem anderen thermischen Verhalten als die allgemeinen flexiblen Leitungen aufweisen. Es gelten aber dieselben Aspekte für eine eventuelle Belastungsreduzierung durch erhöhte Außentemperatur, Aufheizung der Leitung durch Strahlungswärme oder Sonneneinstrahlung, schlechte Kühlung durch ungünstigen Einbau und Bündelung mit anderen Leitungen.

12.6.1 Allgemeines

Dass flexible Leitungen der (Leiter-)Klasse 5 oder 6 entsprechen müssen, ist eine Selbstverständlichkeit, da Leiter der Klassen 1 und 2 per definitionem nur für eine feste Verlegung geeignet sind.

Mehrdrähtige Leiter entsprechen der Klasse 2 und werden in der Regel bei großen Querschnitten zwecks besserer Handhabung bei der Errichtung verwendet, gelten aber nicht als flexible Leiter.

Leitungen für die Stromversorgung von beweglichen Maschinen

Flexible Leitungen für die Stromversorgung von beweglichen Maschinen sind je nach Verwendungszweck häufig erheblichen mechanischen Beanspruchungen ausgesetzt. Diese Leitungen können völlig frei beweglich sein, über den Erdboden gezogen werden (in Tagebaubetrieben), frei hängend ihr Eigengewicht tragen (Aufzugsleitungen oder an Hubwerken), aber auch in Kombination mit entsprechenden Leitungsführungseinrichtungen schienengeführte fahrbare Maschinen versorgen.

Häufige Biegewechsel

In solchen Anwendungsfällen unterliegen die Leitungen häufigen Biegewechseln. Hierfür gibt es die unterschiedlichsten Systeme, wie Leitungstrommeln mit entsprechenden Führungsrollen, Leitungsgirlanden, Leitungsraupen usw. Für alle diese Führungseinrichtungen gibt es angepasste Leitungskonstruktionen, Rund- oder Flachleitungen mit oder ohne Tragorgane oder Torsionsschutzgeflechte in den Leitungsmänteln.

Flexible Leitungen, ein Verschleißteil

Einen wichtigen Hinweis zu solchen Einsatzfällen enthält Anmerkung 3. Im Gegensatz zu fest verlegten Leitungen sind flexible Leitungen für diesen Gebrauch als Verschleißteile anzusehen. Die Anmerkung listet die wesentlichen Faktoren auf, die die Gebrauchsdauer dieser Leitungen negativ beeinflussen, insbesondere, wenn mehrere dieser Faktoren zusammen auftreten. Bei der Planung solcher Anlagen empfiehlt es sich, die geeignete Kombination von Leitungsführung und Leitung mit den jeweiligen Herstellern abzustimmen.

Nationale Normen

Die folgenden Beispiele zeigen flexible Leitungen für die Energiezuführung sowie für Steuerleitungen, die sich in Deutschland bewährt haben und die auch weltweit weitestgehend akzeptiert sind, siehe **Tabelle 12.3**.

Bauartkurzzeichen	Bezeichnung
H07RN-F	schwere Gummischlauchleitung
H07RT2D5-F	Aufzugssteuerleitung
NGFLGÖU	Gummiflachleitung
H07VVH2 F	PVC-Flachleitung
H05VV5-F	PVC-Steuerleitung
NSGAFöu	kurzschlussfeste Leitung

Tabelle 12.3 Auswahl von flexiblen Leitungen

Hebezeuge

Für Hebezeuge werden mit Rücksicht auf mechanische Beanspruchungen bewusst mindestens Leitungen der Bauart 07RN gefordert. Im Einzelfall muss entsprechend den jeweiligen Einsatzkriterien entschieden werden, ob eine solche Leitung ausreichend ist oder ob eine höherwertigere zum Einsatz kommen muss.

12.6.2 Mechanische Bemessung

Flexible Leitungen sind während des Betriebs Zugbeanspruchungen ausgesetzt. Dies gilt auch für zwangsgeführte Leitungen. Die genannte Zugbeanspruchung von Cu-Leitern mit einem Leiterquerschnitt von 15 N/mm^2 ist ein Hinweis darauf, dass die Zugbeanspruchung des Kupferleiters unter dem genannten Wert bleiben soll.

Tragorgane

Für Einzelfälle, in denen dieser Wert nicht eingehalten werden kann, sind Leitungen mit Sonderkonstruktionen möglich; z. B. mit Tragorganen, welche die höheren Kräfte aufnehmen, sodass die Beanspruchung der Kupferleiter wieder unter 15 N/mm^2 liegt.

In diesem Zusammenhang ist nicht nur an die Kräfte durch Beschleunigungs- und Bewegungsvorgänge der Maschine zu denken, sondern auch an das Eigengewicht der Leitung, z. B. bei hoch angebrachten Leitungstrommeln, siehe Bild 12.3. Hierauf macht die Anmerkung aufmerksam. Dabei ist es nicht so sehr die Bewegungsgeschwindigkeit, die zu hohen Zugbeanspruchungen führen kann, sondern die durch diese entstehenden Massenkräfte, z. B. beim Überfahren von Mitteneinspeisungen.

12.6.3 Strombelastbarkeit von aufgetrommelten Leitungen

Bezüglich der zulässigen Strombelastbarkeit von Leitungen ist auch ihre Wärmeabgabefähigkeit von Bedeutung. Wenn diese behindert ist, wie es insbesondere bei mehrlagig gewickelten Leitungen der Fall ist, muss die max. Belastung herabgesetzt werden, ähnlich wie bei der Häufung von Leitungen.

Hochspannungstrossen

Die in diesem Abschnitt festgelegten Anforderungen gelten für Trossen, wie sie bei großen Maschinen zur Stromversorgung eingesetzt werden. Der Name Trosse für eine Leitung entwickelte sich aus dem Begriff für Taue/Seile, denn beim Einsatz einer Trosse hat man den Eindruck, es hinge eine bewegliche Maschine an einem Seil. Da Trossen meistens für die Übertragung von elektrischer Energie mit Hochspannung verwendet werden, entwickelte sich der Begriff Hochspannungstrossen.

Spiralförmige Aufwicklung

Spiralförmig aufgewickelte Trossen können durch eine speichenförmige Struktur in ihrer Spirale geführt werden, siehe **Bild 12.3**, wodurch die Wärmeabgabe an das Umfeld günstig ist (radial belüftet). Wird die Spirale dagegen durch geschlossene Seitenwangen geführt (radial unbelüftet), reduziert sich die Wärmeabgabe erheblich, siehe **Tabelle 12.4**.

Bild 12.3 Belüftete Radial-Leitungstrommel (Paul Vahle GmbH & Co. KG, Kamen)

Spiralförmige Aufwicklung	Radial belüftet	Radial unbelüftet
Reduktionsfaktor	0,85	0,75

Tabelle 12.4 Reduktionsfaktoren bei spiralförmiger Aufwicklung einer Trosse

Zylindrische Aufwicklung

Wird eine Trosse zylindrisch aufgewickelt, ist die Wärmeabgabefähigkeit bei einer einlagigen Aufwicklung, siehe **Bild 12.4**, identisch mit derjenigen der spiralförmig aufgewickelten belüfteten Trosse. Wird eine Trosse jedoch mehrlagig zylindrisch aufgewickelt, erhöht sich der Reduktionsfaktor je Lage erheblich, siehe **Tabelle 12.5**.

Bild 12.4 Mehrlagig zylindrisch belüftete Leitungstrommel (Conductix-Wampfler GmbH, Weil am Rhein)

Zylindrische Aufwicklung	einlagig	zweilagig	dreilagig	vierlagig
Reduktionsfaktor	0,85	0,65	0,45	0,35

Tabelle 12.5 Reduktionsfaktoren bei zylindrischer Aufwicklung einer Trosse

Bei einer mehrlagigen Trommelung ist die Leitung voll von anderen Leitungen umschlossen und in ihrer Wärmeabgabefähigkeit stark behindert. Deshalb muss die Belastung bei einer solchen Leitung mehr reduziert werden als bei einer Leitung, die nur an ein oder zwei Seiten Berührung mit anderen Leitungen hat, wie bei einer einlagigen Trommelung oder einer Spiraltrommel.

Die tatsächliche Strombelastbarkeit einer solchen Trosse wird in der Regel gemeinsam mit dem Trommel- und Leitungshersteller festgelegt.

12.7 Schleifleitungen, Stromschienen und Schleifringkörper

Zur Übertragung der elektrischen Energie auf geführte bewegliche Maschinen oder geführte bewegliche Teile einer Maschine können neben Leitungsschleppketten auch lineare kontaktbehaftete Übertragungsmittel verwendet werden, wie Schleifleitungen, Stromschienen und, bei rotierenden Maschinen/Teilmaschinen, Schleifringe.

Schleifleitungen

Schleifleitungen sind in der Regel mit einem Berührungsschutz (fingersicher = IPXXB) ausgestattet, siehe **Bild 12.5**. Bei Schleifleitungen ist die eigentliche Strom-schiene mit einer Isolation umhüllt, die auf der Berührungsseite nur einen Schlitz hat, durch den der Stromabnehmer eindringen kann.

Bild 12.5 Fingersicher isolierte Einzelschleifleitungen (Paul Vahle GmbH & Co. KG, Kamen)

Stromschienen

Stromschienen werden auf Isolatoren aufgebaut und haben keine Isolation. Früher wurden auch Schleifdrähte verwendet, siehe **Bild 12.6**.

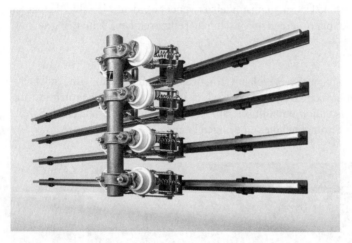

Bild 12.6 Nicht isolierte Stromschienen (Stemmann-Technik GmbH, Schüttorf)

Schleifringe

Schleifringe werden bei drehenden Maschinen/Teilmaschinen verwendet. Sie sind meist in einem Gehäuse gekapselt und haben einen vollständigen Basisschutz, siehe **Bild 12.7**.

Bild 12.7 Schleifringkörper mit Stromabnehmer (Stemmann-Technik GmbH, Schüttorf)

12.7.1 Basisschutz

Schleifleitungen, Stromschienen und Schleifringe müssen während des Betriebs einer Maschine über einen Basisschutz zum Schutz gegen elektrischen Schlag verfügen.

Isolieren oder umhüllen

Wenn irgend möglich, sollten aktive Teile einer Schleifleitung durch eine Isolierung geschützt werden. Wenn dies nicht möglich ist, muss der Basisschutz (Schutz gegen direktes Berühren) durch Umhüllungen oder Abdeckungen in einer Schutzart von mindestens IPXX**B** (fingersicher) hergestellt werden.

Waagerechte Abdeckungen

Bei waagerechten Abdeckungen oder Umhüllungen, die von oben leicht zugänglich sind, muss die Oberfläche in der Schutzart IPXX**D** (drahtsicher) ausgeführt werden. Der Durchgang für den Stromabnehmer zu den Stromschienen von Schleifleitungen sollte als Labyrinth ausgebildet sein, um einen Berührungsschutz der Schutzart IPXX**D** zu erreichen.

Schutz durch Abstand

Nur wenn Isolierungen oder Umhüllungen bzw. Abdeckungen nicht realisierbar sind bzw. die geforderte Schutzart nicht realisierbar ist, wie z. B. bei Stromschienen, darf zum Schutz gegen ein direktes Berühren der Schutz durch Abstand bei aktiven Teilen vorgesehen werden.

Not-Aus

Die notwendigen Abstände zu den aktiven Teilen beim „Schutz durch Abstand" enthält DIN VDE 0100-410. In besonderen Fällen kann auch DIN EN ISO 13857 [103] „Sicherheitsabstände gegen das Erreichen von Gefahrenstellen mit den oberen und unteren Gliedmaßen" hilfreich sein. In solchen Fällen muss an der Barriere ein NOT-AUS vorgesehen werden.

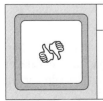

Risikobeurteilung notwendig

Der Personenkreis, dem Zutritt zu Schleifleitungen und Stromschienen erlaubt wird, ist im Rahmen einer Risikobeurteilung festzulegen.
Beim Basisschutz „Schutz durch Abstand" ist der Zutritt für elektrotechnische Laien nicht erlaubt.

Dokumentation gemäß Abschnitt 17 erstellen

In der Gebrauchsanleitung ist festzuhalten, welcher Personenkreis Zutritt zu den Schleifleitungen oder Stromschienen haben darf.

Pendelnde Elemente

Hier geht es um Anlagen, in denen Schleifleitungen in Bereichen angeordnet sind, in denen auch mit herabhängenden und evtl. pendelnden Steuerelementen und/oder Lasten hantiert wird. Insbesondere bei ungeschützten Schleifleitungen müssen alle anderen leitfähigen Teile, wie z. B. Steuerketten, Schalter, Bedienungsschnüre usw., so angeordnet werden, dass es über diese nicht zu einem direkten Berühren mit den Stromschienen kommen kann. Auch schwingende Lasten oder Lastaufnahmemittel dürfen nicht mit ungeschützten Stromschienen in Berührung kommen. Schleifleitungen mit Isolierung oder Umhüllungen dürfen ebenfalls nicht durch schwingende Lasten eventuell zerstört werden können.

Stromschienen sind immer nicht isolierte aktive Teile und deshalb muss als Basisschutz der Schutz durch Hindernis erfolgen. Schleifringe sind in der Regel in einem Gehäuse in der Schutzart IP44 ausgeführt und erfüllen die Anforderungen an einen Basisschutz.

12.7.2 Schutzleiter

Der Kontakt zwischen einer Schleifleitung und dem zugehörigen Stromabnehmer hat nicht die Qualität einer Klemme oder Schraubverbindung. Die Kontaktierung kann unterschiedliche Übergangswiderstände aufweisen oder auch unter besonderen mechanischen Einflüssen, wie Vibrationen oder Schock, kurzzeitig unterbrochen werden. Die Anforderungen an Stromabnehmer für den Schutzleiter haben den Zweck, die funktionalen Anforderungen an ein Schutzleitersystem, auch unter diesen Umständen, sicherzustellen.

Schutzleiter darf betriebsmäßig keinen Strom führen

Damit durch Zuleitungs- und Übergangswiderstände der Schleifleitung keine Potentialdifferenz zwischen der Maschine und ihrer Umgebung auftritt, darf der Schutzleiter betriebsmäßig keinen Strom führen. Für solche Maschinen kommt deshalb nur ein TN-S-System infrage.

So lange der Schutzleiter durchgängig ist, ist sichergestellt, dass im Fehlerfall keine gefährlichen Berührungsspannungen an der Maschine auftreten können. Diese Verhältnisse ändern sich jedoch schlagartig, wenn ein stromführender Schutzleiter unterbrochen wird. Hierbei ist es unerheblich, ob der Strom in Folge eines Fehlers oder eines Ableitstroms auftritt.

Schutz gegen Unterbrechung

Aus diesem Grund muss der Durchgängigkeit eines Schutzleiters, der über Schleifkontakte geführt wird, besondere Aufmerksamkeit gewidmet werden. Zur Sicherstellung können Durchgängigkeitsüberwachungen, Verdopplung der Stromabnehmer usw. vorgesehen werden. Eine Verdopplung der Stromabnehmer ergibt aber nur dann Sinn, wenn diese mechanisch voneinander unabhängig funktionieren. Anderenfalls besteht die Gefahr, dass eine Schwingung des einen Stromabnehmers den zweiten auch zum Schwingen anregt und dann bei beiden gleichzeitig eine Unterbrechung erfolgt.

12.7.3 Schutzleiterstromabnehmer

In alten Anlagen ist es vorgekommen, dass bei defekten Stromabnehmern für die Energiezuführung und fehlenden Ersatzteilen diese durch den Stromabnehmer des Schutzleiters ersetzt wurden, um den Betrieb – dann ohne Schutz – aufrechtzuerhalten. Dies soll durch die Anforderung dieses Abschnitts verhindert werden.

Keine Rollen oder Walzen

Es gab Stromabnehmer, bei denen eine Rolle oder Walze auf der Schleifleitung abrollte. Dies hatte Vorteile im Hinblick auf den Verschleiß. Die höheren Übergangswiderstände durch Rollkontakt sind bei den Spannungen und Strömen in den Energiekreisen vernachlässigbar.

Schleifkontakt erforderlich

Dagegen haben Schleifkontakte kleinere und vor allem beständigere Übergangswiderstände. Die gute Funktion des Schutzleiters im Fehlerfall ist von einer möglichst niederohmigen Verbindung abhängig, deshalb das Verbot von Rollen und Walzen hierfür.

12.7.4 Abklappbare Stromabnehmer mit Trennfunktion

Sollen abklappbare Stromabnehmer eine Trennschalterfunktion übernehmen, müssen sie dieselben Kriterien wie eine Steckverbindung beim Öffnen und Schließen erfüllen,

d. h., der Schutzleiterkreis muss beim Öffnen als letzter Kontakt öffnen und beim Schließen als erster schließen, siehe **Bild 12.8**. Damit soll sichergestellt werden, dass beim Trennen der Maschine von der Energieversorgung im Fehlerfall nicht einmal kurzzeitig eine Fehlerspannung anstehen kann.

Bild 12.8 Abklappbarer Stromabnehmer mit Trennschalterfunktion; vor- bzw. nacheilender Schutzleiter-Stromabnehmer (Paul Vahle GmbH & Co. KG, Kamen)

12.7.5 Luftstrecken

Für die Festlegung der erforderlichen Luftstrecke ist die Bemessungsstoßspannung von entscheidender Bedeutung und damit die Einordnung in eine Überspannungskategorie. In der Norm wird die Überspannungskategorie III gefordert.

Praktisch bedeutet dies bei Anwendung der Tabellen 1 und 2 aus DIN EN 60664-1 (**VDE 0110-1**) für 400-V-Schleifleitungen eine Mindestluftstrecke von 3 mm und bei 500 V von 5,5 mm.

12.7.6 Kriechstrecken

Für die Bemessung der erforderlichen Kriechstrecken sind außer dem Verschmutzungsgrad auch die Bemessungsspannung (Nennspannung) und der verwendete Isolierstoff maßgebend.

Angaben über Isolierstoffe enthalten DIN EN 60664-1 (**VDE 0110-1**) sowie DIN EN 60112 (**VDE 0303-11**) [104].

Alle hieraus ermittelten Werte können nur Mindestwerte sein. Wenn besondere Betriebsbedingungen vorliegen, z. B. bei offener Schleifleitung im Freien, sind diese Werte unter Umständen nicht ausreichend. Die Verhältnisse der vorgesehenen Umgebung müssen ausreichend berücksichtigt werden.

Bei Einsatzfällen mit besonders hohem Schmutz- und/oder Feuchtigkeitsanfall, wie z. B. im rauen Hüttenwerksbetrieb oder bei Maschinen, die im Freien betrieben werden, können noch höhere Anforderungen erforderlich sein.

Sowohl für ungeschützte Schleifleitungssysteme als auch für fabrikmäßig vorgefertigte isolierte bzw. gekapselte Systeme sind höhere Werte für solche Einsatzfälle festgeschrieben, die sich in der Praxis bewährt haben. Diese Erfahrungswerte basieren auf dem deutschen Stand der Technik bei Hebezeugen und waren schon in den jeweiligen deutschen Normen festgelegt.

Generell wird an das Verantwortungsbewusstsein und den Sachverstand des Planers appelliert, besondere Betriebsbedingungen zu berücksichtigen.

Frage aus Anhang B beantworten

Die Einsatzbedingungen für die elektrische Ausrüstung sind zwischen dem Betreiber und dem Lieferanten zu vereinbaren. Zu diesem Zweck müssen insbesondere die Fragen 1a) (im Freien) sowie 3b) (Umgebungstemperatur), 3c) (Luftfeuchtigkeit) und 3e) (Atmosphäre) aus Anhang B beantwortet werden.

Dokumentation gemäß Abschnitt 17 erstellen

Sind aufgrund der erschwerenden Umweltbedingungen kürzere Wartungsintervalle notwendig, ist dies in der Gebrauchsanleitung anzugeben.

12.7.7 Schleifleitungsabschnitte

Besteht ein Schleifleitungs- oder Stromschienensystem aus mehreren Teilabschnitten, die jeweils über eine eigene Netztrenneinrichtung versorgt werden, dürfen Stromabnehmer beim Herüberfahren von einem Teilabschnitt zum anderen keine leitende Verbindung zwischen den beiden Teilabschnitten herstellen.

Solche einzelnen Schleifleitungsabschnitte sind manchmal für Instandsetzungs- bzw. Wartungsarbeiten notwendig, um nur einen Teilbereich abschalten zu können, während der andere Schleifleitungsabschnitt weiterhin eine andere Maschine versorgen kann. Dies ist immer dann der Fall, wenn mehrere Maschinen von einem Schleifleitungssystem versorgt werden.

Eine Spannungsübertragung kann stattfinden, wenn eine Maschine mit Doppelstromabnehmern in die getrennte Strecke hinein rollt, siehe **Bild 12.9**. Verhindert werden kann dies z. B. durch entsprechend große Trennstrecken oder durch eine zusätzliche Endhalteeinrichtung (mechanisch oder elektrisch) vor der Trennstelle.

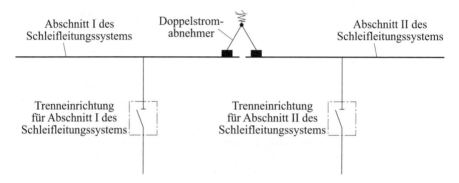

Bild 12.9 Gefahr der Überbrückung von Schleifleitungsabschnitten durch einen Doppelstromabnehmer

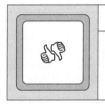

Risikobeurteilung notwendig

Die Methode zur Verhinderung einer Spannungsübertragung von einem zu einem anderen Schleifleitungsabschnitt ist mithilfe einer Risikobeurteilung zu ermitteln.

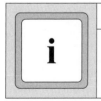

Dokumentation gemäß Abschnitt 17 erstellen

Die Freischaltmethode für einen Schleifleitungsabschnitt und die Absicherung sind in der Gebrauchsanleitung zu beschreiben.

12.7.8 Konstruktion und Errichtung von Schleifleitungen, Stromschienensystemen und Schleifringanlagen

Bei der Planung von Schleifleitungs- und Stromschienensystemen sowie Schleifringanlagen müssen grundsätzlich besondere Anforderungen bezüglich des Einsatzes in Verbindung mit Maschinen beachtet werden.

Getrennter Aufbau von Haupt- und Steuerstromkreisen

Bei Schleifleitungs- und Stromschienensystemen sowie Schleifringanlagen müssen Haupt- und Steuerstromkreise immer getrennt voneinander aufgebaut werden. In welchem Umfang oder in welcher Ausführungsform die Trennung erfolgen muss, wird in der Norm nicht näher erläutert.

Wichtig ist, dass es bei einer räumlich nahen Anordnung zueinander nicht zu einer Verwechselung kommen darf. Eine einfache, aber erfolgreiche Trennung bewirkt sicherlich eine mechanische Ausführung, bei der die Stromabnehmer der Hauptstromkreise nicht auf die Schleifleitungen, Stromschienen oder Schleifringe der Steuerstromkreise passen und umgekehrt. Im Besonderen müssen zusätzlich die Isolationsabstände zwischen den unterschiedlichen Spannungsebenen eingehalten werden.

Kurzschlussfest

Schleifleitungs- und Stromschienensysteme sowie Schleifringanlagen (einschließlich Stromabnehmer) müssen für die bei Kurzschluss zu erwartenden Kräften ausgelegt sein. Auch die thermischen Belastungen durch den Stromfluss und die Umgebungstemperatur müssen berücksichtigt werden.

Abnehmbare Abdeckungen

Werden Schleifleitungs- und Stromschienensysteme unterirdisch errichtet, müssen die Abdeckungen durch eine einzelne Person ohne Werkzeug geöffnet werden können. Dies bedeutet, dass jede einzelne Abdeckung über Griffe verfügen muss.

Abdeckungen können mithilfe von Scharnieren aufklappbar sein oder auch als Deckel entfernt werden. Doch wenn aktive Teile vorhanden sind, dürfen sie nur von Elektrofachkräften oder elektrotechnisch unterwiesenen Personen geöffnet werden. Der Zugang muss dementsprechend gesichert werden.

Risikobeurteilung notwendig

Schutzmaßnahmen, die für den Zugang zu aktiven Teilen eines unterirdischen Schleifleitungs- und Stromschienensystems notwendig sind, sind mithilfe einer Risikobeurteilung zu ermitteln.

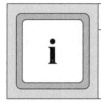

Dokumentation gemäß Abschnitt 17 erstellen

Der Zugang von Personen zu unterirdischen Schleifleitungs- und Stromschienensystemen ist in der Gebrauchsanleitung festzulegen.

Alle Abdeckungen müssen untereinander leitend verbunden und an das Schutzleitersystem angeschlossen werden.

Stromschienen in einem Gehäuse

Werden Stromschienen durch ein Gehäuse geschützt, müssen alle Teile des Gehäuses über die gesamte Länge untereinander leitend verbunden und an das Schutzleitersystem angeschlossen werden.

Scharniere mit Stromtragfähigkeit

Können Abdeckungen durch Scharniere geöffnet werden, dann kann auf eine leitende Verbindung zwischen den einzelnen Abdeckungen verzichtet werden, wenn mithilfe von stromtragfähigen Scharnieren und des Rahmens eine leitende Verbindung zwischen den einzelnen Abdeckungen gewährleistet ist. Besteht der Rahmen für die einzelnen Abdeckungen aus mehreren separaten Rahmen, muss an den Stoßstellen der Rahmen eine elektrisch leitende Verbindung hergestellt werden.

Ablauf für Flüssigkeiten

Können sich in einem Gehäuse von Stromschienen Flüssigkeiten, z. B. Kondenswasser, ansammeln, muss durch eine günstige Platzierung von Bohrungen für einen Abfluss gesorgt werden.

13 Verdrahtungstechnik

13.1 Anschlüsse und Verlauf

13.1.1 Allgemeine Anforderungen

Dieser Abschnitt umfasst eine Zusammenstellung von allgemein bekannten Anforderungen, die beim Aufbau von elektrischen Anlagen in Deutschland Stand der Technik sind.

Gegen Selbstlockern gesichert

Gegen Selbstlockern gesichert bedeutet, dass auch bei Temperaturwechselbeanspruchung, gleichgültig aus welcher Ursache, der einmal erzielte Kontaktdruck an der Klemmstelle erhalten bleibt. Sinngemäß sollte die Forderung auch für die mechanische Wechselbeanspruchung (relatives Schwingen der Leiter gegenüber der Klemmstelle) erfüllt sein. Es gibt verschiedene Methoden, Schraubverbindungen gegen Selbstlockerung zu sichern.

Ein Schutzleiter je Klemmenanschlusspunkt

Mehrere Schutzleiter dürfen nicht an einer Anschlussschraube/-klemme gemeinsam angeschlossen werden. Durch diese Anforderung soll verhindert werden, dass beim Lösen eines bestimmten Schutzleiters nicht auch alle anderen Schutzleiter vom Schutzleitersystem abgeklemmt werden.

Gerade bei einer Fehlersuche kann es erforderlich sein, den Schutzleiter von einem bestimmten Betriebsmittel gezielt abzuklemmen, doch dann dürfen andere Schutzleiterverbindungen nicht ebenfalls abgeklemmt werden.

Gelötete Anschlüsse

Gelötete Anschlüsse sind bei Benutzung von Lötkabelschuhen oder beim Anlöten von Massivdrähten bis 0,75 mm^2 an Ösen in Niederstromkreisen erlaubt.

Nicht erlaubt ist das Verlöten (Verzinnen) der Leiterenden von mehr-, fein- und feinstdrähtigen Leitern, wenn Schraubklemmen verwendet werden oder wenn mit Vibrationen an den Anschlüssen zu rechnen ist. Die Verwendung von Aderendhülsen ist in solchen Fällen Stand der Technik.

Mittlerweile stehen Betriebsmittel (auch Reihenklemmen) zur Verfügung, die den Anschluss von fein- und feinstdrähtigen Leitern ohne Aderendhülsen erlauben.

Kennzeichnung von Klemmen

Elektrische Anschlussklemmen, egal ob es sich um Reihenklemmen oder Geräteanschlussklemmen handelt, sind grundsätzlich zu kennzeichnen, damit sie mithilfe der Dokumentation identifiziert werden können. Im Allgemeinen hat sich eine fortlaufende Nummerierung durchgesetzt. Für bestimmte Klemmen kann jedoch auch eine Funktionsbezeichnung sinnvoll sein, wie z. B. L1, L2, L3 für die Außenleiter, N für den Neutralleiter und PE für den Schutzleiter. Anschlussklemmen können auch farblich ausgeführt sein, wie z. B. BLAU für Neutralleiteranschlussklemmen oder GRÜN-GELB für Schutzleiteranschlussklemmen. Doch eine zusätzliche Kennzeichnung, z. B. durch Nummern, ist trotzdem erforderlich, da sonst die Identifizierung/ Zuordnung zum Stromlaufplan nicht möglich ist. DIN EN 61666 (**VDE 0040-5**) [105] enthält Methoden zur Identifizierung von Anschlüssen.

Vertauschen beim Austausch

Eine konstruktive Maßnahme, um die Möglichkeit falscher Verbindungen beim Austausch von Geräten zu verhindern, ist die Verwendung von Betriebsmitteln, die auf Stecksockel aufgesteckt werden. Beim Austausch eines solchen Geräts bleiben die Anschlüsse fest am Sockel angeschlossen, nur das steckbare Betriebsmittel wird getauscht. Dies ist bereits Stand der Technik bei vielen elektronischen Geräten, die an eine Busleitung angeschlossen werden. Die Kennzeichnung der Geräteklemmen und der zugehörigen Leiter ist dann bestenfalls noch eine Hilfe für die Erstmontage. Es gibt jedoch auch andere fertigungstechnische Möglichkeiten, um eine eindeutige Zuordnung zu gewährleisten.

Fließrichtung von Flüssigkeiten

Wird die Leitungsführung geplant, ist darauf zu achten, dass Flüssigkeiten nicht aufgrund der Schwerkraft an der äußeren Umhüllung von Leitungen in Richtung Kabelverschraubung fließen können, siehe **Bild 13.1**.

In Elektroinstallationsrohren kann sich Flüssigkeit (durch Kondensation) ansammeln. Bei Verwendung von Elektroinstallationsrohren empfiehlt es sich, diese vor der Einführung offen enden zu lassen und nur die eingezogene Leitung in die Leitungsverschraubung einzuführen.

Diese Anforderung der Norm soll verhindern, dass Flüssigkeit über Kabelverschraubungen in das Betriebsmittel eindringen kann. Bei Kabelzuführungen von unten ergibt sich die richtige Anordnung von alleine. Wenn eine Kabelzuführung von oben nicht verhindert werden kann, sollten Schlaufen vorgesehen werden.

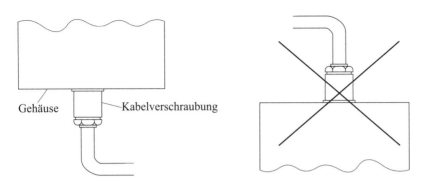

Gehäuse — Kabelverschraubung

Bild 13.1 Leitungsführung zu einer Kabelverschraubung

In stark feuchtigkeitsbelasteter Umgebung, in Freiluftklima – Regen, Kondenswasser – oder bei ähnlichen Gegebenheiten sollten Leitungen grundsätzlich entsprechend Bild 13.1 in Klemmenkästen eingeführt werden, denn keine Verschraubung ist auf Dauer absolut dicht.

Schirmanschluss

Der Anschluss eines Schirms einer geschirmten Leitung oder eines Leiters muss genauso gewissenhaft erfolgen wie der Leiteranschluss selbst.

Beim Anschluss eines Schirms ist bezüglich des Erdpotentials wichtig, dass der Anschluss großflächig erfolgt (Skin-Effekt). Damit der Schirm seine Schirmwirkung nicht verliert, darf er beim Anschluss nicht gequetscht werden, siehe **Bild 13.2**.

Werden geschirmte Leitungen mittels Kabelverschraubungen in ein metallenes Gehäuse eingeführt, ist eine großflächige und unmittelbare Verbindung mit dem Gehäuse (Masse) zur Erfüllung von Abschnitt 4.4.2 vorteilhaft. Hierfür stehen spezielle Kabelverschraubungen zur Verfügung, siehe **Bild 13.3**.

Klemmenkennzeichnung

Grundsätzlich muss die Kennzeichnung von Klemmen lesbar sein.

Dokumentation gemäß Abschnitt 17 erstellen

Wenn die Kennzeichnung aufgrund der Größe der Klemmen ohne Hilfsmittel nicht lesbar sein könnte, müssen die Klemmen mithilfe einer Dispositionszeichnung, z. B. in der Dokumentation, zugeordnet werden können.

363

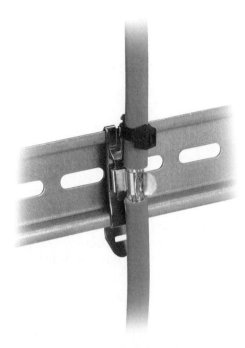

Bild 13.2 Schirmklammer ohne Quetschung des Schirms (Icotek GmbH, Eschach)

Bild 13.3 EMV-Kabelverschraubung ohne Schirmunterbrechung (Jacob GmbH, Kernen)

Die Kennzeichnung der Klemmen muss unter Berücksichtigung der zu erwartenden Umweltbedingungen dauerhaft angebracht werden.

Keine Leitung über Klemmen führen

Die Verdrahtung der elektrischen Ausrüstung muss so ausgeführt werden, dass kein Leiter und auch keine Leitung über eine Klemme verlegt wird.

13.1.2 Trassen für Leiter und Leitungen

Basteleien, wie Drähte und Leitungen flicken oder fliegende Abzweigungen herstellen, sind innerhalb von Gehäusen oder Leitungskanälen nicht erlaubt. Auch Klemmen nach Art der Beleuchtungsinstallation (Lüsterklemmen) sind im Bereich der Maschineninstallation nicht Stand der Technik.

Arretierte Steckverbinder

Steckverbindungen sind innerhalb der Installation erlaubt, wenn diese gegen zufälliges und unbeabsichtigtes Öffnen gesichert sind. Hierbei wird im Wesentlichen an Betriebsmittel wie Sensoren gedacht, die standardmäßig mit einer integrierten kurzen Anschlussleitung mit festem Steckanschluss geliefert werden, siehe **Bild 13.4**.

Bild 13.4 Rundsteckverbinder (Harting AG & Co. KG, Espelkamp)

Spleißen nicht erlaubt

Das Aufspleißen einer Leitung im Zuge der Installation ist nicht erlaubt. Lediglich bei langen Leitungen, bei denen die max. technische Fertigungslänge kürzer ist als die benötigte Länge, ist es erlaubt, die Leitung innerhalb der Installation zu verlängern. Doch müssen dann auch die Herstellerangaben für das Verlängern beachtet werden.

Ausreichende Zusatzlänge

Damit eine Leitung von einer Klemme bei Instandhaltungsarbeiten abgeklemmt und wieder angeklemmt werden kann, muss eine genügend lange Zusatzlänge bei den Leitungen vorgesehen werden. Die Zusatzlänge kann dabei im Kabelkanal untergebracht werden. Eine ausreichende Zusatzlänge gilt insbesondere für Anschlüsse von Motoren.

Abfangen von Leitungen

Damit mechanische Belastungen wie Zug- oder Biegebeanspruchungen von den Leiteranschlüssen ferngehalten werden, sind Leitungen vor den Anschlüssen ausreichend abzufangen. Dies gilt insbesondere für alle Anschlüsse zu bewegten Teilen und auch für Motoren oder sonstige Komponenten, die Schwingungen oder Vibrationen ausgesetzt sind.

Schutzleiter neben aktivem Leiter

Normalerweise wird der Schutzleiter gemeinsam mit den aktiven Leitern in einer Leitung verlegt. Die folgenden Anforderungen betreffen im Wesentlichen die Verlegung von einadrigen Leitungen.

Einzeln verlegte Leiter eines Drehstromsystems haben eine höhere Impedanz als dieselben Querschnitte, die zusammen in einem Kabel miteinander verseilt sind. Bei symmetrischer Belastung heben sich dann die Magnetfelder der einzelnen Leiter auf.

Wenn jedoch ein Drehstromsystem mit einadrigen Leitern verlegt wird, muss darauf geachtet werden, dass auch der Schutzleiter möglichst nahe an seine aktiven Leiter gelegt wird. Anderenfalls besteht die Gefahr, dass der Schutzleiter eine höhere Impedanz hat und dadurch die Abschaltzeit im Fehlerfall verlängert wird.

13.1.3 Leiter von verschiedenen Stromkreisen

Wenn Leiter verschiedener Stromkreise nebeneinander verlegt werden, sei es in demselben Leitungskanal oder als Leiter einer vieladrigen Leitung mit unterschiedlicher Belegung, ist Folgendes zu beachten:

Die Stromkreise dürfen sich in ihrer Funktion nicht gegenseitig beeinträchtigen. Hierbei wird an eine induktive oder kapazitive Beeinflussung gedacht, die sich insbesondere bei Elektronikstromkreisen mit niedrigem Energieniveau störend auswirken kann.

Die Leiter müssen alle für die höchste vorkommende Spannung isoliert sein. Bei Verwendung von vieladrigen Leitungen ergibt sich dies von selbst, da für die einzelnen Adern wohl kaum unterschiedliche Isolationen verwendet werden. Liegen jedoch z. B. sowohl Leiter für eine 24-V-Stromversorgung als auch Leiter mit einer 230-V-Steuerspannung in demselben Leitungskanal, dann muss auch die Isolation der 24-V-Leiter für 230 V bemessen sein. Ist dies nicht der Fall, müssen die Stromkreise durch geeignete Abdeckungen getrennt werden, also praktisch in getrennten Leitungskanälen verlegt werden.

13.1.4 Wechselstromkreise – elektromagnetischer Effekt (Vermeidung von Wirbelströmen)

Einaderleitungen, durch die ein Wechselstrom fließt, erzeugen um sich herum ein Wechselfeld. Dieses Wechselfeld induziert in benachbarten ferromagnetischen Metallteilen einen Wirbelstrom. Als Folge von Wirbelströmen können Metallteile erwärmt werden.

Einaderleitungen eines Drehstromsystems, einschließlich Neutralleiter und Schutzleiter, müssen somit bei der Ein- oder Ausführung in ein/aus einem ferromagnetischen metallenen Gehäuse immer gemeinsam geführt werden. Auch metallene Kabelverschraubungen für Einzelleiter sind davon betroffen. Deshalb dürfen stahlarmierte oder stahlbandbewehrte Einzelkabel auch nicht für die Übertragung von Wechselstrom verwendet werden.

In DIN VDE 0100-520 wird dazu folgende Aussage gemacht:

Leiter und einadrige Kabel oder Leitungen in Wechselstromkreisen, die in Umhüllungen aus ferromagnetischen Werkstoffen verlegt werden, müssen so angeordnet werden, dass sich alle Leiter eines Stromkreises einschließlich des Schutzleiters in derselben Umhüllung befinden. Kabel und Leitungen müssen an der Einführungsstelle in einer Umhüllung aus ferromagnetischem Werkstoff derart angeordnet sein, dass die Leiter nur gemeinsam von eisenhaltigem magnetischem Metall umschlossen werden.

Wirbelströme in ferromagnetischen metallenen Flächen wirken als Störaussender, da sie auf benachbarte EMV-empfindliche Betriebsmittel störend einwirken können.

13.1.5 Verbindungen zwischen dem Aufnehmer und dem Umrichter des Aufnehmers eines induktiven Energieübertragungssystems

Dieser Abschnitt betrifft berührungslose Energieübertragungssysteme für fahrbare Maschinen, wie sie von einigen Herstellern jetzt angeboten werden. Die Energie-

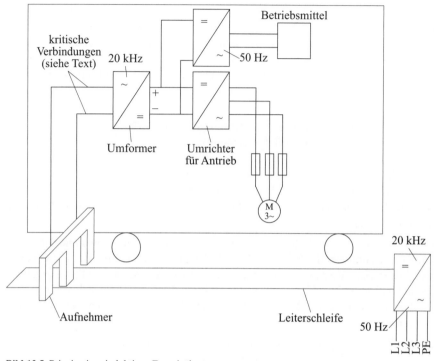

Bild 13.5 Prinzip eines induktiven Energieübertragungssystems

übertragung erfolgt magnetisch mit einigen 10 kHz. Die Energie wird dann auf der Maschine in zwei Stufen wieder in die erforderlichen Spannungssysteme umgeformt, siehe **Bild 13.5**:

1. Stufe: Umformung des HF-Wechselstroms in den Gleichspannungszwischenkreis,

2. Stufe: Erzeugung der betrieblich erforderlichen Spannungen, z. B. Drehstrom mit variabler Frequenz und Spannung für den Antriebsmotor, und/oder Wechselstrom 50 Hz für andere Betriebsmittel, je nach Anforderungen.

Die normative Anforderung dieses Abschnitts betrifft ausschließlich die Verbindung zwischen dem Aufnehmer und dem Umformer. In einigen Fällen kann der Aufnehmer an seinem Ausgang den Charakter einer Konstantstromquelle haben.

Dies bedeutet, dass bei einer Beschädigung/Unterbrechung dieser Leitung die Ausgangsspannung des Aufnehmers – ähnlich wie bei einem Stromwandler – sehr hohe Werte annehmen kann und damit ein erhebliches Risiko für das Wartungspersonal darstellt. Um die Wahrscheinlichkeit für eine solche Unterbrechung so gering wie möglich zu halten, müssen die gleichen Installationsregeln wie bei Stromwandler-Sekundärkreisen beachtet werden. Stromwandler dürfen sekundärseitig nicht offen betrieben werden.

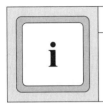

	Dokumentation gemäß Abschnitt 17 erstellen
i	In der Gebrauchsanleitung ist darauf hinzuweisen, dass Beschädigungen oder Unterbrechungen der Leitungen vom Aufnehmer zu einer gefährlichen Berührungsspannung führen können.

Wird der Sekundärkreis offen betrieben, kann der Sekundärkreis keinen magnetischen Fluss (Gegen-EMK) erzeugen, der dem primären Magnetfluss entgegenwirkt. In einem solchen Fall kann ein sehr hoher magnetischer Fluss im Primärkreis auftreten, der die Spannung im Sekundärkreis erheblich erhöht.

13.2 Identifizierung von Leitern

Anforderungen an die Erkennbarkeit von Leitern werden in der Norm als Identifizierung bezeichnet. Die Identifizierung eines Leiters beinhaltet nicht automatisch, dass sie mithilfe einer Markierung oder Kennzeichnung eines jeden einzelnen Leiters erfolgen muss.

13.2.1 Allgemeine Anforderungen

Bei der Verdrahtung der elektrischen Ausrüstung muss die Identifizierung eines jeden Leiters mithilfe der technischen Dokumentation möglich sein.

Die allgemeinen Anforderungen zur Identifizierung von Leitern richten sich an die Zuordnung eines Leiters zur technischen Dokumentation und umgekehrt. Eine technische Dokumentation kann z. B. der Stromlaufplan, der Klemmenanschlussplan oder auch der Kabelplan sein.

Es gibt viele verschiedene Möglichkeiten, diese Zielvorgabe zu erfüllen. Eine davon ist natürlich das Anbringen von Bezeichnungsschildern auf jedem Einzelleiter mit einem Zielzeichen, wo dieser Leiter anzuschließen ist (manchmal auch, wo dieser Leiter an seinem anderen Ende angeschlossen ist). Dies ist natürlich eine sehr elegante, aber auch aufwendige und teure Methode. Weitere Möglichkeiten sind z. B.:

- farbige Leiter oder Farbmarkierungen auf den Leitern, wenn die Farben in der Dokumentation eindeutig angegeben sind; diese Methode wird gerne bei vieladrigen Leitungen sowie vorgefertigten Kabelbäumen für große Serien angewendet,

- Kammverdrahtung oder vorgefertigte Kabelbäume zum Anschluss an Klemmenleisten oder Geräteanschlussklemmen, wobei auch eine relativ eindeutige Zuordnung (zumindest die richtige Reihenfolge) zwischen Draht und zugehöriger Klemme festgelegt werden kann,

- die exakte Darstellung (Dispositionszeichnung) und Bezeichnung aller Anschlüsse und Zwischenklemmen in einem Stromlaufplan. Anhand einer solchen Dokumentation lässt sich ein Leiter auch durchklingeln oder bei einfacheren Verdrahtungen optisch verfolgen und damit ebenfalls eindeutig identifizieren.

Die Norm legt für Hersteller keine bestimmte Lösung fest. Es wird lediglich das Ziel formuliert, dass eine Identifizierung möglich sein muss. Das Schutzziel ist: die Wahrscheinlichkeit von Verdrahtungsfehlern bei der Installation und eventuell auch beim späteren Austausch von Geräten nach Störungsfällen zu minimieren. Mit absoluter Sicherheit lassen sich Verdrahtungsfehler ohnehin nicht verhindern. Deshalb entbindet auch die aufwendigste Kennzeichnung weder den Hersteller noch den Betreiber von der Pflicht, nach der Fertigung bzw. einem Austausch von Geräten eine Funktionsprüfung nach Abschnitt 18.6 bzw. 18.7 durchzuführen.

Frage aus Anhang B beantworten

Dem Betreiber ist bei der Wahl des Identifizierungssystems entsprechend Frage 10 in Anhang B die Möglichkeit einer Mitsprache einzuräumen.

Folgende Kriterien sollten bei der Wahl der Identifizierung berücksichtigt werden:

Sicherheitsüberlegungen

Es ist sicherheitsrelevant, dass innerhalb eines Bereichs, in dem mehrere Maschinen eingesetzt sind, welche von demselben Wartungspersonal betreut werden, ein einheitliches Identifikationssystem verwendet wird. Das Wartungspersonal soll sich nicht von Maschine zu Maschine auf andere Systeme einstellen müssen, was unter Umständen zu folgenschweren Verwechslungen führen kann.

Wirtschaftlichkeitsüberlegungen

Die Kosten für die verschiedenen Identifizierungssysteme können sehr unterschiedlich sein. Andererseits kann ein aufwendiges und teures Identifizierungssystem bei Wartungsarbeiten (z. B. vorbeugende Wartung, Austausch von Geräten) Zeit und damit Kosten sparen. In allen einschlägigen Richtlinien, selbst in Anhang 1 der Maschinenrichtlinie, wird darauf hingewiesen, dass auch wirtschaftliche Aspekte berücksichtigt werden müssen.

Bei Produktionsmaschinen

Bei einer Produktionsmaschine, die sieben Tage in der Woche im Dreischichtbetrieb läuft und bei der jede ungeplante Stillstandszeit erhebliche Kosten aufgrund des Produktionsausfalls verursacht, ist es eher sinnvoll, das Geld in ein aufwendiges Identifizierungssystem zu investieren, um Stillstandszeiten möglichst kurz zu halten.

Bei Hilfsaggregaten

Dagegen würde sich bei einem Hilfsaggregat, das in der Woche vielleicht nur zweimal für eine kurze Zeit benutzt wird und bei dem Stillstandszeiten wegen Wartungsarbeiten oder Störungen keine Rolle spielen, ein hoher Aufwand für ein Kennzeichnungssystem nicht lohnen.

In diesem Zusammenhang muss auch nochmals darauf hingewiesen werden, dass nach entsprechenden Eingriffen in die Verdrahtung immer eine Nachprüfung einschließlich einer Funktionsprüfung obligatorisch ist.

13.2.2   Identifizierung des Schutzleiters

Der Schutzleiter muss eindeutige Merkmale in Form, Anordnung, Kennzeichnung oder Farbe haben, die ihn als Schutzleiter ausweisen.

Kennzeichnung durch Farbkombination Grün-Gelb

Bezüglich der ausschließlichen Identifizierung durch Farbe ist verbindlich festgelegt, dass die Zwei-Farben-Kombination Grün-Gelb dem Schutzleiter vorbehalten ist. Üblicherweise werden heute Leiter verwendet, bei denen die Isolierung bereits diese Farbe hat. Bei normgerechten Leitungen, sei es eine Verdrahtungsleitung H05 … oder Aderleitung H07 …, sei es eine Schlauchleitung oder Mantelleitung, ist die Aderisolierung des mitgeführten Schutzleiters immer durchgängig grün-gelb gefärbt.

Nicht über die gesamte Länge kennzeichnen

Schutzleiter brauchen nicht über ihre gesamte Länge grün-gelb gekennzeichnet zu sein, wenn der Leiter als Schutzleiter erkennbar ist durch:

- Form,

- Anordnung oder

- Struktur des Leiters (geflochtene oder verseilte Adern).

Leiter, die

- nicht zugänglich sind oder

- Teil einer Mehraderleitung sind,

müssen an ihren Leiterenden oder an zugänglichen Orten mit dem grafischen Symbol IEC 60417 – 5019 ⊕, mit den Buchstaben **PE** oder durch die Zweifarbenkombination Grün-Gelb gekennzeichnet werden.

Schutzpotentialausgleichsleiter

Schutzpotentialausgleichsleiter sind grundsätzlich wie Schutzleiter mit Farben kenntlich zu machen oder, wenn eine farbliche Kennzeichnung nicht möglich ist, an ihren Leiterenden oder an zugänglichen Orten mit dem grafischen Symbol IEC 60417 – 5021 ⏚, mit den Buchstaben **PB** oder durch die Zweifarbenkombination Grün-Gelb zu kennzeichnen.

13.2.3 Identifizierung des Neutralleiters

Wird in einer elektrischen Ausrüstung einer Maschine die Isolationsfarbe Blau für den Neutralleiter verwendet, dürfen andere Leiter mit anderen Funktionen nicht mit der Farbe Blau gekennzeichnet werden. Neutralleiter müssen entsprechend DIN VDE 0100-510 über ihre gesamte Länge BLAU gekennzeichnet werden.

Hellblau

Wenn Neutralleiter farblich gekennzeichnet werden, muss die Farbe „ungesättigtes HELLBLAU" (RAL 5015 [106]) gewählt werden (DIN EN 60445 (**VDE 0197**)). Grund für die Festlegung von HELLBLAU statt BLAU ist die mögliche Farbveränderung während der Nutzungsdauer der elektrischen Ausrüstung.

Wird ein zu dunkles BLAU gewählt, kann sich dieses BLAU mit den Jahren, z. B. bei längerer Belastung durch eine hohe (erlaubte) Leitertemperatur, verändern, sodass es von einem schwarz isolierten Leiter nicht mehr unterschieden werden kann.

Kennzeichnung bei Leitungen > 16 mm^2

Sind Leiter mit der Farbe BLAU am Markt nicht erhältlich (z. B. > 16 mm^2), darf der Leiter durch eine blaue Markierung an beiden Leiterenden gekennzeichnet werden.

Neutralleiter in Steuerstromkreisen

Da es bei Steuerstromkreisen, die über einen (eigenen) Transformator versorgt werden, keinen Neutralleiter gibt, erübrigt sich die Anforderung zur Kennzeichnung eines Neutralleiters hierfür. Lediglich bei Steuerstromkreisen, die direkt vom Hauptstromkreis versorgt werden und bei denen der Neutralleiter verwendet wird, kommt die Anforderung zur Kennzeichnung des Neutralleiters zur Anwendung. Doch die direkte Versorgung von Steuerstromkreisen vom Hauptstromkreis aus ist auf sehr kleine Steuerstromkreise begrenzt.

Blanke Leiter

Wenn bei blanken Leitern (ohne Isolation) die Identifizierung als Neutralleiter durch Farbe vorgesehen ist, muss ein (Klebe-)Streifen von 15 mm bis 100 mm Breite in der Farbe BLAU an folgenden Stellen angebracht werden:

- in jedem Feld (Schaltschrank),
- in jeder Einheit (Gehäuse),
- an jeder zugänglichen Stelle oder
- über die gesamte Länge.

Eigensichere Betriebsmittel

Anschlussteile, Klemmenkästen und Steckverbinder von eigensicheren Betriebsmitteln für explosionsgefährdete Bereiche müssen entsprechend DIN EN 60079-11 (**VDE 0170-7**) [107] auch in HELLBLAU ausgeführt sein, doch diese Farbfestlegung hat mit der Farbgebung für Neutralleiter nichts zu tun.

13.2.4 Identifizierung durch Farbe

Der Titel dieses Abschnitts soll deutlich gemachen, dass nicht die Kennzeichnung bestimmter Leiter oder Funktionen gemeint ist, sondern ganz allgemein die Unterscheidung von Leitern durch Farbe. Falls von dieser Möglichkeit Gebrauch gemacht wird, sind in Anlehnung an DIN IEC 60757 [108] die in diesem Abschnitt genannten Farben und beliebige Zwei-Farben-Kombinationen hieraus erlaubt. Eine Einschränkung gibt es lediglich bei der Verwendung der Zwei-Farben-Kombination GRÜN-GELB wegen der Verwechslungsgefahr mit dem Schutzleiter. Deshalb darf diese Zwei-Farben-Kombination auch nur zur Kennzeichnung des Schutzleiters verwendet werden.

Keine normative Festlegung

Eine normativ festgelegte Zuordnung aller Farben zu bestimmten Funktionen ist praktisch nicht möglich. Es gibt nicht genügend eindeutig unterscheidbare Farben, um diese Zuordnung bei der Vielzahl der unterschiedlichen Maschinen und Maschinenanlagen präzise zu realisieren.

Grundsätzlich dürfen folgende Farben verwendet werden:

SCHWARZ, BRAUN, ROT, ORANGE, GELB, GRÜN, BLAU, VIOLETT, GRAU, WEIß, ROSA, TÜRKIS.

Dokumentation gemäß Abschnitt 17 erstellen

In der Gebrauchsanleitung sollte die Festlegung der Farbzuordnung dokumentiert und ggf. erläutert werden.

Zuordnung von Farben

Die Zuordnung von Farben zu bestimmten Hauptfunktionen, wie Hauptstromkreise, Steuerstromkreise und ausgenommene Stromkreise, ist nur eine Empfehlung und gilt auch nur für einadrige Leiter/Leitungen, z. B. bei Innenverdrahtung mit H05V-F (Verdrahtungsleitungen) oder Außenverdrahtung mit H07V-F (Aderleitungen).

SCHWARZ	AC-/DC-Hauptstromkreise,
ROT	AC-Steuerstromkreise,
BLAU	DC-Steuerstromkreise (Einschränkung durch Neutralleiterfarbe),
ORANGE	ausgenommene Stromkreise (fremdeingespeiste Stromkreise).

Gilt nicht für den (Außen-)Mantel/Schlauch

Dieser Farbcode gilt nicht für die Mäntel von mehradrigen Leitungen. Dies schließt natürlich nicht aus, dass ein Hersteller für sein Produkt eine feste Zuordnung der (freien) Farben zu bestimmten Funktionen festlegt.

Farbcodierung manchmal nicht ausreichend

In größeren Maschinenanlagen dürfte jedoch die farbliche Kennzeichnung mit der empfohlenen Systematik für eine Identifizierung der einzelnen Leiter nicht ausreichend sein. Hinzu kommt, dass dieselben Farben zum Teil von mehreren Funktionen belegt sind, wie z. B. BLAU für den Neutralleiter, für Gleichstrom-Steuerstromkreise und zur Kennzeichnung eigensicherer Kreise im Sinne des Explosionsschutzes oder häufig auch ROT und BLAU für den positiven und negativen Leiter von Gleichstromkreisen.

13.3 Verdrahtung innerhalb von Gehäusen

Die Anforderung – Leiter in Gehäusen zu befestigen, um sie in Position zu halten – gilt als erfüllt, wenn Leiter in Elektroinstallationskanälen verlegt sind. **Bild 13.6** zeigt ein typisches Beispiel solch eines Elektroinstallationskanals mit herausbrechbaren Lamellen. Sie dienen in erster Linie der Halterung und Führung der Leiter und Leitungen sowie der einfachen Zuordnung der Leiter zu den Anschlüssen von in der Nähe befindlichen Geräten. Sie bieten jedoch keinen Schutz gegen schädliche Umwelteinflüsse. Diesen Schutz muss das Gehäuse übernehmen.

Bild 13.6 Beispiel eines Verdrahtungskanals für die Verdrahtung in Gehäusen (Hager SE, Blieskastel)

Schwer entflammbar

Elektroinstallationskanäle müssen aus einem schwer entflammbaren Isoliermaterial entsprechend DIN EN 50085-2-3 (**VDE 0604-2-3**) [109] bestehen. Bei der Beschaffung von Elektroinstallationskanälen ist immer darauf zu achten, dass der Hersteller die Schwerentflammbarkeit laut dieser Norm bestätigt.

Füllgrad

Bei Schaltschränken oder Schaltgerüsten, deren Verdrahtung in Elektroinstallationskanälen verlegt ist, ist die Forderung „Verdrahtungsänderungen von der Vorderseite aus möglich" erfüllt. Ein max. Füllgrad für Elektroinstallationskanäle im Lieferzustand wird zwar an dieser Stelle nicht angegeben, jedoch ist es sinnvoll, diese nicht zu 100 % zu füllen, um bei späteren Reparaturen oder Ergänzungen Leiter entfernen bzw. verlegen zu können.

Frage aus Anhang B beantworten

Da der angemessene Füllgrad von Elektroinstallationskanälen eine häufig geforderte Angabe in Ausschreibungsunterlagen ist, sollte dieser Aspekt beim Ausfüllen des Fragebogens unter Punkt 10 festgelegt werden.

Rückseitige Verdrahtung zugänglich

Es sollte wohl auch bei Maschinensteuerungen eine Selbstverständlichkeit sein, dass, wenn die Verdrahtung über die Rückseite von Schaltschränken oder Gerüsten geführt wird, diese dann auch von hinten zugänglich sein müssen bzw. Schwenkrahmen verwendet werden.

Leiter zu beweglichen Montageflächen

Die Anforderung, dass Anschlüsse zu allen beweglichen Teilen mit flexiblen Leitern ausgeführt werden, enthält auch Abschnitt 12.2. Hier wird nochmals speziell auf Geräte hingewiesen, die in Türen eingebaut sind. Grundsätzlich sollte aber bei allen Maschinen, die Erschütterungen und Vibrationen ausgesetzt sind, die gesamte Verdrahtung flexibel ausgeführt werden. Dies gilt insbesondere für fahrbare Maschinen.

Demontierbare Montageflächen

Betriebsmittel auf abnehmbaren Türen und Deckeln werden in der Norm nicht erwähnt und sollten nach Möglichkeit vermieden werden. Sollten sie sich nicht vermeiden lassen, so sind unbedingt Zwischenklemmen, besser noch Steckverbinder vorzusehen.

Maximale freie Länge

Die Forderung nach ausreichender Befestigung von Leitern, Leitungen und Kabeln, die nicht in Leitungskanälen verlegt sind, kann ohne besondere Maßnahme als erfüllt angesehen werden, wenn zwischen den Anschlussstellen eine freie Länge von etwa 150 mm eingehalten wird.

Schnittstelle zwischen innerer und äußerer Verdrahtung

An der Schnittstelle von äußerer und innerer Verdrahtung müssen zumindest für alle Steuerleitungen Klemmenleisten oder Steckverbinder vorgesehen werden. Ausgenommen von dieser Anforderung sind die Leitungen von Hauptstromkreisen wegen der eventuell großen Querschnitte, die auf kurzen Wegen schwer handhabbar sind, sowie Messleitungen. Messleitungen sind oft abgeschirmte Leitungen, die den Schirm aufgrund möglicher Störeinflüsse nicht unterbrechen. Diese Ausnahme ist als Erlaubnis formuliert, d. h. man darf, muss aber nicht davon Gebrauch machen. Wenn es sinnvoll erscheint, dürfen auch diese Leiter über Klemmen geführt werden.

13.4 Verdrahtung außerhalb von Gehäusen

13.4.1 Allgemeine Anforderungen

Durch die Einführung von Leitern/Leitungen der äußeren Verdrahtung in Gehäuse/ Umhüllungen darf die Schutzart der Gehäuse/Umhüllungen nicht reduziert werden. Eine bewährte Methode ist die Verwendung von Kabelverschraubungen.

Leiter eines Stromkreises immer zusammen

Leiter eines Stromkreises dürfen nicht auf mehrere Mehraderleitungen verteilt werden. Diese Anforderung gilt auch bei der Verlegung in verschiedenen Elektroinstallations-rohren, Elektroinstallationskanälen und zu öffnenden Elektroinstallationskanälen. Alle Leiter eines Stromkreises müssen immer gemeinsam verlegt werden.

Mehrere parallele Leiter für einen Stromkreis

Diese Regel gilt nicht, wenn mehrere Mehraderleitungen von einem Stromkreis auf mehrere Leiter in unterschiedlichen Mehraderleitungen verlegt werden. Die Mehr-aderleitungen müssen dann aber eng nebeneinander verlegt werden.

In solchen Fällen müssen dann jedoch in jeder Mehraderleitung immer alle Außen-leiter und, falls vorhanden, auch der Neutralleiter enthalten sein.

13.4.2   Äußere Leitungskanäle

Wenn außerhalb von Gehäusen die Verdrahtung einer Maschine nur mit Leitern erfolgt, müssen diese in geeigneten Elektroinstallationskanälen bzw. Elektroinstallationsrohren verlegt werden, die entsprechend der Reihe DIN EN 61386 (**VDE 0605**) [110] genormt sind. Diese Normenreihe umfasst Anforderungen und Prüfungen für Elektroinstallationssysteme, inklusive Rohre und Rohrzubehörteile, zum Schutz und zur Führung von isolierten Leitern.

Verlegung von Leitungen ohne Elektroinstallationskanäle bzw. Elektroinstallationsrohre

Leitungen, die für die Verlegung ohne Leitungskanäle vorgesehen sind, brauchen nicht zusätzlich durch Elektroinstallationskanäle bzw. Elektroinstallationsrohre geschützt zu werden. Es ist jedoch darauf zu achten, dass für die entsprechenden Umgebungsbedingungen geeignete Leitungstypen verwendet werden. Nicht jedes Mantelmaterial ist für die Verlegung im Freien (UV-Einstrahlung) oder für hohe Temperaturen oder ölhaltige Umgebungen geeignet. Dieselben Überlegungen gelten natürlich auch im Hinblick auf die Auswahl der geeigneten Elektroinstallationskanäle bzw. Elektroinstallationsrohre.

Konfektionierte Leitungen

Bei Geräten mit fabrikmäßig eingebauten (eingegossenen) Anschlussleitungen ist die Verlegung in einem geschlossenen Elektroinstallationskanal bzw. Elektroinstallationsrohr nicht notwendig, wenn die Leitung für die Umweltbedingungen geeignet ist.

Solche konfektionierten Leitungen sollten möglichst kurz sein und gegen eine Beschädigung geschützt werden, z. B. sind sie so zu verlegen, dass ein Drauftreten oder ein Anstoßen durch pendelnde Teile nicht möglich ist.

Befestigung von Elektroinstallationskanälen bzw. Elektroinstallationsrohren

Die Befestigung von Elektroinstallationskanälen bzw. Elektroinstallationsrohren an der Maschine oder innerhalb des Gehäuses der Maschine muss für die umgebenden Umweltbedingungen geeignet sein. Auch die Belastungen, die durch das Gewicht der Leitungen in den Elektroinstallationskanälen bzw. Elektroinstallationsrohren auf die Befestigungen einwirken, sind zu beachten.

Hängesteuertafeln

Hängesteuertafeln dürfen nicht an der Zuleitung, sondern müssen über ein eigenes Trageelement aufgehängt werden. Auch flexible Elektroinstallationsrohre dürfen diese Aufgabe nicht übernehmen. Es gibt für diese Anwendungen jedoch spezielle Leitungen, in die zusätzlich ein Trageelement integriert ist. Dies gilt auch für Elektroinstallationsrohre, die dafür geeignet sind, Zugkräfte aufzunehmen.

13.4.3 Verbindungen zu beweglichen Maschinenteilen

Dieser Abschnitt behandelt nicht nur die Verbindungen zu einzelnen, sich bewegenden Teilen von Maschinen, sondern die elektrische Versorgung von fahrbaren Maschinen im Wesentlichen. Es wurden typische Anforderungen aus der Hebezeugtechnik in diese Norm übernommen, die sinngemäß auch auf andere fahrbare Maschinen anwendbar sind. Die Häufigkeit der Bewegungen über die Lebensdauer hinweg ist in der Kalkulation zu berücksichtigen.

Dokumentation gemäß Abschnitt 17 erstellen

Sind bewegte Leitungen einem Verschleiß unterworfen, muss in den Instandhaltungsunterlagen ein Prüfzyklus angegeben werden oder die Betriebsstunden, nach denen Leitungen auszutauschen sind.

Belastungen während des Betriebs

Während sich Abschnitt 12.6 im Wesentlichen auf die mechanische (Zugbeanspruchung) und thermische (Strombelastbarkeit) Belastung solcher flexiblen Leitungen konzentriert, sind in diesem Abschnitt eine Reihe von Anforderungen zusammengefasst, die aus dem spezifischen Betrieb von fahrbaren Maschinen, den Einrichtungen für die Zwangsführung von beweglichen (flexiblen) Leitungen sowie dem Betrieb im Freien resultieren.

Keine Knickbeanspruchung

Anschlussstellen bzw. Befestigungen müssen so ausgeführt werden, dass keine unzulässigen Zug- oder Biegebeanspruchungen auftreten. Entsteht eine Biegung durch eine freie (nicht zwangsgeführte) Schleife, muss diese so lang sein, dass sich ein Biegeradius von mindestens dem Zehnfachen des Leitungsdurchmessers einstellen kann, um Knickbeanspruchungen an den Anschluss-/Befestigungsstellen zu vermeiden.

Folgende Einflüsse sind bei der Planung von Leitungen außerhalb einer Maschine(numhüllung) zu beachten:

• Möglichkeit des Überfahrens durch die Maschine selbst.

• Möglichkeit des Überfahrens durch andere Maschinen oder Fahrzeuge
Betroffen sind im Wesentlichen Einspeiseleitungen zu fahrbaren Maschinen. Hierbei handelt es sich weniger um eine Fehlanwendung oder gar einen Missbrauch im Sinne einer nicht bestimmungsgemäßen Verwendung, sondern vielmehr um einen nicht situationsgerechten Einbau bzw. Betriebsweisen. Eine Beschädigung der Leitung beim Überfahren wird z. B. durch deren Ablegen in einer dafür vorgesehenen Wanne oder Rinne verhindert.

• Berührung von bewegten Leitungen mit beweglichen Maschinenteilen.
Ein Mindestabstand von 25 mm zwischen (bewegten) Leitungen und beweglichen Teilen der Maschine dürfte im Freien, wo auch mit Wind zu rechnen ist, nicht ausreichend sein. Reicht der Abstand nicht aus, müssen feste Hindernisse vorgesehen werden, um die Leitungen schützen. Bei Kollisionen von Leitungen mit Konstruktionsteilen der Maschine können hohe Beschleunigungskräfte auftreten.

• Bewegungen und Kräfte auf Leitungen beim Ablegen oder Herausziehen aus einem Korb oder Leitungstrommeln.
Das Ein- und Auslaufen in Leitungsspeicher wie Leitungstrommeln oder Leitungskörbe bei vertikalen Bewegungen bedingt besondere Situationen. Hierfür sind spezielle Leitungen auf dem Markt erhältlich.

• Belastungen durch Wind- und/oder Beschleunigungskräfte, die bei Bewegung von Leitungen, z. B. bei Leitungsgirlanden oder freihängenden Leitungen, auftreten können.
Besonders empfindlich gegenüber Windkräften sind Leitungsgirlanden. Einer Beschädigung kann nur mittels entsprechender Abstände oder Führungseinrichtungen vorgebeugt werden.

• Reibungsverluste an Leitungen, die durch Leitungsaufnehmer oder Zwangsführung entstehen können.
Solche Leitungen sind immer Verschleißteile mit einer begrenzten Gebrauchsdauer. Der Austausch dieser Leitungen muss deshalb mit vertretbarem Aufwand möglich sein.

• Bei Maschinen, die im Freien betrieben und deren Leitungen z. B. in Kabelrinnen abgelegt werden, muss für eine Entwässerung gesorgt werden, um einem Festfrieren und einer Beschädigung der Leitung beim anschließenden Losreißen vorzubeugen.

Torsion begrenzt

Bei Leitungsführungssystemen muss beim Auf- und Abwickeln von einer Leitungstrommel gewährleistet sein, dass eine Torsion > 5° nicht auftreten kann. Dies gilt auch für die Ein- und Ausleitung von Leitungen in einem Leitungsführungssystem.

Aufgetrommelte Leitungen

Werden Leitungen aufgetrommelt, müssen nach dem max. möglichen Abrollen der Leitung noch immer mindestens zwei Windungen auf der Trommel verbleiben.

Minimaler Biegeradius

Bei der Konstruktion von Einrichtungen, die Leitungen führen oder tragen, darf an keiner Stelle der minimal zulässige innere Biegeradius unterschritten werden.

Durchmesser oder Radius?

Der Durchmesser der Leitung bestimmt den minimal zulässigen inneren Biegeradius einer Leitung, siehe **Bild 13.7**.

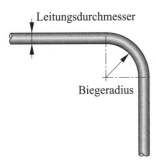

Bild 13.7 Innerer Biegeradius in Abhängigkeit vom Leitungsdurchmesser

Biegeradien in Abhängigkeit von der Art der Zwangsführung

Tabelle 8 der DIN EN 60204-1 (**VDE 0113-1**) enthält die minimal zulässigen Biegedurchmesser in Abhängigkeit von der Art der Zwangsführung. Dabei wird unterschieden zwischen:

- Leitungstrommeln,
- Rollenumlenkung,
- Leitungswagen,
- allen anderen Formen der Zwangsführung.

Abstand zwischen zwei Biegungen

Wird eine Leitung zweimal hintereinander in eine andere Richtung geführt, muss zwischen den Umlenkungen ein gerades Stück der Leitung von mindestens dem Zwanzigfachen des Leitungsdurchmessers, siehe **Bild 13.8**, vorhanden sein.

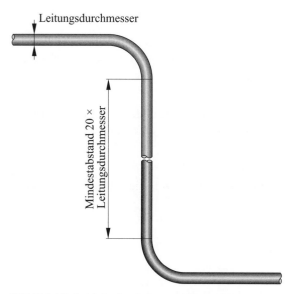

Bild 13.8 Mindestabstand zwischen zwei Biegungen

Kollision von Elektroinstallationsrohren mit Konstruktionsteilen

Elektroinstallationsrohre, die beim Betrieb bewegt werden, dürfen nicht mit Teilen der Maschine in Berührung kommen. Um dies zu vermeiden, müssen geeignete Befestigungsmittel verwendet werden.

Flexibilität von Elektroinstallationsrohren

Flexible Elektroinstallationsrohre müssen für die Häufigkeit und den Bewegungsumfang ihrer Nutzung geeignet sein. Die Auswahl von Elektroinstallationsrohren ist entsprechend dem Klassifikationscode in DIN EN 61386-1 (**VDE 0605-1**) [70] zu treffen. An der fünften Stelle des zwölfstelligen Klassifikationsschlüssels stehen folgende Stufen für den Widerstand gegen Biegungen:

- starr   = Code 1,
- biegsam = Code 2,

- sich selbst zurückbildend = Code 3,
- flexibel = Code 4.

13.4.4 Verbindung zwischen Betriebsmitteln an der Maschine

Müssen mehrere elektrische Betriebsmittel einer Maschine parallel geschaltet werden, sollten sie über eigene Klemmen in einem separaten Klemmenkasten zusammengeführt werden. Dies dient der Erleichterung bei Wartungsarbeiten und Störungssuchen.

13.4.5 Stecker-/Steckdosenkombinationen

Für Stecker-/Steckdosenkombinationen müssen folgende Anforderungen erfüllt werden (soweit anwendbar):

a) Die Teile einer Stecker-/Steckdosenkombination, die nach dem Auseinanderziehen weiterhin unter Spannung stehen, müssen in einer Schutzart von mindestens **IPXXB** (fingersicher) ausgeführt sein, egal ob es sich dabei um Steckerstifte oder Steckdoseneinsätze handelt.

b) Enthält eine Stecker-/Steckdosenkombination metallene Gehäuseteile, müssen alle diese Teile an das Schutzleitersystem angeschlossen werden.

c) Stecker-/Steckdosenkombination, die nicht unter Last gezogen werden dürfen, müssen mit einer Verriegelung ausgestattet sein, die erst nach dem Ausschalten der Last eine Trennung zulässt. Ein Warnhinweis ist trotzdem auf der Stecker-/Steckdosenkombination anzubringen, der darauf hinweist, dass die Stecker-/Steckdosenkombination nicht unter Last getrennt werden darf.

d) Stecker-/Steckdosenkombination von unterschiedlichen Stromkreisen müssen so codiert sein, dass sie untereinander nicht vertauscht werden können. Eine mechanische Codierung wird bevorzugt.

e) Mehrpolige Steckverbinder für Steuerstromkreise müssen entsprechend DIN EN 61984 (**VDE 0627**) [111] aufgebaut sein. So darf z. B. beim Stecken die Berührung des Schutzleiters mit spannungsführenden Teilen nicht möglich sein.

f) Für Stecker-/Steckdosenkombinationen, die der DIN EN 60309-1 (**VDE 0623-1**) [112] entsprechen, dürfen nur solche Stift-/Steckdoseneinsätze verwendet werden, die speziell für Steuerstromkreise vorgesehen sind.

g) Stift-/Steckdoseneinsätze, die für die Leistungsübertragung vorgesehen sind, dürfen nicht für eine überlagerte Signalübertragung verwendet werden.

Schutzleiterkontakte

Enthält eine Stecker-/Steckdosenkombination einen Schutzleiterkontakt, muss dieser beim Öffnen nacheilen und hinsichtlich des Zusammensteckens voreilend ausgeführt sein, siehe **Bild 13.9**.

Bild 13.9 Fünfpoliger CEE-Stecker mit verlängertem Schutzleiterstift
(Bals Elektrotechnik GmbH & Co. KG, Albuam Kirchhunden)

Bis 30 A unter Last stecken und ziehen

Stecker-/Steckdosenkombinationen bis zu einem Bemessungsstrom von 30 A müssen unter Last gesteckt und getrennt werden können.

Verriegelte Schalteinrichtung bei Stecker-/Steckdosenkombination

Stecker-/Steckdosenkombinationen mit einem Bemessungsstrom von > 30 A dürfen nicht unter Last gesteckt oder gezogen werden. Deshalb muss die Stecker-/Steckdosenkombination über eine verriegelbare Schalteinrichtung verfügen, die nur in der Aus-Stellung ein Stecken oder Trennen zulässt, siehe **Bild 13.10**.

Stecker-/Steckdosenkombination > 16 A mit Verriegelungseinrichtung

Stecker-/Steckdosenkombinationen mit einem Bemessungsstrom > 16 A müssen über eine Verriegelung verfügen, die ein unbeabsichtigtes oder zufälliges Trennen verhindert, siehe **Bild 13.11**.

	**Risikobeurteilung notwendig** Mithilfe einer Risikobeurteilung ist zu prüfen, ob ein zufälliges unbeabsichtigtes Trennen einer Stecker-/Steckdosenkombination zu einer gefährlichen Situation führen kann. Ist dies nicht der Fall, kann auf eine mechanische Verriegelung verzichtet werden.

Bild 13.10 Steckdose mit Schalter (Bals Elektrotechnik GmbH & Co. KG, Albaum Kirchhundem)

Bild 13.11 Steckverbindungen mit mechanischer Verriegelung gegen unbeabsichtigtes Trennen (Mennekes Elektrotechnik GmbH & Co. KG, Kirchhundem)

Innerhalb von Komponenten oder Betriebsmitteln

Stecker-/Steckdosenkombinationen innerhalb von Komponenten oder elektrischen Betriebsmitteln brauchen den Anforderungen dieser Norm nicht zu entsprechen, müssen aber fest installiert sein.

385

Bus-Systeme

Steckverbindungen für Bus-Systeme müssen die Anforderungen dieses Abschnitts nicht erfüllen.

13.4.6 Demontage für den Versand

Hier geht es in erster Linie um „Montagehilfen", d. h. um Trennstellen zwischen Transporteinheiten, die mit Klemmen oder alternativ mit Steckverbindern ausgerüstet sein können. Es kann hierbei davon ausgegangen werden, dass diese Steckverbinder – wie auch die Klemmen – nicht unter Spannung oder unter Last gezogen oder gesteckt werden. Natürlich müssen solche Steckverbinder dann aber gegen ein unbeabsichtigtes oder irrtümliches Lösen im Betrieb gesichert sein, z. B. durch mechanische Verriegelungen oder Anordnung in Gehäusen. Ist dies sichergestellt, so kann auch auf die Vor- bzw. Nacheilung des Schutzleiterkontakts verzichtet werden.

13.4.7 Zusätzliche Leiter

Werden in einem Leitungskanal oder einer Mehraderleitung bewusst Reserveleiter vorgesehen, dann sollten sie auch an Reserveklemmen angeschlossen werden. Insbesondere dann, wenn sie vielleicht für mögliche Erweiterungen gedacht sind.

Reserveleiter aus Zufall

Oft werden aus Gründen der Vereinheitlichung vieladrige Leitungen mit gleicher Aderzahl eingesetzt. Einige Adern werden dann meistens nicht verwendet. Sind das nun Ersatzadern, die zusätzliche „Ersatz"-Klemmen erfordern?

Frage aus Anhang B beantworten
Im Rahmen der Beantwortung von Frage 10 aus Anhang B sollte auch die Behandlung von überzähligen oder Reserveleitern in Mehraderleitungen festgelegt werden.

Wenn sie später einmal als Ersatz für defekte Leiter dienen sollen, sind die erforderlichen Klemmen bereits vorhanden. In diesen Fällen genügt die Isolierung und sichere Verwahrung zur Verhinderung einer Berührung mit aktiven Teilen und damit einer Spannungsverschleppung.

386

EMV-Gründe

Noch besser wäre allerdings, wenn solche „Reserve-Adern" aus EMV-Gründen auf PE-Potential gelegt, aber als Reserve gekennzeichnet würden.

Keine Reserve für Verschleißteile

Eine besondere Problematik besteht bei flexiblen Leitungen, die betriebsmäßig bewegt werden. Solche Leitungen sind als Verschleißteile anzusehen. Dies bedeutet, dass bei einem Aderbruch eines verwendeten Leiters auch die Reserveadern vorgeschädigt sein können und ein sicherer Betrieb damit nicht gewährleistet werden kann.

13.5 Elektroinstallationskanäle, Klemmenkästen und andere Gehäuse

13.5.1 Allgemeine Anforderungen

Hier wird in erster Linie der Einsatz von Installationsmaterial als mechanischer Schutz für die äußere Verdrahtung nach Abschnitt 13.4.2 behandelt, einschließlich Vorgaben für die Befestigung. Die Aussagen sind zum Teil Wiederholungen von Grundsätzen an anderer Stelle.

Schutzart

Die Schutzart von Elektroinstallationskanälen ist unter Berücksichtigung der Umwelt entsprechend ausreichend auszuwählen.

Scharfe Kanten

Die Leiterisolation darf beim Verlegen und beim Betrieb innerhalb von Elektroinstallationskanälen mechanisch belastet werden.

Kondenswasserlöcher

In zu öffnenden Elektroinstallationskanälen und Klemmenkästen dürfen für den Abfluss von Kondenswasser Bohrungen mit einem Durchmesser von 6 mm im untersten Bereich vorgesehen werden.

Verwechselung von Rohren

Damit es zu keiner Verwechselung zwischen Elektroinstallationsrohren und z. B. Öl-, Luft- oder Wasserleitungen kommen kann, sollten Elektroinstallationsrohre gekennzeichnet oder (wenn möglich) getrennt von den anderen Rohren verlegt werden.

Unterstützung

Elektroinstallationskanäle müssen in einem ausreichenden Abstand unterstützt und befestigt werden.

Abstand zu beweglichen Teilen

Elektroinstallationskanäle müssen in einem ausreichenden Abstand zu beweglichen Teilen angeordnet werden.

2 m über Arbeitsebene von Personen

Werden Elektroinstallationskanäle oder Kabelwannen über Arbeitsebenen von Personen errichtet, muss eine Mindesthöhe von 2 m berücksichtigt werden.

Abgedeckte zu öffnende Elektroinstallationskanäle

Werden erforderliche zu öffnende Elektroinstallationskanäle durch Konstruktionsteile einer Maschine abgedeckt, so gelten diese Elektroinstallationskanäle nicht mehr als „zu öffnende". Die vorgesehenen Leitungen müssen dann wie bei der Errichtung auf Kabelwannen ausgewählt werden.

Ausreichende Größe

Elektroinstallationskanäle sollten durch ihre Größe und Verlegeart das leichte Einziehen von Leitern und Leitungen ermöglichen.

Vollständige Umhüllung als mechanischer Schutz

Zu beachten sind die begrifflichen Unterschiede beim Installationsmaterial gemäß Definitionen:

3.1.5   Kabelwannen

3.1.6   zu öffnende Elektroinstallationskanäle

3.1.9   Elektroinstallationsrohre

3.1.17 geschlossene Elektroinstallationskanäle

Zusätzlicher mechanischer Schutz

Aderleitungen vom Typ H07V-F benötigen außerhalb von Gehäusen immer eine vollständige Umhüllung als zusätzlichen mechanischen Schutz.

Kein zusätzlicher mechanischer Schutz

Leitungen mit einem Mantel können dagegen auch auf offenen Kabelwannen oder Kabelpritschen ohne weitere Umhüllung verlegt werden.

13.5.2 Starre metallene Elektroinstallationsrohre und deren Befestigung

Werden Leitungen außen an einer Maschine verlegt, stellt die Verlegung in Schutzrohren aus Metall einen wirksamen Schutz gegen mechanische Belastungen dar.

Korrosionsschutz

Für diesen mechanischen Schutz sollten Metallrohre aus verzinktem Stahl oder korrosionsbeständigem Material (V2A) verwendet werden. Natürlich müssen die Befestigungselemente auch aus dem gewählten Material bestehen.

Galvanische Elemente vermeiden

Werden unterschiedliche Materialien zusammengeführt, z. B. Rohre und Befestigungsschellen aus unterschiedlichen Materialien, muss darauf geachtet werden, dass sie innerhalb der elektrochemischen Spannungsreihe sehr nahe beieinander liegen. Durch Wärme und Feuchtigkeit entsteht sonst ein galvanisches Element, was zu Korrosionen an den Kontaktstellen führt.

Befestigung

Starre Elektroinstallationsrohre müssen mindestens an beiden Enden befestigt werden. Grundsätzlich sollten die Befestigungen aus einer Schraubverbindung bestehen. Ist eine verschraubte Fixierung nicht möglich, dürfen andere Befestigungsmethoden angewendet werden, wenn durch diese eine langzeitstabile Befestigung gewährleistet werden kann.

Bögen bei Elektroinstallationsrohren

Sind im Verlauf der Verlegung Richtungswechsel bei Elektroinstallationsrohren notwendig, sollten vorgefertigte Bögen verwendet werden. Werden starre metallene Elektroinstallationsrohre vom Elektroinstallateur selbst gebogen, muss er darauf achten, dass durch das Biegen des Rohres der innere Querschnitt nicht verringert wird.

13.5.3 Flexible metallene Elektroinstallationsrohre und deren Befestigungen

Gemeinhin versteht man unter dieser Bezeichnung in Deutschland Metallschutz-schläuche. Die Befestigungselemente müssen für die verwendeten flexiblen metal-lenen Elektroinstallationsrohre geeignet sein. Dabei müssen auch die Umweltbedin-gungen an der Maschine festgelegt und berücksichtigt werden.

Schutzleiteranschluss

Auch flexible metallene Elektroinstallationsrohre müssen an das Schutzleitersystem angeschlossen werden, dürfen aber selbst nicht als Schutzleiter verwendet werden. Für den Schutzleiteranschluss sind Anschlussteile entsprechend den Herstellerangaben für flexible metallene Elektroinstallationsrohre zu verwenden, siehe Abschnitt 8.2.2.

Der Hersteller solcher Elektroinstallationsrohre muss die Eignung für den Schutzlei-teranschluss und die IP-Schutzart in eigener Verantwortung klären, unter Umständen auf Basis einer Prüfspezifikation durch eine anerkannte Prüfstelle.

13.5.4 Zu öffnende Elektroinstallationskanäle

Zu öffnende Elektroinstallationskanäle sind im Gegensatz zu den Verdrahtungs-kanälen, siehe **Bild 13.12**, geschlossen und bieten damit einen Schutz gegen Umwelt-einflüsse. Dieser Abschnitt der Norm behandelt im Wesentlichen die mechanischen Eigenschaften und die sachgerechte Verlegung solcher Installationskanäle in der Maschineninstallation.

Bild 13.12 Zu öffnender Elektroinstallationskanal mit zwei Kammern und einem eingebauten Gerät (Hager SE, Blieskastel)

Diese Kanäle stehen in sehr unterschiedlichen Ausführungen zur Verfügung:

* mit einer oder mehreren Kammern, um z. B. unterschiedliche Stromkreise oder Spannungsebenen trennen zu können,
* mit oder ohne Einbaumöglichkeit von Betriebsmitteln wie Schaltern, Steckdosen usw.,
* Ausführung in Kunststoff, glasfaserverstärktem Kunststoff oder Metall, je nach mechanischen oder elektromagnetischen Anforderungen.

Stoßstellen

Die normativen Festlegungen dieses Abschnitts unterscheiden nicht zwischen den Ausführungen, insbesondere nicht zwischen metallenen und nicht metallenen Installationskanälen. Es wird nur festgelegt, dass einzelne Teilstücke zwar eng aneinanderstoßen, die Stoßstellen aber nicht abgedichtet werden müssen.

Schutzleiteranschluss

Werden metallene zu öffnende Elektroinstallationskanäle verwendet, sind die Anforderungen aus Abschnitt 8.2.2 zu beachten, d. h., sie müssen mit dem Schutzleitersystem verbunden werden, dürfen aber selbst nicht als Schutzleiter verwendet werden. An den Stoßstellen sind die einzelnen Abschnitte von metallenen Elektroinstallationskanälen leitend miteinander zu verbinden, damit alle Teilstücke eines metallenen Elektroinstallationskanals mit dem Schutzleitersystem verbunden sind.

Öffnungen zulässig

Öffnungen für die Leitungseinführung brauchen nicht verschlossen zu werden. Für den Abfluss von Schwitzwasser sind Kondenswasserlöcher zulässig.

Keine unbenutzten Öffnungen

Zu öffnende Elektroinstallationskanäle dürfen keine herausgebrochenen Öffnungen und auch keine unbenutzten Öffnungen haben. Problematisch sind dann die Enden von Elektroinstallationskanälen, an denen keine Leitungen eingeführt oder herausgeführt werden. Diese sind dann mit einer seitlichen Abschlussplatte zu verschließen.

13.5.5 Einbauräume in Maschinen und zu öffnenden Elektroinstallationskanälen

Werden Leitungen innerhalb eines Maschinengehäuses oder in zu öffnenden Elektroinstallationskanälen verlegt, dürfen in diesen Räumen keine Behälter untergebracht sein, die Öl oder Kühlmittel enthalten, siehe Abschnitt 11.2.2. Leiter, die in solchen Räumen/Umhüllungen verlegt werden, sind so anzuordnen, dass sie keiner mechanischen Belastung ausgesetzt sind. Auch müssen sie so befestigt werden, dass eine Vibration zu keiner Beschädigung der Leiter führen kann.

13.5.6 Klemmenkästen und andere Gehäuse

Klemmenkästen und andere Gehäuse für die Verdrahtung der elektrischen Ausrüstung müssen so errichtet werden, dass sie im Rahmen von Instandsetzungsarbeiten zugänglich sind.

Die Schutzart muss sicherstellen, dass weder Staub noch Öl oder Kühlflüssigkeiten eindringen können. Entsprechend Abschnitt 11.3 ist eine Schutzart $\geq$ IP54 angemessen.

13.5.7 Motoranschlusskästen

Sinn dieser Regelung ist zunächst, dass durch das Abklemmen eines Motors keine anderen Funktionen, die mit diesem Motor nichts zu tun haben, unterbrochen werden. Die Funktionen der in diesem Abschnitt genannten Geräte sind alle nur in Zusammenhang mit dem Betrieb des Motors erforderlich. Es spricht also nichts dagegen, dass sie gemeinsam mit dem Motor freigeschaltet und abgeklemmt werden.

Kein Zwischenklemmenkasten

Motoranschlusskästen dürfen nicht als Zwischenklemmenkästen für andere Betriebsmittel verwendet werden.

Ausgenommene Stromkreise

Es sei an dieser Stelle besonders auf die Problematik von Stillstandsheizungen hingewiesen, die häufig als „ausgenommene Stromkreise" nach Abschnitt 5.3.5 ausgeführt sind.

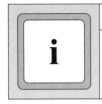

Dokumentation gemäß Abschnitt 17 erstellen

In der Gebrauchsanleitung ist auf die gesonderte Abschaltung der Stillstandsheizung hinzuweisen.

Jede Leitung braucht ihre eigene Kabelverschraubung

Müssen zusätzliche Leitungen in den Anschlussraum geführt werden, z. B. für Temperaturfühler, so müssen hierfür separate Kabelverschraubungen mit der Weite der jeweiligen Zuleitung vorgesehen werden.

14   Elektromotoren und zugehörige Ausrüstung

14.1   Allgemeine Anforderungen

Motoren für Maschinen werden in der Regel nicht von den Maschinenherstellern selbst konstruiert und gefertigt. Deshalb ist der Einsatz von Normmotoren der Normalfall. Welche Abmessungen und welche Betriebseigenschaften Motoren haben müssen, ist in der Normenreihe DIN EN 60034 (**VDE 0530**) [113] festgelegt.

Schutz von Motoren

Schutzmaßnahmen für Motoren sind in folgenden Abschnitten festgelegt:

7.2   Überstrom

7.3   Übertemperatur

7.6   Überdrehzahl

Abschaltkonzept prüfen

Je nach Steuerungsmethodik der Motoren sind unterschiedliche Abschaltkonzepte möglich. Insbesondere der sichere Zustand von stillgesetzten Motoren ist zu bewerten. Für das Stillstandskonzept sind die folgenden Anforderungen zu prüfen und ggf. umzusetzen:

5.3   Netztrenneinrichtung

5.4   Einrichtungen zur Unterbrechung der Energiezufuhr zur Verhinderung von unerwartetem Anlauf

5.5   Einrichtungen zum Trennen der elektrischen Ausrüstung

7.5   Schutz gegen Folgen bei Unterbrechung der Stromversorgung oder Spannungseinbruch und Spannungswiederkehr

7.6   Motor-Überdrehzahlschutz

9.4   Steuerfunktionen im Fehlerfall

Schalt- und Steuergeräte

Schalt- und Steuergeräte von Motoren sind entsprechend den Anforderungen aus Abschnitt 11 „Schaltgeräte: Anordnung, Befestigung und Gehäuse" in Schaltschränke oder Gehäuse einzubauen.

14.2   Motorgehäuse

Ein Motorgehäuse ist die Schutzhülle eines Motors. Deshalb muss ein Motorgehäuse in einer Schutzart ausgeführt sein, die ein Eindringen von festen Fremdkörpern und Wasser (und Öl, Kühlflüssigkeit) verhindert.

Schutzart

Die Schutzart von Motoren muss in Abhängigkeit von den vorgesehenen Umwelt-bedingungen gewählt werden. Standardmäßig werden Motoren in einer Schutzart von mindestens IP44 verwendet.

Kondenswasserlöcher

Motoren, die häufig im Aussetz- oder Kurzzeitbetrieb benutzt werden, neigen zur Kondenswasserbildung. Es muss deshalb bei höheren Schutzgraden unbedingt darauf geachtet werden, dass sie mit offenen Kondenswasserlöchern versehen sind. Dies ist bei der Schutzart IP44 noch gegeben. Bei der Schutzart IP54 ist dies nicht unbedingt selbstverständlich, lässt sich aber realisieren.

Hochdruckreiniger

Noch höhere Schutzgrade umfassen keine offenen Kondenswasserlöcher mehr und sollten nur in Sonderfällen eingesetzt werden, z. B. bei Maschinen, die mit Hoch-druckstrahlwasser gereinigt werden müssen. Solche Motoren bedürfen aber einer regelmäßigen Wartung bzw. Entwässerung.

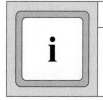

Dokumentation gemäß Abschnitt 17 erstellen
In den Wartungsunterlagen ist anzugeben, in welchen Zeitabständen bei geschlossenen Motoren ohne Kondenswasserlöcher eine regelmäßige Ent-wässerung vorgenommen werden muss und wie die Vorgehensweise ist.

Schutz gegen mechanische Belastungen

Motoren müssen gegen mögliche mechanische Belastungen geschützt werden. Das bedeutet, dass eventuell Schutzrahmen oder Schutzabdeckungen um Motoren herum erforderlich sind. Im Besonderen ist bei der Planung darauf zu achten, dass angeflanschte Motoren nicht als Aufstiegshilfe verwendet werden können oder in einen Verkehrsweg hineinragen.

14.3 Motorabmessungen

Damit Motoren bei Ausfall auch gegen Fabrikate anderer Hersteller ausgetauscht werden können, ist es wichtig, dass insbesondere die Hauptabmessungen einheitlich nach derselben Norm ausgeführt sind. Dies sollte durch einen Verweis auf die Reihe DIN IEC 60072 sichergestellt werden.

In diesen Normen werden die Zuordnungen der Motorleistungen zu den Baugrößen sowie die Wellen-, Fuß- und Flanschabmessungen festgelegt. Die Normenreihe besteht aus drei Normen, die bisher leider nicht alle in eine deutsche bzw. europäische Norm umgesetzt wurden, siehe **Tabelle 14.1**.

Norm	Baugrößen	Anmerkung
IEC 60072-1	Baugröße 56 bis 400; Flanschgröße 55 bis 1 080	diese Norm hat keine direkte europäische Entsprechung. Sie ist jedoch vergleichbar mit der DIN EN 50347: Baugröße 56 bis 315; Flanschgröße 65 bis 740
DIN IEC 60072-2	Baugröße 355 bis 1 000; Flanschgröße 1 180 bis 2 360	nationale Norm
IEC 60072-3	kleine Einbaumotoren für Flanschgröße 10 bis 50	diese Norm hat keine europäische oder deutsche Entsprechung

Tabelle 14.1 Übersicht der Normen für die Baugrößen von Motoren

14.4 Motorenanordnung und -einbauräume

Der Trend hin zu kompakten Maschinen darf die Anforderungen an die Zugänglichkeit nicht vernachlässigen. Die Einbauverhältnisse für Motoren dürfen deshalb nicht zu beengt sein. Die Zugänglichkeit zu Motoren muss folgende Maßnahmen zulassen:

- Inspektion,
- Wartung,
- Einstellungen,
- Ausrichten,
- Schmierung,
- Auswechselung (Zugang zu allen Motorbefestigungen),
- elektrische Anschlüsse.

Übertragungselemente

Dieser Zugang gilt auch für Kupplungen, Treibriemen, Riemenscheiben und Ketten, mit denen das Drehmoment an die Maschine übertragen wird. Solche Einrichtungen sind dem Verschleiß unterworfen und müssen entsprechend gewartet werden können. Außerdem müssen solche Übertragungselemente abgedeckt sein, um das Risiko für den Bediener und das Wartungspersonal zu reduzieren.

Platz für die Demontage

Bei der Planung einer Antriebseinheit muss eine ausreichende Zugänglichkeit für das Wartungspersonal vorgesehen werden. Demontage und Montage von Schutzabdeckungen müssen mit einfachen Mitteln möglich sein. Zum Auswechseln der Motoren müssen die Befestigungsschrauben leicht zugänglich sein und es muss ausreichend Platz für die Handhabung vorhanden sein.

Belüftung

Die notwendige Luftzufuhr und -abfuhr für die Motoren muss sichergestellt werden. Wird ein Motor in ein Maschinengehäuse eingebaut, sind die erhöhten Umgebungstemperaturen zu beachten, wenn keine Fremdbelüftung vorgesehen ist. Treten in der Nähe von Motoren Festkörper, Staub oder Sprühwasser auf, so sind für die Lüftungsöffnungen entsprechende Filter oder Abdeckungen vorzusehen.

Fundamenterderanschlüsse

Müssen Motoren zur Reduzierung von Ableitströmen mit dem Fundamenterder verbunden werden, sind bereits bei der Planung der Fundamente entsprechende Anschlüsse mit einer niedrigen Impedanz vorzusehen.

Maschinengehäuse ist Motorgehäuse

Bei Einbaumotoren kann das Gehäuse nur aus einer Tragekonstruktion bestehen, da sie für den Einbau in ein (Maschinen-)Gehäuse vorgesehen sind. In solchen Fällen muss das Maschinengehäuse die erforderliche Schutzart für den Motor gewährleisten. In den Einbauraum dürfen keine Stoffe – vor allem keine Flüssigkeiten – eindringen können, die für die inneren Teile des Motors schädlich sind.

14.5 Kriterien für die Motorauswahl

Die Auswahl, welcher Motor für einen bestimmten Anwendungsfall erforderlich ist, wird durch mechanische und elektrische Kriterien bestimmt, die teilweise auch genormt sind. Dieser Abschnitt ist eigentlich nicht mehr als eine Checkliste, welche Aspekte bei der Motorauswahl, aber auch bei der Motordimensionierung berücksichtigt werden müssen. Bei dieser Liste handelt es sich nicht um eine ausschließliche Liste, sondern es sind Beispiele, die besonders relevant sind.

Die Checkliste enthält Aspekte, die sowohl vom Hersteller der Maschine als auch vom späteren Betreiber oder vom Hersteller der Steuerung anzugeben und zu beurteilen sind. In **Tabelle 14.2** sind die einzelnen Punkte näher erläutert.

1	Motortyp	herstellerabhängig
2	**Betriebsart (siehe DIN IEC 60034- 1 (VDE 0530-1))**	Hier sind Betriebsarten wie Dauerbetrieb S1; Kurzzeitbetrieb S2; Aussetzbetrieb S3 usw. gemeint. Siehe auch Zeilen 3, 8, 9 und 10.
3	**Betrieb mit fester oder veränderlicher Drehzahl (und dem daraus folgenden, veränderlichen Einfluss der Belüftung)**	Veränderliche Drehzahlen haben bei eigengekühlten Motoren einen erheblichen Einfluss auf die Abfuhr der Verlustwärme, bei selbstgekühlten ist dieser Einfluss deutlich geringer, bei fremdgekühlten vernachlässigbar.
4	**mechanische Schwingung**	Hier sind mechanische Schwingungen gemeint, die von außen auf den Motor einwirken können, verursacht z. B. durch den Maschinenbetrieb selbst oder das Umfeld der Maschine.
5	**Art der Motorsteuerung**	Gesteuert (nur Ein-/Ausschalten) oder drehzahlgeregelt; s. a. Zeile 3. Wenn geregelt, Art der Regelung: Maschinenumformer oder statischer Umrichter; variable Spannung oder variable Frequenz; s. a. Zeilen 6 und 11.
6	**Temperaturen, die durch den Einfluss von Oberschwingungen der Spannung und/oder des Stroms zur Versorgung des Motors (insbesondere, wenn dieser von einem statischen Umrichter versorgt wird) auf die Temperaturerhöhung einwirken**	Spannung und Strom sind bei statischen Umrichtern oberschwingungsbehaftet. Dies führt zu höheren Spannungsbelastungen der Wicklungsisolation. Die Oberschwingungen im Strom führen zu höheren Eisenverlusten im Motor und damit zu einer höheren Erwärmung. Es gibt Motoren, die speziell an bestimmte Stromrichterschaltungen angepasst sind. Die jeweiligen Hersteller sollten sich abstimmen; s. a. Zeile 11.

Tabelle 14.2 Übersicht der Kriterien für die Motorauswahl

7	Art des Anlaufs und der mögliche Einfluss des Anlaufstroms auf den Betrieb anderer Verbraucher an derselben Stromversorgung, unter Beachtung möglicher, vom Energieversorgungsunternehmen vorgeschriebener Sonderbedingungen	Bei diesem Punkt geht es um die Rückwirkungen des Anlaufstroms auf die Netzseite. Besonders kritisch bei großen Motoren und Direktanlauf. Zu berücksichtigen ist auch der Spannungsfall auf den Zuleitungen.
8	Änderung des Gegendrehmoments mit der Zeit oder Drehzahl	Abhängig von der Art der angetriebenen Maschine, z. B. Lüfterkennlinie, d. h. mit der Drehzahl überproportional ansteigendes Lastmoment, also konstantes Lastmoment, unabhängig von der Drehzahl. Oder ein vom Prozess abhängiges zeitlich variables Drehmoment; beeinflusst unter Umständen die Wahl der Betriebsart, s. a. Zeile 2. Meist ist eine Effektivwertberechnung zur Bestimmung der Motorgröße notwendig.
9	Einfluss von Belastungen mit großem Trägheitsmoment	Große Trägheitsmomente der angetriebenen Maschine (Fremdträgheitsmoment größer als Eigenträgheitsmoment des Motors) führen zu erschwerten Anlaufverhältnissen; Anlaufströme und Anlaufzeit. Beeinflusst bei häufigen Anläufen die Motorerwärmung nennenswert.
10	Einfluss durch Betrieb mit konstantem Moment oder konstanter Leistung	Konstantes Drehmoment bei veränderlicher Drehzahl bedeutet annähernd konstante Verlustwärme bei steigender Drehzahl. Konstante Leistung bei veränderlicher Drehzahl bedeutet abnehmende Verlustwärme bei steigender Drehzahl.
11	möglicher Bedarf von induktiven Blindwiderständen zwischen Motor und Umrichter	Muss zwischen Motor- und Umrichterhersteller abgestimmt werden; s. a. Zeilen 5 und 6.

Tabelle 14.2 (*Fortsetzung*) Übersicht der Kriterien für die Motorauswahl

14.6 Schutzgeräte für mechanische Bremsen

Löst ein Überlastschutz oder eine Überstromschutzeinrichtung einen automatischen Bremseneinfall aus, muss sichergestellt werden, dass auch der dazugehörige Antriebsmotor automatisch stillgesetzt wird. Damit wird verhindert, dass der Antrieb gegen die geschlossene Bremse betrieben wird.

15 Steckdosen und Beleuchtung

In Abschnitt 15 sind die Anforderungen an Steckdosen und deren Stromversorgung festgelegt, die an einer Maschine zur Versorgung von Zubehör angebracht werden. Unter Zubehör sind in diesem Zusammenhang elektrisch betriebene Werkzeuge oder Prüfeinrichtungen (z. B. Handbohrmaschine, Programmiergeräte) zu verstehen, die nicht fest mit der Maschine oder deren Ausrüstung verbunden oder verdrahtet und nicht in die Maschinenfunktion eingebunden sind. Des Weiteren werden die Anforderungen an die Stromversorgung für die Beleuchtung einer Maschine festgelegt.

15.1 Steckdosen für Zubehör

Wenn an Maschinen Steckdosen für die Nutzung durch elektrotechnische Laien vorgesehen sind, gelten andere Bedingungen als für die elektrische Ausrüstung einer Maschine.

Steckdosen, die zum Anschluss von zusätzlicher Ausrüstung, wie z. B. Elektrowerkzeuge für Wartungszwecke, oder von Messgeräten dienen, sollten der DIN EN 60309-1 (**VDE 0623-1**) entsprechen. Das gilt nicht für PELV-Steckdosen.

Frage aus Anhang B beantworten
Mithilfe der Frage 11a) ist zwischen dem Lieferanten der elektrischen Ausrüstung und dem späteren Betreiber festzulegen, welcher Steckdosentyp für den Anschluss von elektrischem Zubehör in dessen Firma üblich ist.

Steckdosentyp festlegen

Steckdosen sollten, wenn möglich, in einer Ausführung für industrielle Anwendungen vorgesehen werden (DIN EN 60309-1 (**VDE 0623-1**)). Doch die meisten Elektrowerkzeuge oder elektrische Betriebsmittel, die in der Hand gehalten werden können, haben einen Schukostecker (bei Schutzklasse-I-Geräten), siehe **Bild 15.1**, oder einen Eurostecker (bei Schutzklasse-II-Geräten), siehe **Bild 15.2**.

Bild 15.1 Stecker mit Schutzleiterkontakt (Schukostecker)

Frage aus Anhang B beantworten

Mit dem Betreiber zusammen ist mittels Beantwortung der Frage 11a) der Steckdosentyp abhängig vom Steckertyp an den vorgesehenen Zubehör-Betriebsmitteln festzulegen.

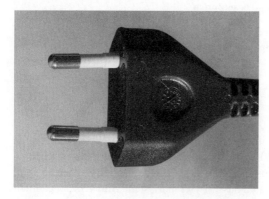

Bild 15.2 Stecker ohne Schutzleiterkontakt (Eurostecker)

Industriestecker entsprechend DIN EN 60209-1 (**VDE 0623-2**) sind in der Regel nicht an katalogmäßigen Elektrowerkzeugen oder Prüfgeräten angeschlossen.

Keine Basteleien

Es ergibt wenig Sinn, an der Maschine einen Steckdosentyp zu installieren, der nur mit einem speziellen Adapter oder speziell angepasstem Zubehör benutzt werden kann. Dies verleitet zu Basteleien, die unter Umständen die vorgesehenen Schutzmaßnahmen unwirksam machen. Hier hat die Anpassung an die örtlichen Gegebenheiten Priorität.

Steckdosen beschriften

Steckdosen, die nicht der DIN EN 60309-1 (**VDE 0623-1**) entsprechen, sollten mit den Bemessungswerten für Strom und Spannung beschriftet sein.

Schutzmaßnahmen

Für Steckdosen zur Stromversorgung von Zubehör müssen folgende Schutzmaßnahmen vorgesehen werden:

* *Schutzleiter*

  Sicherstellung der Durchgängigkeit der Schutzleiterverbindung (der Schutzleiter muss gemeinsam mit den aktiven Leitern zur Steckdose verlegt werden).

* *Überstromschutz*

  Alle ungeerdeten aktiven Leiter müssen bei Überstrom geschützt sein (der Neutralleiter ist im TN- und TT-System ein geerdeter Leiter und braucht bei Überstrom deshalb nicht geschützt zu werden).

* *Netztrenneinrichtung*

  Sollen Steckdosen für Zubehör nicht durch die Netztrenneinrichtung der Maschine von der Stromversorgung getrennt werden, ist eine eigene Netztrenneinrichtung für „ausgenommene Stromkreise" vorzusehen (siehe Abschnitt 5.3.5).

* *Fehlerschutz*

  Beim Fehlerschutz „Schutz durch automatische Abschaltung" müssen die Abschaltzeiten in Abhängigkeit von der Bemessungsspannung U_0 und dem System nach Art der Erdverbindungen erreicht werden (bei AC 230 V im TN-System = 0,4 s und im TT-System = 0,2 s).

* *Zusätzlicher Schutz*

  Steckdosen mit einem Bemessungsstrom von ≤ 20 A müssen zusätzlich mit einer Fehlerstromschutzeinrichtung (RCD) mit einem Differenzfehlerstrom von $I_{\Delta n}$ ≤ 30 mA versehen werden.

Frage aus Anhang B beantworten

Werden Steckdosen für Zubehör-Betriebsmittel verwendet, bei denen im Fehlerfall ein Gleichfehlerstrom und/oder Fehlerströme bis 2 kHz auftreten können, sollte eine Fehlerstromschutzeinrichtung (RCD) vom Typ B oder B+ (bis 20 kHz) verwendet werden.
Die Festlegung sollte im Rahmen der Beantwortung der Frage 11a) getroffen werden.

15.2 Arbeitsplatzbeleuchtung an der Maschine und deren Ausrüstung

Die lichttechnische Ausgestaltung des Arbeitsplatzes an einer Maschine ist nicht Gegenstand der DIN EN 60204-1 (**VDE 0113-1**). Hierzu siehe DIN EN 12464-1 [114] Beleuchtung von Arbeitsstätten.

DIN EN 60204-1 (**VDE 0113-1**) behandelt nur Anforderungen an die Versorgung der elektrischen Beleuchtung. Mit Arbeitsplatzbeleuchtung ist das gesamte Umfeld der Maschine gemeint. Die Arbeitsplatzbeleuchtung kann auch die Beleuchtung des Raumes, in dem die Maschine aufgestellt ist, übernehmen.

15.2.1 Allgemeines

EIN/AUS-Schalter in der Lampenfassung oder der Anschlussleitung, wie sie vielleicht im Haushalt ausreichend sind, sind für Maschinen auch bei kleinen Leuchten nicht zugelassen.

Stroboskopischen Effekt vermeiden

Als stroboskopischer Effekt wird ein Phänomen bezeichnet, bei dem eine Bewegung scheinbar verlangsamt oder umgekehrt abläuft. Ein stroboskopischer Effekt kann dazu führen, dass Drehungen bzw. eine Drehrichtung von rotierenden Teilen falsch eingeschätzt wird.

Gefährlich ist dieser Effekt bei Arbeiten an Maschinen mit sich bewegenden Teilen, wenn die Beleuchtung flimmern kann. Flimmern kann z. B. bei Leuchtstofflampen auftreten. Bei diesem Leuchtmittel flackert der Lichtstrom im doppelten Rhythmus der Netzfrequenz.

Zur Vermeidung von Unfallgefahren durch einen stroboskopischen Effekt sollten Leuchtmittel verwendet werden, die nicht flackern, wie z. B. LED-Leuchtmittel.

EMV auch bei Lampen

Werden z. B. Leuchtstofflampen mit einem Starter in Schaltschränken als Schaltschrankbeleuchtung eingesetzt, muss darauf geachtet werden, dass die Störausstrahlung solcher Lampen niedriger ist als der erlaubte Wert für Wohngebiete oder Industriegebiete, je nach Einsatzort der Maschine.

Es ist darauf zu achten, dass in elektrischen Betriebsstätten oder Schaltschränken eingebaute Leuchtmittel die max. zulässigen elektromagnetischen Störausstrahlungen der erlaubten Werte für Wohngebiete oder Industriegebiete, je nach Einsatzort der Maschine, nicht überschreiten. Dies ist bei Leuchtstofflampen auf kurzen Entfernungen (innerhalb von Schaltschränken) kritischer als bei einer Raumbeleuchtung.

15.2.2 Stromversorgung

Wegen der mechanischen Beschädigungsgefahr für Lampen an Maschinen und somit wegen einer möglichen elektrischen Gefährdung des Bedienpersonals, insbesondere, wenn dieses in der Nähe von sprühender oder spritzender Kühlflüssigkeit eingesetzt wird, wird empfohlen, die Nennspannung der Arbeitsplatzbeleuchtung zwischen den Leitern auf 50 V zu begrenzen.

Höhere Spannungen sind auf max. 250 V zwischen den Leitern zu beschränken. Ausgenommen hiervon und von den folgenden Anforderungen dieses Abschnitts sind fest installierte Beleuchtungen, z. B. an Großmaschinen, oder Hallenbeleuchtungen, wenn diese Leuchten im üblichen Betrieb nicht zu erreichen sind.

Anforderungen an die Stromversorgung für Beleuchtungseinrichtungen sind abhängig von der Art der Stromversorgung. Alle Varianten müssen immer mit einer Überstromschutzeinrichtung ausgerüstet sein. Folgende Stromquellen sind möglich:

Methode 1: Trenntransformator nach Netztrenneinrichtung

Der Beleuchtungsstromkreis kann innerhalb der elektrischen Ausrüstung der Maschine über einen Trenntransformator entsprechend DIN EN 61558-1 (**VDE 0570-1**) [53] versorgt werden. Trenntransformatoren sind mit einem der folgenden Symbole auf dem Typenschild gekennzeichnet, siehe **Bild 15.3**:

Bild 15.3 Symbole für Trenntransformatoren

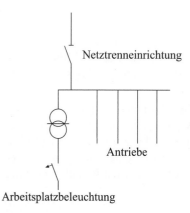

Netztrenneinrichtung

Antriebe

Arbeitsplatzbeleuchtung

Bild 15.4 Versorgung mit Trenntransformator

Der Überstromschutz muss auf der Sekundärseite des Transformators angeordnet sein, siehe **Bild 15.4**

Methode 2: Trenntransformator vor der Netztrenneinrichtung

Wird die Stromversorgung für Beleuchtungsstromkreise vor der Netztrenneinrichtung der Maschine angeschlossen, muss sie über einen Trenntransformator versorgt werden.

Eine solche Stromversorgung ist nur für Beleuchtungsstromkreise zugelassen, die für Instandsetzungsarbeiten in Schaltschränken benötigt werden, siehe **Bild 15.5**.

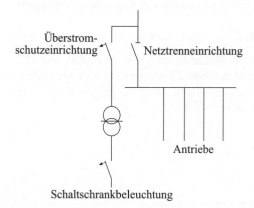

Überstrom-
schutzeinrichtung

Netztrenneinrichtung

Antriebe

Schaltschrankbeleuchtung

Bild 15.5 Versorgung mit Trenntransformator vor der Netztrenneinrichtung

Natürlich muss vor dem Trenntransformator eine Überstromschutzeinrichtung vorgesehen werden. Diese Überstromschutzeinrichtung muss den möglichen Kurzschlussstrom der Stromversorgung schalten können.

Da diese Stromkreise nicht von der Netztrenneinrichtung abgeschaltet werden, gelten sie als „ausgenommene Stromkreise". Die Leiter müssen in diesem Fall in der Farbe ORANGE ausgeführt sein.

Auf der Sekundärseite des Transformators ist ein Überstromschutz erforderlich, siehe Bild 15.3.

Methode 3: Versorgung von der elektrischen Ausrüstung der Maschine

Werden die Beleuchtungsstromkreise von der elektrischen Ausrüstung der Maschine versorgt, müssen sie über eine eigene Überstromschutzeinrichtung verfügen. In solchen Fällen dürfen die Beleuchtungsstromkreise ohne einen Trenntransformator versorgt werden, siehe **Bild 15.6**.

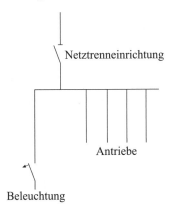

Bild 15.6 Versorgung von der elektrischen Ausrüstung der Maschine

Methode 4: Beleuchtungsstromkreise mit eigener Netztrenneinrichtung

Beleuchtungsstromkreise können auch mittels einer eigenen Trenneinrichtung über einen Trenntransformator versorgt werden.

Bei dieser Art der Stromversorgung sind die Beleuchtungsstromkreise „ausgenommene Stromkreise". Die Leiter müssen in diesem Fall in der Farbe ORANGE ausgeführt sein.

Eine Überstromschutzeinrichtung muss sowohl auf der Primärseite als auch auf der Sekundärseite des Transformators angeordnet werden. Die Überstromschutzeinrichtung auf der Primärseite muss den möglichen Kurzschlussstrom der Stromversorgung schalten können.

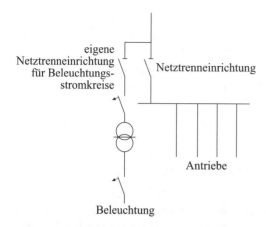

eigene
Netztrenneinrichtung
für Beleuchtungs-
stromkreise

Netztrenneinrichtung

Antriebe

Beleuchtung

Bild 15.7 Versorgung über eine eigene Netztrenneinrichtung

Methode 5: Beleuchtungsstromkreise werden von der Gebäudeinstallation versorgt

Wird die Beleuchtung an oder in einer Maschine von der Gebäudeinstallation versorgt, also unabhängig von der elektrischen Ausrüstung der Maschine, so dürfen mit dieser Stromversorgung nur Beleuchtungen versorgt werden, die in Schaltschränke eingebaut sind oder den Arbeitsplatz des Bedieners beleuchten, vorausgesetzt, die Bemessungsleistung der Beleuchtung ist auf 3 kW begrenzt.

Es besteht die Gefahr, dass die Beleuchtung von anderen als an der Maschine arbeitenden Bedienern ausgeschaltet werden kann. Der Wert von max. 3 kW steht hier stellvertretend für den Begriff „kleine Maschine". Man unterstellt dabei, dass der Bediener in diesem Fall sein Umfeld überblicken kann und das mögliche Risiko bei Ausfall der örtlichen Beleuchtung genügend gering ist.

Methode 6: Versorgung von LED-Beleuchtung mit eigenem Trenntransformator

LED-Lampen dürfen von einem Sicherheitstransformator versorgt werden, wenn dieser der DIN EN 61558-2-6 (**VDE 0570-2-6**) [60] entspricht. Trenntransformatoren sind mit einem der folgenden Symbole auf dem Typenschild gekennzeichnet, siehe **Bild 15.8**.

Ausnahme:

Die Anforderungen an die Stromversorgung für Beleuchtungseinrichtungen an Maschinen gelten nicht für fest errichtete Beleuchtungseinrichtungen, die während der Bedienung der Maschine bei üblichem Betrieb nicht erreichbar sind.

Bild 15.8 Symbole für Sicherheitstransformatoren

15.2.3 Fehlerschutz

Bei Beleuchtungsstromkreisen von Maschinen müssen die nicht geerdeten aktiven Leiter mit einer Überstromschutzeinrichtung geschützt werden.

Beim Fehlerschutz „Schutz durch automatische Abschaltung" müssen die Abschaltzeiten in Abhängigkeit von der Bemessungsspannung U_0 und dem System nach Art der Erdverbindungen erreicht werden (bei AC 230 V im TN-System = 0,4 s und im TT-System = 0,2 s).

15.2.4 Befestigungen

Alle Beleuchtungseinrichtungen an einer Maschine müssen folgende Anforderungen erfüllen:

- Verstellbare Leuchten müssen für die physikalischen Bedingungen geeignet sein. Insbesondere das Auftreten von Flüssigkeiten und Staub sowie Spänen darf die Funktionsfähigkeiten nicht beeinträchtigen. Auch ein mögliches Anstoßen darf die Mechanik nicht beeinträchtigen oder beschädigen.
- Lampenfassungen müssen einer zutreffenden DIN-VDE-Norm entsprechen.
- Lampensockel müssen aus Kunststoff bestehen und ein unbeabsichtigtes Berühren von aktiven Teilen darf nicht möglich sein (IP**XXB** = fingersicher).
- Reflektoren müssen eigenständig in der Leuchte befestigt sein. Sie dürfen z. B. nicht mithilfe der Lampenfassung befestigt sein.

16 Kennzeichnung, Warnschilder und Referenzkennzeichen

16.1 Allgemeines

Material, Befestigung und Beschaffenheit von Kennzeichnungen, wie Warnschilder, Firmenschilder, Referenzkennzeichen, Etiketten und Typenschilder, müssen entsprechend den zu erwartenden Umwelteinflüssen dauerhaft sein. Als dauerhaft gelten Industrieprodukte, die nicht dem Verschleiß durch bestimmungsgemäße Verwendung unterliegen, bei einer prospektierten Lebensdauer von mehr als 20 Jahren.

Klebetechnik

Beim Einsatz von geklebten Kennzeichnungen müssen Untergrund und Kleber zusammenpassen. Insbesondere eine dauernde Belastung, z. B. durch Sonneneinstrahlung (Temperatur, UV-Strahlen) oder Flüssigkeiten, muss beachtet werden. Manche Betriebsmittel und somit auch die Klebestellen können hohe Betriebstemperaturen annehmen. Auch dies ist bei der Auswahl des Materials und der Befestigungsart der Kennzeichnung zu beachten.

Keine Kennzeichnung durch Farbe

Ausschließlich mit Farbe aufgetragene Kennzeichnungen, Warnschilder oder Referenzkennzeichen können nicht als dauerhaft angesehen werden, da sie bei Renovierungsarbeiten leicht überstrichen werden können.

Relief-gefräste Kennzeichnung

Zur Kennzeichnung von Betriebsmitteln, die im Außenbereich eingesetzt werden, insbesondere in rauer Umgebung, sollten relief-gefräste Etiketten verwendet werden.

16.2 Warnschilder

Dokumentation gemäß Abschnitt 17 erstellen

Jedes an einer Maschine angebrachte Warnschild sollte in der Gebrauchsanleitung im Einzelnen erläutert werden.

16.2.1 Gefährdung durch elektrischen Schlag

Wenn nicht erkennbar ist, dass ein Gehäuse elektrische Betriebsmittel enthält, muss hierauf durch das Kennzeichen DIN EN ISO 7010 – W012, siehe **Bild 16.1**, hingewiesen werden, um vor eventuellen Gefahren durch elektrischen Schlag zu warnen. Dies ist nicht erforderlich, wenn durch andere Hinweise oder typische Elemente bereits erkennbar ist, dass sich im Gehäuse elektrische Betriebsmittel befinden, von denen beim Öffnen des Gehäuses die Gefahr eines elektrischen Schlags ausgeht.

Bild 16.1 Symbol DIN EN ISO 7010 – W012

Doch wann ist zu erkennen, dass in einem Gehäuse elektrische Betriebsmittel eingebaut sind? Folgende Beispiele sollen dies vermitteln:

- wenn in einem Gehäuse ein Schalter eingebaut ist und dessen Betätigungseinrichtung außerhalb des Gehäuses angeordnet ist (z. B. Netztrenneinrichtung),
- wenn in ein Gehäuse sichtbar Leitungen eingeführt sind, handelt es sich immer um ein Gehäuse mit elektrischen Betriebsmitteln (z. B. Klemmenkasten, Endschalter),
- wenn ein Gehäuse Leuchtanzeigen, Schalter, Taster usw. enthält (Mensch-Maschine-Schnittstelle).

Ohne Werkzeug zu öffnen

Gehäuse, die elektrische Betriebsmittel enthalten und die ohne Verwendung eines Werkzeugs geöffnet werden können, müssen grundsätzlich auf der Tür gekennzeichnet sein.

Zugang nur bei abgeschalteter Stromversorgung

Ausgenommen hiervon sind solche Gehäuse, die entsprechend Abschnitt 6.2.2b der DIN EN 60204-1 (**VDE 0113-1**) ausgeführt sind, d. h., die Tür ist elektromechanisch so verriegelt, dass sie sich nur öffnen lässt, wenn die Spannung vorher ausgeschaltet wurde.

Elektrische Betriebsstätten

Grundsätzlich sollten Türen zu elektrischen Betriebsstätten gekennzeichnet sein, siehe DIN VDE 0100-731. Schaltschränke innerhalb der elektrischen Betriebsstätte brauchen dann nicht mehr einzeln mit Warnschildern gekennzeichnet zu werden.

Zusatzinformation bei Hochspannungsanlagen

Sind in einer elektrischen Betriebsstätte Einrichtungen mit unterschiedlichem Spannungsniveau enthalten, z. B. eine Niederspannungsschaltanlage und eine Hochspannungsschaltanlage, so ist hier eine eindeutige Kennzeichnung der einzelnen Abschnitte der Installation oder der einzelnen Gehäuse erforderlich.

An Gehäusen, in denen elektrische Einrichtungen mit Hochspannung untergebracht sind, muss neben dem grafischen Symbol DIN EN ISO 7010 – W012 zusätzlich ein Warnschild mit dem Warnhinweis angebracht werden, dass in dem Gehäuse Teile enthalten sind, die mit Hochspannung versorgt werden, siehe **Bild 16.2**.

Bild 16.2 Kombiniertes Warnschild mit Symbol und Warnhinweis

Warnung vor Restspannung

Bei Gehäusen, in denen Kondensatoren untergebracht sind, wie z. B. bei Umrichterzwischenkreisen oder Kompensationsanlagen, stehen aktive Teile trotz Abschaltung der Stromversorgung noch für eine gewisse Zeit unter einer gefährlichen Berührungsspannung. An solchen Gehäusen ist neben dem grafischen Symbol DIN EN ISO 7010 – W012 ein Warnhinweis anzubringen, wie lange es dauert, bis die Spannung unter 60 V abgeklungen ist, siehe **Bild 16.3**.

413

Bild 16.3 Kombiniertes Warnschild mit Symbol und Warnhinweis auf Restspannung

16.2.2 Gefährdung durch heiße Oberflächen

In diesem Abschnitt geht es primär um den Personenschutz vor den Risiken einer hohen Temperatur (Hautverbrennungen), ergänzend zu dem, was in Abschnitt 7.4 und 11.2.3 bereits allgemein zu diesem Thema gesagt wurde.

Verschiedene elektrische Betriebsmittel können – und dürfen auch – erhebliche Temperaturen annehmen, z. B. Widerstandsgeräte bis 200 K. Solche Temperaturen stellen ein beträchtliches Risiko dar.

Risikobeurteilung notwendig

Die Entscheidung, ob ein Warnschild erforderlich ist, ist mithilfe einer Risikobeurteilung zu beurteilen. Konkrete Temperaturgrenzen sind für die Anbringung von Warnschildern nicht angegeben. Bei der Risikobewertung spielt sicher auch eine Rolle, ob Überraschungseffekte und Schreckreaktionen das Unfallrisiko erhöhen können.

Eine Bewertung der Risiken durch menschliche Reaktionen bei Kontakt mit heißen Oberflächen kann mithilfe der DIN EN ISO 13732-1 [115] durchgeführt werden.

Eventuell sind Abschrankungen oder Abdeckungen für Teile mit hohen Temperaturen erforderlich, ohne die Kühlluftzufuhr zu behindern.

Dokumentation gemäß Abschnitt 17 erstellen

In die Gebrauchsanleitung sind Warnhinweise aufzunehmen, die auf Teile oder Geräte mit hohen Temperaturen hinweisen.

DIN VDE 0100-420 [116] enthält folgende Angaben über Temperaturgrenzen für Oberflächen elektrischer Betriebsmittel im Handbereich zum Schutz gegen Verbrennungen:

Im Handbereich zugängliche Teile elektrischer Betriebsmittel dürfen keine Temperaturen erreichen, die bei Personen Verbrennungen verursachen können. Sie müssen die angegebenen Temperaturgrenzwerte nach Tabelle 42.1 (entspricht **Tabelle 16.1** dieses Buchs) *einhalten.*

Alle Teile der Anlage, die im normalen Betrieb, wenn auch nur für kurze Zeit, die in Tabelle 42.1 (entspricht Tabelle 16.1 dieses Buchs) *aufgeführten Temperaturen überschreiten können, müssen gegen zufälliges Berühren gesichert sein.*

Zugängliche Teile	Material der zugänglichen Oberflächen	Maximale Temperatur in °C
beim Betrieb in der Hand gehaltene Teile	metallisch	55
	nicht metallisch	65
Teile, die berührt werden müssen, aber nicht in der Hand gehalten werden	metallisch	70
	nicht metallisch	80
Teile, die bei normalem Betrieb nicht berührt zu werden brauchen	metallisch	80
	nicht metallisch	90

Tabelle 16.1 Temperaturgrenzen für berührbare Teile von Oberflächen elektrischer Betriebsmittel im Handbereich bei bestimmungsgemäßem Betrieb

DIN VDE 0100-420 legt nicht fest, wie der Schutz gegen zufälliges Berühren beschaffen sein muss (Abdeckung oder Warnschild). Es lässt sich jedoch ableiten, dass bei einer betriebsmäßigen Oberflächentemperatur von über 70 °C bis 80 °C mit dem Symbol DIN EN ISO 7010 – W012 gewarnt werden sollte, siehe **Bild 16.4**.

Bild 16.4 Symbol DIN EN ISO 7010 – W012

16.3 Funktionskennzeichen

An Befehls- und Meldegeräten muss deren Funktion bzw. Informationsgehalt erkennbar sein. Die einfachste Methode stellt die Verwendung von Piktogrammen entsprechend IEC 60417 oder ISO 7000 dar. Piktogramme, siehe **Bild 16.7**, sind multisprachliche Informationen und vermeiden bei europäischen Projekten die Übersetzung von Texten in die jeweilige Landessprache.

Frage aus Anhang B beantworten

Grundsätzlich sollten die zu verwendenden Funktionskennzeichen zwischen Hersteller und Betreiber (oder Auftraggeber) im Rahmen der Beantwortung der Frage 12a) festgelegt werden.

Die Abstimmung kann notwendig sein, um sich an eine bestimmte Werksnorm anzupassen bzw. um innerhalb eines Betriebs Einheitlichkeit herzustellen. Hier handelt es sich auch um einen der Punkte, bei denen die Forderung des Betreibers eine hohe Sicherheitsrelevanz haben kann. Im Zweifel sollte allerdings den genormten Zeichen der Vorzug gegeben werden.

Dokumentation gemäß Abschnitt 17 erstellen

Alle verwendeten Funktionskennzeichen müssen in der Gebrauchsanleitung erklärt werden.

Die Norm lässt offen, ob das Funktionskennzeichen auf dem Bedienelement, siehe **Bild 16.5**, oder daneben platziert wird, siehe **Bild 16.6**. Diese Wahlmöglichkeit erlaubt z. B. Standardgeräte zu verwenden und die spezifische Kennzeichnung durch eigenständige Produkte zu ergänzen.

Bild 16.5 Funktionskennzeichen auf dem Bedienelement (Siemens AG)

Bild 16.6 Funktionskennzeichen neben dem Bedienelement (Siemens AG)

Beleuchtung	Batterie	Horn	Pause	Ventilator
	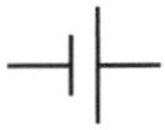	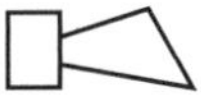		

Bild 16.7 Beispiele von Kennzeichen (IEC 60417)

16.4 Kennzeichnung von Gehäusen der elektrischen Ausrüstung

Für die elektrische Ausrüstung muss ein Typenschild am Gehäuse in der Nähe der Einspeisung (z. B. Netztrenneinrichtung) angebracht sein, auf dem die in der Norm genannten Daten angegeben sein müssen. Die Formulierung „... *am Gehäuse* ..." bedeutet nicht zwangsläufig, dass dieses Typenschild von außen sichtbar sein muss. Es kann auch im Inneren des Gehäuses des Schaltschranks platziert werden.

Für den Elektroinstallateur

Angaben zur Stromversorgung sollen dem Elektroinstallateur am Aufstellungsort ermöglichen, zu überprüfen, ob die ordnungsgemäße Funktion der elektrischen Ausrüstung auch im Fehlerfall sichergestellt ist (z. B. bei Überstrom).

417

Mehrfacheinspeisung

Bei kleinen Maschinen dürfen die erforderlichen elektrischen Informationen auch in das Typenschild der Maschine integriert sein. Bei großen maschinellen Anlagen, die z. B. mehrere Einspeisungen haben, sollten diese Angaben in der Nähe jeder Einspeisung vorhanden sein. Die Angaben für die Volllastströme und die Kurzschlussauslegung, eventuell auch für die Spannungen, können unterschiedlich sein.

Beim Volllaststrom Gleichzeitigkeitsfaktor berücksichtigen

Bei der Angabe des Volllaststroms der gesamten Maschine muss nicht die Summe der Leistung aller installierten Motoren herangezogen werden. Häufig sind Motoren wegen der Leistungsabstufung höher dimensioniert als auf die tatsächlich benötigte Leistung. In größeren maschinellen Anlagen werden oft auch einzelne Motoren bewusst überdimensioniert, um die Typenvielfalt bei der Ersatzteilhaltung zu reduzieren. In solchen Anlagen sind außerdem nicht immer alle Motoren gleichzeitig in Betrieb, manche Antriebe können sich sogar gegenseitig ausschließen. Benötigt wird die Angabe des Volllaststroms aber für die richtige Bemessung der Anschlussleitung an die Maschine. Für die Ermittlung des tatsächlichen Volllaststroms im ungestörten Betrieb darf also ähnlich wie bei der Bemessung der Netztrenneinrichtung ein praxisgerechter Auslastungsfaktor bzw. Gleichzeitigkeitsfaktor angesetzt werden.

CE-konform

Wird auf diesem Typenschild auch ein CE-Kennzeichen angebracht, so wird bestätigt, dass die elektrische Ausrüstung mit der Niederspannungsrichtlinie (2014/35/EU) und eventuell auch mit weiteren EU-Richtlinien konform ist. Die Konformität mit der Maschinenrichtlinie erfolgt durch das sichtbare Anbringen des CE-Kennzeichens an der Maschine durch den gesamtverantwortlichen Lieferanten der Maschine.

Hauptdokumentation

Durch die Angabe der Nummer der Hauptdokumentation auf dem Typenschild soll ein direkter Bezug zur zugehörigen Dokumentation hergestellt werden.

Zusammenfassung

Ein Typenschild der elektrischen Ausrüstung einer Maschine muss folgende (Mindest-)Angaben enthalten, siehe **Tabelle 16.2**:

Angaben auf dem Typenschild	
Name oder Firmenlogo	Lieferant der Maschine
Zulassungszeichen	bei Sondermaschinen
Typenbezeichnung oder Modell	wenn anwendbar
Seriennummer	wenn anwendbar
Nummer der Hauptdokumentation	
Nennspannung	
Anzahl der Außenleiter	
Frequenz	
Volllaststrom	für jede Einspeisung

Tabelle 16.2 Zusammenfassung der Angaben auf einem Typenschild der elektrischen Ausrüstung

16.5   Referenzkennzeichen

Alle Gehäuse, Steuergeräte und Komponenten müssen mit ihren Referenzkennzeichen gekennzeichnet werden. Dies bedeutet, dass nicht nur die elektrotechnischen Komponenten gemeint sind, die im „Außenbereich" an der Maschine angebracht werden, wie Motoren, Sensoren oder Steuerstellen, sondern auch alle weiteren elektrotechnischen Komponenten, die in den Gehäusen oder Schaltschränken eingebaut sind.

Ziel der Kennzeichnung

Die Kennzeichnung von elektrotechnischen Komponenten hat das Ziel, eine Beziehung zwischen den Dokumentationen, wie Stromlaufpläne, Strukturpläne, Übersichtspläne usw., zu unterstützen. Referenzkennzeichen erleichtern die Identifizierung von Geräten, Baugruppen und Anlagenteilen der elektrischen Ausrüstung.

Vorzeichen ist wichtig

Beim Referenzkennzeichnungssystem wird zur Unterscheidung der Dokumente ein Vorzeichen verwendet. Damit erkennbar wird, welche Informationen das nachfolgende Kennzeichen enthält, wird dem alphanumerischen Code ein Vorzeichen $(=, +, -)$ vorangestellt. Dieses Vorzeichen enthält die Information, ob es sich um ein Anlagenkennzeichen, Ortskennzeichen oder Betriebsmittelkennzeichen handelt, siehe **Tabelle 16.3** und Regel 7 in Tabelle 16.5.

Vorzeichen	Bedeutung
=	Anlagenkennzeichen
+	Ortskennzeichen
−	Betriebsmittelkennzeichen

Tabelle 16.3 Vorzeichen für Kennzeichen

Das Referenzkennzeichen einer Komponente ist so etwas wie der Schlüssel zum Auffinden von Informationen zu dieser Komponente in den zahlreichen unterschiedlichen Dokumenten.

Die Prinzipien sind allgemeingültig und auf vielen technischen Gebieten anwendbar. Dies betrifft z. B. den Maschinenbau/Verfahrenstechnik, die Elektrotechnik oder das Bauwesen. Zu Beispielen der konkreten Anwendung in elektrotechnischen Anlagen siehe **Tabelle 16.4.**

Komponenten Beispiel	Referenzkennzeichen-Satz Aspekt			Referenzkennzeichen-Satz in abgekürzter Form nach Regel 28		
	Funktion	Ort	Produkt	Funktion	Ort	Produkt
Sensor	=G1=W1	+X1+U1	−U1−B1	=G1W1	+X1U1	−U1B1
Sammelschiene	=G1=W1	+X1+U2	−U2−W1	=G1W1−U2W1	+X1U2	−U2W1
Hauptschalter	=V1=W2=Q1	+X1+U2	−Q1	=V1W2Q1	+X1U2	−Q1
Sicherung	=V1=W2=Q1	+X1+U2	−F1	=V1W2Q1	+X1U2	−F1
Schütz	=V1=W2=Q1	+X1+U2+7	−Q2	=V1W2Q1	+X1U2+7	−Q2
Überstromschutz	=V1=W2=Q1	+X1+U2	−F2	=V1W2Q1	+X1U2	−F2

Tabelle 16.4 Beispiele für die Festlegung von Referenzkennzeichnungen

Format von Referenzkennzeichen

Der Zweck eines Referenzkennzeichens ist die eindeutige unverwechselbare Kennzeichnung von Objekten. Objekte können Geräte, Komponenten, zusammengebaute Einheiten, Anlagenteile oder komplette Anlagen sein. Zur Entwicklung von strukturierten Referenzkennzeichen enthält DIN EN 81346-1 [117] 38 Regeln, siehe **Tabelle 16.5.** Diese umfangreichen Regeln beschreiben den Aufbau nach Aspekten, Kennzeichen, Klassifizierung sowie Darstellung. Werden diese Regeln beachtet, können andere Personen, die nicht an der Projektierung beteiligt waren, die Dokumentation problemlos verstehen und nutzen.

Regel	Auszug aus der DIN EN 81346-1	Erläuterungen
Regel 1	*Die Strukturierung eines technischen Systems muss auf Grundlage einer Bestandteil-von-Beziehung unter Anwendung des Konzepts der Aspekte von Objekten erfolgen.*	Hauptaspekte, wie z. B. der Funktions-, Produkt- und Ortsaspekt, sind vorzugsweise zur Strukturierung anzuwenden. Andere Aspekte dürfen ebenfalls angewendet werden. Sie haben eine Filterfunktion.
Regel 2	*Die Strukturen müssen schrittweise gebildet werden, entweder nach der Methode von oben nach unten oder von unten nach oben.*	Dies beinhaltet die Reihenfolge der Festlegung vom Objekt zum Aspekt oder umgekehrt.
Regel 3	*Die Anwendung von anderen Aspekten als den Hauptaspekten muss in begleitender Dokumentation beschrieben sein.*	In der Regel für eine Elektrodokumentation nicht erforderlich.
Regel 4	*Jedem Objekt, das ein Bestandteil ist, muss ein Einzelebenen-Referenzkennzeichen zugewiesen werden, welches eindeutig ist im Hinblick auf das Objekt, von dem es Bestandteil ist.*	Bestandteil ist ein Bestandteilobjekt, dessen Bezug zum Objekt z. B. in einer Baumstruktur darstellbar ist.
Regel 5	*Dem durch den obersten Knoten repräsentierten Objekt darf kein Einzelebenen-Referenzkennzeichen zugewiesen werden.*	Das Objekt (z. B. das Gebäude, die Anlage oder Maschine) wird typischerweise durch Teilenummer, Bestellnummer, Typnummer, einen Namen identifiziert.
Regel 6	*Ein einem Objekt zugewiesenes Einzelebenen-Referenzkennzeichen muss aus einem Vorzeichen bestehen, gefolgt entweder von* • *Kennbuchstaben oder* • *Kennbuchstaben, gefolgt von einer Nummer, oder* • *einer Nummer*	Diese Definition unterstützt eine schnelle Lesbarkeit und eine Nutzung (z. B. Filterung) in Softwareanwendungen.
Regel 7	*Die in einem Referenzkennzeichen zur Angabe des Aspekttyps angewendeten Vorzeichen müssen sein:* = *im Zusammenhang mit dem Funktionsaspekt des Objekts;* − *im Zusammenhang mit dem Produktaspekt des Objekts;* + *im Zusammenhang mit dem Ortsaspekt des Objekts;* # *im Zusammenhang mit anderen Aspekten des Objekts*	Die Vorzeichen beschreiben den Aspekt als Kurzkennzeichen, sie sind auch Trennzeichen bei der Bildung eines alphanumerischen Referenzkennzeichens.
Regel 8	*Für Computer-Implementierungen müssen die Vorzeichen aus dem G0-Satz von ISO/IEC 60646 oder entsprechenden internationalen Normen gewählt werden.*	siehe Bemerkung zu Regel 8 Diese Regel ist durch Regel 7 umgesetzt.

Tabelle 16.5 Erklärung der 38 Regeln zur Bildung eines Referenzkennzeichens

Regel	Auszug aus der DIN EN 81346-1	Erläuterungen
Regel 9	*Werden sowohl Kennbuchstaben als auch Nummern angewendet, muss die Nummer den Kennbuchstaben folgen. In diesem Fall muss die Nummer zwischen Objekten unterscheiden, die Bestandteil desselben Objekts sind und dieselben Kennbuchstaben haben.*	Dieser Festlegung liegen die Anwendungen von Kennbuchstaben (z. B. für die Objektklasse Schütz) sowie von Nummern als Zählindex (z. B. Schütz Nr. 10 des Objekts) zu Grunde.
Regel 10	*Nummern selbst oder in Kombination mit Kennbuchstaben sollten keine aussagekräftige Bedeutung haben. Falls Nummern eine aussagekräftige Bedeutung haben, muss dies im Dokument oder in begleitender Dokumentation erläutert sein.*	Siehe auch Bemerkung zu Regel 9, da Nummern typischerweise als Zählindex verwendet werden. Wenn in der Praxis eine Bedeutung in Nummern enthalten ist (z. B. 145 entspricht immer einem bestimmten Ventil), ist dies verständlich zu erläutern. Sonst sind solche Definitionen häufig nur „Insiderwissen" von Herstellern und für den Anwender nicht verständlich.
Regel 11	*Nummern dürfen führende Nullen haben. Führende Nullen sollten keine aussagekräftige Bedeutung haben. Falls führende Nullen eine aussagekräftige Bedeutung haben, muss dies im Dokument oder in begleitender Dokumentation erläutert sein.*	siehe Bemerkung zu Regel 11
Regel 12	*Mehrebenen-Referenzkennzeichen müssen durch Verkettung der Einzelebenen-Referenzkennzeichen der Objekte, die im Pfad vom obersten Knoten bis hinunter zum betrachteten Objekt repräsentiert sind, gebildet werden.*	Diese Kennzeichen können für sehr komplexe Strukturen genutzt werden. Vor der Anwendung sollten die genutzten CAE-Systeme (z. B. für Stromlaufplanerstellung, Stücklistenerstellung, Zeichnungsverwaltung) auf die Nutzungsmöglichkeit von Mehrebenen-Kennzeichen geprüft werden.
Regel 13	*Ein Einzelebenen-Referenzkennzeichen darf aus Kennbuchstaben bestehen, welche:* • *die Klasse des Objekts angeben oder* • *das Objekt angeben (beispielsweise durch eine Kurzbezeichnung oder eine Kennung, wie die Anwendung des Länderschlüssels zur Kennzeichnung eines Ortes, der ein Land ist).*	Konkrete Objektklassen mit Kennbuchstaben werden in Teil 2 der Normenreihe beschrieben.

Tabelle 16.5 (*Fortsetzung*) Erklärung der 38 Regeln zur Bildung eines Referenzkennzeichens

Regel	Auszug aus der DIN EN 81346-1	Erläuterungen
Regel 14	*Als Kennbuchstaben müssen lateinische Groß-buchstaben A bis Z (nationale Sonderzeichen sind ausgeschlossen) angewendet werden. Die Buchstaben I und O dürfen nicht angewendet werden, wenn eine Verwechslungsgefahr mit den Ziffern 1 (Eins) und 0 (Null) besteht.*	Diese Festlegung unterstützt die eindeutige und schnelle Lesbarkeit. So kann an der Anlage unter schwierigen Beleuchtungsverhältnissen beim Erfassen eines Kennzeichens bei der Fehlersuche oder Wartung viel Zeit gespart werden.
Regel 15	*Für Kennbuchstaben, welche die Klasse eines Objekts angeben, gilt das Folgende:* • *Kennbuchstaben müssen das Objekt basierend auf einem Klassenschema klassifizieren.* • *Kennbuchstaben dürfen aus einer beliebigen Anzahl von Buchstaben bestehen. Bestehen Kennbuchstaben aus mehreren Buchstaben, muss der zweite (dritte usw.) Buchstabe eine Unterklasse derjenigen Klasse angeben, die durch den ersten (zweiten usw.) Buchstaben angegeben ist.* • *Kennbuchstaben zur Angabe der Klasse von Objekten sollten aus einem Klassenschema nach DIN IEC 81346-2 [118] gewählt werden.*	siehe Bemerkung zu Regel 13
Regel 16	*Sind auf ein System zusätzliche Sichten in einem Aspekttyp erforderlich, müssen die Kennzeichen der Objekte in diesen Sichten durch Verdopplung (Verdreifachung usw.) des als Vorzeichen verwendeten Schriftzeichens gebildet werden. Die Bedeutung und die Anwendung der zusätzlichen Sichten müssen in begleitender Dokumentation erläutert werden.*	Hierzu sollte vor einer Nutzung Anhang F der Norm bewertet werden. Vor der Anwendung sollten die genutzten CAE-Systeme (z. B. für Stromlaufplanerstellung, Stücklistenerstellung, Zeichnungsverwaltung) auf die Nutzungsmöglichkeit einer Kennzeichenvervielfachung (z. B. ==, +++, usw.) geprüft werden.
Regel 17	*Jedes Referenzkennzeichen in einem Referenzkennzeichen-Satz muss eindeutig von den anderen abgetrennt sein.*	siehe Beispiele in Tabelle H.1 der Norm, Teil 1 =G1=W1–U1–**Q1**+X1+U1 (Schütz 1) oder =G1=W1–U1–**Q2**+X1+U1 (Schütz 2)
Regel 18	*Mindestens ein Referenzkennzeichen in einem Referenzkennzeichen-Satz muss das Objekt unverwechselbar identifizieren.*	Siehe Beispiel Regel 17 mit dem Unterschied in der Zählnummer beim Produktaspekt: –Q1 und –Q2

Tabelle 16.5 (*Fortsetzung*) Erklärung der 38 Regeln zur Bildung eines Referenzkennzeichens

Regel	Auszug aus der DIN EN 81346-1	Erläuterungen
Regel 19	*Ein Referenzkennzeichen, das ein Objekt identifiziert, von dem das betrachtete Objekt ein Bestandteil ist, darf in einem Referenzkennzeichen-Satz enthalten sein. Ein derartiges Referenzkennzeichen sollte mit einem Auslassungszeichen (…) abgeschlossen werden. Das Auslassungszeichen darf weggelassen werden, wenn keine Verwechslungsgefahr besteht.*	Eine sehr komplizierte Definition. Hierzu gibt Bild 23 der Norm eine sehr anschauliche Erläuterung. Die Autoren empfehlen, in der Praxis möglichst Strukturen zu definieren, bei denen keine Verwechslungsgefahr besteht und das Auslassungszeichen entfallen kann.
Regel 20	*Die Kennzeichnung für Städte, Ortschaften, Gebietsbezeichnungen usw. sollte so kurz wie möglich gemacht werden.*	Dies sollte für Dokumentationen elektrotechnischer Anlagen nicht relevant sein.
Regel 21	*Die Kennzeichnung von Gebäuden, Stockwerken und Räumen in Gebäuden sollte der Normenreihe ISO 4157 entsprechen.*	Eine Verwendung dieser Kennzeichen sollte vom Anlagenerrichter unbedingt mit dem Endkunden/Auftraggeber abgestimmt werden.
Regel 22	*Gegebenenfalls dürfen UTM-Koordinaten oder andere Kartenkoordinaten-Systeme angewendet werden, um geografische Flächen zu kennzeichnen.*	Dies sollte für Dokumentationen elektrotechnischer Anlagen nicht relevant sein.
Regel 23	*Koordinaten (2D oder 3D) dürfen auch als Grundlage zur Kennzeichnung von Orten in einem Gebäude oder in einer Struktur angewendet werden.* *Wird eine Koordinate zur Kennzeichnung eines Ortes angewendet, muss diese sich auf den Bezugspunkt des Ortes beziehen. Die Koordinate muss in das Format eines Einzelebenen-Referenzkennzeichens konvertiert werden. Die Anwendung des Koordinatensystems und die Regeln zur Konvertierung müssen in begleitender Dokumentation erläutert sein.*	siehe Bemerkungen zu den Regeln 21 und 22
Regel 24	*Die Kennzeichnung von Orten in/an Ausrüstungen (innerhalb oder außerhalb), Baueinheiten usw. sollte vom Hersteller der jeweiligen Ausrüstung oder Baueinheit festgelegt werden.*	Hierzu wird eine Abstimmung zwischen Lieferanten und Kunden empfohlen, um ggf. vorhandene Kundenvorschriften zu berücksichtigen.
Regel 25	*Wird für die Kennzeichnung von Orten, die zu einer Baueinheit gehören, ein Rastersystem angewendet, muss das Rastersystem innerhalb der Baueinheit unverwechselbar identifiziert sein.*	siehe Bemerkungen zu den Regeln 21, 22 und 24

Tabelle 16.5 (*Fortsetzung*) Erklärung der 38 Regeln zur Bildung eines Referenzkennzeichens

Regel	Auszug aus der DIN EN 81346-1	Erläuterungen
Regel 26	*Ein Referenzkennzeichen muss einzeilig dargestellt sein.*	Dies ist bei der Festlegung der Kennzeichenlänge und praktischen Beschriftungssystemen (Abmessungen von Beschriftungsschildern, Schriftgrößen) zu beachten.
Regel 27	*Die Darstellung eines Einzelebenen-Referenzkennzeichens darf nicht getrennt sein.*	siehe Bemerkung zu Regel 26
Regel 28	*Ist das Vorzeichen eines Einzelebenen-Referenzkennzeichens dasselbe wie dasjenige des vorangehenden Einzelebenen-Referenzkennzeichens, dürfen die folgenden gleichermaßen gültigen Darstellungsmethoden angewendet werden:* • *Das Vorzeichen darf durch einen „." (Punkt) ersetzt werden, oder* • *das Vorzeichen darf weggelassen werden, wenn das vorangehende Einzelebenen-Referenzkennzeichen mit einer Nummer endet und das folgende mit Kennbuchstaben beginnt.*	Beispiel: vollständiges Referenzkennzeichen: =D1=Q1=F3–B1–F4 verkürzte Darstellung: =D1Q1F3–B1F4 oder =D1.Q1.F3–B1.F4 siehe auch Beispiele in Bild 26 der Norm Vor der Anwendung sollten die genutzten CAE-Systeme (z. B. für Stromlaufplanerstellung, Stücklistenerstellung, Zeichnungsverwaltung) auf die Nutzungsmöglichkeit einer verkürzten Darstellung geprüft werden.
Regel 29	*In der Darstellung eines Mehrebenen-Referenzkennzeichens darf ein Leerzeichen angewendet werden, um die verschiedenen Einzelebenen-Referenzkennzeichen voneinander zu trennen. Das Leerzeichen darf keinerlei aussagekräftige Bedeutung haben und darf nur aus Gründen der Lesbarkeit angewendet werden.*	siehe Bemerkungen zu Regel 28
Regel 30	*Ist es im gegebenen Darstellungskontext erforderlich anzugeben, dass das dargestellte Referenzkennzeichen in Bezug auf den obersten Knoten vollständig ist, muss das Schriftzeichen „>" (größer als) vor dem Referenzkennzeichen angegeben werden.*	siehe Bemerkungen zu Regel 28
Regel 31	*Der Referenzkennzeichen-Satz darf einzeilig oder in aufeinanderfolgenden Zeilen dargestellt werden.*	Bei der Festlegung sollten unbedingt folgende praktischen Aspekte beachtet werden: Möglichkeiten des CAE-Systems, praktische Beschriftungsmöglichkeiten am Objekt, Anforderungen von Dokumentationsnormen an die Darstellungen in Dokumenten (siehe DIN EN 61081-1)

Tabelle 16.5 (*Fortsetzung*) Erklärung der 38 Regeln zur Bildung eines Referenzkennzeichens

Regel	Auszug aus der DIN EN 81346-1	Erläuterungen
Regel 32	*Sind die Referenzkennzeichen in aufeinanderfolgenden Zeilen dargestellt, muss jedes Referenzkennzeichen in einer getrennten Zeile beginnen.*	siehe Bemerkungen zu Regel 31
Regel 33	*Sind die Referenzkennzeichen in einer Zeile dargestellt, und wenn eine Verwechslungsmöglichkeit besteht, muss das Schriftzeichen „/" (Schrägstrich) als Trennzeichen zwischen den verschiedenen Referenzkennzeichen angegeben werden.*	siehe Bemerkungen zu Regel 31
Regel 34	*Die Reihenfolge der in einem Referenzkennzeichen-Satz dargestellten Referenzkennzeichen darf keine bestimmte Bedeutung haben.*	siehe Bemerkungen zu Regel 31
Regel 35	*Ist ein Identifikator eines obersten Knotens zusammen mit einem Referenzkennzeichen darzustellen, muss dieser in „ < ... > " (spitze Klammern) gesetzt und den Referenzkennzeichen innerhalb des durch den obersten Knoten repräsentierten Systems vorangestellt werden.*	Eine Anwendung ist nur bei sehr großen Anlagen über mehrere Gebäude hinweg sinnvoll. Siehe auch das Beispiel in Bild 28 der Norm, s. a. Bemerkungen zu Regel 31
Regel 36	*Schilder, die das Referenzkennzeichen oder Teile davon zeigen, sollten neben der dem Objekt entsprechenden Komponente angebracht sein.*	siehe Bemerkungen zu Regel 31
Regel 37	*Haben die Referenzkennzeichen der Bestandteile eines Objekts einen gemeinsamen Anfangsteil, darf dieser Anfangsteil auf den Schildern, die den Bestandteilen zugeordnet sind, weggelassen werden und nur auf dem Schild, das dem Objekt zugeordnet ist, dargestellt werden.*	siehe Bemerkungen zu Regel 31 Dies ist für die Praxis sehr wichtig, um entsprechende Schildgrößen für Komponenten einzuhalten (z. B. ein Kennzeichenschild auf einem kleinen Schütz).
Regel 38	*Werden Referenzkennzeichen zur Wahrnehmung durch Bedienpersonal im Zusammenhang mit manuellen Steuerungsaufgaben dargestellt, müssen diese klar erkennbar sein.*	siehe Bemerkungen zu den Regeln 14 und 31

Tabelle 16.5 *(Fortsetzung)* Erklärung der 38 Regeln zur Bildung eines Referenzkennzeichens

Kennbuchstabe

Die Festlegung des Kennbuchstabens (Klassifizierung) kann herstellerunabhängig anhand der Komponentenfunktionen erfolgen. Somit können Bauteile mithilfe einer funktionsabhängigen Referenzierung eindeutiger gekennzeichnet werden. Kennbuchstaben sind typischen Mechanik-, Fluid- sowie elektrischen Komponenten zugeordnet, siehe **Tabelle 16.6**

Kenn-buchstabe	Inhalt
A	Zwei oder mehr Zwecke oder Aufgaben
B	Umwandeln einer Eingangsvariablen (physikalische Eigenschaft, Zustand oder Ereignis) in ein zur Weiterverarbeitung bestimmtes Signal
C	Speichern von Material, Energie oder Information
E	Liefern von Strahlungs- oder Wärmeenergie
F	Direkter Schutz eines Energie- oder Signalflusses, von Personal oder Einrichtungen vor gefährlichen oder unerwünschten Zuständen, einschließlich Systeme und Ausrüstung für Schutzzwecke
G	Initiieren eines Energie- oder Materialflusses, Erzeugen von Signalen, die als Informationsträger oder Referenzquelle verwendet werden
H	Produzieren einer neuen Art von Material oder einer neuen Art eines Produkts
K	Verarbeitung (Empfang, Verarbeitung und Bereitstellung) von Signalen oder Informationen
M	Bereitstellung von mechanischer Energie zu Antriebszwecken
P	Darstellung von Informationen
Q	Kontrolliertes Schalten oder Variieren eines Energie-, Signal- oder Materialflusses
R	Begrenzung oder Stabilisierung von Bewegung oder Fluss von Energie, Information oder Material
S	Umwandeln einer manuellen Betätigung in ein zur Weiterverarbeitung bestimmtes Signal
T	Umwandlung von Energie unter Beibehaltung der Energieart, Umwandlung eines bestehenden Signals unter Beibehaltung des Informationsgehalts, Verändern der Form oder Gestalt eines Materials
U	Halten von Objekten in einer definierten Lage
V	Verarbeitung von Materialien oder Produkten
W	Leiten oder Führen von Energie, Signalen, Materialien oder Produkten von einem Ort zu einem anderen
X	Verbinden von Objekten

Tabelle 16.6 Kennbuchstaben von Objekten in Abhängigkeit vom Zweck oder der Aufgabe

Für elektrische Komponenten gelten im Besonderen folgende Kennbuchstaben, siehe **Tabelle 16.7**.

Kenn-buchstabe	Beispiel für typische elektrische Komponente
F	Sicherung
G	Generator
K	Hilfsschütz
M	Motor
P	Messgerät
Q	Schütz, Trenner, Leistungsschalter
R	Widerstand
S	Steuerschalter
T	Transformator

Tabelle 16.7 Beispiele für Kennbuchstaben typischer elektrischer Komponenten

17   Technische Dokumentation

Dieser Abschnitt enthält viele mögliche Dokumentationsformen. Doch welche Dokumente wirklich notwendig sind, um eine elektrische Ausrüstung einer Maschine ausreichend zu dokumentieren, sollte im Vertrag eindeutig geregelt werden.

Maschinen mit wenigen Funktionen – geringerer Dokumentationsumfang

Kleine Maschinen brauchen z. B. keine Verbindungsdiagramme oder Kabeltrassenübersichten. Auch einpolige Übersichtsschaltpläne sind wohl eher bei einer größeren und umfangreicheren elektrischen Ausrüstung hilfreich.

Notwendige Dokumente für alle Lebensphasen

Grundsätzlich müssen alle erforderlichen Informationen zur Verfügung gestellt werden, die für den Transport/Lagerung, die Inbetriebnahme und den Betrieb, einschließlich der Instandhaltung und Entsorgung, notwendig sind.

Dokumentationsmedium

Die Dokumentation sollte in Papierform geliefert werden. Einzelne Dokumentationsgruppen, wie z. B. Betriebsanleitungen von Geräten, können auch im Internet zur Verfügung gestellt werden.

Sprache der Dokumentation

Werden Maschinen im Europäischen Wirtschaftsraum verwendet, müssen bestimmte Dokumente in der Landessprache (Amtssprache = Sprache, die vor Gericht gesprochen wird) des Verwenderlandes ausgeführt sein. Die Maschinenrichtlinie legt die gesetzlichen Bedingungen fest. Soll der Lieferant der elektrischen Ausrüstung nicht nur die Betriebsanleitung für die elektrische Ausrüstung in der Landessprache liefern, muss dies im Vertrag festgelegt werden.

Sprache der Betriebsanleitung

Bedienungsanleitungen der Maschine (nicht die der elektrischen Ausrüstung) müssen entsprechend der Maschinenrichtlinie in der Landessprache einschließlich einer Bedienungsanleitung in der Originalsprache zur Verfügung gestellt werden.

Sprache der Wartungsanleitungen

Wartungsanleitungen und Inbetriebnahmeanweisungen dürfen gemäß Maschinenrichtlinie in einer Sprache, die das Fachpersonal versteht, ausgeführt sein, z. B. in
englischer Sprache.

Dokumentation der elektrischen Ausrüstung ist eine Teildokumentation der Maschine

Grundsätzlich ist die Dokumentation der elektrischen Ausrüstung einer Maschine
immer nur eine Teildokumentation, die der Maschinenhersteller mit der Dokumentation der Maschine zusammenführen muss.

Die Bedienungsanleitung einer Maschine z. B. kann der Lieferant der elektrischen
Ausrüstung alleine nicht erstellen, da der Maschinenbauer beispielsweise die Kon-
sequenzen eines Befehls durch Betätigung eines Drucktasters festlegt.

Da die elektrischen Befehlsgeräte, die zur Bedienung der Maschine verwendet
werden, nur einen Teilaspekt der Bedienung ausmachen, muss bei der Erstellung
der Betriebsanleitung einer Maschine der Maschinenbauer mit dem Fachplaner der
elektrischen Ausrüstung gemeinsam das Dokument erstellen.

Anhang I

Der Dokumentationsumfang sollte im Vertrag anhand der Auflistung der möglichen
Dokumente aus Abschnitt 17 festgelegt werden.

Folgende Dokumente können notwendig sein, siehe **Tabelle 17.1**:

a)		Haupt-dokument	Besteht die Dokumentation aus mehr als einem Dokument, ist ein Hauptdokument zu erstellen, aus dem hervorgeht, welche Dokumente zur Verfügung stehen.
b)		Übersichts-plan (Dispo-sitionsplan)	Dokument, mit dem die einzelnen elektrotechnischen Komponenten innerhalb der Maschine zugeordnet werden können.
c)		Informatio-nen für die Errichtung und Montage	Ein umfassendes Dokument ist nur dann erforderlich, wenn der Ma-schinenbauer die Maschine in Teilen zur Verwendungsstelle liefert und die elektrische Ausrüstung teilweise „vor Ort" zusammengefügt werden muss.
	1. Spiegel-strich	Anschluss der Strom-versorgung	Es müssen Informationen zur Verfügung gestellt werden, wie die Netztrenneinrichtung an die örtliche Stromversorgung anzuschließen ist.

Tabelle 17.1 Zusammenstellung der möglichen Dokumente für die elektrische Ausrüstung von Maschinen

2. Spiegel-strich	Bemessungs-kurzschluss-strom	Da die erste Überstromschutzeinrichtung der Maschine in der Lage sein muss, den Kurzschlussstrom der Stromversorgung abschalten zu können, muss ein Dokument zur Verfügung gestellt werden, in dem angegeben ist, wie groß der Kurzschlussstrom der Stromversorgung max. sein darf. Auch der Mindestkurzschlussstrom muss angegeben werden, denn für die automatische Abschaltung im Fehlerfall braucht die Überstromschutzeinrichtung einen Mindestkurzschlussstrom.
3. Spiegel-strich	System der Strom-versorgung	Es müssen Informationen zur Verfügung gestellt werden, aus denen hervorgeht, welches System nach Art der Erdverbindungen (TN-, TT- oder IT-System) zur Verfügung gestellt werden muss. Auch Angaben über die benötigte Anzahl der Außenleiter sowie die Frequenz sind erforderlich.
4. Spiegel-strich	Impedanz/ Ableitstrom	Es müssen Informationen zur Verfügung gestellt werden, welche Impedanz die Stromversorgung haben muss. Der max. Ableitstrom, der über den Schutzleiter zur Stromquelle fließt, muss angegeben werden.
5. Spiegel-strich	Demontage/ Instand-haltung	Es müssen Informationen zur Verfügung gestellt werden, welcher (Bewegungs-)Raum für die Demontage und für die Instandhaltung der elektrischen Ausrüstung notwendig ist.
6. Spiegel-strich	Kühlung	Wenn erforderlich, müssen Anforderungen an die Zuführung von Kühlluft zur elektrischen Ausrüstung oder zu elektrotechnischen Komponenten angegeben werden.
7. Spiegel-strich	Umgebungs-bedingungen	Wenn erforderlich, sind Anforderungen von Grenzwerten zur Vibration, zum EMV-Umfeld und zu atmosphärischen Einflüssen anzugeben.
8. Spiegel-strich	Funktionale elektrische Grenzen	Dürfen Anlaufströme einen Wert nicht überschreiten oder ein Spannungsfall einen Wert nicht unterschreiten, so ist dies anzugeben.
9. Spiegel-strich	EMV-Maßnahmen	Müssen bei der Errichtung der Maschine weitere EMV-Maßnahmen, sowohl gegen eine Störaussendung als auch Schutzmaßnahmen zur Förderung bei Störempfindlichkeit, vorgesehen werden, so ist dies anzugeben.
d)	Schutzpoten-tialausgleich	Wenn erforderlich, sind Anforderungen an einen örtlichen Schutzpotentialausgleich für fremde leitfähige Teile, die gleichzeitig berührbar sind ($\leq 2{,}5$ m), anzugeben.
1. Spiegel-strich	Metallene Rohre	Von einem maschinenunabhängigen (entkoppelten) Erder.
2. Spiegel-strich	Schutzzäune	Von einem maschinenunabhängigen (entkoppelten) Erder.
3. Spiegel-strich	Leiter	Von einem maschinenunabhängigen (entkoppelten) Erder.

Tabelle 17.1 (*Fortsetzung*) Zusammenstellung der möglichen Dokumente für die elektrische Ausrüstung von Maschinen

431

4. Spiegel-strich	Handläufe	Von einem maschinenunabhängigen (entkoppelten) Erder.
e)	Funktionen und Betrieb	Beschreibung aller Funktionen während des Betriebs der Maschine, die durch die elektrische Ausrüstung ausgeführt werden.
1. Spiegel-strich	Übersichts-plan/ Aufbauplan	Übersichtsplan der elektrischen Ausrüstung der Maschine
2. Spiegel-strich	Programmie-rung/Konfi-guration	Muss eine Maschine für den Betrieb umprogrammiert oder die Konfiguration der Programme verändert werden, ist hierfür eine Beschreibung zu liefern.
3. Spiegel-strich	Neustart	Kann die Maschine durch einen automatischen Stopp abgeschaltet werden, sind Maßnahmen für einen Neustart zur Wiederinbetrieb-nahme in einem Dokument anzugeben.
4. Spiegel-strich	Abfolge von Abläufen	Werden Programme verwendet, bei denen Funktionsabläufe in Abhängigkeit von anderen Funktionen eine nachfolgende Funktion einleiten, ist hierüber eine Dokumentation zu liefern.
f)	Instand-haltung	Es sind alle Informationen, die für die Instandhaltung der elektri-schen Ausrüstung notwendig sind, in einem Handbuch zu liefern.
1. Spiegel-strich	Funktions-test	Müssen im Rahmen der Instandhaltung Funktionstests durchgeführt werden, sind hierfür Angaben über die Methoden und die Häufigkeit der Tests zu machen.
2. Spiegel-strich	Sichere Instand-haltung	Müssen für Instandhaltungsarbeiten Sicherheitsfunktionen aufgeho-ben werden, so sind diese anzugeben. Auf Gefahren ist hinzuweisen. Wenn notwendig, ist der Personenkreis zu benennen, der solche Arbeiten durchführen darf.
3. Spiegel-strich	Leitfaden	Sind bei der Instandhaltung Prozeduren oder Reihenfolgen bei der Justierung oder Reparatur an der elektrischen Ausrüstung einzuhal-ten, muss hierfür ein Leitfaden für das Servicepersonal zur Verfü-gung gestellt werden. Umfang/Methoden und Zeitabstände für eine vorbeugende Instand-haltung sind ebenfalls in dem Leitfaden anzugeben.
4. Spiegel-strich	Austausch von Kompo-nenten	Es sind Stromlaufpläne und/oder Anschlusspläne (oder Verbin-dungslisten) für den Austausch von elektrischen Komponenten bereitzustellen, der vom Servicepersonal des Betreibers vorgenom-men werden kann.
5. Spiegel-strich	Vorrich-tungen/ Werkzeuge	Sind für den Austausch spezielle Vorrichtungen oder spezielle Werk-zeuge erforderlich, so sind diese in der Dokumentation mit Zuord-nung zu den betroffenen Betriebsmitteln anzugeben.
6. Spiegel-strich	Ersatzteile	Vom Lieferanten der elektrischen Ausrüstung ist eine Vorschlagsliste von empfohlenen Ersatzteilen bzw. Ersatzkomponenten zu erstellen.

Tabelle 17.1 (*Fortsetzung*) Zusammenstellung der möglichen Dokumente für die elektrische Ausrüstung von Maschinen

7. Spiegel-strich	Organi-satorische Schutz-maßnahmen	Erfolgt an manchen Stellen der elektrischen Ausrüstung der Schutz durch Informationen oder durch eine persönliche Schutzausrüstung, sind hierüber Angaben bezüglich der verbleibenden Restrisiken zu machen, die der Betreiber berücksichtigen muss. Sind spezielle Schulungen notwendig, ist dies in der Anlagendoku-mentation anzugeben.
8. Spiegel-strich	Zugangs-Restriktiven	Dürfen nur bestimmte Personen Zugang zu einem Bereich haben, ist anzugeben, wie der Betreiber den Zutritt organisieren muss und welche Qualifikation der Personenkreis haben muss.
9. Spiegel-strich	Einstell-parameter	Können elektrische Betriebsmittel mittels z. B. DIP-Schaltern oder Programmierparametern verändert werden, ist hierüber die bei der Inbetriebnahme vorgenommene Einstellung mit der Anlagendoku-mentation zu liefern.
10. Spie-gelstrich	Überprüfung sicherheits-relevanter Funktionen	Enthält eine elektrische Ausrüstung sicherheitsrelevante Steuer-funtionen, ist in der Anlagendokumentation anzugeben, wie deren (Sicherheits-)Funktionen nach Reparaturen oder Modifikationen bzw. bei Wiederholungsprüfungen überprüft werden können.
g)	Transport/ Lagerung	Für den Transport von elektrotechnischen Komponenten, z. B. Schaltschränke, die unabhängig von der Maschine transportiert werden, sind Angaben über das Gewicht, die Abmessungen und die Anschlagstellen für Transportmittel anzugeben. Für die Lagerung sind erforderliche Maßnahmen zum Schutz vor Umwelteinflüssen während der Lagerung anzugeben, wobei die minimale und max. Temperatur anzugeben ist.
h)	Demontage/ Entsorgung	Es sind Informationen mit der elektrischen Ausrüstung zu liefern, die eine Aussage darüber enthalten, wie die einzelnen elektrotechni-schen Komponenten demontiert werden können und wie die Entsor-gung stattfinden muss.

Tabelle 17.1 (*Fortsetzung*) Zusammenstellung der möglichen Dokumente für die elektrische Ausrüstung von Maschinen

18   Prüfungen

Die elektrische Ausrüstung einer Maschine hat je nach Komplexität der Maschine mehrere Schnittstellen zu anderen elektrischen Installationen, Produktgruppen und Produkten, die ihrerseits auch wieder bestimmten Normen unterliegen und nach deren Festlegungen geprüft wurden.

Prüfungen auf elektrotechnische Komponenten abstimmen

So wie die elektrische Ausrüstung auf die einzelnen Komponenten abgestimmt werden musste, so müssen auch die einzelnen Prüfungen aufeinander abgestimmt werden, damit es nicht zu widersprüchlichen Ergebnissen kommt, siehe **Bild 18.1**.

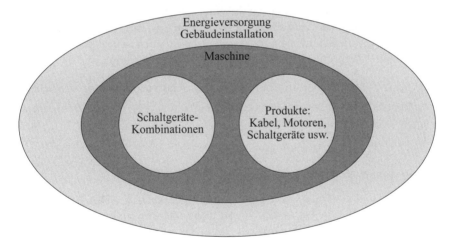

Bild 18.1 Die Schnittstellen der elektrischen Ausrüstung einer Maschine

Keine Mehrfachprüfung

Es ist auch nicht notwendig, einzelne Prüfungen mehrfach zu machen. Dies kann unter Umständen mehr schaden als nutzen. Geprüft werden muss aber auf jeden Fall das korrekte Zusammenspiel der einzelnen Komponenten an solchen Stellen, an denen durch den Zusammenbau Fehler gemacht werden können oder durch eine unsachgemäße Kombination der Komponenten deren ordnungsgemäßes Zusammenspiel infrage gestellt sein kann.

Hierzu muss auch bekannt sein, welche Eigenschaften an den Schnittstellen zur Maschineninstallation erwartet werden können und wie diese sichergestellt bzw. geprüft werden. Dies ist das Grundprinzip, das die Zusammenstellung der Prüfungen und deren Durchführung in Abschnitt 18 bestimmt.

Die Prüfung der elektrischen Ausrüstung der Maschine umfasst die gesamte Installation ab der Netztrenneinrichtung. Für die ordnungsgemäße und sichere Funktion der Maschinenausrüstung ist aber auch das Zusammenspiel mit dem elektrotechnischen Umfeld (Energieversorgung) und den eingesetzten Komponenten und Betriebsmitteln maßgebend. Die wesentlichen **Schnittstellen** zu anderen Komponenten und Normen, die die Prüfungen beeinflussen, sind:

Prüfung der Stromversorgung

Die Stromversorgung einer Maschine wird entsprechend DIN VDE 0100-600 [119] Errichten von Starkstromanlagen mit Nennspannungen bis 1 000 V geprüft.

Diese Norm wurde für die Prüfung von Elektroinstallationen generell (hauptsächlich bei Gebäudeinstallationen) entwickelt. Die Prüfung umfasst Besichtigung, Erprobung und Messung. Für die Schnittstelle zur Maschineninstallation ist bezüglich der Kompatibilität eine Überprüfung der folgenden Komponenten wichtig:

• das System nach Art der Erdverbindung und der Schutz gegen elektrischen Schlag,

• die Impedanz des Netzes vor der Netztrenneinrichtung bzw. die Kurzschlussleistung an der Netztrenneinrichtung,

• der Isolationswiderstand.

Prüfung von Schaltgerätekombinationen

Schaltgerätekombinationen werden entsprechend DIN EN 61439-1 (**VDE 0660-600-1**), DIN EN 61439-2 (**VDE 0660-600-2**) nach der Schaltschrankfertigung im Herstellerwerk geprüft.

In dieser Norm sind die Prüfungen von Schaltgerätekombinationen festgelegt. Darunter fallen sowohl offene Aufbauten von elektrischen Geräten als auch in Schaltschränken montierte Gerätekombinationen, die Steuerungen und/oder Leistungsteile enthalten. Für die Schnittstelle zur Maschineninstallation sind wichtig:

• Prüfung der Schutzmaßnahmen und der Durchgängigkeit der Schutzleiter,

• Isolationsprüfung,

• Funktionsprüfungen (wenn notwendig).

Einzelne elektrische Betriebsmittel

Elektrische Betriebsmittel sind entsprechend den jeweiligen Produktnormen für diese Betriebsmittel durch den Hersteller geprüft.

Prüfungsinhalte der elektrischen Ausrüstung

Der Begriff Prüfen umfasst das Besichtigen, Erproben und Messen. Die folgende Auflistung zeigt einige Beispiele:

Besichtigen

- Vergleich der Ausführung der elektrischen Ausrüstung mit der technischen Dokumentation,
- Vorhandensein aller erforderlichen Bescheinigungen und ggf. Zertifikate,
- Vollständigkeit der Betriebsmittelkennzeichnung in Übereinstimmung mit der Dokumentation,
- ordnungsgemäßer Anschluss und Befestigung der Betriebsmittel,
- Überprüfung der sicheren Trennung zwischen Stromkreisen mit gefährlicher Spannung und PELV-Stromkreisen.

Erproben

- Auslösen von Unterspannungsauslösern, Isolationsüberwachungseinrichtungen,
- Funktionsprüfung.

Messen

- durchgängige Verbindung des Schutzleitersystems mit Schleifenimpedanzmessung,
- Messung der Isolationswiderstände in den Hauptstromkreisen,
- Schutz gegen Restspannungen, ggf. durch Spannungsmessung.

Zweck der Prüfungen

Bei der Prüfung von Serienprodukten ist zwischen Typprüfung und Stückprüfung zu unterscheiden. Typprüfungen haben primär den Zweck, grundsätzliche Fehler, wie z. B. Konstruktions- oder Dimensionierungsfehler, zu erkennen. Stückprüfungen haben primär den Zweck, Einzelfehler, wie z. B. Werkstoff- und Fertigungsfehler, zu erkennen. Bei Einzelanfertigungen sind beide Prüfungszwecke in einer Prüfung vereint.

Typprüfungen

Typprüfungen sind nur bei Produkten sinnvoll, die serienmäßig in größeren Stückzahlen hergestellt werden. Sie dienen zum Nachweis der Einhaltung der Anforderungen, die in den betreffenden Normen oder sonstigen Spezifikationen/Konstruktionsunterlagen festgelegt sind. Typprüfungen werden an einem Muster des Produkts durchgeführt. Sie erleichtern die Stückprüfungen der Einzelgeräte bzw. reduzieren deren Prüfumfang.

Stückprüfungen

Bei einer Stückprüfung wird jedes Betriebsmittel vom Hersteller geprüft und dokumentiert. Eine erneute Prüfung am Aufstellungsort kann notwendig sein, wenn das Betriebsmittel zu Transportzwecken auseinandergebaut werden musste.

Serienprodukte

Für Serienprodukte, die bereits typgeprüft wurden, kann die Stückprüfung vereinfacht werden. So braucht z. B. das einzelne Betriebsmittel nicht mehr im Hinblick auf Konstruktionsfehler geprüft zu werden, wenn weder die Konstruktion noch die Aufgabenstellung verändert wurde. Ebenso erübrigen sich Stückprüfungen dort, wo durch entsprechende qualitätssichernde Maßnahmen Fehler in der Fertigung ausgeschlossen werden können.

Bezüglich der Schnittstellen in der Maschinenausrüstung (siehe Bild 18.1) kann man wohl davon ausgehen, dass Einzelprodukte wie Motoren oder Schaltgeräte sowohl typ- als auch stückgeprüft sind.

Schaltgerätekombinationen sind meistens Unikate

Bei Schaltgerätekombinationen wird wohl seltener eine Typprüfung vorliegen, ausgenommen, es handelt sich um eine standardisierte Ausführung für einen ganz bestimmten Anwendungszweck. Eine Stückprüfung sollte aber immer durchgeführt werden, ausgenommen es wurde festgelegt/vereinbart, diese im Zusammenhang mit der Maschinenausrüstung gemeinsam vorzunehmen.

Das kann der Fall sein, wenn wegen der Komplexität einer maschinellen Anlage bestimmte (funktionale) Fehler nur im Zusammenspiel mit mechanischen Teilen der Maschine aufgedeckt werden können. Aber auch dann ist eine minimale Stückprüfung der elektrischen Ausrüstung auf Material- und Fertigungsfehler in der Regel sinnvoll. Diese funktionale Prüfung der gesamten Maschine liegt in der Verantwortung des Lieferanten der Maschine.

18.1   Allgemeines

Abschnitt 18 regelt die an jeder elektrischen Ausrüstung einer Maschine durchzuführenden Stückprüfungen. Diese Prüfung soll dazu dienen, Fehler, die sich während des Zusammenbaus ergeben haben können, aufzudecken.

Typprüfungen sind nicht Gegenstand dieser Norm. Jedoch können die unter Abschnitt 18 genannten Prüfungen auch Bestandteil einer Typprüfung sein. Doch gerade hinsichtlich der Kurzschlussfestigkeit von Hauptstromkreisen sollten nur typgeprüfte Teillösungen und Komponentengruppen mit Zertifikat verwendet werden.

Die Prüfanforderungen der DIN EN 60204-1 (**VDE 0113-1**) beziehen sich nicht nur auf Schaltgerätekombinationen, sondern umfassen die gesamte elektrische Ausrüstung einer Maschine.

C-Normen

Werden Maschinen entsprechend einer C-Norm errichtet, so sind die in dieser Norm festgelegten Prüfanforderungen anzuwenden. Serienmaschinen werden in der Regel nach C-Normen hergestellt, für die dann auch entsprechende Typprüfungen vorliegen.

Keine Fehler durch Prüfungen

Prüfungen sollten keine (neuen) Fehler erzeugen. Prüfungen, die einen Ausbau, ein Abklemmen und einen Wiedereinbau mit Wiederanklemmen von Betriebsmitteln erfordern, sind daher als kritisch anzusehen.

Prüfreihenfolge

Unabhängig davon, welche dieser Prüfungen im Einzelfall realisiert werden, aus Sicherheitsgründen sollten sie immer in der in **Tabelle 18.1** angegebenen Reihenfolge durchgeführt werden.

Messgeräte

Damit die Prüfergebnisse mit anderen vergleichbar sind, müssen für bestimmte Messungen einheitliche Messgeräte verwendet werden. So sollten für eine Prüfung grundsätzlich Messausrüstungen verwendet werden, die international anerkannten Normen entsprechen. Für die Prüfung der Schutzleiter und der Fehlerschleifenimpedanz (Abschnitt 18.2) sowie für die Isolationswiderstandsprüfungen (Abschnitt 18.3) sind dies Geräte, die der Normenreihe DIN EN 61557 (**VDE 0413**) [120] entsprechen.

Prüfpunkte		
a)	Überprüfung der elektrischen Ausrüstung mit ihrer technischen Dokumentation	Diese Prüfung ist eine wichtige Anfangsprüfung und kann viele Fehler bereits im Vorfeld erkennen. Auch wenn sie sehr zeitintensiv ist, sollte sie gewissenhaft durchgeführt werden.
b)	Durchgängigkeit des Schutzleiters	siehe Abschnitt 18.2.2
c)	Überprüfung der Abschaltbedingungen im Fehlerfall	Diese Prüfung ist zusammen mit Prüfung b) für den Schutz gegen elektrischen Schlag sehr wichtig.
d)	Isolationswiderstandsprüfung	siehe Abschnitt 18.3
e)	Spannungsprüfung	siehe Abschnitt 18.4
f)	Abklingen der Restspannung	wenn vorhanden, siehe Abschnitt 18.5
g)	Ableitströme	Höhe des Schutzleiterstroms ermitteln und ggf. erforderliche Zusatzmaßnahmen entsprechend Abschnitt 8.2.6 prüfen.
h)	Funktionsprüfungen	siehe Abschnitt 18.6

Tabelle 18.1 Zusammenfassung der Prüfpunkte entsprechend DIN EN 60204-1 (**VDE 0113-1**)

Prüfergebnisse dokumentieren

Die Prüfergebnisse (auch die Übereinstimmung mit der Dokumentation) sind Teil der Gesamtdokumentation.

18.2 Überprüfung der Bedingungen zum Schutz durch automatische Abschaltung

18.2.1 Allgemeines

Der Schutz durch automatische Abschaltung beim indirekten Berühren erfordert, dass im Fehlerfall ein Strom über die Fehlerstelle zum Schutzleiter fließt, der ausreichend groß ist, um das vorgeschaltete Schutzgerät (z. B. Leitungsschutzschalter, Sicherung) in der erforderlichen kurzen Zeit auszulösen, siehe Tabelle 6.3.

Eine Überprüfung der Abschaltbedingungen erfolgt durch zwei Prüfungen:

Prüfung 1: Durchgängigkeit der Schutzleiterstromkreise
Hierbei muss überprüft werden, ob alle Schutzleiter von der Netzanschlussstelle bis zum elektrischen Betriebsmittel (Schutzklasse I) eine ausreichend niedrige Impedanz haben. Dazu gehören auch alle Verbindungen von Schutzpotentialausgleichsleitern.

Prüfung 2: Überprüfung der Abschaltbedingungen
Die Abschaltbedingungen sind immer abhängig von der Impedanz der Schutzleiter, der Impedanz der Stromversorgung (Kurzschlussleistung) und der Auslösekennlinie der Überstromschutzeinrichtungen.

Die erforderliche automatische Abschaltzeit ist abhängig von der Höhe der Bemessungsspannung und dem System nach Art der Erdverbindungen.
Welche Abschaltzeiten erreicht werden müssen, ist in Anhang A festgelegt.

Abschaltzeiten im TN-System

Bei festmontierten Maschinen, die nicht bewegt werden können, ist eine Abschaltzeit von 5 s bei U_0 = AC 230 V ausreichend.

Bei in der Hand gehaltenen Maschinen (nicht Teil dieser Norm) oder für Endstromkreise von Steckdosen muss bei U_0 = AC 230 V innerhalb von 0,4 s automatisch abgeschaltet werden.

Abschaltzeiten im TT-System

Bei festmontierten Maschinen, die nicht bewegt werden können, ist eine Abschaltzeit von 1 s bei U_0 = AC 230 V ausreichend.

Bei in der Hand gehaltenen Maschinen (nicht Teil dieser Norm) oder Endstromkreisen von Steckdosen muss bei U_0 = AC 230 V innerhalb von 0,2 s automatisch abgeschaltet werden.

Zusätzlicher Schutz

Ist in bestimmten Stromkreisen ein zusätzlicher Schutz durch eine Fehlerstromschutzeinrichtung (RCD) vorgesehen, muss die Funktionsprüfung mithilfe eines dafür geeigneten Prüfgeräts durchgeführt werden. Die Auslösung der Prüftaste reicht nicht aus.

18.2.2 Prüfung 1 – Überprüfung der Durchgängigkeit der Schutzleiterstromkreise

Die Durchgängigkeit der Schutzleiterstromkreise wird durch eine Widerstandsmessung zwischen der PE-Klemme der Netzanschlussstelle der Maschine und den relevanten Körpern des Schutzleitersystems dahingehend gemessen, ob auch keine Unterbrechungen oder unzulässigen Übergangswiderstände in dem geprüften Strompfad des Schutzleitersystems vorhanden sind, siehe **Bild 18.2**.

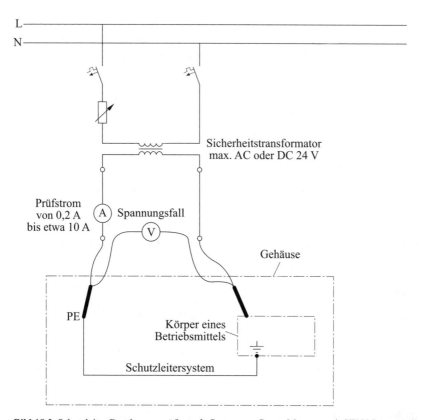

Bild 18.2 Schutzleiter-Durchgangsprüfung als Spannungs-Strom-Messung mit SELV-Stromquelle

Die Messung sollte als Spannungs-Strom-Messung durchgeführt werden, siehe Bild 18.2. Die Höhe des Messstroms ist dabei relativ unbedeutend. DIN VDE 0100-600 empfiehlt, diese Messung mit mindestens 0,2 A durchzuführen.

Früher 10-A-Messstrom

In der früheren DIN EN 60204-1 (**VDE 0113-1**) wurden etwa 10 A genannt, teilweise auch eine Mindestmesszeit von 10 s. Hiermit wollte man auch schlechte Übergangswiderstände aufdecken. Die Erfahrung hat allerdings nicht bestätigt, dass dies möglich ist. Deshalb ist keine Mindestmesszeit mehr angegeben.

Die Ermittlung des Widerstands des Schutzleiters fällt allerdings umso genauer aus, je höher der Messstrom ist, insbesondere bei kleinen Widerständen.

Keine Maximalwerte

Konkrete Werte für die Widerstände werden nicht gefordert. Dies ist auch nicht möglich, da sie ja von der jeweils geprüften Leitungslänge und vom Querschnitt abhängig sind. Das Messergebnis sollte aber in dem Bereich liegen, der aufgrund der Leitungslängen und Querschnitte zu erwarten ist.

Es kommt bei Prüfung 1 im Wesentlichen nur darauf an, Montagefehler oder sonstige Unterbrechungen zu erkennen. Das heißt, Messergebnisse, die deutlich über dem erwarteten Wert liegen, erfordern eine Kontrolle des Schutzleitersystems. Messergebnisse, die unter dem erwarteten Wert liegen, zeigen lediglich an, dass es in dem Schutzleitersystem noch Parallelwege gibt (z. B. über Maschinengehäuse), die zwar nicht betrachtet wurden, die aber die Qualität des Schutzleitersystems nur verbessern können. Ob die Niederohmigkeit ausreichend ist, kann ohnehin nur bei der nachfolgenden Prüfung 2 festgestellt werden.

Sicherheit für den Prüfer

Aus Sicherheitsgründen im Hinblick auf den Prüfer sollte diese Messung mit einer SELV-Stromquelle vorgenommen werden, siehe DIN VDE 0100-410, Abschnitt 414. Eine PELV-Stromquelle ist hierfür weniger geeignet. Sie würde zwar dem Prüfer die gleiche Sicherheit bieten, aber das Messergebnis könnte verfälscht sein, da eine PELV-Stromquelle selbst einseitig geerdet ist.

18.2.3 Prüfung 2 – Überprüfung der Fehlerschleifenimpedanz und der Eignung der zugeordneten Überstromschutzeinrichtung

Das Ziel dieser Überprüfung ist festzustellen, dass bei der Schutzmaßnahme „Schutz durch automatische Abschaltung" unter den realen Verhältnissen der Anlage die erforderlichen Abschaltzeiten erreichbar sind. Dies setzt voraus, dass sich auch im ungünstigsten Fehlerfall ein Kurzschlussstrom ausreichender Größe einstellt, um die jeweils vorgeschaltete Schutzeinrichtung in der erforderlichen kurzen Zeit auszulösen und den Schutz bei indirektem Berühren sicherzustellen (s. a. Abschnitt 6.3.3). Prüfung 2 gliedert sich also in zwei Teile:

Prüfung 2, Teil 1: Bestimmung des Kurzschlussstroms

Prüfung 2, Teil 2: Abgleich des Kurzschlussstroms mit der Auslösecharakteristik der vorgeschalteten Schutzeinrichtung

Prüfung 2, Teil 1

Grundlage für die Überprüfung der erforderlichen Auslösezeit der Überstromschutzeinrichtung ist die Ermittlung des max. möglichen Kurzschlussstroms im Fehlerfall durch die Energiequelle. Die Höhe des Kurzschlussstroms ergibt sich aus:

- der Bemessungsspannung und der Impedanz der Stromquelle (Z_{TR}), meist ein Transformator,

- den Leitungsimpedanzen (Z_1) vom Transformator in der Transformatorstation bis zu den Netzanschlussklemmen der Maschine,

- den Leitungsimpedanzen der Leitungen in der Maschine bis zur Anschlussstelle des Schutzleiters am Betriebsmittel.

Diese Überprüfung muss im Prinzip für jeden Abzweig innerhalb der Maschine gemacht werden, der separat geschützt ist. **Bild 18.3** zeigt diese Verhältnisse als einpoliges Prinzipschaltbild. Die Impedanzen Z_{TR} und Z_1 werden häufig auch zur „Impedanz des speisenden Netzes" zusammengefasst. Impedanzen von Leitungen können den technischen Daten der Hersteller entnommen werden.

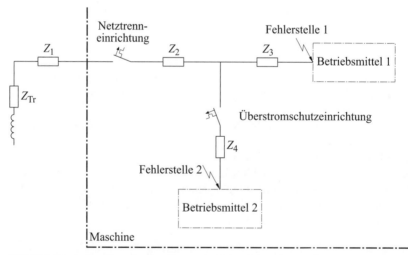

Bild 18.3 Prinzipdarstellung der Impedanzen für die Ermittlung des möglichen Kurzschlussstroms

Z_{TR}	Impedanz des Transformators
Z_1	Impedanz der Stromversorgung (Leitungen) vom Transformator bis zur Maschine
$Z_{TR} + Z_1$	Impedanz des speisenden Netzes (Netzimpedanz)
Z_2	Impedanz der Leiter in der Maschine von der Netzanschlussstelle bis zu einem Abzweig
Z_3	Impedanz der Leiter vom Abzweig zum Betriebsmittel 1
Z_4	Impedanz der Leiter vom Abzweig mit Schutzeinrichtung zum Betriebsmittel 2

444

Schutz gegen elektrischen Schlag

Die Norm beschreibt diese Prüfung primär im Hinblick auf die automatische Abschaltung zum Schutz gegen elektrischen Schlag im Fehlerfall.

Auch Leitungsschutz

Sie ist aber gleichermaßen geeignet zur Überprüfung, ob die Leitungen im Kurzschlussfall ausreichend gegen Überhitzung geschützt sind. Für beides ist die Ermittlung des Kurzschlussstroms von entscheidender Bedeutung sowie der Abgleich dieses Stroms mit der Auslösecharakteristik der vorgeschalteten Überstromschutzeinrichtung dahingehend, ob diese in der erforderlichen Zeit auslöst.

Darüber hinaus sind die Anforderungen an den Schutz der Leitungen im Kurzschlussfall zum Teil identisch mit den Anforderungen an den Schutz gegen elektrischen Schlag.

Bild 18.3 zeigt beispielhaft eine Maschine mit einem „großen" Betriebsmittel (1), das nur durch die Netztrenneinrichtung geschützt wird, und einem „kleinen" Betriebsmittel (2), das nach einem Abzweig mit Querschnittsverminderung und einer eigenen Überstromschutzeinrichtung angeschlossen ist. Je nach Fehlerstelle ergeben sich jetzt unterschiedliche Impedanzen, die die Höhe des jeweiligen Kurzschlussstroms bestimmen.

Die Norm lässt zwei gleichwertige Methoden zur Bestimmung der Impedanzen zu:

1. Berechnungsmethode

Hierzu müssen die Daten des Transformators bekannt sein, im Wesentlichen Nennleistung, Nennstrom und die Kurzschlussspannung U_k. Die Impedanzen von Leitungen können den technischen Daten der Hersteller entnommen werden.

2. Messmethode

Grundsätzlich würde die Messung auch eine Aussage über die Durchgängigkeit des Schutzleitersystems liefern. Da diese Messung jedoch mit der Bemessungsspannung des Betriebsmittels durchgeführt werden muss, würde bei einer Unterbrechung des Schutzleiters für das Prüfpersonal sowie auch für andere Personen in einer verzweigten Anlage ein hohes Risiko für einen elektrischen Schlag entstehen. Aus diesem Grund sollte der Messung der Fehlerschleifenimpedanz (Prüfung 2) immer die Durchgängigkeitsprüfung des Schutzleiters (Prüfung 1) vorausgehen.

Spannungsfall als Messergebnis

Die Prüfungen sollten mit einer genormten Prüfeinrichtung entsprechend DIN EN 61557 (**VDE 0413**) [120] durchgeführt werden. **Bild 18.4** zeigt das Messprinzip mithilfe eines Prüfgeräts. Die Betriebsspannung wird einmal im Leerlauf und anschließend mit einer definierten Belastung gemessen. Der Unterschied der beiden Spannungsmessungen ist das Maß für die vorgeschaltete Impedanz.

Im Prinzip überlässt es die Norm dem Prüfer, ob er die Impedanzen durch Rechnung oder durch Messung ermittelt. Es gibt jedoch eine praktische Grenze für die Messung. Diese liegt etwa dort, wo der erforderliche Kurzschlussstrom für die Abschaltung in der erforderlichen Zeit 1 kA überschreitet. Bei Stromkreisen, die einen höheren Abschaltstrom erfordern, sind die Impedanzwerte so niedrig, dass eine hinreichend genaue Messung nicht mehr möglich ist.

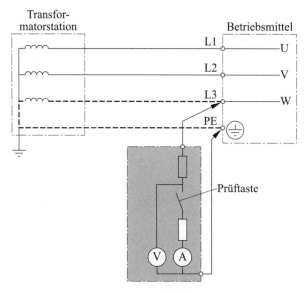

Bild 18.4 Messung der Fehlerschleifenimpedanz

Grenzen der Messung

Praktisch bedeutet diese Grenze: Je nach Verlegeart der Leitungen und der Art der Überstromschutzeinrichtung können die Impedanzen nur in Stromkreisen bis zu einem Bemessungsstrom von etwa 160 A und einem Leiterquerschnitt bis zu 70 mm^2 messtechnisch bestimmt werden. Darüber hinaus ist eine Ermittlung der Fehlerschleifenimpedanz praktisch nur noch durch Berechnung möglich.

Fehlerschleifenimpedanz bereits bei der Planung bewerten

Grundsätzlich sind jedoch diese Überlegungen sowie die Kurzschlussberechnung nicht erst bei der Prüfung erforderlich, sondern bereits bei der Auslegung der erforderlichen Leiterquerschnitte und deren Schutzeinrichtungen.

Prüfung 2, Teil 2

Nachdem der mögliche Kurzschlussstrom ermittelt wurde, kann Prüfung 2, Teil 2 durchgeführt werden.

Mithilfe des durch Rechnung oder Messung ermittelten Kurzschlussstroms muss unter Beachtung der Kennlinie der jeweiligen Überstromschutzeinrichtung die Auslösezeit bestimmt werden. Für den Fehlerschutz müssen bestimmte Abschaltzeiten erreicht werden, siehe 18.2.1.

Bei zu langen Abschaltzeiten

Falls die Prüfung ergibt, dass die erforderliche Abschaltzeit nicht erreicht wird, müssen Zusatzmaßnahmen, wie z. B. ein örtlicher Schutzpotentialausgleich, vorgesehen werden. Bei dieser Maßnahme muss die Berührungsspannung im Fehlerfall auf unter 50 V reduziert werden, oder es muss eine schneller schaltende Überstromschutzeinrichtung gewählt werden, z. B. ein einstellbarer Leistungsschalter statt Sicherungen.

Referenzprüfung

Die Prüfung ist im Prinzip mit jedem Abzweig durchzuführen, der mit einer eigenen Überstromschutzeinrichtung versehen ist. In der Praxis reicht es jedoch häufig aus, wenn die besonders kritischen Stromkreise geprüft werden.

Bei zu langen Leitungen

Kritisch wird ein Stromkreis, abhängig von der Impedanz vor der Schutzeinrichtung und deren Auslösecharakteristik, mit zunehmender Leitungslänge und abnehmenden Querschnitten.

Auch Schutz der Leitungen im Kurzschlussfall

Die Fehlerschutzmaßnahmen übernehmen auch den Schutz der Leitungen im Kurzschlussfall. Die max. Abschaltzeit ist abhängig vom Leiterquerschnitt, dem Isolationsmaterial und der Höhe des Kurzschlussstroms. Diese Zeit darf aber 5 s nicht überschreiten (siehe Kommentar zum Anhang D.4).

Stellt sich heraus, dass die hierfür notwendigen Abschaltzeiten zu lang sind, müssen entweder die Leiterquerschnitte vergrößert oder schnellere Überstromschutzeinrichtungen verwendet werden.

Gemeinsamer Schutz

Der Vergleich der beiden Anforderungen an den Schutz gegen elektrischen Schlag und den Schutz der Leitungen gegen Überhitzung ergibt Folgendes:

- Ein Abzweig, dessen Überstromschutzeinrichtung den Schutz gegen elektrischen Schlag sicherstellt, schützt im Kurzschlussfall auch die Leitungen und in der Regel auch die elektrischen Betriebsmittel einer Maschine. Dies dürfte auf die überwiegende Mehrzahl aller Fälle zutreffen. Der Umkehrschluss ist allerdings nicht zulässig.

- Bei bestimmten Maschinen (z. B. Maschinen, die bewegt werden können) ist eine kürzere Abschaltzeit als 5 s erforderlich. In solchen Fällen kann der Kurzschlussschutz der Leitungen unter Umständen für den Schutz gegen elektrischen Schlag nicht ausreichend sein. Dies bedeutet, die Voraussetzungen entsprechend Anhang A.1.1 oder A.2.2.3 werden nicht erfüllt und es müssen Zusatzmaßnahmen nach Anhang A vorgesehen werden.

18.2.4 Anwendung der Prüfmethoden für TN-Systeme

Die Prüfungen 1 und 2 stellen eine Überprüfung der Schutzmaßnahme zum Schutz gegen elektrischen Schlag im Fehlerfall dar. Je nach Lieferzustand muss eine Prüfung auf der Verwendungsstelle wiederholt oder überhaupt erstmalig durchgeführt werden.

Planer legt Schutzmaßnahmen fest

Grundsätzlich muss der Planer die Schutzmaßnahmen unter Berücksichtigung der örtlichen Verhältnisse, wie z. B. Netzkurzschlussleistung und Leitungslängen, bereits bei der Planung komplett durchrechnen und die davon abhängigen Maßnahmen, wie Überstromschutzeinrichtungen oder örtlicher Schutzpotentialausgleich, festlegen.

Abschaltzeiten

Dabei muss in einem TN-System bei einer Bemessungsspannung von $U_0 = $ AC 230 V bei festmontierten Maschinen eine Abschaltzeit von ≤ 5 s und bei beweglichen elektrischen Betriebsmitteln und Steckdosen eine Abschaltzeit von 0,4 s erreicht werden.

Örtlicher Schutzpotentialausgleich

Hierbei ist zu beachten, dass je nach Typ und Art der Überstromschutzeinrichtung oder bei großen Leitungslängen notwendige Abschaltzeiten nicht erreicht werden können. In solchen Fällen muss der vom Planer vorgegebene örtliche Schutzpotentialausgleich auf seine richtige Ausführung überprüft werden.

Schutzpotentialausgleich mit fremden leitfähigen Teilen

Sind in der Nähe der Maschine fremde leitfähige Teile vorhanden, also leitfähige Teile, die ein anderes Potential haben als die Maschine selbst, und sind diese gleichzeitig berührbar (Abstand zueinander $\leq 2,5$ m), dann muss der vom Planer vorgegebene Schutzpotentialausgleich auf richtige Ausführung überprüft werden. Bei nicht einbezogenen fremden leitfähigen Teilen muss überprüft werden, ob der Abstand tatsächlich $> 2,5$ m ist.

Inbetriebnehmer überprüft die Richtigkeit einer geplanten Ausführung

Die Prüfungen 1 und 2 umfassen eine Überprüfung, ob die vom Planer angenommenen Verhältnisse tatsächlich mit denen „vor Ort" übereinstimmen und ob die vom Planer vorgegebenen Vorgaben eingehalten wurden.

Tabelle 9 der DIN EN 60204-1 (VDE 0113-1) missverständlich

In Tabelle 9 der DIN EN 60204-1 (**VDE 0113-1**) werden entsprechend unterschiedliche Montagezustände bei der Aufstellung einer Maschine am Verwendungsort notwendigen Prüfungen oder Nachprüfungen zugeordnet. Leider ist diese Tabelle nach der internationalen Überarbeitung durch Streichungen und Hinzufügungen von Anforderungen unverständlich und zum Teil nicht mehr logisch aufgebaut.

Grundsätzlich muss beachtet werden, dass der Prüfung 2 durch Messung immer eine Prüfung 1 vorhergehen muss. Nur so kann sichergestellt werden, dass bei der Prüfung 2 keine gefährlichen Berührungsströme während der Testphase auftreten können.

Montagezustand der Maschine entscheidend

Je nach Prüfmöglichkeiten nach Fertigstellung der Maschine im Herstellerwerk sind unterschiedliche Prüfungen bzw. Nachprüfungen auf der Verwendungsstelle notwendig.

Tabelle 9 der DIN EN 60204-1 (**VDE 0113-1**) enthält zugeordnete Prüfungen in Abhängigkeit vom Montagezustand bei Anlieferung der elektrischen Ausrüstung auf der Verwendungsstelle und unterschiedliche Prüfverfahren, siehe **Tabelle 18.2**.

Zustand der elektrischen Ausrüstung bei Anlieferung auf der Verwendungsstelle	Prüfungen auf der Verwendungsstelle	Verfahren
Anlieferung in Einzelteilen	Prüfung 1 und Prüfung 2	A
Vollständig im Herstellerwerk errichtet	Überprüfung des Netzanschlusses mit Schutzleiteranschluss	B1
Vollständig im Herstellerwerk errichtet mit anschließender Teilzerlegung für den Transport Elektrische Verbindungen sind, soweit sie für den Transport geöffnet werden müssen, steckbar ausgeführt	Überprüfung des Netzanschlusses mit Schutzleiteranschluss Überprüfung aller Schutzleiteranschlüsse, die für den Transport abgeklemmt wurden	B2

Tabelle 18.2 Prüfungen vor Ort in Abhängigkeit vom Anlieferzustand

Die Verfahren C1 und C2 sind keine neuen Montagezustände im Vergleich zu A, B1 und B2, da die für diese Fälle genannten Prüfungen auch für die vorherigen Verfahren gelten. Grundsätzlich müssen folgende Prüfungen immer durchgeführt werden, egal in welchem Lieferzustand sich die elektrische Ausrüstung am Verwendungsort befindet:

- Überprüfung der Mindest- und Maximalwerte der Netzimpedanz auf Übereinstimmung mit den Planungsunterlagen,

- Überprüfung des ordnungsgemäßen Anschlusses der Netzanschlüsse, einschließlich des Schutzleiteranschlusses,

- Überprüfung des örtlichen Schutzpotentialausgleichs (wenn notwendig),

- Überprüfung des Schutzpotentialausgleichs mit fremden leitfähigen Teilen (wenn notwendig).

Lediglich die Überprüfung der max. zulässigen Leitungslängen in Abhängigkeit von der Überstromschutzeinrichtung und der erlaubten Abschaltzeit, entsprechend Tabelle 10 der Norm, ist bei komplett angelieferten Maschinen oder in Teilen gelieferten Maschinen mit steckbaren elektrischen Verbindungen auf der Verwendungsstelle nicht erforderlich.

- Überprüfung der max. zulässigen Längen der Leitungen der Endstromkreise anhand von Tabelle 10 der DIN EN 60204-1 (**VDE 0113-1**).

Tabelle 10 der DIN EN 60204-1 (VDE 0113-1) nicht für die Planung gedacht

Tabelle 10 der DIN EN 60204-1 (**VDE 0113-1**) sollte nicht für die Planung von Endstromkreisen und die erforderlichen Abschaltzeiten herangezogen werden. Diese Tabelle dient lediglich dem Inbetriebnehmer als Orientierungshilfe dahingehend, ob die vom Planer vorgesehenen Schutzmaßnahmen mit der dazugehörigen Schutzeinrichtung zusammenpassen, um die erforderliche Abschaltzeit erreichen zu können.

Kommentare und Anfragen zu Tabelle 10 der Vorgängernorm (Ausgabe Juni 2007) von DIN EN 60204-1 (**VDE 0113-1**) waren häufig von Planern gestellt worden. Dies zeigt, dass der Grund der Veröffentlichung dieser Tabelle falsch verstanden wurde. Wird z. B. bei der Errichtung der elektrischen Ausrüstung auf der Verwendungsstelle ein anderer Leitungsweg gewählt als der in der Planung vorgesehene und dadurch die Zuleitung länger als geplant, dann kann die Abschaltzeit im Fehlerfall eventuell nicht erreicht werden. Solche Veränderungen gegenüber den Planungsunterlagen müssen überprüft werden. Nur zu diesem Zweck ist Tabelle 10 der DIN EN 60204-1 (**VDE 0113-1**) gedacht.

Unterschiedliche Abschaltzeiten in Tabelle 10 der DIN EN 60204-1 (VDE 0113-1)

Tabelle 10 der DIN EN 60204-1 (**VDE 0113-1**) enthält Leitungslängen, die einer entsprechenden Überstromschutzeinrichtung zugeordnet sind. Folgende Überstromschutzeinrichtungen werden den jeweiligen Abschaltzeiten zugeordnet, siehe **Tabelle 18.3**.

Überstromschutzeinrichtung	Abschaltzeit	Anwendbar für
Sicherungen	Abschaltzeit ≤ 5 s	Nur für fest montierte Maschinen
Sicherungen	Abschaltzeit ≤ 400 ms	Für Steckdosen und Endstromkreise für bewegliche Maschinenteile
Leitungsschutzschalter Charakteristik B	Abschaltzeit ≤ 400 ms	
Leitungsschutzschalter Charakteristik C	Abschaltzeit ≤ 400 ms	
Leitungsschutzschalter Charakteristik D	Abschaltzeit ≤ 400 ms	
Einstellbarer Leistungsschalter	Abschaltzeit ≤ 400 ms	

Tabelle 18.3 Zuordnung von Überstromschutzeinrichtungen in Abhängigkeit von der erforderlichen Abschaltzeit

Maximal zulässige Netzimpedanz

Wichtig ist auch die empfohlene max. zulässige Impedanz der Energiequelle, die für die zugeordnete Überstromschutzeinrichtung benötigt wird, um die erforderliche Abschaltzeit zu erreichen.

Durchlassenergie der vorgelagerten Überstromschutzeinrichtung

Die gleichen Anforderungen gelten für vorgelagerte Überstromschutzeinrichtungen in Verteilerstromkreisen, die den Überlastungsschutz der nachgeschalteten Überstromschutzeinrichtungen übernehmen, aber trotzdem noch so viel elektrische Energie zur Verfügung stellen (durchlassen), dass die nachgeschalteten Überstromschutzeinrichtungen einen so hohen Kurzschlussstrom im Fehlerfall führen, dass sie in der erforderlichen Zeit abschalten können.

18.3 Isolationswiderstandsprüfung

Die Isolationswiderstandsprüfung gehört nicht zu den zwingend vorgeschriebenen Prüfungen. Es liegt im Ermessen des Herstellers bzw. des Errichters der Maschine, ob und in welchem Umfang er diese Prüfung für notwendig erachtet.

Ziel der Isolationsmessung ist im Wesentlichen, Kriechwege durch Verschmutzung während der Montage zu ermitteln. Mit dieser Prüfung werden die Isolationswiderstände zwischen den Hauptstromkreisen und dem Schutzleitersystem bzw. gegen Erde angesprochen.

Vorsicht bei überspannungsempfindlichen Betriebsmitteln

Die geforderte Höhe der Prüfspannung von DC 500 V kann jedoch bei spannungsempfindlichen Betriebsmitteln Probleme mit sich bringen, insbesondere wegen der nach den Messgerätenormen zulässigen Leerlaufspannung bis +50 %.

Diese Prüfung wird daher nur für Hauptstromkreise und den netzseitigen Anschluss von Steuertransformatoren, die galvanisch mit dem Versorgungsnetz verbunden sind, gefordert.

Nicht bei Steuerstromkreisen

Bei Steuerstromkreisen, die durch einen Trenntransformator oder auf andere, vergleichbare Weise vom speisenden Netz getrennt sind, kann diese Prüfung entfallen.

In Abschnitten messen

Bei großen, verzweigten Anlagen kann es wegen der hohen Leitungskapazitäten gegen Erde und sonstiger Ableitwiderstände schwierig sein, brauchbare Messergebnisse zu erzielen. Das eigentliche Ziel dieser Prüfung, die Aufdeckung unzulässiger Kriechstrecken, wird durch diese Nebeneffekte, die Parallelschaltungen darstellen, überdeckt. Deshalb erlaubt die Norm, diese Prüfung bei einer Anlage an einzelnen getrennten Abschnitten vorzunehmen.

Ausnahmen für Schleifleitungen

Darüber hinaus kann der geforderte Wert von 1 MΩ für manche Anlagenteile nicht eingehalten werden. Hierzu zählen insbesondere die in dieser Norm genannten Sammelschienen, Schleifleitungssysteme oder Schleifringkörper, für die man den Mindestwert auf 50 kΩ begrenzt hat. Dies ist mittels einer Ausnahme geregelt.

Abklemmen erlaubt

Einige Betriebsmittel können Beschaltungselemente (z. B. Varistoren) für den Überspannungsschutz enthalten, die bei der vorgesehenen Prüfspannung ansprechen. Solche Betriebsmittel dürfen für den Zeitraum der Prüfung abgeklemmt werden.

Nachprüfung erforderlich

Hierbei sollte allerdings berücksichtigt werden, dass das Ab- und Wiederanklemmen eine zusätzliche Fehlerquelle darstellt. Eine daraus resultierende nachträgliche Kontrolle, eventuell in Verbindung mit der Funktionsprüfung nach 18.6, ist notwendig.

Reduzierte Prüfspannung

Alternativ darf die Prüfspannung auf einen Wert unterhalb der Ansprechschwelle dieser Beschaltungselemente reduziert werden. Die Begrenzung der Prüfspannung nach unten auf einen Wert des Spitzenwerts der Versorgungsspannung an der oberen Toleranzgrenze ist eigentlich eine Selbstverständlichkeit. Wenn die Ansprechschwelle der Beschaltungselemente tiefer liegen sollte, liegt ohnehin ein Projektierungsfehler vor.

18.4 Spannungsprüfung

Die Spannungsprüfung (früher auch nicht ganz korrekt „Hochspannungsprüfung" genannt) gehört nicht zu den zwingend vorgeschriebenen Prüfungen. Es liegt im Ermessen des Herstellers bzw. Errichters der Maschine, ob und in welchem Umfang er diese Prüfung für notwendig erachtet.

Bei unzureichenden Luftstrecken

Die Prüfung soll dem Feststellen von unzureichenden Luftstrecken oder Isolationsschäden dienen, die bei der Montage der Ausrüstung durch abgespleißte Einzeldrähte, eingedrungene Metallspäne oder gar Leitungsbeschädigungen entstanden sein können.

Keine Vorschädigung durch Prüfung

Die in der Ausrüstung verwendeten elektrischen Betriebsmittel selbst sollen mit der Spannungsprüfung nicht geprüft werden. Diese mussten von deren Herstellern beim Fertigungsprozess einer Stückprüfung entsprechend den zutreffenden Produktnormen unterzogen werden. Eine nochmalige Prüfung kann sogar zu einer Vorschädigung der Betriebsmittel führen, was insbesondere vor allem die elektronische Ausrüstung betreffen kann.

Prüfspannung mindestens AC 1 000 V

Im Gegensatz zur Isolationswiderstandsprüfung wird bei der Spannungsprüfung mit einer Wechselspannung mit Nennfrequenz geprüft. Die Prüfspannung vom Zweifachen der Bemessungsspannung bzw. mindestens AC 1 000 V muss für 1 s zwischen den Leitern aller Stromkreise und dem Schutzleitersystem angelegt werden.

Die Prüfspannungsquelle muss eine Leistung von mindestens 500 VA besitzen, damit die Prüfspannung gegenüber der Leerlaufspannung des Laststroms aufgrund der Kapazität des Prüflings nicht zu sehr zusammenbricht, siehe **Bild 18.5**. Die Prüfung gilt als bestanden, wenn während der Prüfzeit von 1 s kein Durchschlag erfolgt ist. Prüfeinrichtungen entsprechend DIN EN 61180 (**VDE 0432-10**) [121] erfüllen die notwendigen Anforderungen.

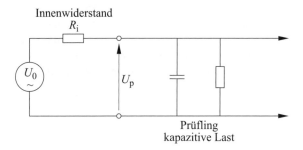

Bild 18.5 Spannungsprüfung, prinzipielle Anordnung

Keine PELV-Stromkreise prüfen

Ausgenommen von dieser Prüfung sind lediglich PELV-Stromkreise. Das bedeutet, dass auch die Steuerstromkreise einer derartigen Prüfung unterzogen werden können, sofern es keine PELV-Stromkreise sind.

Abklemmen erlaubt

Betriebsmittel, die nicht für die Prüfspannung bemessen sind, sowie solche, die nicht wiederholt einer Spannungsprüfung unterzogen werden sollen, müssen vor der Prüfung abgeklemmt oder auf sonstige Art abgetrennt werden. Hierbei sollte allerdings berücksichtigt werden, dass das Ab- und Wiederanklemmen eine zusätzliche Fehlerquelle darstellt. Eine daraus resultierende nachträgliche Kontrolle, eventuell in Verbindung mit der Funktionsprüfung nach 18.6, ist notwendig.

Prüfplan sinnvoll

Für die Durchführung der Spannungsprüfungen ist es ratsam, einen Prüfplan zu erstellen und, sofern möglich, schon nach der Montage von Teilen der elektrischen Ausrüstung die Spannungsprüfung vorzunehmen, sodass nicht die ganze Anlage mit einem Vorgang geprüft wird.

18.5 Schutz gegen Restspannung

Restspannungen können an allen Kondensatoren, auch nach dem Trennen der elektrischen Ausrüstung vom Netz, vorhanden sein. Diese Prüfung ist daher nur erforderlich, wenn in der elektrischen Ausrüstung Kondensatoren vorhanden sind.

Restspannung kann vor allem bei Frequenzumrichtern und anderen elektronischen Motorsteuergeräten sowie bei Kompensationsanlagen vorliegen. Die Prüfung soll sicherstellen, dass die in Abschnitt 6.2.4 der Norm genannten Grenzwerte, bei denen ein direktes Berühren zwar möglich, aber nicht mehr gefährlich ist, eingehalten werden.

Herstellerangaben beachten

Die Hersteller solcher Betriebsmittel haben oft schon von sich aus einen Warnhinweis mit einer Wartezeit angebracht, nach der die Spannung auf das zulässige ungefährliche Maß abgesunken ist, s. a. Kommentar zu Abschnitt 6.2.4.

Spannung nach 5 s

Die Entladespannung kann im einfachsten Fall durch Berechnung ermittelt werden. Für eine Messung müssen geeignete Messgeräte mit einem sehr hohen Innenwiderstand verwendet werden, da insbesondere bei kleinen Kondensatoren schon ein normaler Spannungsmesser mit einem Innenwiderstand von 1 MΩ/V den Entladevorgang so beschleunigt, dass keine vernünftige Aussage über den eigentlichen Wert nach 5 s gemacht werden kann. Eine andere, bessere Methode wäre die oszilloskopische Aufzeichnung der Entladespannungskurve.

18.6 Funktionsprüfung

Unter einer Funktionsprüfung der elektrischen Ausrüstung ist die Prüfung (Erprobung im Sinne von DIN VDE 0100-600) der ordnungsgemäßen Funktion aller Einrichtungen, insbesondere der Schutzeinrichtungen, zu verstehen. Auch wenn in Abschnitt 18.1 empfohlen wird, die Prüfungen in der gelisteten Reihenfolge vorzunehmen, so kann hier sehr wohl zwischen der Prüfung von Schutzfunktionen und der Prüfung der betrieblichen Funktionalität unterschieden werden.

Schutzfunktionen zuerst

An erster Stelle steht die Prüfung der Schutzfunktionen, die auch dem Schutz des Prüfpersonals dienen. Hierzu gehört vor allem die Prüfung der Schutzmaßnahme gegen elektrischen Schlag im Fehlerfall entsprechend Abschnitt 18.2.

Ergänzende Schutzmaßnahmen

Wenn außer der automatischen Abschaltung weitere ergänzende Schutzmaßnahmen getroffen wurden, wie z. B. Fehlerstromschutzeinrichtungen (RCDs), Erdschluss- oder Isolationsüberwachungseinrichtungen, sollte deren Funktion ebenfalls an dieser Stelle mitgeprüft werden, obwohl diese in der Auflistung in Abschnitt 18.1 nicht ausdrücklich erwähnt sind.

Die Isolationswiderstandsprüfung nach Abschnitt 18.3 sowie die Spannungsprüfung nach Abschnitt 18.4 haben ebenfalls eine hohe Relevanz für den Schutz des Prüfpersonals.

Ordnungsgemäße Funktionen

An zweiter Stelle stehen die ordnungsgemäßen Funktionen aller sicherheitsrelevanten Einrichtungen. Hierzu zählen Sicherheitsverriegelungen, Sicherheitsschalter und Überwachungen, Einrichtungen für Handlungen im Notfall (Stillsetzen, Ausschalten), Endschalter, Wirkung bei Ausfall von Redundanzen usw. Soweit es sinnvoll möglich ist, diese Sicherheitsfunktionen ohne den bestimmungsgemäßen Betrieb zu testen, sollten diese „kalt" geprüft werden.

Funktionsprüfung durch Betrieb

An dritter Stelle stehen dann die Funktionen für den bestimmungsgemäßen Betrieb sowie sicherheitsrelevante Funktionen, die „kalt" nicht oder nicht vollständig geprüft werden konnten.

18.7   Nachprüfungen

Nachprüfungen beschränken sich nach dieser Norm lediglich auf ausgewechselte oder geänderte Teile der elektrischen Ausrüstung. Nicht gemeint sind hier regelmäßige Wiederholungsprüfungen bestimmter Sicherheitsfunktionen, wie sie für bestimmte Betriebsmittel in Betreiberrichtlinien oder Unfallverhütungsvorschriften gefordert werden. Diese sind nicht Gegenstand dieser Norm.

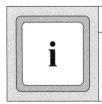

Dokumentation gemäß Abschnitt 17 erstellen

Wenn vorgesehen ist, dass Nachrüstungen oder Änderungen vom Betreiber gemacht werden müssen, sollten entsprechende Anweisungen für die Nachprüfung in die Gebrauchsanleitung aufgenommen werden.

Häufig wird die Frage gestellt, ob die bestehende Ausrüstung dann auch an neue oder ergänzte Normen angepasst werden müsse. Im Grundsatz nicht, solange die bestehende Ausrüstung durch die Änderung nicht in ihrer Funktion und Sicherheit tangiert wird.

Dokumentation nachführen

An den Schnittstellen einer Änderung bzw. Nachrüstung sind, wo notwendig, Kennzeichnungen anzubringen und außerdem sind die Pläne/technische Dokumentation anzupassen.

Risikobeurteilung kann notwendig sein

Haben die Änderungen jedoch einen Einfluss auf die Funktionalität der Maschine in einer Art, dass neue Risiken entstehen können oder bestehende Restrisiken sich verändern, dann muss eine neue Risikobeurteilung gemacht werden. Dies kann auch dazu führen, dass Teile der Anlage, oder sogar die ganze Anlage, an neue Normen angepasst werden müssen.

Anhänge

Allgemeines zu den Anhängen

Anhänge zu einer Norm können sowohl normativ als auch informativ sein. Dies muss für jeden einzelnen Anhang angegeben werden.

In informativen Anhängen werden dem Normenanwender häufig Hintergrundinformationen gegeben, die das Verständnis der Festlegungen im normativen Teil fördern. Dies können sowohl Festlegungen aus anderen Normen oder technischen Regeln als auch physikalisch-technische Zusammenhänge sein, die Voraussetzung für die Festlegungen im normativen Teil sind. Es können aber auch Entscheidungshilfen sein, vor allem für solche Festlegungen im normativen Teil, im Rahmen derer dem Normenanwender Ermessensspielräume oder Alternativen geboten werden.

Normative Anhänge

In normativen Anhängen werden häufig zusätzliche Festlegungen zusammengefasst, die für die Erfüllung der Anforderungen im normativen Teil erforderlich sind und die deshalb auch normativ sein müssen. Diese können aber einerseits so umfangreich sein, dass sie den Rahmen der primären Festlegungen im normativen Teil sprengen bzw. diesen unübersichtlich machen würden, und andererseits mehreren Sachthemen im normativen Teil zugeordnet sein. Ein Beispiel hierfür ist Anhang A, dessen Anforderungen im Wesentlichen mit den Anforderungen in den Abschnitten 6 und 18 verknüpft sind.

Andererseits kann es sich um Festlegungen handeln, die nicht direkt einem Sachthema im normativen Teil zugeordnet werden können. Ein typisches Beispiel hierfür ist der Anhang ZA, der im Grunde nur eine Vergleichstabelle für die in Abschnitt 2 normativ gelisteten internationalen Normen mit den entsprechenden europäischen Normen ist.

Informative Anhänge

Informative Anhänge enthalten keine Anforderungen. Deshalb enthalten informative Anhänge keine Verben wie „muss" oder „darf nicht". Es werden aus diesem Grund nur Verben wie „darf" oder „kann" verwendet.

Ein Anwender dieser Norm kann den Eindruck gewinnen, informative Anhänge brauchen nicht beachtet zu werden. Doch leider ist dem nicht so. Wenn die empfohlenen Angaben nicht berücksichtigt werden, muss man schon (nachweisbar) gute Gründe haben, warum man einer Empfehlung nicht gefolgt ist. Die Gründe, sich dagegen entschieden zu haben, werden dann bedeutsam, wenn ein Unfall aufgetreten ist.

Anhang A (normativ)
Fehlerschutz durch automatische Abschaltung
der Stromversorgung

Anhang A enthält detaillierte Angaben zum Fehlerschutz durch eine automatische Abschaltung und zu deren Prüfung. Die Anforderungen sind in Abhängigkeit von den Systemen nach Art ihrer Erdverbindungen unterteilt.

- A.1 Fehlerschutz für Maschinen, die von einem TN-System versorgt werden,
- A.2 Fehlerschutz für Maschinen, die von einem TT-System versorgt werden.

Der Unterschied zwischen einem TN- und einem TT-System liegt in den im Fehlerfall eines Außenleiters möglichen Berührungsspannungen.

Berührungsspannung im TN-System

Im TN-System beträgt die max. Berührungsspannung 50 % von $U_0 = $ AC 230 V, also AC 115 V, da sich die Berührungsspannung je zur Hälfte zwischen der Impedanz des Außenleiters und der des Schutzleiters aufteilt, siehe **Bild A.1**.

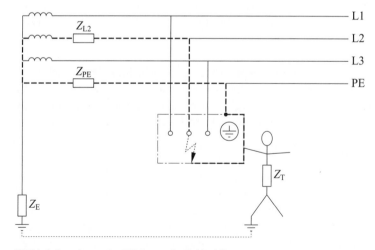

Bild A.1 Impedanzen im TN-System im Fehlerfall

Berührungsspannung im TT-System

Im TT-System kann die max. Berührungsspannung fast 100 % von U_0 = AC 230 V betragen, da sich die Berührungsspannung zwischen der Impedanz des Außenleiters und der des Strompfads durch die Erde aufteilt, siehe **Bild A.2**. Deshalb sind die Abschaltzeiten im TT-System gegenüber denen von TN-Systemen bei gleicher Bemessungsspannung wesentlich kürzer.

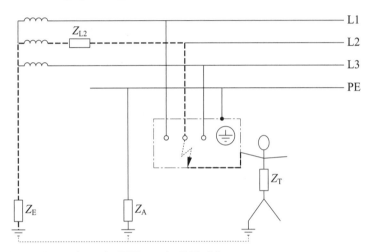

Bild A.2 Impedanzen im TT-System im Fehlerfall

A.1.1 Allgemeines

Die Abschaltzeiten zum Schutz gegen elektrischen Schlag wurden aus DIN VDE 0100-410 abgeleitet.

Der Fehlerschutz ist vorzugsweise durch Überstromschutzeinrichtungen sicherzustellen. Für Maschinen, die fest montiert verwendet werden, ist eine Abschaltzeit von 5 s ausreichend. Diese Abschaltzeiten wurden aus der DIN VDE 0100-410 abgeleitet, nach der diese Abschaltzeit für Endstromkreise > 32 A und für Verteilerstromkreise gilt.

Fehlerspannung fasst 50 % der Bemessungsspannung

Die lange Abschaltzeit kann deshalb zugelassen werden, da bei einem Isolationsfehler zwar das geerdete Maschinengehäuse eine Fehlerspannung, die 50 % der Bemessungsspannung annimmt, aufweisen kann, aber sowohl die Maschine als auch der Bediener stehen auf demselben angehobenen Potential und nur die Schrittspannung ermöglicht eine Spannungsdifferenz.

Abschaltzeit ≤ 5 s

Da der Potentialverlauf innerhalb einer Maschinenhalle mit einem Fundamenterder nahezu flach verläuft, kann auch keine nennenswerte Schrittspannung auftreten, siehe Bild 6.14. Bei Maschinen, die ohne einen Fundamenterder aufgebaut werden, kann eine Abschaltzeit von 5 s gefährlich sein.

Kann eine Abschaltzeit von ≤ 5 s nicht eingehalten werden, muss zusätzlich zur Überstromschutzeinrichtung ein örtlicher Schutzpotentialausgleich vorgesehen werden. Doch auch dann können andere Abschaltzeiten aus weiteren Gründen, wie z. B. zum Schutz bei thermischer Überlastung, erforderlich sein.

Für Stromkreise von Steckdosen oder direkt versorgten elektrischen Betriebsmitteln der Schutzklasse I, die in der Hand gehalten werden können oder tragbar sind bzw. bewegt werden können, gelten die spannungsabhängigen Abschaltzeiten für Endstromkreise entsprechend DIN VDE 0100-410, siehe **Tabelle A.1**.

U_0	50 V bis ≤ 120 V	> 120 V bis ≤ 230 V	> 230 V bis ≤ 400 V	> 400 V
Abschaltzeit	0,8 s	0,4 s	0,2 s	0,1 s

Tabelle A.1 Abschaltzeiten im TN-System bei Wechselstromkreisen

A.1.2 Bedingungen für den Schutz durch automatische Abschaltung der Stromversorgung mit Überstromschutzeinrichtung

Im Allgemeinen übernehmen die Abschalteinrichtungen, die dem Schutz der Leitungen bei Kurzschlüssen dienen, auch den Schutz gegen elektrischen Schlag durch automatische Abschaltung. Damit diese Abschalteinrichtungen innerhalb der festgelegten Zeiten abschalten können, muss der Fehlerstrom einen Mindestwert erreichen, entsprechend der jeweiligen Abschaltcharakteristik des Schutzgeräts.

Mindeststrom

Dieser Mindeststrom ist also geräte- und typabhängig. Der Strom, der sich im Kurzschlussfall tatsächlich einstellt, ist von der Impedanz der gesamten Fehlerschleife, einschließlich der Impedanz der Spannungsquelle, abhängig. Oder anders ausgedrückt: Die Impedanz der Fehlerschleife (Z_S) darf einen bestimmten Wert nicht überschreiten, der sich aus der treibenden Spannung (U_0) und dem erforderlichen Mindestauslösestrom (I_a) des Schutzgeräts ergibt:

$$Z_S \cdot I_a \leq U_0$$

Z_S Impedanz der Fehlerschleife,

I_a Strom für die automatische Abschaltung,

U_0 Bemessungsspannung.

Diese Vorgehensweise soll an einem Beispiel erläutert werden. **Bild A.3** zeigt die Schmelzzeit von NH-Sicherungen der Betriebsklasse gL über dem Effektivwert des Kurzschluss-Stroms.

Soll z. B. eine 16-A-Schmelzsicherung innerhalb von 5 s abschalten, so muss der Kurzschlussstrom etwa 55 A betragen. Bei einer Abschaltzeit von 0,4 s muss der Strom etwa 90 A betragen.

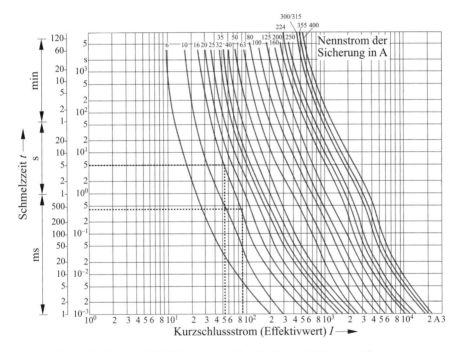

Bild A.3 Strom-Kennlinie von NH-Sicherungen der Betriebsklasse gL (Siemens AG)

Unverzögerte magnetische Auslöser

Wesentlich andere Zuordnungen des Stroms zur Abschaltzeit sind praktisch nur mit Leitungsschutzschaltern oder Leistungsschaltern zu erreichen, die einen unverzögerten magnetischen Auslöser haben. Bei diesen ist der Auslösestrom häufig auch einstellbar. **Bild A.4** zeigt ein Beispiel hierfür. Da sich die Kennlinien dieser Geräte wesentlich besser auf eine gewünschte Charakteristik abstimmen lassen, auch bei unterschiedlichen Nennströmen, sind diese häufig auf ein Vielfaches des Nennstroms normiert dargestellt.

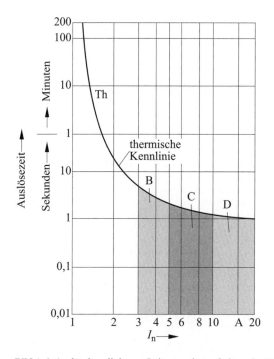

Bild A.4 Auslösekennlinie von Leitungsschutzschaltern der Kennlinien B, C und D

Abschaltzeiten von 0,1 s

Aufgrund des relativ großen Streubereichs der magnetischen Auslöser muss bei der Kennlinie B der fünffache, bei der Kennlinie C der zehnfache Nennstrom überschritten werden. Dann liegen aber die Abschaltzeiten einschließlich Lichtbogenlöschung bei 0,1 s.

Für die Impedanz der Fehlerschleife bedeutet das, sie darf bei einer Spannung gegen Erde von AC 230 V nicht größer sein als etwa 4 Ω (Abschaltzeit 5 s mit Schmelzsicherung 16 A) bzw. nicht größer als etwa 1,4 Ω (Abschaltzeit 0,1 s mit einem LS-Automat 16 A). Sind die Impedanzen größer, d. h., die notwendigen Abschaltströme können nicht erreicht werden, müssen entweder größere Leiterquerschnitte gewählt werden oder kleinere Schutzgeräte, wenn der Strombedarf der angeschlossenen Betriebsmittel dies zulässt.

Erwärmung der Leitung bewerten

Die Impedanz der Fehlerschleife kann entweder rechnerisch bestimmt, siehe hierzu Bild 18.3, oder gemessen werden. Sowohl bei der Rechnung als auch bei der Messung muss berücksichtigt werden, dass der Fehlerstrom die Leiter erwärmt und damit die Impedanzen der Fehlerschleife erhöht.

Dies gilt insbesondere bei den längeren Abschaltzeiten von 5 s. Damit der Fehlerstrom nicht auf einen Wert reduziert wird, der eine Abschaltung verhindert oder verzögert, wird dies durch einen pauschalen Sicherheitsfaktor berücksichtigt. Weitere Hinweise zur Berechnung von Kurzschlussströmen gibt die Normenreihe DIN EN 60909 (**VDE 0102**).

Warme Leiter haben einen höheren Widerstand

Da auch bei erwärmten Leitern der notwendige Kurzschlussstrom zum Fließen kommen muss, ist die mögliche Erhöhung des Leiterwiderstands bei der Fehlerschleifenberechnung zu berücksichtigen. Zur Berechnung eignet sich folgende Formel:

$$Z_S \, (m) \leq \frac{2}{3} \cdot \frac{U_0}{I_a}$$

$Z_S \, (m)$ gemessene Impedanz der Fehlerschleife,

I_a Strom für die automatische Abschaltung,

U_0 Bemessungsspannung.

A.1.3   Bedingungen für den Schutz durch Reduzierung der Berührungsspannung unter AC 50 V

In Sonderfällen kann es vorkommen, dass die notwendigen Mindestabschaltströme nicht erreicht werden. Dies kann insbesondere bei langen Leitungen zu einzelnen Betriebsmitteln der Fall sein. Wenn auch eine sinnvolle Vergrößerung der Leiterquerschnitte insgesamt keine Abhilfe bringt, kann die mögliche Berührungsspannung über einen zusätzlichen Potentialausgleich reduziert werden.

Dieser zusätzliche Potentialausgleich hat eine doppelte Wirkung. Einmal verringert er die Impedanz der gesamten Fehlerschleife und erhöht damit in Grenzfällen die Chance, dass der Mindestabschaltstrom des betreffenden Schutzgeräts erreicht wird.

Wichtiger ist aber, dass er wie eine Parallelschaltung des Schutzleiters wirkt und damit das Spannungsteilerverhältnis für den Abgriff der Berührungsspannung verändert. Das Ziel ist, dass damit die Berührungsspannung auf Werte unter 50 V begrenzt wird.

Dieses Ziel wird erreicht, wenn das Verhältnis von AC 50 V zur Nennspannung gegen Erde (U_0) größer oder gleich dem Verhältnis der Schutzleiterimpedanz (Z_{PE}) zur Impedanz der gesamten Fehlerschleife (Z_S) ist.

$$Z_{PE} \leq \frac{50}{U_0} \cdot Z_S$$

Man kann diese Bedingung auch noch folgendermaßen formulieren und messtechnisch kontrollieren:

Ein Fehlerstrom, der gerade noch nicht zur Abschaltung führt – also praktisch der Mindestabschaltstrom I_a – darf an dem Widerstand des Schutzleitersystems R_{PE} keinen Spannungsfall (Berührungsspannung) verursachen, der größer als 50 V ist.

$$R_{PE} \leq \frac{50}{I_a \ (5\,\text{s})}$$

Der Widerstand R_{PE} lässt sich leicht mit der Prüfmethode 1 messen (siehe Abschnitt 18.2.2). Ein größerer Fehlerstrom würde zwar eine höhere Berührungsspannung verursachen, aber auch nach spätestens 5 s zu einer Abschaltung führen.

A.1.4 Überprüfung der Bedingungen zum Schutz durch automatische Abschaltung der Stromversorgung

A.1.4.1 Allgemeines

Die grundsätzliche Vorgehensweise für diese Überprüfung wurde bereits in Abschnitt 18.2.2 bei den Erläuterungen zu Prüfung 2 beschrieben. Der Schutz gegen elektrischen Schlag durch automatische Abschaltung kann nur erfolgen, wenn:

- die Fehlerschleifenimpedanz so niedrig ist, dass der erforderliche Kurzschlussstrom fließen kann,

- die Kurzschlussleistung der Stromversorgung so groß ist, dass der erforderliche Kurzschlussstrom zur Verfügung gestellt wird,

- die Überstromschutzeinrichtung in der Lage ist, bei dem möglichen Kurzschlussstrom in der erforderlichen Zeit auszulösen.

Bei der Inbetriebnahme sind die Kennwerte der Schutzschaltgeräte bzw. bei Leistungsschaltern die eingestellten unverzögerten Kurzschlussschutzwerte zu überprüfen. Anschließend ist die Fehlerschleifenimpedanz der einzelnen Strompfade zu messen.

Tabelle A.2 zeigt die Reihenfolge einer Prüfung und die Abhängigkeiten der einzelnen Schritte untereinander.

Prüfschritte	Tätigkeit	
1. Schritt	**Messung** der Fehlerschleifenimpedanz	
2. Schritt	**Berechnung** des möglichen Kurzschlussstroms unter Berücksichtigung der Nennwechselspannung U_0	
3. Schritt	**Ermittlung der Abschaltzeit** durch die Überstromschutzeinrichtung anhand der Auslösekennlinie	
4. Schritt	**Überprüfung** der erreichbaren Abschaltzeit mit der geforderten Abschaltzeit gemäß DIN VDE 0100-410 [45]	<table><tr><td>Spannungsbereiche U_0</td><td colspan="2">> 50 V bis ≤ 120 V</td><td colspan="2">> 120 V bis ≤ 230 V</td><td colspan="2">> 230 V bis ≤ 400 V</td><td colspan="2">> 400 V</td></tr><tr><td>Stromart</td><td>AC</td><td>DC</td><td>AC</td><td>DC</td><td>AC</td><td>DC</td><td>AC</td><td>DC</td></tr><tr><td>Im TN-System</td><td>0,8 s</td><td>–</td><td>0,4 s</td><td>5 s</td><td>0,2 s</td><td>0,4 s</td><td>0,1 s</td><td>0,1 s</td></tr><tr><td>Im TT-System</td><td>0,3 s</td><td>–</td><td>0,2 s</td><td>0,4 s</td><td>0,07 s</td><td>0,2 s</td><td>0,04 s</td><td>0,1 s</td></tr></table>
5. Schritt	**Dokumentation** durch Eintragung der Abschaltzeit in das Prüfprotokoll	Protokoll

Tabelle A.2 Prüfschritte zur Überprüfung der Abschaltbedingungen

Verzicht auf eine Fehlerschleifenimpedanzmessung

In Anhang A1.4 geht es nur noch um die Überprüfung, ob die während der Projektierungsphase berechneten Schleifenimpedanzen oder Schutzleiterwiderstände auch vorliegen. In solchen Fällen darf der Prüfer auf eine Fehlerschleifenimpedanzmessung verzichten, sofern die Basisdaten für die Berechnung, d. h. Kabellängen, Querschnitte, Anordnung der Installation sowie die Daten der Energieversorgung, kontrolliert werden können. Anderenfalls muss gemessen werden oder, nach einer Neuaufnahme der Basisdaten, neu gerechnet werden.

Leistungsantriebssysteme übernehmen den Schutz?

Werden bei einer Maschine Leistungsantriebssysteme (PDS) verwendet, sind alle Messungen oder Berechnungen bei der Prüfung nur bis zu den Anschlussklemmen des Leistungsantriebssystems vorzunehmen, siehe **Bild A.5**.

467

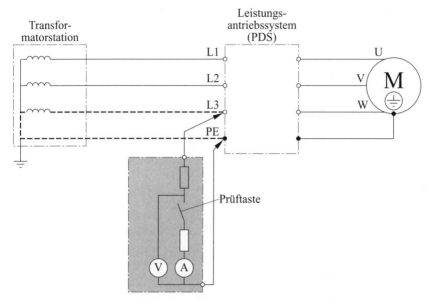

Transfor-
matorstation

Leistungs-
antriebssystem
(PDS)

L1
L2
L3
PE

U
V **M**
W

Prüftaste

Bild A.5 Fehlerschleifenimpedanzmessung mit Leistungsantriebssystem (PDS)

Sicherstellung der Abschaltbedingungen

Damit gibt es jedoch für den Prüfer keine Sicherstellung der Abschaltbedingungen durch Prüfung des Umrichters, da der Umrichter erst im Fehlerfall die Ausgangs-spannung reduzieren und die Energiezufuhr zur Fehlerstelle verhindern würde.

Elektronik übernimmt Fehlerschutz

Doch in diesem Fall wird der Fehlerschutz durch elektronische Betriebsmittel sicher-gestellt. Für einen Schutz müssten dann aber die Reglerbausteine, die für den Schutz gegen elektrischen Schlag verantwortlich sind, in einem funktionalen Sicherheitslevel von z. B. SIL 2 ausgeführt sein. DIN EN 61800-5-2 (**VDE 0160-105-2**) [44] enthält diesbezügliche Anforderungen.

Keine galvanische Trennung

Aber eine automatische Reduzierung der Berührungsspannung auf eine ungefährliche Spannungshöhe ist keine galvanische Trennung mit Trennereigenschaften, wie sie in DIN VDE 0100-537 für den Fehlerfall gefordert wird. Der Schutz gegen elektrischen Schlag ist noch nicht abschließend genormt. Die DKE hat zu diesem Thema folgende Verlautbarung (Stand 17. Februar 2014) veröffentlicht:

__Prüfen des Schutzes gegen elektrischen Schlag bei Einsatz von Frequenz-umrichtern und USV-Anlagen__

In elektrischen Anlagen, die Betriebsmittel wie Frequenzumrichter oder Unterbrechungsfreie Stromversorgungssysteme (USV) enthalten, ist der Schutz gegen elektrischen Schlag für das Gesamtsystem sicherzustellen. Hierzu gehört auch die Last- bzw. Verbraucherseite des Frequenzumrichters oder der USV-Anlage.

Dieser Hinweis beschreibt die Anforderungen an die Prüfung vorgenannter Einrichtungen.

Der Hersteller des Frequenzumrichters bzw. der USV-Anlage beschreibt die Maßnahmen zur Sicherstellung der Schutzmaßnahmen gegen elektrischen Schlag nach DIN VDE 0100-410 für die Last- bzw. Verbraucherseite des Frequenzumrichters oder der USV-Anlage sowie die hierfür notwendigen Vorkehrungen bei der Errichtung.

Der Prüfer kontrolliert die Übereinstimmung der getroffenen Vorkehrungen mit der Dokumentation des Herstellers und prüft die Durchgängigkeit des Schutzleiters nach DIN VDE 0100-600:2008-06, Abschnitt 61.3.2.

Liegen vom Hersteller entsprechende Informationen nicht vor, wird dies bei der Prüfung als Mangel gewertet.

Örtlicher Schutzpotentialausgleich

Entsprechend dieser DKE-Verlautbarung muss bei fehlender Dokumentation von Seiten des Herstellers ein örtlicher Schutzpotentialausgleich vorgesehen sein. Dies ist zu überprüfen.

A.1.5   Messung der Fehlerschleifenimpedanz

Für die Fehlerschleifenimpedanzmessung gibt es Prüfeinrichtungen, die entsprechend DIN EN 61557-3 (**VDE 0413-3**) [122] genormt sind.

Messungen mit der Originalstromquelle

Der zu messende Stromkreis muss an seine endgültige Spannungsquelle angeschlossen und eingeschaltet werden. Dies ist wichtig, weil ja der gesamte Stromkreis einschließlich der Spannungsversorgung die Schleifenimpedanz bestimmt. Deshalb sind auch Messungen, die eventuell bereits in einem Prüffeld gemacht wurden, nicht mehr aussagekräftig, wenn die Daten der Spannungsversorgung nicht identisch sind.

Betriebsmittel braucht nicht abgeklemmt werden

Elektrische Betriebsmittel brauchen nicht abgeklemmt zu werden, solange die Impedanz dieser Betriebsmittel deutlich größer ist als die des speisenden Netzes. Das Prüfergebnis wird hierdurch nur vernachlässigbar verfälscht. Wenn es der Betrieb nicht erlaubt, dass z. B. der Motor während der Prüfung läuft, so kann dieser zweiphasig getrennt werden, beispielsweise durch Herausnehmen der Sicherungen. Die Messung simuliert ohnehin nur einen einphasigen Kurzschluss gegen Erde.

Messprinzip

Wie in Bild 18.4 dargestellt, wird die Spannung der Spannungsquelle an der fiktiven Fehlerstelle einmal mit einer definierten Zusatzlast im Messinstrument gemessen und einmal ohne diese Zusatzlast. Der Unterschied hinsichtlich der gemessenen Spannungswerte ist ein Maß für die Schleifenimpedanz. Da hier sehr kleine Widerstände gemessen werden, ist es wichtig, die Angaben in der Betriebsanleitung der Messausrüstung bezüglich des Messverfahrens und der Messgenauigkeit zu beachten.

A.2 Fehlerschutz in TT-Systemen

In einem TT-System ist die Erdung der Stromquelle nicht mit dem Anlagenerder der Maschine (Verbraucheranlage) verbunden.

A.2.1 Verbindung mit Erde

Alle Schutzleiter, einschließlich der Schutzpotentialausgleichsleiter, werden in der Verbraucheranlage zusammengeführt und dann gemeinsam geerdet. Eine Einzelerdung aller Schutzleiter und Schutzpotentialausgleichsleiter ist möglich, aber bei Maschinen nicht üblich.

Fahrbare Maschinen

Bei fahrbaren Maschinen werden die zusammengefassten Schutzleiter und Schutzpotentialausgleichsleiter der einzelnen Betriebsmittel der Schutzklasse I mit dem Schutzleiter der Stromzuführung mit der örtlichen Erde (der Unterverteilung) verbunden.

Zusätzliche Schutzleiteranschlussklemme

Neben der Anschlussklemme für den Schutzleiter im Anschlussraum der Außenleiter sollte an Maschinenteilen zusätzlich die Möglichkeit eines Anschlusses für einen weiteren Schutzleiter für eine Erdverbindung vorgesehen werden.

A.2.2 Fehlerschutz für TT-Systeme

A.2.2.1 Allgemeines

Der Schutz gegen elektrischen Schlag wird normalerweise nicht mit Überstromschutzeinrichtungen, sondern mithilfe von Fehlerstromschutzeinrichtungen (RCDs) in jedem Endstromkreis vorgenommen.

Hoher Fehlerstrom durch die Erde erforderlich

Da im TT-System auch die Erde Teil der Fehlerschleife ist, können in der Regel die erforderlichen Fehlerströme, die zur Auslösung einer Überstromschutzeinrichtung führen, in der notwendigen Zeit nicht erreicht werden. Auch ist die Impedanz der Erde meistens witterungsabhängig. Von einer konstanten Impedanz zwischen Anlagenerder und dem Erder der Stromquelle kann somit in der Regel nicht ausgegangen werden.

Fehlerstromschutzeinrichtungen (RCDs) benötigen geringeren Fehlerstrom

Der wirksamste Schutz gegen einen elektrischen Schlag in einem TT-System ist der Einsatz von Fehlerstromschutzeinrichtungen. Doch dann muss jeder Endstromkreis über eine eigene Fehlerstromschutzeinrichtung (RCD) geschützt werden. Eine Überstromschutzeinrichtung ist zusätzlich für den Schutz bei Überstrom erforderlich.

Planung der Abschaltung

Beim Schutz gegen elektrischen Schlag durch eine automatische Abschaltung der Stromversorgung kann die notwendige Abschaltzeit mithilfe der Werte der Erderwiderstände berechnet oder durch Messung ermittelt werden.

Angaben von Betreibern über ihre Netzverhältnisse und die Erdungsverhältnisse der Maschine sind für den Planer riskant, da eventuell nach der Erstprüfung ggf. alle Endstromkreise nachträglich mit einer Fehlerstromschutzeinrichtung (RCD) ausgerüstet werden müssen.

Denn bei der Planung liegen die betreffenden Werte meistens noch nicht vor, dennoch sollten bei dieser evtl. bereits Fehlerstromschutzeinrichtungen (RCDs) vorgesehen werden.

Leistungsantriebssysteme übernehmen den Schutz?

Werden bei einer Maschine Leistungsantriebssysteme (PDS) verwendet, sind alle Messungen oder Berechnungen bei der Prüfung nur bis zu den Anschlussklemmen des Leistungsantriebssystems vorzunehmen, siehe **Bild A.6**.

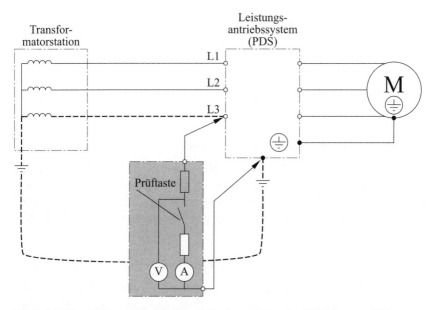

Bild A.6 Fehlerschleifenmessung bei einem Leistungsantriebssystem (PDS) in einem TT-System

Zu Betrachtungen von Schutzmaßnahmen auf der Ausgangsseite eines Leistungsantriebssystems (PDS) siehe A.1.4.1.

A.2.2.2 Schutz durch Fehlerstromschutzeinrichtung (RCD)

Die Abschaltzeiten zum Schutz gegen elektrischen Schlag im TT-System wurden aus DIN (VDE 0100-410) abgeleitet.

Der Fehlerschutz ist vorzugsweise durch eine Fehlerstromschutzeinrichtung in jedem Endstromkreis sicherzustellen. Für Maschinen, die fest montiert verwendet werden, ist eine Abschaltzeit von 1 s ausreichend. Die Abschaltzeit wurde aus der DIN VDE 0100-410 abgeleitet, nach der sie für Endstromkreise > 32 A und für Verteilerstromkreise gilt.

Fehlerspannung fasst 100 % der Bemessungsspannung

Die lange Abschaltzeit kann deshalb zugelassen werden, da bei einem Isolationsfehler zwar das geerdete Maschinengehäuse eine Fehlerspannung aufweist, die 100 % der Bemessungsspannung annimmt, aber sowohl die Maschine als auch der Bediener stehen auf demselben angehobenen Potential und nur die Schrittspannung ermöglicht eine Spannungsdifferenz.

Abschaltzeit ≤ 1 s

Da der Potentialverlauf innerhalb einer Maschinenhalle mit einem Fundamenterder nahezu flach verläuft, kann auch keine nennenswerte Schrittspannung auftreten, siehe Bild 6.14. Bei Maschinen, die ohne einen Fundamenterder aufgebaut werden, kann eine Abschaltzeit von 1 s gefährlich sein.

Kann eine Abschaltzeit von ≤ 1 s mit einer Überstromschutzeinrichtung nicht erreicht werden, müssen Fehlerstromschutzeinrichtungen (RCDs) zum Schutz gegen einen elektrischen Schlag eingesetzt werden.

Für Stromkreise von Steckdosen oder direkt versorgten elektrischen Betriebsmittteln der Schutzklasse I, die in der Hand gehalten werden können oder tragbar sind bzw. bewegt werden können, gelten die spannungsabhängigen Abschaltzeiten für Endstromkreise entsprechend DIN VDE 0100-410, siehe **Tabelle A.3**.

U_0	50 V bis ≤ 120 V	> 120 V bis ≤ 230 V	> 230 V bis ≤ 400 V	> 400 V
Abschaltzeit	0,3 s	0,2 s	0,07 s	0,04 s

Tabelle A.3 Abschaltzeiten im TT-System bei Wechselstromkreisen

Fehlerstromschutzeinrichtung (RCD)

Beim Schutz gegen elektrischen Schlag durch Fehlerstromschutzeinrichtungen (RCDs) darf bei der Festlegung des Bemessungsdifferenzstroms einer Fehlerstromschutzeinrichtung (RCD) folgende Berührungsspannung nicht überschritten werden:

$$R_A \cdot I_{\Delta n} \leq 50 \text{ V}$$

R_A Summe der Erderwiderstände,

$I_{\Delta n}$ Bemessungsdifferenzstrom der RCD.

A.2.2.3 Schutz durch Überstromschutzeinrichtungen

Wie bereits im allgemeinen Teil A.2.2.1 beschrieben, ist die Verwendung von Überstromschutzeinrichtungen als Schutz gegen elektrischen Schlag für die automatische Abschaltung in TT-Systemen eigentlich ungeeignet.

Der Fehlerstrom, der z. B. bei einem Leitungsschutzschalter mit der Auslösecharakteristik B innerhalb von ≤ 0,2 s eine Auslösung herbeiführen soll, muss fast das Fünffache des Bemessungsstroms betragen. Dies bedeutet bei einem LS B16 einen Fehlerstrom von 5 · 16 A = 80 A. Um einen solch hohen Fehlerstrom durch die Erde zum Fließen zu bringen, wird eine sehr hohe Spannung benötigt.

A.2.3 Überprüfung des Schutzes durch automatische Abschaltung der Stromversorgung mit einer Fehlerstromschutzeinrichtung (RCD)

Werden in einer Maschine, die von einem TT-System versorgt wird, die Stromkreise zum Schutz gegen elektrischen Schlag durch Fehlerstromschutzeinrichtungen (RCDs) geschützt, sind bei der Erstprüfung folgende Prüfungen durchzuführen:

- Kontrolle des Bemessungsdifferenzstroms der Fehlerstromschutzeinrichtungen (RCDs),

- Verwendung von normenkonformen Fehlerstromschutzeinrichtungen (RCDs),

- Kontrolle der Anschlussklemmen und der Verbindungen zum Schutzpotential-ausgleich.

A.2.4 Messung der Fehlerschleifenimpedanz Z_S

Siehe Kommentar in A.1.2 Messung der Fehlerschleifenimpedanz.

Anhang B (informativ)
Fragebogen für die elektrische Ausrüstung von Maschinen

DIN EN 60204-1 (**VDE 0113-1**) enthält zum Teil Anforderungen, die dem Hersteller, verbunden mit einer Risikobeurteilung, Alternativen anbieten oder einen Ermessensspielraum geben. Häufig ist in diesen Fällen für eine optimale Anpassung an den vorgesehenen Verwendungszweck eine Abstimmung mit dem Betreiber erforderlich. Dies gilt insbesondere für größere maschinelle Anlagen, die letztlich Unikate für nur einen bestimmten Betreiber/Anwendungsfall sind.

Für Abstimmungsprozesse

Der Fragebogen in Anhang B soll Leitfaden und Werkzeug für diesen Abstimmungsprozess bei der Auftragsklärung im Vorfeld der Konstruktion und der Fertigung der elektrischen Ausrüstung für die Maschine sein. Hier ist Fachwissen besonders wichtig, denn Fehler in der Auslegung/Bemessung können später kaum noch oder nur mit hohem Zeit- und Kostenaufwand behoben werden.

Serienmaschinen

Bei Serienmaschinen (Maschinen, die in Serie hergestellt werden) sind häufig die Einsatzbedingungen am zukünftigen Einsatzort nicht bekannt. Trotzdem muss der Hersteller aus bestimmten alternativen Lösungen auswählen bzw. Daten festlegen. Die gewählten Lösungen und festgelegten Daten sollten dann eindeutig in der Produktdokumentation genannt werden. Hierfür kann der Fragebogen in Anhang B ein Leitfaden oder eine Checkliste sein.

Fragebogen

Dieser Fragebogen ermöglicht einen Informationsaustausch zwischen dem Anwender der Maschine und dem Lieferanten der elektrischen Ausrüstung, obwohl in der Regel keine vertragliche Beziehung zwischen diesen beiden Partnern besteht (wenn der Lieferant der elektrischen Ausrüstung Unterlieferant des Maschinenbauers ist). Die Vorgehensweise (wer spricht mit wem, wann) beim technischen Informationsaustausch sollte im Vertrag mit dem Maschinenhersteller konkret festgelegt werden.

Werden beim Ausfüllen des Fragebogens zwischen dem Betreiber und dem Lieferanten der elektrotechnischen Ausrüstung Zusatzleistungen festgelegt, so können diese zu einer Mehrleistung führen, die mit dem Vertragspartner (Maschinenbauer) hinsichtlich der Mehrkosten verhandelt werden muss. Anhang B enthält folgende Fragen, siehe **Tabelle B.1**.

		Fragen
1.	a)	Soll die Maschine im Freien betrieben werden?
	b)	Wird die Maschine explosionsgefährdetes oder feuergefährdetes Material benutzen oder verarbeiten?
	c)	Ist die Maschine für den Gebrauch in potenziell explosionsgefährdeter oder feuergefährdeter Atmosphäre bestimmt?
	d)	Können von der Maschine besondere Gefährdungen ausgehen, wenn bestimmte Materialien produziert oder verwendet werden?
	e)	Ist die Maschine für die Benutzung im Bergbau bestimmt?
2.	a)	Erwartete Spannungsänderungen (falls mehr als ± 10 %)
	b)	Erwartete Frequenzänderungen (falls mehr als ± 2 %)
	c)	Angabe von zukünftig möglichen Änderungen der elektrischen Ausrüstung, die eine Erweiterung der Anforderungen an die Stromversorgung erfordern
	d)	Spezifizierung der Spannungsunterbrechungen der Stromversorgung, falls diese länger andauern als in Abschnitt 4 spezifiziert und die elektrische Ausrüstung unter diesen Bedingungen den Betrieb aufrechterhalten muss
3.	a)	Elektromagnetische Umgebung (EMV)
	b)	Umgebungstemperatur
	c)	Luftfeuchtigkeit
	d)	Aufstellungshöhe
	e)	Besondere Umweltbedingungen (z. B. korrosive Atmosphäre, Staub, nasse Umgebung)
	f)	Strahlung
	g)	Vibration, Schock
	h)	Besondere Installations- oder Betriebsbedingungen (z. B. flammhemmende Leitungen und Leiter)
	i)	Transport und Lagerung (z. B. Temperaturen außerhalb des in Abschnitt 4.5 spezifizierten Bereiches)
	k)	Einschränkungen bezüglich Größe, Gewicht oder Anschlagpunkte
4.	a)	Nennspannung (V)
		Wert der Impedanz (Ω) der Stromversorgung an der Anschlussstelle der elektrischen Ausrüstung
		Unbeeinflusster Kurzschlussstrom (kA, rms) an der Anschlussstelle der elektrischen Ausrüstung
		Erwarteter Kurzschlussstrom am Einspeisepunkt der Maschine

Tabelle B.1 Fragen zur elektrotechnischen Ausführung der Maschine an den Betreiber

		Fragen
	b)	System nach Art der Erdverbindung der Stromversorgung
		Wird im Fall eines TT-Systems durch den Lieferanten der elektrischen Ausrüstung eine Einrichtung zur Isolationsfehlersuche (IFLS) geliefert?
	c)	Soll die elektrische Ausrüstung an einen Neutralleiter (N) angeschlossen werden?
	d)	Netztrenneinrichtung
		Ist die Trennung des Neutralleiters (N) gefordert?
		Ist eine entfernbare Verbindung zum Trennen des Neutralleiters (N) gefordert?
		Typ der bereitzustellenden Netztrenneinrichtung
	e)	Querschnitt und Material des Schutzleiters der Zuleitung
	f)	Wird eine RCD in der Installation verwendet?
5.	a)	Für welchen Personenkreis ist der Zugang zum Inneren von Gehäusen während des normalen Betriebs der Ausrüstung erforderlich?
	b)	Sind Schlösser mit abziehbaren Schlüsseln bereitzustellen, um Türen zu sichern?
		Art der Schließeinrichtung
		Schließeinrichtung (ausgenommen Schließzylinder), zu liefern und zu installieren durch:
		Schließzylinder zu liefern und zu installieren durch ... (Name des Verantwortlichen)
6.	a)	Liefert der Betreiber oder der Lieferant der elektrischen Ausrüstung die Zuleitung und den Überstromschutz der Zuleitung?
		Typ und Bemessung der Überstromschutzeinrichtung
	b)	Größter Drehstrommotor (kW), der direkt eingeschaltet werden darf
	c)	Darf die Anzahl der Überlast-Erfassungseinrichtungen für Motoren reduziert werden?
	d)	Ist ein Überspannungsschutz vorgesehen?
7.		Bei kabellosen Steuerungssystemen: Angabe der Zeitverzögerung nach dem Fehlen eines gültigen Signals, nach der die automatische Abschaltung der Maschine eingeleitet wird.
8.		Besondere Vorgaben für Farben (z. B. Anpassung an bestehende Maschinen):
		Schutzart von Gehäusen oder besondere Bedingungen
9.		Schutzart von Gehäusen (Schaltschränken) oder besondere Bedingungen
10.		Muss eine bestimmte Methode für die Leiteridentifizierung angewendet werden?
11.	a)	Ist ein besonderer Steckdosentyp erforderlich?
	b)	Wenn die Maschine mit einer Arbeitsplatzbeleuchtung ausgestattet ist:

Tabelle B.1 (*Fortsetzung*) Fragen zur elektrotechnischen Ausführung der Maschine an den Betreiber

		Fragen
12.	a)	Funktionskennzeichnung
	b)	Aufschriften/besondere Kennzeichnungen
	c)	Bestimmte lokale gesetzliche Bestimmungen, die eingehalten werden müssen?
13.	a)	Technische Dokumentation
	b)	Bedienungsanleitung
	c)	Größe, Ort und Zweck von Leitungskanälen, Kabelwannen oder Kabelbefestigungen, die durch den Betreiber bereitzustellen sind
	d)	Angabe, ob besondere Begrenzungen von Größe oder Gewicht den Transport einer speziellen Maschine oder einer Schaltgerätekombination zur Baustelle beeinflussen:
	e)	Ist im Fall von Sondermaschinen eine Bestätigung über einen Testlauf mit belasteter Maschine zu liefern?
	f)	Ist im Fall von anderen Maschinen eine Bestätigung über einen Testlauf eines belasteten Prototyps der Maschine zu liefern?

Tabelle B.1 (*Fortsetzung*) Fragen zur elektrotechnischen Ausführung der Maschine an den Betreiber

In diesem Buch wird durch die besondere Darstellung mit dem vorangestellten Fragezeichen auf die aus der Norm heraus notwendige Beantwortung von Fragen bezüglich bestimmter Festlegungen, die der Hersteller gemeinsam mit dem Betreiber treffen sollte, hingewiesen.

Anhang C (informativ)
Beispiele von Maschinen, die durch diesen Teil der DIN EN 60204-1 (VDE 0113-1) abgedeckt sind

Die Maschinen, für deren elektrische Ausrüstung die vorliegende Norm angewendet werden kann, sind in Abschnitt 1 nur in einer sehr allgemeinen Form beschrieben. Eigentlich ist nur eine Grenze genannt, nämlich, dass die *„von Hand getragenen Maschinen"* ausgeschlossen sind.

Eine genauere Definition findet sich in 3.1.40, die im Wesentlichen mit der Definition einer Maschine in der EG-Maschinenrichtlinie 2006/42/EG übereinstimmt, die wie folgt lautet:

Eine Maschine ist

- *eine mit einem anderen Antriebssystem als der unmittelbar eingesetzten menschlichen oder tierischen Kraft ausgestattete oder dafür vorgesehene Gesamtheit miteinander verbundener Teile oder Vorrichtungen, von denen mindestens eines bzw. eine beweglich ist und die für eine bestimmte Anwendung zusammengefügt sind;*

- *eine Gesamtheit im Sinne des ersten Gedankenstrichs, der lediglich die Teile fehlen, die sie mit ihrem Einsatzort oder mit ihren Energie- und Antriebsquellen verbinden;*

- *eine einbaufertige Gesamtheit im Sinne des ersten und zweiten Gedankenstrichs, die erst nach Anbringung auf einem Beförderungsmittel oder Installation in einem Gebäude oder Bauwerk funktionsfähig ist;*

- *eine Gesamtheit von Maschinen im Sinne des ersten, zweiten und dritten Gedankenstrichs oder von unvollständigen Maschinen im Sinne des Buchstabens g, die, damit sie zusammenwirken, so angeordnet sind und betätigt werden, dass sie als Gesamtheit funktionieren;*

- *eine Gesamtheit miteinander verbundener Teile oder Vorrichtungen, von denen mindestens eines bzw. eine beweglich ist und die für Hebevorgänge zusammengefügt sind und deren einzige Antriebsquelle die unmittelbar eingesetzte menschliche Kraft ist.*

Anhang C soll nur veranschaulichen, welche Arten von Maschinen mit den aufgelisteten Definitionen beispielsweise gemeint sind. Es ist eine offene, keine abschließende Liste, in willkürlicher Reihenfolge, ohne besondere Struktur; sie soll aber den Geltungsbereich der Norm verdeutlichen.

Anhang D (informativ)
Strombelastbarkeit und Überstromschutz für Leiter und Leitungen in der elektrischen Ausrüstung von Maschinen

D.1 Allgemeines

Die Erwärmung der Leiter in Leitungen ist im Prinzip von drei Faktoren abhängig:

1. von der max. zulässigen Leitertemperatur im Dauerbetrieb
2. Die max. Temperatur wird im Wesentlichen durch das verwendete Isoliermaterial bestimmt.
3. von der Erzeugung von Verlustwärme durch den Stromfluss im Leiter
4. Diese wird im Wesentlichen durch die Stromdichte im Leiter bestimmt. Mit zunehmender Stromdichte steigt die Leitertemperatur.
5. von der Kühlung der Leiter bzw. der Wärmeabgabe an die Umgebung
6. Dieser Punkt wird durch viele äußere Faktoren wie Umgebungstemperatur, Verlegeart, Wärmekapazität und Wärmeleitfähigkeit der unmittelbaren Umgebung bestimmt. Mit steigender Leitertemperatur verbessert sich die Wärmeabgabe.

Die sich einstellende Leitertemperatur ist also von der Balance zwischen Verlustwärme und Wärmeabgabe abhängig. Für bestimmte Leitungen kann die zulässige Leitertemperatur als eine konstante unveränderliche Größe ansehen. Die Belastbarkeit dieser Leitungen wird dann nur noch von deren Wärmeabgabefähigkeit an die Umgebung wesentlich begrenzt.

Abschnitt 12, Tabelle 6 der DIN EN 60204-1 (**VDE 0113-1**) zeigt die zulässigen Belastungen für eine PVC-isolierte Leitung unter festgelegten Umgebungsbedingungen (40 °C, vier verschiedene Verlegarten). Tabelle 6 ist zwar nur ein Beispiel, dürfte aber in der Praxis für die Mehrzahl der Installationen von Maschinen Gültigkeit haben. Entsprechende Belastungstabellen für andere Leitungen enthält DIN VDE 0298-4.

D.2 Allgemeine Betriebsbedingungen

D.2.1 Umgebungsbedingungen der Luft

Die Strombelastbarkeit von Leitungen wird in der Produktnorm DIN VDE 0298-4 üblicherweise für eine Umgebungstemperatur von 30 °C in Luft angegeben.

DIN EN 60204-1 (**VDE 0113-1**) legt aber in Abschnitt 4.4.3 die zulässige Umgebungstemperatur für Maschinen standardmäßig auf 40 °C fest. Bei dieser Temperatur muss die elektrische Ausrüstung noch ordnungsgemäß funktionieren.

40 °C allgemein als Kühlmitteltemperatur

Bei Maschinen muss man mit nicht zu vernachlässigenden Verlustleistungen durch Motoren und sonstige Aggregate rechnen, die die Temperatur der unmittelbaren Umgebung um die Maschine herum anheben. Konsequenterweise wurden deshalb auch die Belastungswerte für Leitungen in Tabelle 6 der DIN EN 60204-1 (**VDE 0113-1**) auf 40 °C umgerechnet.

Korrekturfaktoren verwenden

Damit ergeben sich für die Korrekturfaktoren bei veränderter Umgebungstemperatur andere Werte als nach DIN VDE 0298-4. Diese sind in Tabelle D.1 der DIN EN 60204-1 (**VDE 0113-1**) (für PVC-isolierte Leitungen) angegeben. Sie sind daran erkenntlich, dass der Wert 1 einer Umgebungstemperatur von 40 °C zugeordnet ist.

Frage aus Anhang B beantworten

Die Korrekturfaktoren für 30 °C und 35 °C gelten nur für besondere Maschinen, auf die die allgemeine Umgebungstemperatur von 40 °C nicht zutrifft. Diese muss bei der Beantwortung der Frage 3b) des Fragebogens in Anhang B festgelegt werden.

Übersteigt die Umgebungstemperatur 60 °C, so müssen Spezialleitungen eingesetzt werden, um noch zu einer einigermaßen wirtschaftlichen Ausnutzung der Leiterquerschnitte zu kommen.

D.2.2 Verlegearten

Die Verlegeart bestimmt im Wesentlichen, wie Leitungen ihre Verlustwärme an die Umgebung abgeben können (Wärmeabgabefähigkeit). Hierfür werden allerdings keine Korrekturfaktoren für eine Umrechnung angegeben, sondern für typische Verlegearten wurden eigene Belastungstabellen erarbeitet. Tabelle 6 der DIN EN 60204-1 (**VDE 0113-1**) enthält die vier bei der Installation von Maschinen typischen Verlegearten.

Hier im Anhang D.2.2 wird lediglich erläutert, wie die Kennbuchstaben der Verlegeart zu verstehen sind.

Verlegeart E

Die in Bezug zur Wärmeabgabefähigkeit günstigste Verlegeart ist die auf offenen Kabelpritschen (E). Liegen mehrere Leitungen auf einer Kabelpritsche, sind die Reduktionsfaktoren bei Häufung entsprechend Anhang D.1.3 zu beachten.

Verlegeart B

Die Installation in Rohren oder Kanälen (B) ist eine thermisch ungünstige Lösung, weil hierbei eine Wärmeabgabe durch die Konvektion der Luft massiv behindert wird. Hierbei ist B2 (mehradrige Leitung) noch etwas ungünstiger als B1 (zwei bzw. drei einadrige Leitungen), weil bei B2 zwei Isolationsschichten durchdrungen werden müssen.

Weitere Verlegearten enthält die DIN VDE 0298-4, wobei zu beachten ist, dass die Erklärungen zu Verlegearten von denen in der DIN EN 60204-1 (**VDE 0113-1**) abweichen können.

Umrechnung von 30 °C auf 40 °C notwendig

Bei den Belastungswerten der DIN VDE 0298-4 ist weiterhin zu berücksichtigen, dass sie für eine Umgebungstemperatur von 30 °C angegeben sind. Sie müssen noch mit den ebenfalls angegebenen Korrekturfaktoren auf die Umgebungstemperatur der Maschine (standardmäßig 40 °C) umgerechnet werden.

Wanddurchführungen mit schlechter Wärmeabfuhr

Treten im Zuge einer Leitung unterschiedliche Verlegearten auf, so muss für die Leiterdimensionierung mit der ungünstigsten Verlegeart gerechnet werden – ausgenommen, diese ungünstige Verlegeart ist nur auf einer sehr kurzen Strecke gegeben, z. B. bei einer Wanddurchführung. Bei kurzen Strecken ($\leq$ 1 m) kann man davon ausgehen, dass die an der thermisch ungünstigen Stelle entstehende höhere Leitertemperatur von den Leitern selbst zu den angrenzenden kühleren Bereichen abgeleitet wird.

D.2.3   Häufung von Leitungen

Werden Leitungen gebündelt oder gehäuft verlegt, z. B. in mehreren Lagen auf Kabelpritschen, so behindern sie sich untereinander in der Wärmeabfuhr und heizen sich sogar gegenseitig auf. Die Belastung solcher Leitungen ist in einem solchen Fall zu reduzieren, ausgenommen die tatsächliche Belastung des jeweiligen Querschnitts ist bereits kleiner als 30 % der jeweils zulässigen Werte aus Tabelle 6 der DIN EN 60204-1 (**VDE 0113-1**). In diesem Fall braucht die Belastung nicht weiter reduziert zu werden.

Tabelle D.2 der DIN EN 60204-1 (**VDE 0113-1**) enthält Reduktionsfaktoren auf Basis der Belastungswerte aus Tabelle 6 der DIN EN 60204-1 (**VDE 0113-1**), wenn mehrere Leitungen gemeinsam verlegt, gleichmäßig und symmetrisch belastet werden. Bei der Verlegung in Kabelkanälen oder Rohren (B) wird bezüglich des Reduktionsfaktors nicht mehr zwischen B1 und B2 unterschieden. Der Unterschied steckt nur in den Basiswerten aus Tabelle 6 der DIN EN 60204-1 (**VDE 0113-1**).

Bei der Verlegung an einer Wand (Verlegeart C) wird davon ausgegangen, dass die Leitungen ohne Zwischenraum verlegt sind. Angaben über die Reduktionsfaktoren bei Verlegung mit Abstand enthält DIN VDE 0298-4.

Bei der Verlegeart E (auf Kabelpritschen) wird sowohl eine waagerechte als auch eine senkrechte Montage zusammengefasst.

Unterschiedliche Häufung

Treten im Zuge der Leitungen unterschiedliche Häufungen von Leitungen auf, so muss für die Leiterdimensionierung mit der ungünstigsten Häufung gerechnet werden. Eine Ausnahme liegt vor, wenn diese ungünstige Häufung nur auf einer sehr kurzen Strecke gegeben ist, z. B. bei einer Wanddurchführung. Bei kurzen Strecken (≤ 1 m) kann man davon ausgehen, dass die an der thermisch ungünstigen Stelle entstehende höhere Leitertemperatur von den Leitern selbst zu den angrenzenden kühleren Bereichen abgeleitet wird.

Tabelle D.3 und Tabelle 6 der DIN EN 60204-1 (VDE 0113-1) anwenden

Tabelle D.3 der DIN EN 60204-1 (**VDE 0113-1**) enthält die Reduktionsfaktoren für voll belastete Mehraderleitungen sowie für paarig verdrillte Steuerleiter in mehradrigen Steuerleitungen auf Basis der Belastungswerte aus Tabelle 6 der DIN EN 60204-1 (**VDE 0113-1**). Werden mehradrige Leitungen mit anderen Leitungen gebündelt verlegt, so sind unter Umständen sowohl die Reduktionsfaktoren der Tabelle D.2 der DIN EN 60204-1 (**VDE 0113-1**) als auch die der Tabelle D.3 der DIN EN 60204-1 (**VDE 0113-1**) anzuwenden.

Reduktionsfaktoren sind multiplikativ

Treten in einem bestimmten Anwendungsfall mehrere belastungsbegrenzende Einflüsse auf, z. B. hohe Umgebungstemperaturen und eine Häufung von Leitungen, so sind jeweils alle infrage kommenden Reduktionsfaktoren multiplikativ anzuwenden.

D.2.4   Einstufung der Leiter

Tabelle D.4 zeigt die Klassifikation der Leiter bezüglich ihres inneren Aufbaus, ihrer Flexibilität und ihrer Eignung für Einsatzfälle, in denen sie einer Bewegung ausgesetzt sind.

D.3 Koordinierung zwischen Leitern und Überstromschutzeinrichtungen

Die Auswahl und Justierung einer Überstromschutzeinrichtung ist in Abhängigkeit von den Referenzwerten der zu schützenden Leitungen vorzunehmen. **Bild D.1** zeigt die Zuordnung der jeweiligen Strombelastung für Leitungen zu den Bemessungswerten der Überstromschutzeinrichtungen.

Zum Schutz von Leitungen bei Überstrom müssen folgende Bedingungen erfüllt werden:

$$I_b \leq I_n \leq I_Z,$$

wobei $I_2 \leq 1,45 \cdot I_Z$ sein muss.

I_b projektierter Strom,

I_Z effektive Strombelastbarkeit für Dauerbetrieb,

I_n Bemessungsstrom der Überstromschutzeinrichtung,

I_z kleinster Strom, bei dem die Überstromschutzeinrichtung innerhalb einer bestimmten Zeit auslöst

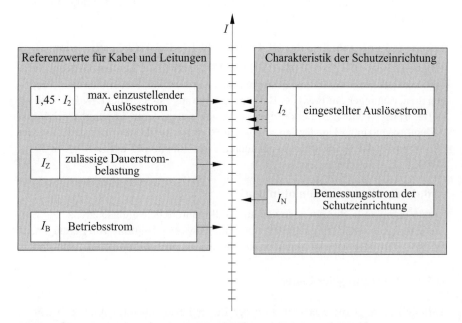

Bild D.1 Übersicht: Zuordnung von Leitern zu ihren Überstromschutzeinrichtungen

Die für I_2 eingezeichneten Pfeile stellen eine mögliche Einstellbarkeit des Auslösestroms dar.

D.4   Überstromschutz für Leiter

Tabelle D.5 der DIN EN 60204-1 (**VDE 0113-1**) gibt in der Spalte „höchstzulässige Kurzzeitleitertemperatur unter Kurzschlussbedingungen" die jeweilige Temperaturgrenze an, die nicht überschritten werden darf, sonst könnte die Leiterisolation unmittelbar zerstört werden.

Abschaltung in der Temperaturanstiegsphase

Ein Kurzschlussstrom mit einem sehr steilen Temperaturanstieg entsprechend einer e-Funktion wird den Leiter auf eine sehr hohe Temperatur erwärmen. Damit die zulässige Kurzzeitleitertemperatur nicht überschritten wird, muss relativ schnell – noch während des Temperaturanstiegs – abgeschaltet werden.

Zugeschnittene Größengleichung

Die zulässige Kurzzeitleitertemperatur ist von dem Material der Leiterisolierung abhängig. Die Zeit *t*, bis die Temperatur erreicht wird, bei der spätestens abgeschaltet werden muss, kann mit der zugeschnittenen Größengleichung errechnet werden.

$$t = \left(k \cdot \frac{S}{I} \right)^2$$

Adiabatische Erwärmung

Diese Gleichung setzt allerdings eine adiabatische Erwärmung voraus, d. h., sie berücksichtigt die Wärmeabgabe des Leiters an seine Umgebung nicht. Sie berücksichtigt also im Prinzip nur die Anfangssteilheit der e-Funktion.

Obergrenze für die Auslösezeit

Diese Vernachlässigung ist zulässig, da die Endtemperatur durch den Kurzschlussstrom ohnehin deutlich höher als die zulässige Kurzzeitleitertemperatur liegen würde, sodass man auf der sicheren Seite ist. Aus diesem Grund besteht auch die Obergrenze von 5 s für die Auslösezeit, da danach keine adiabatische Erwärmung mehr gegeben ist.

Materialkonstante *k*

In der Gleichung ist *k* eine Materialkonstante, die von den Eigenschaften des Isolier- und Leitermaterials abhängig und letztlich ein Maß für die zulässige Kurzzeitleiter- temperatur ist. Bei einem Kupferleiter gelten in Abhängigkeit vom Isolationsmaterial folgende Materialkonstanten:

PVC (Polyvinylchlorid = thermoplastisches Polymer): $k = 115$

Gummi: $k = 141$

SiR (Silikonkautschuk): $k = 132$

XLPE (vernetztes Polyethylen): $k = 143$

EPR (Ethylen-Propylen-Polymer): $k = 143$

Leiterquerschnitt *S*

Der Leiterquerschnitt *S* ist ein Maß für die Masse des Leiters, das die Wärmekapazität und die Anfangssteilheit der e-Funktion bestimmt.

Kurzschlussstrom *I*

Der Kurzschlussstrom *I* ist das Maß für die in Wärme umgesetzte Energie und damit auch ein Maß für den Endwert und die Anfangssteilheit der e-Funktion.

D.5   Einfluss von Oberschwingungen in 3-Phasen-Systemen

In einem symmetrisch belasteten Drehstromsystem fließt im Neutralleiter von Vertei- lerstromkreisen normalerweise kein Strom. Werden in Endstromkreisen einphasige Betriebsmittel mit unterschiedlichen Bemessungsströmen an unterschiedliche Außen- leiter angeschlossen, erzeugt die asymmetrische Belastung des 3-Phasen-Systems einen Neutralleiterstrom.

Wenn auf diese Weise einphasige Betriebsmittel versorgt werden, die zusätzlich Ober- schwingungsströme mit einer Frequenz von 150 Hz, 300 Hz, 450 Hz usw. erzeugen, addieren sich die Oberschwingungsströme der einzelnen Außenleiter im Neutralleiter. Die 150-Hz-Oberschwingung hat von den Frequenzen dabei den höchsten Anteil. Dies kann dazu führen, dass der Neutralleiter im Verteilerstromkreis höher belastet wird als die zugehörigen Außenleiter, siehe **Bild D.2**.

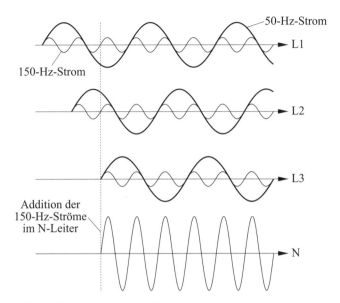

Bild D.2 Neutralleiterstrom bei 150-Hz-Oberschwingungen durch Einphasen-Betriebsmittel

Übersteigt der Oberschwingungsstrom im Neutralleiter den max. zulässigen Dauer-belastungsstrom des Kabels/der Leitung, kann entweder:

a) eine Überstromerfassung im Neutralleiter mit automatischer Abschaltung der Außenleiter einen Schutz bei Überlast bieten oder

b) der Neutralleiter wird entsprechend den zu erwartenden Belastungen durch Ober-schwingungen dimensioniert; wobei in solchen Fällen bei Mehraderleitungen die Außenleiter überdimensioniert werden.

Maßnahmen zur Reduzierung von Oberschwingungsströmen

Durch die Verwendung von Filtern (z. B. Sinusfilter) kann der Oberschwingungsanteil reduziert werden. Die beste Kompensation wird durch eine dezentrale Aufteilung der Filter (verbrauchernah) erreicht. Doch der Ausfall solcher Einrichtungen sollte optisch und akustisch gemeldet werden, da er eine Überlastung des Neutralleiters zur Folge hat.

Kompensationsanlagen sind zu verdrosseln, d. h. die Frequenz, die kompensiert wer-den soll, wird nicht exakt dimensioniert. Die *C*- und *L*-Anteile werden zueinander so optimiert, dass eine gewisse Unschärfe hinsichtlich der zu kompensierenden Frequenz entsteht, da sonst der entsprechende Oberschwingungsstrom kurzgeschlossen würde.

Anhang E (informativ)
Erläuterungen der Funktionen für Handlungen im Notfall

Leider werden bei der Normenanwendung häufig die Sinnhaftigkeit und die Gründe für die Notwendigkeit einer Not-Halt- bzw. Not-Aus-Befehlseinrichtung nicht verstanden.

Not-Halt- bzw. Not-Aus-Funktionen sind immer ergänzende Schutzmaßnahmen und können nicht als risikomindernde Maßnahmen vorgesehen werden.

Für jede Maschine ist mindestens eine Not-Halt-Befehlseinrichtung erforderlich. Ob eine Not-Aus-Befehlseinrichtung vorgesehen werden muss, ist von den Schutzmaßnahmen der elektrischen Ausrüstung zum Schutz gegen elektrischen Schlag abhängig.

Beide Funktionen sind für Handlungen im Notfall vorgesehen. Ein Notfall kann eintreten:

- während des Normalbetriebs der Maschine, z. B. als Folge äußerer Einflüsse, oder
- als Folge von Fehlfunktionen oder Ausfall irgendeines Teils (Werkstück) der Maschine.

In manchen Situationen kann im Notfall auch die Umkehrung der Handlung notwendig sein. Deshalb wurden zusätzlich die Funktionen Not-Start und Not-Ein aufgenommen.

Für eine Person darf es keine Rolle spielen, welche Funktion beim Betätigen einer bestimmten Not-Befehlseinrichtung ausgelöst wird. Deshalb ist auch keine Unterscheidung bei der Kennzeichnung der Betätigungseinrichtungen vorgesehen (rote Bedieneinrichtung mit gelbem Hintergrund). Eine Unterscheidung ist ausschließlich für den Planer einer Anlage oder den Konstrukteur einer Maschine relevant. Dieser muss anhand einer Risikobeurteilung klären, welche Risiken am Ort der jeweiligen Not-Einrichtung auftreten können und welche Funktion für die Beendigung der Gefahr erforderlich ist.

Weitere Informationen enthält das Fachbuch „Not-Halt oder Not-Aus?", Band 154 der VDE-Schriftenreihe [79].

Anhang F (informativ)
Anleitung zur Anwendung dieses Teils der DIN EN 60204-1 (VDE 0113-1)

Obwohl die DIN EN 60204-1 (VDE 0113-1) in ihrem Ursprung als weltweit gültige IEC-Norm erarbeitet wurde, ist dieser Anhang F nur zu verstehen, wenn man die europäische Fassung richtig in das europäische System der A-, B- und C-Normen einordnet.

Bei europäischen Normen unterscheidet man zwischen:

A-Normen: Grundnormen mit Gestaltungsleitsätzen, die für alle Maschinen gelten.

B-Normen: B1: Sicherheitsaspekte, gültig für eine Reihe von Maschinen,
B2: Anforderungen an spezielle Sicherheitseinrichtungen.

C-Normen: Produktspezifische Normen für bestimmte Maschinen.

Die A-Normen richten sich primär an die Normensetzer von B- und C-Normen, weniger direkt an die Normenanwender (Hersteller).

B-Normen richten sich auch primär an die Normensetzer von C-Normen, zum Teil aber auch an Hersteller, da sie schon etwas weiter ins Detail gehen.

Für den Hersteller haben die C-Normen die höchste Priorität. Lediglich, wenn für den speziellen Fall keine C-Normen existieren oder aus irgendwelchen Gründen nicht angewendet werden (dies ist eine freie Entscheidung der betroffenen Parteien), kann und sollte sich der Hersteller an den A- und B-Normen orientieren.

C-Normen können auf der Grundlage von Risikobeurteilungen abweichende Bestimmungen gegenüber den A- oder B-Normen enthalten, da hier die konkrete Gefährdung produktspezifisch bewertet wird. Eine C-Norm hat daher immer Vorrang. Das Prinzip ist:

- je allgemeiner (abstrakter) eine Norm gehalten ist (A bzw. B), umso geringer ist der Bezug zu einem konkreten Produkt oder Problem und umso mehr macht sie Vorgaben für die Ersteller von spezifischeren Normen (B bzw. C),

- je konkreter eine Norm auf spezifische Produkte oder Probleme eingeht (C), umso höher ist deren Bedeutung für das betroffene Produkt,

- nur wenn spezifische Normen (C) fehlen oder nicht ausreichend sind, sollte sich ein Hersteller an den Leitlinien der übergeordneten Normen (B bzw. A) orientieren.

DIN EN 60204-1 (VDE 0113-1) ist eine B1-Norm

DIN EN 60204-1 (**VDE 0113-1**) gehört zu den B1-Normen der Normengruppe „Sicherheit von Maschinen", d. h., sie gilt für alle Maschinen, soweit sie eine elektrische Ausrüstung enthalten. Sie ist eine unter der EG-Maschinenrichtlinien harmonisierte Norm. Das bedeutet, bei ihrer Anwendung besteht die Vermutungswirkung der Übereinstimmung mit festgelegten (elektrischen) Anforderungen dieser Richtlinie.

Eine B-Norm kann nicht für jede konkrete Anlage und für jeden speziellen Einsatzfall präzise Lösungsmöglichkeiten vorgeben. Eine B-Norm muss in vielen Fällen Alternativen oder einen Ermessensspielraum anbieten. Die konkreten Maßnahmen, die gegen vorhandene Risiken zu treffen sind, müssen im Ergebnis einer Risikobeurteilung festgelegt werden, wozu der Hersteller der Gesamtanlage nach der Maschinenrichtlinie verpflichtet ist.

Bezüglich der konstruktiven Details (risikomindernde Maßnahmen) ist wie folgt vorzugehen:

1. die zutreffende C-Norm (wenn vorhanden) und die entsprechenden Verweise auf die DIN EN 60204-1 (**VDE 0113-1**) berücksichtigen,

2. beim Fehlen einer C-Norm oder wenn diese für einen speziellen Fall ungeeignet ist, die Anforderungen entsprechend DIN EN 60204-1 (**VDE 0113-1**) berücksichtigen und/oder mithilfe einer Risikobeurteilung eine angemessene Lösung festlegen,

3. falls DIN EN 60204-1 (**VDE 0113-1**) nicht angewendet werden kann, Beachtung der Anforderungen anderer B- bzw. A-Normen oder auch anderer technischer Regelwerke.

Hier setzt Anhang F an. Die DIN EN 60204-1 (**VDE 0113-1**) hat im Grundsatz zwei Zielgruppen:

Die Ersteller von C-Normen für Maschinen und die Hersteller von solchen Maschinen oder Maschinenanlagen, für die keine C-Normen existieren.

C-Normen sollen eine bestimmte Maschine möglichst komplett behandeln, einschließlich der elektrotechnischen Ausrüstung. Wegen der notwendigen Alternativen und Ermessensspielräume in der DIN EN 60204-1 (**VDE 0113-1**) ist es nicht ausreichend, wenn in einer C-Norm nur pauschal auf diese elektrotechnische Norm verwiesen wird. Es kann notwendig sein, konkrete Abschnitte zu zitieren und Auswahlen zu treffen, eventuell sogar unter Zuhilfenahme anderer Normen. Dies ist die Aussage des ersten Absatzes von Anhang F.

Analoges gilt auch für Verträge. Eine einfache Referenzierung der DIN EN 60204-1 (**VDE 0113-1**) ist für eine Lieferausführung nicht in allen Fällen eindeutig und lässt

Spielräume zu, die im Vorfeld eines Vertrags zwischen den Partnern abgestimmt werden sollten.

Hersteller von Produkten, für die keine C-Norm existiert, müssen gleichermaßen entsprechende Entscheidungen treffen. Sie sollten ihre Entscheidung dann auch dementsprechend dokumentieren, eventuell sogar vertraglich fixieren.

Tabelle F.1 der DIN EN 60204-1 (**VDE 0113-1**) zeigt die wesentlichen Abschnitte der Norm, in denen entsprechende Auswahlmöglichkeiten vorhanden sind, die häufig auf der Basis einer Risikobeurteilung entschieden werden müssen. Die Spalten I bis IV der Tabelle geben an:

- wo zwischen Alternativen ausgewählt werden kann,

- wo zusätzliche Anforderungen über die Festlegungen in der Norm hinaus in Betracht kommen können,

- wo von der Norm abweichende Anforderungen in Betracht kommen können,

- welche anderen Normen diese Entscheidungen unterstützen und ergänzen können oder auch weitere Alternativen bieten.

Fast alle der in der Tabelle aufgeführten Normen sind ihrerseits auch A- oder B-Normen der Gruppe „Sicherheit für Maschinen" und unter der Maschinenrichtlinie harmonisiert, sodass ihre Anwendung für bestimmte Anforderungen eine Vermutungswirkung für diese EG-Richtlinie beinhaltet.

Dies gilt insbesondere für die Normen DIN EN ISO 13849-1 und DIN EN 62061 (**VDE 0113-50**) bezüglich der sicherheitsbezogenen Auslegung von Steuerungen, auf die in Abschnitt 9.4 verwiesen wird.

Allerdings ist bei einigen dieser Normen zu beachten, dass sie im europäischen Normensystem eine andere Nummer haben als in der entsprechenden ISO-Norm. Eine Gegenüberstellung der Norm-Nummern findet man in der Konkordanzliste im nationalen Anhang ZA.

Nicht unter der Maschinenrichtlinie harmonisiert sind die Normen der Reihen IEC 60439, IEC 60364-4-41, IEC 60073 und IEC 60529. Dieses sind rein elektrotechnische Normen ohne einen direkten Bezug zu Maschinen, sodass sie nicht in die oben beschriebene Systematik der europäischen Normen zur Maschinensicherheit passen. Innerhalb des IEC-Systems ist jedoch die IEC 60073 eine Sicherheitsgrundnorm und die IEC 60364-4-41 eine Gruppensicherheitsnorm, sodass diese beiden Normen aufgrund ihrer „Pilotfunktion" ebenfalls einen hohen Stellenwert haben.

In diesem Gesamtzusammenhang ist der dritte Absatz des Anhangs F zu verstehen, der das notwendige Fachwissen umschreibt, das für die richtige Anwendung der DIN EN 60204-1 (**VDE 0113-1**) im Zusammenhang mit einer Maschine erforderlich ist. Dieses Fachwissen geht weit über das hinaus, das man von einer Elektrofachkraft erwarten kann. Hier geht es darum, den Einfluss der elektrotechnischen Ausrüstung auf die Risikobeurteilung der kompletten Maschine bewerten zu können. Die Auswahl der richtigen Personen hierfür ist eine der wichtigsten Aufgaben, für die einerseits der C-Normer, andererseits der Hersteller (in der Terminologie der Berufsgenossenschaften „der Unternehmer") verantwortlich ist.

Anhang G (informativ)
Vergleich typischer Leiterquerschnitte

Die Tabelle G.1 der DIN EN 60204-1 (**VDE 0113-1**) stellt lediglich eine Gegenüberstellung und einen Vergleich der in Europa im metrischen System genormten Leiterquerschnitte mit den im amerikanischen System verwendeten Bezeichnungen und Maßen dar. Sie kann bei Exporten in US-amerikanisch beeinflusste Länder von Interesse sein.

Für den deutschen Anwender dieser Norm kann die Spalte 5 hilfreich sein, da sie den ohmschen Kaltwiderstand (bei 20 °C) einer entsprechenden Kupferleitung enthält. Damit ist z. B. eine überschlägige Kurzschlussberechnung möglich, ohne weitere Unterlagen hinzuzuziehen.

Anhang H (informativ)
Maßnahmen zur Reduzierung der elektromagnetischen Einflüsse

Dieser Anhang H ist die Alternative, wenn die Anforderungen aus Abschnitt 4.4.2 nicht erfüllt werden können.

Keine Herstellerangaben

Abschnitt 4.4.2 enthält Anforderungen, dass die einzelnen elektrotechnischen Komponenten entsprechend den Herstellerangaben hinsichtlich einer EMV-gerechten Integration in eine elektrische Ausrüstung betrachtet werden müssen. Liegen hierfür keine Angaben vor, sind die Maßnahmen zur Reduzierung von elektromagnetischen Einflüssen entsprechend Anhang H bei der Errichtung zu berücksichtigen.

Grundsätzlich sind Leiterschleifen, die wie Antennen wirken, zu vermeiden. Ebenso sollten Leitungen von unterschiedlichen Stromkreisen nicht eng parallel verlegt werden.

Weiterhin ist zu beachten, dass Ströme in Leitern, die eine hohe Stromanstiegsgeschwindigkeit (di/dt) aufweisen, besondere Aufmerksamkeit verdienen.

Was ist eine ortsfeste Anlage?

Ortsfeste Anlagen werden meistens vor Ort auf der Verwendungsstelle zusammengebaut, geprüft und in Betrieb genommen. Solche Anlagen können aufgrund ihrer Größe nicht auf einem Prüffeld getestet werden und, weil sie Unikate sind, auch keiner Störfestigkeitsprüfung unterzogen werden. Wer zerstört schon gern seine Anlage?

Im EMV-Gesetz werden zum Thema ortsfeste Anlagen folgende Aussagen gemacht:

> *§ 3 Eine ortsfeste Anlage ist eine besondere Verbindung von Geräten unterschiedlicher Art oder weiterer Einrichtungen mit dem Zweck, auf Dauer an einem vorbestimmten Ort betrieben zu werden.*
>
> *§ 4 Ortsfeste Anlagen müssen nach den allgemein anerkannten Regeln der Technik installiert werden. Die zur Gewährleistung der grundlegenden Anforderungen angewandten allgemein anerkannten Regeln der Technik sind zu dokumentieren.*

> *§ 12 Ortsfeste Anlagen müssen so betrieben und gewartet werden, dass sie mit den grundlegenden Anforderungen nach § 4 Abs. 1 und 2 Satz 1 übereinstimmen. Dafür ist der Betreiber verantwortlich. Er hat die Dokumentation nach § 4 Abs. 2 Satz 2 für Kontrollen der Bundesnetzagentur zur Einsicht bereitzuhalten, solange die ortsfeste Anlage in Betrieb ist. Die Dokumentation muss dem aktuellen technischen Zustand der Anlage entsprechen.*

Mit § 4 wird die Anwendung von Normen als Umsetzung der gesetzlichen EMV-Richtlinie festgelegt. Normen sind nämlich die allgemein anerkannten Regeln der Technik.

Mit § 12 wird festgelegt, dass der Betreiber für die Bereitstellung der Dokumentation einer EMV-gerechten ortsfesten Anlage verantwortlich ist, die auf Verlangen der Bundesnetzagentur zur Verfügung gestellt werden muss. Im Vertrag sollte deshalb festgelegt werden, welche Dokumente als EMV-Dokumente gelten und dem Betreiber vom Lieferanten der elektrischen Ausrüstung der Maschine zur Verfügung gestellt werden müssen.

H.3 Reduzierung elektromagnetischer Einflüsse (EMI)

H.3.1 Allgemeines

Stehen von den einzelnen Betriebsmitteln keine Herstellerangaben zur EMV-gerechten Integration in eine elektrische Ausrüstung zur Verfügung, sind die Maßnahmen aus Anhang H zu beachten. Siehe auch Abschnitt 2.1.2 in diesem Buch.

H.3.2 Maßnahmen zur Reduzierung elektromagnetischer Einflüsse (EMI)

In diesem Abschnitt werden Maßnahmen aufgelistet, die eine Reduzierung von Störbeeinflussungen ermöglichen. Dies sind im Folgenden:

a) Einsatz von Filtern oder Überspannungsschutzeinrichtungen,

b) Verbindung von Schirmen mit dem Schutzpotentialausgleichssystem,

c) Vermeidung von Induktionsschleifen, z. B. durch Ringerdungsleiter,

d) getrennte Verlegung von Leitungen der Energieversorgung und Leitungen für Steuer- und Signalzwecke,

e) Kreuzungen von Leitungen der Energieversorgung und Leitungen für Steuer- und Signalzwecke nur in einem Winkel von ca. 90°,

f) Verwendung von konzentrischen Mehraderleitungen, damit in dem mitgeführten Schutzleiter keine Ströme induziert werden können,

g) bei Leistungsantriebssystemen (PDS) Zuleitungen zu den Motoren in geschirmter Ausführung verwenden,

h) Verwendung von EMV-geschützten Signal- und Datenleitungen,

i) Verbindet ein beidseitig geerdeter Schirm zwei unterschiedliche Potentiale, muss darauf geachtet werden, dass über den Schirm keine Ausgleichströme fließen. Wenn notwendig, ist zusätzlich ein Schirmentlastungsleiter parallel vorzusehen,

j) Schutzausgleichverbindungen sind aufgrund des Skin-Effekts bei hohen Frequenzen möglichst großflächig anzuschließen,

k) benötigen elektronische Ausrüstungen eine gemeinsame Bezugserde (Massung), ist hierfür ein Funktionserder vorzusehen, der getrennt vom Erder der Schutzleiter zu errichten ist.

H.4 Trennung und Abschirmung von Leitungen

Die einfachste Art der Entkopplung von Leistungskabeln mit Signal-/Steuerleitungen oder Kabeln der Informationstechnik stellt der Abstand dar. Entsprechend DIN VDE 0100-444 muss der Abstand zwischen Leistungskabel und Signal-/Steuerleitungen oder Kabel der Informationstechnik ohne trennende Einrichtungen ≥ 200 mm sein, siehe **Bild H.1**.

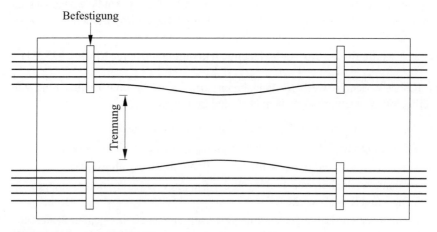

Bild H.1 Trennung durch Abstand

Bei der Trennung durch Abstand wird vorausgesetzt, dass für jedes Kabel/jede Leitung bereits eigene Schirmungsmaßnahmen vorgesehen wurden. So müssen z. B. Leistungskabel zu einem Drehstromsystem gebündelt und verdrillt sein und Signal-/Steuerleitungen oder Kabel der Informationstechnik müssen geschirmt und die Schirme an beiden Enden großflächig (Skin-Effekt) mit Erde verbunden sein. Häufig ist aber der Raum für die geforderten Abstände der getrennten Verlegung nicht vorhanden. In solchen Fällen müssen trennende Einrichtungen mit Schirmeigenschaften vorgesehen werden.

Bei der Verwendung von metallenen Kabelwannen können die Abstände zwischen den Leitungen der Energieübertragung und Signal-/Steuerleitungen oder Kabeln der Informationstechnik verringert werden, siehe **Bild H.2**.

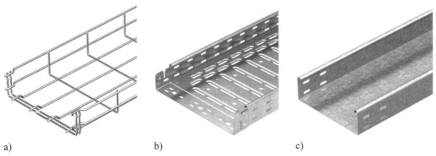

a)   b)   c)

Bild H.2 Kabelwannen mit unterschiedlicher Schirmwirkung –
a) Drahtkorb, b) Lochblech, c) geschlossene Wanne

Natürlich ist die Wärmeabfuhr bei Kabeltragsystemen mit einem Drahtkorb statt einer geschlossenen Wanne besser, doch die Schirmwirkung ist geringer. Bei der Wahl der Abstände muss zwischen Wärmeabfuhr und Schirmwirkung abgewogen werden. Auch der Zugang zur Verlegung von weiteren Kabeln und Leitungen im Rahmen einer Erweiterung muss bei der Festlegung der Abstände beachtet werden. Die angegebenen Abstände, entsprechend **Tabelle H.1**, sind Mindestabstände. Diese Abstände gelten für Frequenzen von DC bis AC 100 MHz.

Ohne Trennung	Bei offener metallener Trennung	Bei gelochter metallener Trennung	Bei geschlossener metallener Trennung
≥ 200 mm	≥ 150 mm	≥ 100 mm	≥ 0 mm
	Maschenweite bis 50 mm × 100 mm	Wandstärke ≥ 1 mm Anteil der Öffnungen ≤ 20 % der Fläche	Wandstärke ≥ 1 mm

Tabelle H.1 Trennungsabstände in Abhängigkeit von der Schirmqualität der Kabelwannen

Werden Kabelwannen in einem Kabeltragesystem zusammengebaut, so sind die hierfür geltenden Mindestabstände in Abhängigkeit von der Ausführung der Kabelwannen einzuhalten. Zusätzlich ist die Reihenfolge beim Übereinanderbauen zu beachten.

Die Reihenfolge der Lagen kann auch umgekehrt werden. Das Beispiel in **Bild H.3** zeigt, dass die Leitungen mit der höchsten Erwärmung unter Berücksichtigung der

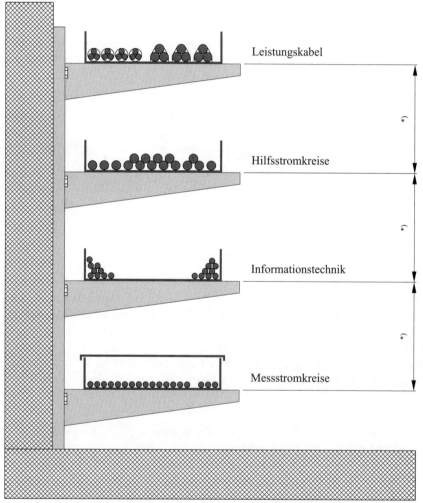

Leistungskabel

Hilfsstromkreise

Informationstechnik

Messstromkreise

*) Die Abstände müssen in Abhängigkeit der Art der Kabelkanäle entsprechend Tabelle 6 bestimmt werden.

Bild H.3 Aufbau eines Kabeltragesystems

498

Thermik für die oberste Lage vorgesehen wurden. Aus Massegründen kann die Nutzung der untersten Lage für die schwereren Leistungskabel die bessere Lösung sein. Bei der Festlegung der Verwendung der Lagen sind neben den EMV-Anforderungen also noch weitere Anforderungen zu berücksichtigen. Die Reihenfolge muss aus EMV-Gründen jedoch immer eingehalten werden. Die Abstände zwischen den Lagen gelten bis zu einem Gesamtstrom von ≤ 600 A im gesamten Kabeltragsystem. Bei höheren Gesamtströmen sollten die Abstände vergrößert werden.

Kein Schutzleiter

Kabeltragsysteme und Kabelwannen dürfen entsprechend DIN VDE 0100-540 nicht als Schutzleiter oder Schutzpotentialausgleichsleiter verwendet werden, müssen jedoch so häufig wie möglich in den Schutzpotentialausgleich eingebunden oder zumindest aber an beiden Enden mit dem Schutzleitersystem verbunden werden.

Alle Abschnitte einer Kabelwanne müssen untereinander elektrisch verbunden sein. Dies kann durch die Konstruktion der Kabelwannen selbst erfolgen oder Teilstücke von Kabelwannen müssen über Hilfsmittel miteinander verbunden werden. Diese Verbindungen müssen für hohe Frequenzen geeignet sein. Der Skin-Effekt ist zu beachten, siehe **Bild H.4**.

Kabeltragsysteme sollten mittig oder alle 25 m mit dem Schutzpotentialausgleichssystem verbunden werden. Beim Übergang der Leitungen vom Kabeltragsystem zum Schaltschrank sollten die Kabelkanäle mithilfe einer niederimpedanten Verbindung mit der Schirmschiene des entsprechenden Schaltschranks verbunden werden. Parallel verlaufende Kabeltragsysteme sollten auch untereinander niederimpedant verbunden werden.

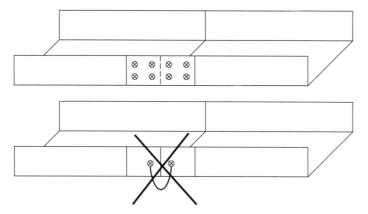

Bild H.4 Niederimpedante Verbindung zwischen zwei Kabelwannen

Verlegung innerhalb einer Kabelwanne

Werden Leitungen aus EMV-Gründen auf Kabelwannen verlegt, sollten sie so weit wie möglich in den Ecken der Kabelwannen angeordnet werden, da dort die beste Schirmwirkung erreicht wird, siehe **Bild H.5**.

Bild H.5 Querschnittsflächen mit der höchsten Schirmwirkung

Verwendung von zu öffnenden Elektroinstallationskanälen

Werden Elektroinstallationskanäle aus Abschirmungsgründen mit einem Deckel verschlossen, muss der Deckel mindestens an beiden Enden über ein Band von max. 10 cm Länge und einem Mindestquerschnitt von $\geq 2,5$ mm^2 mit dem jeweiligen zugehörigen Elektroinstallationskanal verbunden werden. Grundsätzlich sollte über die gesamte Länge des Deckels eine gut leitende Verbindung mit dem Elektroinstallationskanal angestrebt werden.

Ebenfalls grundsätzlich sollte über die gesamten Leitungswege hinweg immer eine gleichbleibende Schirmwirkung angestrebt werden.

Skin-Effekt beachten

Bei den Verbindungen zwischen Kabelwannen oder Elektroinstallationskanälen und bei den Anschlüssen zum Schutzleitersystem ist immer der Skin-Effekt zu beachten. Der Skin-Effekt (Haut-Effekt) bedeutet: Je höher die Frequenz eines Stroms ist, der durch einen Leiter fließt, desto geringer ist der genutzte Querschnitt des Leiters (Eindringtiefe), siehe **Bild H.6**.

f klein f größer f sehr viel größer

Bild H.6 Stromverteilung in einem Leiter in Abhängigkeit von der Frequenz

Die Eindringtiefe ist in einem Kupferleiter bereits bei einer Frequenz von 50 Hz bemerkbar. Bei einer Eindringtiefe von 9 mm ist ein Leiter mit einem Durchmesser von > 18 mm bereits unwirtschaftlich, siehe **Tabelle H.2**. Dies bedeutet, dass die Kontaktflächen großflächig und die Leiter möglichst kurz sein müssen. Weitere Informationen enthält Band 55 der VDE-Schriftenreihe [10].

Frequenz	Eindringtiefe bei Cu
50 Hz	≈ 9 mm
1 kHz	≈ 2 mm
100 kHz	≈ 200 µm
1 MHz	≈ 66 µm

Tabelle H.2 Eindringtiefe des Stroms in einem Leiter in Abhängigkeit von der Frequenz

Anhang I (informativ)
Dokumentation/Informationen

Der Anhang dient der Information, dass es für die technische Dokumentation entsprechend Abschnitt 17 Normen gibt, die die Ausführungsform der verschiedenen Dokumente festlegen.

Wichtig ist, dass die Beantwortung der Frage 13 in Anhang B zu diesem Thema durch den Lieferanten der elektrischen Ausrüstung und den Betreiber der Maschine gewissenhaft erfolgt. Die Festlegungen müssen aber auch vertraglich zwischen dem Lieferanten der Maschine und dem (Unter-)Lieferanten der elektrischen Ausrüstung definiert werden.

Sprache gesetzlich geregelt

Hinsichtlich der Sprache der Dokumentation ist zu beachten, dass sie durch die Maschinenrichtlinie gesetzlich vorgegeben ist. Grundsätzlich sind Betriebsanleitungen bzw. Bedienungsanleitungen in der Amtssprache des Verwenderlandes der Maschine zu liefern. Dabei ist zu beachten, dass für einige Länder des europäischen Wirtschaftsraums mehrere Amtssprachen zu berücksichtigen sind.

Für die elektrische Ausrüstung nur eine Teildokumentation

Bei der Dokumentation der elektrischen Ausrüstung ist zwischen den Betriebsanleitungen der einzelnen elektrischen Betriebsmittel und der Betriebsanleitung der Maschine zu unterscheiden. Die Betriebsanleitung der Maschine wird in der Regel vom Maschinenhersteller erstellt. Doch ein Teil davon betrifft die elektrische Ausrüstung. Hierfür muss vertraglich geregelt werden, welche Dokumente der Lieferant der elektrischen Ausrüstung dem Maschinenhersteller in welcher Sprache zur Verfügung stellt.

Sprache der technischen Dokumentation

Die technische Dokumentation braucht nicht in der jeweiligen Amtssprache des Verwenderlandes geliefert werden. Hierfür kann eine Sprache, oder auch mehrere, verwendet werden, die vom Fachpersonal (Montage, Inbetriebnahme, Instandhaltung) verstanden wird. Letztendlich ist die Wahl der Sprache im Vertrag zu regeln.

Amtssprachen der EU

Eine Amtssprache ist die offizielle Sprache eines Staates für Gesetzgebung, Verwaltung, Gerichte und Schulen. In der EU gibt es insgesamt 23 Amtssprachen, die wie folgt in den einzelnen Mitgliedstaaten verwendet werden:

Österreich	Deutsch
Lettland	Lettisch
Belgien	Niederländisch, Französisch und Deutsch
Litauen	Litauisch
Bulgarien	Bulgarisch
Luxemburg	Französisch und Deutsch
Zypern	Englisch und Griechisch
Malta	Englisch und Maltesisch
Tschechische Republik	Tschechisch
Niederlande	Niederländisch
Dänemark	Dänisch
Polen	Polnisch
Estland	Estnisch
Portugal	Portugiesisch
Finnland	Finnisch und Schwedisch
Rumänien	Rumänisch
Frankreich	Französisch
Slowakei	Slowakisch
Deutschland	Deutsch
Slowenien	Slowenisch
Griechenland	Griechisch
Spanien	Spanisch
Ungarn	Ungarisch
Schweden	Schwedisch
Irland	Englisch und Irisch
Vereinigtes Königreich	Englisch
Italien	Italienisch

Weitere Länder des Europäischen Wirtschaftsraums:

Island	Isländisch
Schweiz	Französisch, Deutsch und Italienisch
Liechtenstein	Deutsch
Türkei	Türkisch
Norwegen	Norwegisch

Nachfolgend werden die in Anhang I empfohlenen Normen für die verschiedenen Dokumente präsentiert:

Strukturierungsprinzipien

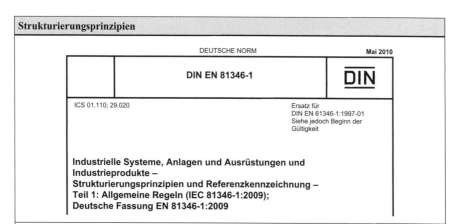

DEUTSCHE NORM   Mai 2010

DIN EN 81346-1   **DIN**

ICS 01.110; 29.020

Ersatz für
DIN EN 61346-1:1997-01
Siehe jedoch Beginn der
Gültigkeit

**Industrielle Systeme, Anlagen und Ausrüstungen und
Industrieprodukte –
Strukturierungsprinzipien und Referenzkennzeichnung –
Teil 1: Allgemeine Regeln (IEC 81346-1:2009);
Deutsche Fassung EN 81346-1:2009**

Mit der Norm werden allgemeine Prinzipien zur Strukturierung von Systemen, einschließlich der Strukturierung von Informationen über Systeme, festgelegt. Aufbauend auf diesen Prinzipien sind Regeln und Anleitungen zur Bildung von eindeutigen Referenzkennzeichen für Objekte in beliebigen Systemen angegeben.

Ein Referenzkennzeichen identifiziert Objekte zu dem Zweck, Informationen zu einem Objekt zu erzeugen und wiederzugewinnen. Ein Referenzkennzeichen, mit dem eine Komponente beschriftet ist, dient als Schlüssel zum Auffinden von Informationen zu diesem Objekt, die in unterschiedlichen Dokumenten enthalten sein können.

Die Prinzipien der Strukturierung und der Referenzkennzeichnung sind allgemeingültig und auf allen technischen Gebieten anwendbar, wie im Maschinenbau, in der Elektrotechnik, im Bauwesen und in der Verfahrenstechnik. Sie können für Systeme, die auf unterschiedlichen Technologien basieren, angewendet werden und auch für Systeme, in denen mehrere Technologien zusammengefasst sind.

Referenzkennzeichnung

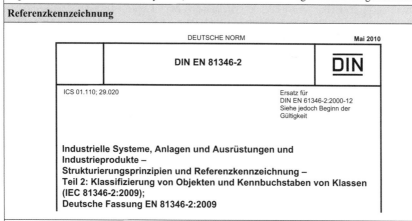

DEUTSCHE NORM   Mai 2010

DIN EN 81346-2   **DIN**

ICS 01.110; 29.020

Ersatz für
DIN EN 61346-2:2000-12
Siehe jedoch Beginn der
Gültigkeit

**Industrielle Systeme, Anlagen und Ausrüstungen und
Industrieprodukte –
Strukturierungsprinzipien und Referenzkennzeichnung –
Teil 2: Klassifizierung von Objekten und Kennbuchstaben von Klassen
(IEC 81346-2:2009);
Deutsche Fassung EN 81346-2:2009**

Diese Norm enthält die Methodik eines Klassifizierungsschemas für Objekte mit zugehörigen Kennbuchstaben. Die Kennbuchstaben sind dafür vorgesehen, zusammen mit den Regeln für die Bildung von Referenzkennzeichen entsprechend der DIN EN 81346-1 angewendet zu werden.

Strukturierung von Dokumenten

DEUTSCHE NORM   August 2012

DIN EN 62023
(VDE 0040-6)

DIN

Diese Norm ist zugleich eine **VDE-Bestimmung** im Sinne von VDE 0022. Sie ist nach Durchführung des vom VDE-Präsidium beschlossenen Genehmigungsverfahrens unter der oben angeführten Nummer in das VDE-Vorschriftenwerk aufgenommen und in der „etz Elektrotechnik + Automation" bekannt gegeben worden.

VDE

Vervielfältigung – auch für innerbetriebliche Zwecke – nicht gestattet.

ICS 01.110; 29.020

Ersatz für
DIN EN 62023:2001-07
Siehe Anwendungsbeginn

**Strukturierung technischer Information und Dokumentation
(IEC 62023:2011 + Cor.:2012);
Deutsche Fassung EN 62023:2012**

Die Norm enthält Regeln zur Anwendung einer Methode zur Strukturierung technischer Informationen und Dokumentation.

Die Regeln basieren auf der Anwendung eines Hauptdokuments (Leitdokuments) zum Zwecke der Bündelung von Informationen zu jedem Objekt. DIN EN 62023 (**VDE 0040-6**) kann als Bindeglied zwischen den Strukturierungsprinzipien für Systeme und den Strukturierungsprinzipien für Dokumente angesehen werden.

Die Anwendung der Norm vereinheitlicht die Organisation von Informationen und Dokumentation. Bei der Strukturierung technischer Informationen und Dokumentation werden die Strukturierungsprinzipien aus DIN EN 81346-1 angewendet.

Stücklisten
Dokumentlisten

DEUTSCHE NORM   August 2012

DIN EN 62027
(VDE 0040-7)

DIN

Diese Norm ist zugleich eine **VDE-Bestimmung** im Sinne von VDE 0022. Sie ist nach
Durchführung des vom VDE-Präsidium beschlossenen Genehmigungsverfahrens unter
der oben angeführten Nummer in das VDE-Vorschriftenwerk aufgenommen und in der
„etz Elektrotechnik + Automation" bekannt gegeben worden.

VDE

Vervielfältigung – auch für innerbetriebliche Zwecke – nicht gestattet.

ICS 01.110; 29.020

Ersatz für
DIN EN 62027:2001-07
Siehe Anwendungsbeginn

Erstellung von Objektlisten, einschließlich Teilelisten
(IEC 62027:2011);
Deutsche Fassung EN 62027:2012

Die Norm enthält Anforderungen an Listen, die hauptsächlich angewendet werden, um Komponenten eines Objekts oder Systems aufzulisten und zu spezifizieren. Informationen über Produkte, Einrichtungen oder Systeme können dadurch auf Basis hierarchischer Baumstrukturen organisiert werden.

Produktspezifikation

März 2011

DIN IEC/PAS 62569-1
DIN SPEC 43587

ICS 01.110; 35.240.50

Allgemeine Regeln zur Erstellung von Produktspezifikationen – Teil 1: Grundsätze und Methoden (IEC/PAS 62569-1:2009)

Generic specification of information on products –
Part 1: Principles and methods (IEC/PAS 62569-1:2009)

Zur Erstellung einer DIN SPEC können verschiedene Verfahrensweisen herangezogen werden:
Das vorliegende Dokument wurde nach den Verfahrensregeln eines Fachberichts erstellt.

Die Norm enthält Grundsätze und Methoden zur Spezifikation von Produkten, z. B. in Datenblättern, mittels Merkmalen.

Gebrauchsanleitungen

• für Hantierung, Transport und Lagerung,
• für Installation, Errichtung, Zusammenbau, Demontage,
• für Bedienungsanleitungen.

Liste der Werkzeuge

DEUTSCHE NORM   Juni 2013

	DIN EN 82079-1 **(VDE 0039-1)**	**DIN**
	Diese Norm ist zugleich eine **VDE-Bestimmung** im Sinne von VDE 0022. Sie ist nach Durchführung des vom VDE-Präsidium beschlossenen Genehmigungsverfahrens unter der oben angeführten Nummer in das VDE-Vorschriftenwerk aufgenommen und in der „etz Elektrotechnik + Automation" bekannt gegeben worden.	**VDE**

Vervielfältigung – auch für innerbetriebliche Zwecke – nicht gestattet.

ICS 01.110; 29.020

Ersatz für
DIN EN 62079
(VDE 0039):2001-11
Siehe Anwendungsbeginn

Erstellen von Gebrauchsanleitungen –
Gliederung, Inhalt und Darstellung –
Teil 1: Allgemeine Grundsätze und ausführliche Anforderungen
(IEC 82079-1:2012);
Deutsche Fassung EN 82079-1:2012

Die Norm enthält Anforderungen an die Erstellung und Formulierung von Gebrauchsanleitungen, die für Nutzer von Produkten notwendig und/oder hilfreich sind.
Die Norm richtet sich an alle, die Gebrauchsanleitungen erstellen. Es wird kein bestimmter Umfang spezifiziert, da dieser von der Art des Produkts, dessen Komplexität und von den Kenntnissen des vorgesehenen Bedieners abhängig ist.

Klemmenkennzeichnung

	DEUTSCHE NORM	Juli 2011

DIN EN 61666
(VDE 0040-5)

DIN

Diese Norm ist zugleich eine **VDE-Bestimmung** im Sinne von VDE 0022. Sie ist nach Durchführung des vom VDE-Präsidium beschlossenen Genehmigungsverfahrens unter der oben angeführten Nummer in das VDE-Vorschriftenwerk aufgenommen und in der „etz Elektrotechnik + Automation" bekannt gegeben worden.

VDE

Vervielfältigung – auch für innerbetriebliche Zwecke – nicht gestattet.

ICS 01.080.30

Ersatz für
DIN EN 61666:1998-01
Siehe Anwendungsbeginn

Industrielle Systeme, Anlagen und Ausrüstungen und Industrieprodukte –
Identifikation von Anschlüssen in Systemen
(IEC 61666:2010);
Deutsche Fassung EN 61666:2010 + Cor.:2010

Die Norm legt die Grundsätze zur Identifikation von Anschlüssen von Objekten in einem System fest. Anforderungen an die Bezeichnung der Anschlusskennzeichnung sind nicht Gegenstand dieser Norm.

Kennzeichnung von Leitungen

DEUTSCHE NORM   Mai 2009

**DIN EN 62491
(VDE 0040-4)**

DIN

Diese Norm ist zugleich eine **VDE-Bestimmung** im Sinne von VDE 0022. Sie ist nach
Durchführung des vom VDE-Präsidium beschlossenen Genehmigungsverfahrens unter
der oben angeführten Nummer in das VDE-Vorschriftenwerk aufgenommen und in der
„etz Elektrotechnik + Automation" bekannt gegeben worden.

VDE

Vervielfältigung – auch für innerbetriebliche Zwecke – nicht gestattet.

ICS 29.060.01

**Industrielle Systeme, Anlagen und Ausrüstungen und Industrieprodukte –
Beschriftung von Kabeln/Leitungen und Adern
(IEC 62491:2008);
Deutsche Fassung EN 62491:2008**

Die Norm beinhaltet Regeln und Anleitungen zur Beschriftung von Kabeln und Aderleitungen in
industriellen Anlagen zu dem Zweck, eine Beziehung zwischen der technischen Dokumentation und
der elektrischen Ausrüstung herzustellen.
Folgende Methoden sind in der Norm beschrieben:
*   Anwendung farbiger Kabel und gekennzeichneter Adern,
*   zusätzliche Identifizierungsbeschriftung,
*   zusätzliche Anschlussbeschriftung,
*   zusätzliche Beschriftung mit Signal.
Die physikalische Ausführung der Beschriftung und die produktbezogenen Beschriftungen sind nicht
Gegenstand dieser Norm.

Stromlaufpläne
Übersichtszeichnungen der Ausrüstung mit Gesamtabmessungen
Verbindungsdiagramme
Klemmenlisten
Kabellisten
Kabeltrassenübersicht

	DEUTSCHE NORM	Oktober 2015

DIN EN 61082-1
(VDE 0040-1)

DIN

Diese Norm ist zugleich eine **VDE-Bestimmung** im Sinne von VDE 0022. Sie ist nach Durchführung des vom VDE-Präsidium beschlossenen Genehmigungsverfahrens unter der oben angeführten Nummer in das VDE-Vorschriftenwerk aufgenommen und in der „etz Elektrotechnik + Automation" bekannt gegeben worden.

VDE

Vervielfältigung – auch für innerbetriebliche Zwecke – nicht gestattet.

ICS 01.110; 29.020

Ersatz für
DIN EN 61082-1
(VDE 0040-1):2007-03
Siehe Anwendungsbeginn

**Dokumente der Elektrotechnik –
Teil 1: Regeln
(IEC 61082-1:2014);
Deutsche Fassung EN 61082-1:2015**

Teil 1 von IEC 61082 enthält allgemeine Regeln und Leitfäden zur Darstellung von Informationen in Dokumenten und besondere Regeln für in der Elektrotechnik verwendete Schaltpläne, Zeichnungen und Tabellen.

Ausgeschlossen sind Regeln und Leitfäden für alle Arten von Audio- oder Videopräsentationen oder von Darstellungen in tastbarer Form.

Hierbei handelt es sich um eine horizontale Norm.

Ersatzteilliste für einen festgelegten Abschnitt

DEUTSCHE NORM   August 2012

DIN EN 62027
(VDE 0040-7)

<u>**DIN**</u>

Diese Norm ist zugleich eine **VDE-Bestimmung** im Sinne von VDE 0022. Sie ist nach Durchführung des vom VDE-Präsidium beschlossenen Genehmigungsverfahrens unter der oben angeführten Nummer in das VDE-Vorschriftenwerk aufgenommen und in der „etz Elektrotechnik + Automation" bekannt gegeben worden.

VDE

Vervielfältigung – auch für innerbetriebliche Zwecke – nicht gestattet.

ICS 01.110; 29.020

Ersatz für
DIN EN 62027:2001-07
Siehe Anwendungsbeginn

Erstellung von Objektlisten, einschließlich Teilelisten (IEC 62027:2011); Deutsche Fassung EN 62027:2012

Diese Norm enthält Regeln und Richtlinien zur Darstellung von Informationen in Objektlisten und besondere Regeln für derartige Dokumente. Sie ist anwendbar auf Objektlisten wie Teilelisten, Funktionslisten und Ortslisten, die im Planungs- und Engineeringprozess angewendet werden und die dazu vorgesehen sind, als Bestandteil der Dokumentation geliefert zu werden.

Identifikationssysteme

DEUTSCHE NORM   März 2012

DIN EN 62507-1
(VDE 0040-2-1)

DIN

Diese Norm ist zugleich eine **VDE-Bestimmung** im Sinne von VDE 0022. Sie ist nach Durchführung des vom VDE-Präsidium beschlossenen Genehmigungsverfahrens unter der oben angeführten Nummer in das VDE-Vorschriftenwerk aufgenommen und in der „etz Elektrotechnik + Automation" bekannt gegeben worden.

VDE

Vervielfältigung – auch für innerbetriebliche Zwecke – nicht gestattet.

ICS 01.140.20; 35.240

Anforderungen an Identifikationssysteme zur Unterstützung eines eindeutigen Informationsaustauschs –
Teil 1: Grundsätze und Methodik
(IEC 62507-1:2010);
Deutsche Fassung EN 62507-1:2011

Dieser Teil der Reihe IEC 62507 beschreibt die elementaren Anforderungen an Identifizierungssysteme zur eindeutigen Kennzeichnung von Objekten (wie z. B. Produkte, Gegenstände, Dokumente usw.). Die Norm fokussiert die Festlegung von Kennzeichnungen zu Objekten zu Zwecken der Referenzierung.

Diese Norm enthält Empfehlungen für die von Menschen lesbare als auch die maschinenlesbare Darstellung der Kennzeichnung, welche bei der Festlegung der Kennzeichnung und von Kennzeichnungsnummern zu berücksichtigen sind.

Die Norm enthält zusätzlich Anforderungen an die Anwendung der Kennzeichnungen in rechnerinterpretierbarer Form in Übereinstimmung mit solchen Systemen sowie Anforderungen an den Datenaustausch.

Die Spezifizierung eines physikalischen Dateiformates oder Austauschformates zwischen Rechnern ist ausgeschlossen. Gleichfalls ausgeschlossen sind die Spezifikation und Festlegung eines Austauschformates für die Implementierung eines physikalischen Mediums, z. B. Datei, Barcode, Radio-Frequenz-Identifikationsverfahren (RFID), zum Zwecke des Informationsaustausches und die Markierungen an beteiligten Objekten zum Zwecke der Kennzeichnung.

Parameterliste (z. B. Umrichter)

P0304	Motornennspannung			Min:	10	Stufe
	ÄndStat: C	Datentyp: U16	Einheit V	Def:	230	**1**
	P-Gruppe: MOTOR	Aktiv: nach Best.	Schnell-IBN: Ja	Max:	2000	

Motornennspannung [V] von Typenschild.

Die nachfolgende Abbildung zeigt ein typisches Typenschild mit der Position der relevanten Motordaten.

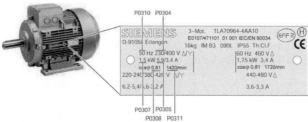

Abhängigkeit:
Nur änderbar bei P0010 = 1 (Schnellinbetriebnahme).

⚠ **Vorsicht:**
Die Eingabe der Typenschilddaten muß mit der Verschaltung des Motors (Stern/Dreieck) korrespondieren. D.h., bei einer Dreieckschaltung des Motors sind die Dreieck-Typenschilddaten einzutragen.

Dreiphasiger Anschluss für Motoren
Netz 1AC 230 V

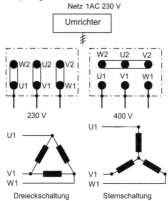

In der obigen Abbildung beträgt die Motornennspannung P0304 = 230 V in Dreieckschaltung bzw. P0304 = 400 V in Sternschaltung.

Hinweis:
Der Vorbelegungswert ist abhängig vom Umrichtertyp und seinen Nennwerten.

Beispiel aus Sinamics G110 [123] der Siemens AG

Für das Layout von Parameterlisten gibt es keine Norm. Die Hersteller sind deshalb aufgefordert, übersichtliche und verständliche Listen zu liefern, die vom Fachpersonal verstanden werden können.

Anhang ZZA (informativ)
Zusammenhang mit den grundlegenden Anforderungen der Maschinenrichtlinie 2006/42/EG

Im Anhang ZZA werden die gesetzlich vorgegebenen „grundlegenden Sicherheits- und Gesundheitsschutz-Anforderungen" aus Anhang I der Maschinenrichtlinie 2006/42/EG und die normativen Anforderungen aus den Normenabschnitte der DIN EN 60204-1 (**VDE 0113-1**) gegenübergestellt.

Vermutungswirkung

Werden die in den Normenabschnitten festgelegten Anforderungen bei der elektrischen Ausrüstung einer Maschine umgesetzt, so löst dies die Vermutungswirkung aus, dass die Anforderungen des entsprechenden Abschnitts aus Anhang I der Maschinenrichtlinie eingehalten werden. Somit können mit der Einhaltung von Normenteilen, die ja nur als „anerkannte Regeln der Technik" gelten, gesetzliche Anforderungen erfüllt werden.

DIN EN 60204-1 (**VDE 0113-1**) deckt innerhalb ihres Anwendungsbereichs folgende grundlegenden „Sicherheits- und Gesundheitsschutz-Anforderungen" aus Anhang I ab, **siehe Tabelle ZZA.1**. Die aufgelisteten Sicherheits- und Gesundheitsschutz-Anforderungen beziehen sich dabei nur auf elektrische Einrichtungen der Maschine.

Alle Anforderungen sind gesetzliche Anforderungen

Bei der Planung der elektrischen Ausrüstung einer Maschine wird dringend empfohlen, die referenzierten grundlegenden Sicherheits- und Gesundheitsschutz-Anforderungen des Anhangs I der Maschinenrichtlinie 2006/42/EG zu lesen und zu berücksichtigen, denn die Anforderungen sind durch die 9. Verordnung zum Produktsicherheitsgesetz (Maschinenverordnung) in Deutschland gesetzlich vorgeschrieben.

2006/42/EG	Gesetzliche Anforderungen	DIN EN 60204-1 (VDE 0113-1)	Normative Anforderungen
1.2.1	Sicherheit und Zuverlässigkeit von Steuerungen	4	Allgemeine Anforderungen
		5.4	Einrichtungen zur Unterbrechung der Energiezufuhr zur Verhinderung von unerwartetem Anlauf
		7.4	Schutz gegen anormale Temperaturen
		7.5	Schutz gegen Folgen bei Unterbrechung der Stromversorgung oder Spannungseinbruch und Spannungswiederkehr
		7.6	Motor-Überdrehzahlschutz
		7.8	Drehfeldüberwachung
		7.10	Bemessungskurzschlussstrom
		8.4	Funktionspotentialausgleich
		9	Steuerstromkreise und Steuerfunktionen
		10.6	Starteinrichtungen
		10.9	Zustimmeinrichtungen
		11.2.3	Wärmeeinwirkungen
1.2.2	Stellteile	4.4	Physikalische Umgebungs- und Betriebsbedingungen
		10	Bedienerschnittstellen und an der Maschine befestigte Steuergeräte
		11	Schaltgeräte: Anordnung, Befestigung und Gehäuse
		16.3	Funktionskennzeichnung
1.2.3	Ingangsetzen	7.3.1	Schutz von Motoren gegen Überhitzung – Allgemeines
		7.5	Schutz gegen Folgen bei Unterbrechung der Stromversorgung oder Spannungseinbruch und Spannungswiederkehr
		9.2.3.2	Steuerfunktion Start
		9.3.1	Schließen oder Zurücksetzen einer verriegelten Schutzeinrichtung

Tabelle ZZA.1 Gegenüberstellung der grundlegenden Sicherheits- und Gesundheitsschutz-Anforderungen des Anhangs I der Maschinenrichtlinie und der technischen Anforderungen der DIN EN 60204-1 (**VDE 0113-1**)

2006/42/EG	Gesetzliche Anforderungen	DIN EN 60204-1 (VDE 0113-1)	Normative Anforderungen
1.2.4.1	Normales Stillsetzen	9.2.2	Kategorien der Stoppfunktionen
		9.2.3.3	Steuerfunktion Stopp
1.2.4.2	Betriebsbedingtes Stillsetzen	9.2.2	Kategorien der Stoppfunktionen
		9.2.3.3	Steuerfunktion Stopp
		9.2.3.6	Überwachung von Befehlshandlungen
		9.4	Steuerfunktionen im Fehlerfall
1.2.4.3	Stillsetzen im Notfall	9.2.3.4.2	Not-Halt
		10.7	Geräte für Not-Halt
1.2.4.4	Gesamtheit von Maschinen	9.2.3.3	Steuerfunktion Stopp
		9.2.3.4.2	Not-Halt
1.2.5	Wahl der Steuerungs- oder Betriebsarten	9.2.3.5	Betriebsarten
1.2.6	Störung der Energieversorgung	5.4	Einrichtungen zur Unterbrechung der Energiezufuhr zur Verhinderung von unerwartetem Anlauf
		7.5	Schutz gegen Folgen bei Unterbrechung der Stromversorgung oder Spannungseinbruch und Spannungswiederkehr
1.5.1	Risiken durch sonstige Gefährdungen	alle Abschnitte	
1.5.4	Montagefehler	13.4.5 (d)	Mehr als eine Stecker-/Steckdosenkombination
		17	Technische Dokumentation
1.5.5	Extreme Temperaturen	7.4	Schutz gegen anormale Temperaturen
		16.2.2	Gefährdung durch heiße Oberflächen
1.6.3	Trennung von der Energiequelle	5.3	Netztrenneinrichtung
		10.8	Geräte für Not-Aus

Tabelle ZZA.1 (*Fortsetzung*) Gegenüberstellung der grundlegenden Sicherheits- und Gesundheitsschutz-Anforderungen des Anhangs I der Maschinenrichtlinie und der technischen Anforderungen der DIN EN 60204-1 (**VDE 0113-1**)

2006/42/EG	Gesetzliche Anforderungen	DIN EN 60204-1 (VDE 0113-1)	Normative Anforderungen
1.6.4	Eingriffe des Bedienpersonals	11	Schaltgeräte: Anordnung, Befestigung und Gehäuse
1.7.1	Informationen und Warnhinweise an der Maschine	16	Kennzeichnung, Warnschilder und Referenzkennzeichen
		17	Technische Dokumentation
1.7.1.1	Informationen und Informationseinrichtungen	16	Kennzeichnung, Warnschilder und Referenzkennzeichen
		17	Technische Dokumentation
1.7.1.2	Warneinrichtungen	10.1.1	Allgemeine Anforderungen an Bedienerschnittstellen
		10.3	Anzeigeleuchten und Anzeigen
		10.4	Leuchtdrucktaster
		16	Kennzeichnung, Warnschilder und Referenzkennzeichen
1.7.2	Warnung vor Restrisiken	16	Kennzeichnung, Warnschilder und Referenzkennzeichen
		17	Technische Dokumentation
1.7.4.2	Inhalt der Betriebsanleitung	17	Technische Dokumentation

Tabelle ZZA.1 (*Fortsetzung*) Gegenüberstellung der grundlegenden Sicherheits- und Gesundheitsschutz-Anforderungen des Anhangs I der Maschinenrichtlinie und der technischen Anforderungen der DIN EN 60204-1 (**VDE 0113-1**)

519

Anhang ZZB (informativ)
Zusammenhang mit den grundlegenden Anforderungen der Niederspannungsrichtlinie 2014/35/EU

Im Anhang ZZB werden die gesetzlich vorgegebenen „grundlegenden Sicherheits- und Gesundheitsschutz-Anforderungen" des Anhangs I der Niederspannungsrichtlinie 2014/35/EU und die normativen Anforderungen der Normenabschnitte der DIN EN 60204-1 (**VDE 0113-1**) gegenübergestellt.

DIN EN 60204-1 (**VDE 0113-1**) deckt innerhalb ihres Anwendungsbereichs folgende Sicherheitsziele für elektrische Betriebsmittel zur Verwendung innerhalb bestimmter Spannungsgrenzen (AC von 50 V bis 1 000 V und DC von 75 V bis 1 500 V) entsprechend Anhang I ab, siehe **Tabelle ZZB.1**. Die aufgelisteten Sicherheits- und Gesundheitsschutz-Anforderungen beziehen sich dabei nur auf die elektrischen Einrichtungen der Maschine.

Alle Anforderungen sind gesetzliche Anforderungen

Bei der Planung der elektrischen Ausrüstung einer Maschine wird dringend empfohlen, die referenzierten Sicherheitsziele für elektrische Betriebsmittel des Anhangs I der Niederspannungsrichtlinie 2014/35/EU zu lesen und zu berücksichtigen, denn die Anforderungen sind durch die 1. Verordnung zum Produktsicherheitsgesetz in Deutschland gesetzlich vorgeschrieben.

2014/35/EU	Gesetzliche Anforderungen	DIN EN 60204-1 (VDE 0113-1)	Normative Anforderungen
1 a)	Die wesentlichen Merkmale, von deren Kenntnis und Beachtung eine bestimmungsgemäße und gefahrlose Verwendung abhängt, sind auf den elektrischen Betriebsmitteln oder, falls dies nicht möglich ist, in einem Begleitdokument angegeben	16.4	Kennzeichnung von Gehäusen der elektrischen Ausrüstung
		17	Technische Dokumentation
1 b)	Die elektrischen Betriebsmittel sowie ihre Bestandteile sind so beschaffen, dass sie sicher und ordnungsgemäß verbunden oder angeschlossen werden können	4.3	Stromversorgung
		5.1	Netzanschlussstellen
		5.2	Klemme für den Anschluss des externen Schutzleiters
		9.1	Steuerstromkreise
		10.8	Geräte für Not-Aus
		11.2.3	Wärmeeinwirkungen
		12	Leiter und Leitungen
		13.1	Anschlüsse und Leitungsverlauf
		13.2.3	Identifizierung des Neutralleiters
		13.4.4	Verbindung zwischen Betriebsmitteln an der Maschine
		13.4.5	Stecker-/Steckdosenkombinationen
		14.4	Motoranordnung und -einbauräume
		15	Steckdosen und Beleuchtung
		18	Prüfungen

Tabelle ZZB.1 Gegenüberstellung der Sicherheitsziele für elektrische Betriebsmittel zur Verwendung innerhalb bestimmter Spannungsgrenzen aus Anhang I der Niederspannungsrichtlinie und den technischen Anforderungen der DIN EN 60204-1 (**VDE 0113-1**)

2014/35/EU	Gesetzliche Anforderungen	DIN EN 60204-1 (VDE 0113-1)	Normative Anforderungen
1 c)	Die elektrischen Betriebsmittel sind so konzipiert und beschaffen, dass bei bestimmungsgemäßer Verwendung und angemessener Wartung der Schutz vor den in unter 2 und 3 aufgeführten Gefahren gewährleistet ist	4.3	Stromversorgung
		5.1	Netzanschlussstellen
		5.2	Klemme für den Anschluss des externen Schutzleiters
		9.1	Steuerstromkreise
		10.8	Geräte für Not-Aus
		11.2.3	Wärmeeinwirkungen
		12	Leiter und Leitungen
		13.1	Anschlüsse und Leitungsverlauf
		13.2.3	Identifizierung des Neutralleiters
		13.4.4	Verbindung zwischen Betriebsmitteln an der Maschine
		13.4.5	Stecker-/Steckdosenkombinationen
		14.4	Motoranordnung und -einbauräume
		15	Steckdosen und Beleuchtung
		16.4	Kennzeichnung von Gehäusen der elektrischen Ausrüstung
		17	Technische Dokumentation
		18	Prüfungen
2 a)	Technische Maßnahmen sind festzulegen, damit Menschen und Haus- und Nutztiere angemessen vor den Gefahren einer Verletzung oder anderen Schäden geschützt sind, die durch direkte oder indirekte Berührung aktiver Teile verursacht werden können	5	Netzanschlussstellen und Einrichtungen zum Trennen und Ausschalten
		6	Schutz gegen elektrischen Schlag
		7.1	Schutz der Ausrüstung – Allgemeines
		7.2	Überstromschutz
		8	Potentialausgleich
		12	Leiter und Leitungen
		13.2.2	Identifizierung des Schutzleiters/Schutzpotentialausgleichsleiters
		16.2.1	Warnschilder – Gefährdung durch elektrischen Schlag
		Anhang A	Fehlerschutz durch automatische Abschaltung der Stromversorgung

Tabelle ZZB.1 (*Fortsetzung*) Gegenüberstellung der Sicherheitsziele für elektrische Betriebsmittel zur Verwendung innerhalb bestimmter Spannungsgrenzen aus Anhang I der Niederspannungsrichtlinie und den technischen Anforderungen der DIN EN 60204-1 (**VDE 0113-1**)

2014/35/EU	Gesetzliche Anforderungen	DIN EN 60204-1 (VDE 0113-1)	Normative Anforderungen
2 b)	Technische Maßnahmen sind festzulegen, damit keine Temperaturen, Lichtbogen oder Strahlungen entstehen, aus denen sich Gefahren ergeben können	7.2	Überstromschutz
		7.3	Schutz von Motoren gegen Überhitzung
		7.4	Schutz gegen anormale Temperaturen
		7.10	Bemessungskurzschlussstrom
		13.1.4	Wechselstromkreise – elektromagnetische Effekte (Vermeidung von Wirbelströmen)
		16.2.2	Warnschilder – Gefährdung durch heiße Oberflächen
2 c)	Technische Maßnahmen sind festzulegen, damit Menschen, Haus- und Nutztiere und Güter angemessen vor nicht elektrischen Gefahren geschützt werden, die erfahrungsgemäß von elektrischen Betriebsmitteln ausgehen	5.3	Netztrenneinrichtung
		5.4	Einrichtungen zur Unterbrechung der Energiezufuhr zur Verhinderung von unerwartetem Anlauf
		5.5	Einrichtungen zum Trennen der elektrischen Ausrüstung
		5.6	Schutz vor unbefugtem, unbeabsichtigtem und/oder irrtümlichem Schließen
		7.5	Schutz gegen Folgen bei Unterbrechung der Stromversorgung oder Spannungseinbruch und Spannungswiederkehr
		7.6	Motor-Überdrehzahlschutz
		7.8	Drehfeldüberwachung
		9	Steuerstromkreise und Steuerfunktionen
		10	Bedienerschnittstelle und an der Maschine befestigte Steuergeräte
		13.4.3	Verbindungen zu beweglichen Maschinenteilen
		14	Elektromotoren und zugehörige Ausrüstung
		15.2	Arbeitsplatzbeleuchtung an der Maschine und ihre Ausrüstung

Tabelle ZZB.1 (*Fortsetzung*) Gegenüberstellung der Sicherheitsziele für elektrische Betriebsmittel zur Verwendung innerhalb bestimmter Spannungsgrenzen aus Anhang I der Niederspannungsrichtlinie und den technischen Anforderungen der DIN EN 60204-1 (**VDE 0113-1**)

2014/35/EU	Gesetzliche Anforderungen	DIN EN 60204-1 (VDE 0113-1)	Normative Anforderungen
2 d)	Technische Maßnahmen sind festzulegen, damit die Isolierung den vorgesehenen Beanspruchungen angemessen ist	4.4.7	Ionisierende und nicht ionisierende Strahlung
		6.2.3	Schutz durch Isolierung aktiver Teile
		12.3	Leiter und Leitungen – Isolierung
		18.3	Isolationswiderstandsprüfungen
3 a)	Technische Maßnahmen sind festzulegen, damit die elektrischen Betriebsmittel den vorgesehenen mechanischen Beanspruchungen soweit standhalten, dass Menschen, Haus- und Nutztiere oder Güter nicht gefährdet werden	6.2.2	Schutz durch Gehäuse
		6.2.3	Schutz durch Isolierung aktiver Teile
		8.2.1	Schutzleitersystem – Allgemeines
		8.2.2	Schutzleiter
		8.2.3	Durchgängigkeit des Schutzleitersystems
		11.4	Gehäuse, Türen und Öffnungen
		12.2	Leiter
		12.3	Isolierung
		12.6.1	Flexible Leitungen – Allgemeines
		12.6.2	Flexible Leitungen – mechanische Bemessung
		13.4	Verdrahtung außerhalb von Gehäusen
		14.6	Schutzgeräte für mechanische Bremsen
3 b)	Technische Maßnahmen sind festzulegen, damit unter den vorgesehenen Umgebungsbedingungen den nicht mechanischen Einwirkungen so weit standgehalten wird, dass Menschen, Haus- und Nutztiere oder Güter nicht gefährdet werden	6.2.3	
		8.2.2	Schutzleiter
		8.2.3	Durchgängigkeit des Schutzleitersystems
		10.1.3	Bedienerschnittstelle – Schutzart
		11.3	Schutzart
		11.4	Gehäuse, Türen und Öffnungen
		12.7.6	Kriechstrecken
3 c)	Technische Maßnahmen sind festzulegen, damit bei den vorhersehbaren Überlastungen Menschen, Haus- und Nutztiere oder Güter nicht gefährdet werden	7	Schutz der Ausrüstung
		8	Potentialausgleich

Tabelle ZZB.1 (*Fortsetzung*) Gegenüberstellung der Sicherheitsziele für elektrische Betriebsmittel zur Verwendung innerhalb bestimmter Spannungsgrenzen aus Anhang I der Niederspannungsrichtlinie und den technischen Anforderungen der DIN EN 60204-1 (**VDE 0113-1**)

Literatur

[1] DIN EN 60204-1 (**VDE 0113-1**):2018 Sicherheit von Maschinen – Elektrische Ausrüstung von Maschinen – Teil 1: Allgemeine Anforderungen. Berlin · Offenbach: VDE VERLAG

[2] DIN EN 60204-31 (**VDE 0113-31**):2014-03 Sicherheit von Maschinen – Elektrische Ausrüstung von Maschinen – Teil 31: Besondere Sicherheits- und EMV-Anforderungen an Nähmaschinen, Näheinheiten und Nähanlagen. Berlin · Offenbach: VDE VERLAG

[3] DIN EN 60204-32 (**VDE 0113-32**):2009-03 Sicherheit von Maschinen – Elektrische Ausrüstung von Maschinen – Teil 32: Anforderungen für Hebezeuge. Berlin · Offenbach: VDE VERLAG

[4] DIN EN 60204-33 (**VDE 0113-33**):2011-11 Sicherheit von Maschinen – Elektrische Ausrüstungen von Maschinen – Teil 33: Anforderungen an Fertigungseinrichtungen für Halbleiter. Berlin · Offenbach: VDE VERLAG

[5] **Maschinenrichtlinie**. Richtlinie 98/37/EG des Europäischen Parlaments und des Rates vom 22. Juni 1998 zur Angleichung der Rechts- und Verwaltungsvorschriften der Mitgliedstaaten für Maschinen. Amtsblatt der Europäischen Gemeinschaften 41 (1998) Nr. L 207 vom 23.7.1998. – ISSN 0376-9453. – neu gefasst durch Richtlinie 2006/42/EG des Europäischen Parlaments und des Rates vom 17. Mai 2006 über Maschinen und zur Änderung der Richtlinie 95/16/EG. Amtsblatt der Europäischen Union 49 (2006) Nr. L 157 vom 9.6.2006, S. 24–86. – ISSN 1725-2539

[6] Leitfaden für die Anwendung der Maschinenrichtlinie 2006/42/EG. Europäische Kommission, Generaldirektion Unternehmen und Industrie (Hrsg.). Berlin (u. a.): Beuth, 2010. – ISBN 978-3-410-23835-5

[7] **EMV-Richtlinie**. Richtlinie 2014/30/EU des Europäischen Parlaments und des Rates vom 26. Februar 2014 zur Harmonisierung der Rechtsvorschriften der Mitgliedstaaten über die elektromagnetische Verträglichkeit. Amtsblatt der Europäischen Union 57 (2014) Nr. L 96 vom 29.03.2014, S. 79–106. – ISSN 1725-2539

[8] **EMV-Leitfaden** – Stand: 8.2.2010. Leitfaden zur Anwendung der Richtlinie 2004/108/EG des Rates vom 15. Dezember 2004 zur Angleichung der Rechtsvorschriften der Mitgliedsstaaten über die elektromagnetische Verträglichkeit. Berlin: Bundesnetzagentur, 2010. – Online-Dokument unter https://www.bundesnetzagentur.de/SharedDocs/Downloads/DE/

Sachgebiete/Telekommunikation/Unternehmen_Institutionen/Technik/
InverkehrbringenvonProdukten/EMVLeitfaden.pdf

[9] DIN VDE 0100-444 (**VDE 0100-444**):2010-10 Errichten von Niederspannungsanlagen – Teil 4-444: Schutzmaßnahmen – Schutz bei Störspannungen und elektromagnetischen Störgrößen. Berlin · Offenbach: VDE VERLAG

[10] *Rudnik, S.*: EMV-Fibel für Elektroniker, Elektroinstallateure und Planer. VDE-Schriftenreihe Band 55. Berlin · Offenbach: VDE VERLAG, 2015. – ISBN 978-3-8007-4007-9, ISSN 0506-6719

[11] **EMV-Gesetz (EMVG)**. Gesetz über die elektromagnetische Verträglichkeit von Geräten vom 18. September 1998. BGBl. I 50 (1998) Nr. 64 vom 29.9.1998, S. 2882–2892 – Neufassung als Gesetz über die elektromagnetische Verträglichkeit von Betriebsmitteln vom 26. Februar 2008. BGBl. I 60 (2008) Nr. 6, S. 220–232. – ISSN 0341-1095

[12] **Niederspannungsrichtlinie**. Richtlinie 2014/35/EU des Europäischen Parlaments und des Rates vom 26. Februar 2014 zur Harmonisierung der Rechtsvorschriften der Mitgliedstaaten über die Bereitstellung elektrischer Betriebsmittel zur Verwendung innerhalb bestimmter Spannungsgrenzen auf dem Markt (Neufassung). Amtsblatt der Europäischen Union 57 (2014) Nr. L 96 vom 29.03.2014, S. 357–374. – ISSN 1725-2539

[13] EU-Verordnung 640/2009 für die umweltgerechte Gestaltung von Elektromotoren. Amtsblatt der Europäischen Union 52 (2009) Nr. L 191 vom 23.07.2009, S. 26–34. – ISSN 1725-2539

[14] **Ökodesignrichtlinie**. Richtlinie 2009/125/EG des Europäischen Parlaments und des Rates vom 21. Oktober 2009 zur Schaffung eines Rahmens für die Festlegung von Anforderungen an die umweltgerechte Gestaltung energieverbrauchsrelevanter Produkte. Amtsblatt der Europäischen Union 52 (2009) Nr. L 285 vom 31.10.2009, S. 10–35. – ISSN 1725-2539

[15] *Rudnik, S.*: Energieeffizienz in der Elektroinstallation. VDE-Schriftenreihe Band 169. Berlin · Offenbach: VDE VERLAG, 2016. – ISBN 978-3-8007-4131-1, ISSN 0506-6719

[16] EU-Verordnung 548/2014 für Kleinleistungs-, Mittelleistungs- und Großleistungstransformatoren. Amtsblatt der Europäischen Union 57 (2014) Nr. L 152 vom 22.05.2014, S. 1–12. – ISSN 1725-2539

[17] DIN EN 62061 (**VDE 0113-50**):2016-05 Sicherheit von Maschinen – Funktionale Sicherheit sicherheitsbezogener elektrischer, elektronischer und programmierbarer elektronischer Steuerungssysteme. Berlin · Offenbach: VDE VERLAG

[18] DIN EN ISO 13849-1:2016-06 Sicherheit von Maschinen – Sicherheitsbezogene Teile von Steuerungen – Teil 1: Allgemeine Gestaltungsleitsätze. Berlin: Beuth

[19] DIN EN ISO 12100:2011-03 Sicherheit von Maschinen – Allgemeine Gestaltungsleitsätze – Risikobeurteilung und Risikominderung. Berlin: Beuth

[20] DIN ISO/TR 22100 (Normenreihe) Sicherheit von Maschinen – Beziehung zu ISO 12100. Berlin: Beuth

[21] Manipulation von Schutzeinrichtungen an Maschinen. Sankt Augustin: Hauptverband der Gewerblichen Berufsgenossenschaften (HVBG), 2006. – ISBN 3-88383-698-2

[22] DIN EN 61439-1 (**VDE 0660-600-1**):2012-06 Niederspannungs-Schaltgerätekombinationen – Teil 1: Allgemeine Festlegungen. Berlin · Offenbach: VDE VERLAG

[23] DIN EN 61439-2 (**VDE 0660-600-2**):2012-06 Niederspannungs-Schaltgerätekombinationen – Teil 2: Energie-Schaltgerätekombinationen. Berlin · Offenbach: VDE VERLAG

[24] DIN IEC 60038 (**VDE 0175-1**):2012-04 CENELEC-Normspannungen. Berlin · Offenbach: VDE VERLAG

[25] DIN EN 60034-1 (**VDE 0530-1**):2011-02 Drehende elektrische Maschinen – Teil 1: Bemessung und Betriebsverhalten. Berlin · Offenbach: VDE VERLAG

[26] DIN EN 61000-6-3 (**VDE 0839-6-3**):2011-09 Elektromagnetische Verträglichkeit (EMV) – Teil 6-3: Fachgrundnormen – Störaussendung für Wohnbereich, Geschäfts- und Gewerbebereiche sowie Kleinbetriebe. Berlin · Offenbach: VDE VERLAG

[27] DIN EN 61000-6-1 (**VDE 0839-6-1**):2007-10 Elektromagnetische Verträglichkeit (EMV) – Teil 6-1: Fachgrundnormen – Störfestigkeit für Wohnbereich, Geschäfts- und Gewerbebereiche sowie Kleinbetriebe. Berlin · Offenbach: VDE VERLAG

[28] DIN EN 61000-6-4 (**VDE 0839-6-4**):2011-09 Elektromagnetische Verträglichkeit (EMV) – Teil 6-4: Fachgrundnormen – Störaussendung für Industriebereiche. Berlin · Offenbach: VDE VERLAG

[29] DIN EN 61000-6-2 (**VDE 0839-6-2**):2006-03 Elektromagnetische Verträglichkeit (EMV) – Teil 6-2: Fachgrundnormen – Störfestigkeit für Industriebereiche. Berlin · Offenbach: VDE VERLAG

[30] DIN EN 60721-3-3:1995-09 Klassifizierung von Umweltbedingungen – Teil 3: Klassen von Umwelteinflußgrößen und deren Grenzwerte – Hauptabschnitt 3: Ortsfester Einsatz, wettergeschützt. Berlin: Beuth

[31] DIN EN 60664-1 (**VDE 0110-1**):2008-01 Isolationskoordination für elektrische Betriebsmittel in Niederspannungsanlagen – Teil 1: Grundsätze, Anforderungen und Prüfungen. Berlin · Offenbach: VDE VERLAG

[32] DIN VDE 0100-731 (**VDE 0100-731**):2014-10 Errichten von Niederspannungsanlagen – Teil 7-731: Anforderungen für Betriebsstätten, Räume und Anlagen besonderer Art – Abgeschlossene elektrische Betriebsstätten. Berlin · Offenbach: VDE VERLAG

[33] DIN VDE 0100 (**VDE 0100**) (Normenreihe) Errichten von Niederspannungsanlagen. Berlin · Offenbach: VDE VERLAG

[34] DIN VDE 0100-100 (**VDE 0100-100**):2009-06 Errichten von Niederspannungsanlagen – Teil 1: Allgemeine Grundsätze, Bestimmungen allgemeiner Merkmale, Begriffe. Berlin · Offenbach: VDE VERLAG

[35] DIN VDE 0100-460 (**VDE 0100-460**):2002-08 Errichten von Niederspannungsanlagen – Schutzmaßnahmen – Trennen und Schalten. Berlin · Offenbach: VDE VERLAG

[36] DIN EN 60445 (**VDE 0197**):2011-10 Grund- und Sicherheitsregeln für die Mensch-Maschine-Schnittstelle – Kennzeichnung von Anschlüssen elektrischer Betriebsmittel, angeschlossenen Leiterenden und Leitern. Berlin · Offenbach: VDE VERLAG

[37] IEC 60417-DB (Bildzeichen-Datenbank) Graphical symbols for use on equipment. Genf/Schweiz: Bureau Central de la Comission Electrotechnique Internationale. – weitere Informationen: https://www.vde-verlag.de/iec-normen/iec-datenbanken/iec-60417-iso-7000-bildzeichen.html

[38] DIN EN 60947-6-2 (**VDE 0660-115**):2007-12 Niederspannungsschaltgeräte – Teil 6-2: Mehrfunktions-Schaltgeräte – Steuer- und Schutz-Schaltgeräte (CPS). Berlin · Offenbach: VDE VERLAG

[39] DIN EN 60947-2 (**VDE 0660-100**):2015-09 Niederspannungsschaltgeräte – Teil 1: Allgemeine Festlegungen. Berlin · Offenbach: VDE VERLAG

[40] DIN EN 60947-2 (**VDE 0660-101**):2014-01 Niederspannungsschaltgeräte – Teil 2: Leistungsschalter. Berlin · Offenbach: VDE VERLAG

[41] DIN EN 60947-4-1 (**VDE 0660-102**):2014-02 Niederspannungsschaltgeräte – Teil 4-1: Schütze und Motorstarter – Elektromechanische Schütze und Motorstarter. Berlin · Offenbach: VDE VERLAG

[42] DIN EN 61310-3 (**VDE 0113-103**):2008-09 Sicherheit von Maschinen – Anzeigen, Kennzeichen und Bedienen – Teil 3: Anforderungen an die Anordnung und den Betrieb von Bedienteilen (Stellteilen). Berlin · Offenbach: VDE VERLAG

[43]   DIN 31051:2012-09 Grundlagen der Instandhaltung. Berlin: Beuth

[44]   DIN EN 61800-5-2 (**VDE 0160-105-2**):2008-04 Elektrische Leistungsan-
       triebssysteme mit einstellbarer Drehzahl – Teil 5-2: Anforderungen an die
       Sicherheit – Funktionale Sicherheit. Berlin · Offenbach: VDE VERLAG

[45]   DIN VDE 0100-410 (**VDE 0100-410**):2007-06 Errichten von Niederspan-
       nungsanlagen – Teil 4-41: Schutzmaßnahmen – Schutz gegen elektrischen
       Schlag. Berlin · Offenbach: VDE VERLAG

[46]   IEC-Guide 104:2010-08 The preparation of safety publications and the
       use of basic safety publications and group safety publications. Genf/
       Schweiz: Bureau de la Commission Electrotechnique Internationale. –
       ISBN 978-2-88912-140-3

[47]   DIN EN 60529 (**VDE 0470-1**):2014-09 Schutzarten durch Gehäuse
       (IP-Code). Berlin · Offenbach: VDE VERLAG

[48]   DIN VDE 0105-100 (**VDE 0105-100**):2015-10 Betrieb von elektrischen
       Anlagen – Teil 100: Allgemeine Festlegungen. Berlin · Offenbach:
       VDE VERLAG

[49]   DIN EN 50274 (**VDE 0660-514**):2002-11 Niederspannungs-Schaltgeräte-
       kombinationen – Schutz gegen elektrischen Schlag – Schutz gegen unab-
       sichtliches direktes Berühren gefährlicher aktiver Teile. Berlin · Offenbach:
       VDE VERLAG

[50]   *Luber, G.; Pelta, R.; Rudnik, S.*: Schutzmaßnahmen gegen elektrischen
       Schlag. VDE-Schriftenreihe Band 9. Berlin · Offenbach: VDE VERLAG,
       2013. – ISBN 978-3-8007-3488-7, ISSN 0506-6719

[51]   DIN IEC/TS 60479-1 (**VDE V 0140-479-1**):2007-05 Wirkungen des elekt-
       rischen Stromes auf Menschen und Nutztiere – Teil 1: Allgemeine Aspekte.
       Berlin · Offenbach: VDE VERLAG

[52]   DIN EN 61140 (**VDE 0140-1**):2016-11 Schutz gegen elektrischen Schlag
       – Gemeinsame Anforderungen für Anlagen und Betriebsmittel. Berlin · Of-
       fenbach: VDE VERLAG

[53]   DIN EN 61558-1 (**VDE 0570-1**):2006-07 Sicherheit von Transformatoren,
       Netzgeräten, Drosseln und dergleichen – Teil 1: Allgemeine Anforderungen
       und Prüfungen. Berlin · Offenbach: VDE VERLAG

[54]   DIN EN 61558-2-4 (**VDE 0570-2-4**):2009-12 Sicherheit von Transforma-
       toren, Drosseln, Netzgeräten und dergleichen für Versorgungsspannungen
       bis 1100 V – Teil 2-4: Besondere Anforderungen und Prüfungen an Trenn-
       transformatoren und Netzgeräte, die Trenntransformatoren enthalten. Ber-
       lin · Offenbach: VDE VERLAG

[55]   DIN VDE 0100-540 (**VDE 0100-540**):2012-06 Errichten von Niederspannungsanlagen – Teil 5-54: Auswahl und Errichtung elektrischer Betriebsmittel – Erdungsanlagen und Schutzleiter. Berlin · Offenbach: VDE VERLAG

[56]   DIN EN 61557-9 (**VDE 0413-9**):2015-10 Elektrische Sicherheit in Niederspannungsnetzen bis AC 1 000 V und DC 1 500 V – Geräte zum Prüfen, Messen oder Überwachen von Schutzmaßnahmen – Teil 9: Einrichtungen zur Isolationsfehlersuche in IT-Systemen. Berlin · Offenbach: VDE VERLAG

[57]   DIN VDE 0100-530 (**VDE 0100-530**):2011-06 Errichten von Niederspannungsanlagen – Teil 530: Auswahl und Errichtung elektrischer Betriebsmittel – Schalt- und Steuergeräte. Berlin · Offenbach: VDE VERLAG

[58]   E DIN VDE 0100-410/A1 (**VDE 0100-410/A1**):2016-09 (Entwurf) Errichten von Niederspannungsanlagen – Teil 4-41: Schutzmaßnahmen – Schutz gegen elektrischen Schlag. Berlin · Offenbach: VDE VERLAG

[59]   IEC/TS 61201:2007-08 Use of conventional touch voltage limits – Application guide. Genf/Schweiz: Bureau de la Commission Electrotechnique Internationale. – ISBN 2-8318-9291-0

[60]   DIN EN 61558-2-6 (**VDE 0570-2-6**):2010-04 Sicherheit von Transformatoren, Drosseln, Netzgeräten und dergleichen für Versorgungsspannungen bis 1100 V – Teil 2-6: Besondere Anforderungen und Prüfungen an Sicherheitstransformatoren und Netzgeräte, die Sicherheitstransformatoren enthalten. Berlin · Offenbach: VDE VERLAG

[61]   DIN VDE 0100-430 (**VDE 0100-430**):2010-10 Errichten von Niederspannungsanlagen – Teil 4-43: Schutzmaßnahmen – Schutz bei Überstrom. Berlin · Offenbach: VDE VERLAG

[62]   DIN VDE 0100-520 Beiblatt 3 (**VDE 0100-520 Beiblatt 3**):2012-10 Errichten von Niederspannungsanlagen – Auswahl und Errichtung elektrischer Betriebsmittel – Teil 520: Kabel- und Leitungsanlagen – Beiblatt 3: Strombelastbarkeit von Kabeln und Leitungen in 3-phasigen Verteilungsstromkreisen bei Lastströmen mit Oberschwingungsanteilen. Berlin · Offenbach: VDE VERLAG

[63]   DIN VDE 0100-557 (**VDE 0100-557**):2014-10 Errichten von Niederspannungsanlagen – Teil 5-557: Auswahl und Errichtung elektrischer Betriebsmittel – Hilfsstromkreise. Berlin · Offenbach: VDE VERLAG

[64]   DIN VDE 0250-602 (**VDE 0250-602**):1985-03 Isolierte Starkstromleitungen – Sonder-Gummiaderleitungen. Berlin · Offenbach: VDE VERLAG

[65]   DIN EN 60909-0 (**VDE 0102**):2016-12 Kurzschlussströme in Drehstromnetzen – Teil 0: Berechnung der Ströme. Berlin · Offenbach: VDE VERLAG

[66]   DIN EN 60034-6 (**VDE 0530-6**):1996-08 Drehende elektrische Maschinen –
        Einteilung der Kühlverfahren (IC-Code). Berlin · Offenbach: VDE VERLAG

[67]   DIN EN 62305-2 (**VDE 0185-305-2**):2013-02 Blitzschutz – Teil 2: Risiko-
        Management. Berlin · Offenbach: VDE VERLAG

[68]   DIN VDE 0100-443 (**VDE 0100-443**):2016-10 Errichten von Niederspan-
        nungsanlagen – Teil 4-44: Schutzmaßnahmen – Schutz bei Störspannungen
        und elektromagnetischen Störgrößen – Abschnitt 443: Schutz bei transien-
        ten Überspannungen infolge atmosphärischer Einflüsse oder von Schaltvor-
        gängen. Berlin · Offenbach: VDE VERLAG

[69]   DIN VDE 0100-534 (**VDE 0100-534**):2016-10 Errichten von Niederspan-
        nungsanlagen – Teil 5-53: Auswahl und Errichtung elektrischer Betriebs-
        mittel – Trennen, Schalten und Steuern – Abschnitt 534: Überspannungs-
        Schutzeinrichtungen (SPDs). Berlin · Offenbach: VDE VERLAG

[70]   DIN EN 61386-1 (**VDE 0605-1**):2009-03 Elektroinstallationsrohrsysteme
        für elektrische Energie und für Informationen – Teil 1: Allgemeine Anfor-
        derungen. Berlin · Offenbach: VDE VERLAG

[71]   DIN VDE 0100-520 (**VDE 0100-520**):2013-06 Errichten von Niederspan-
        nungsanlagen – Teil 5-52: Auswahl und Errichtung elektrischer Betriebs-
        mittel – Kabel- und Leitungsanlagen. Berlin · Offenbach: VDE VERLAG

[72]   DIN 18015-3:2016-09 Elektrische Anlagen in Wohngebäuden – Teil 3:
        Leitungsführung und Anordnung der Betriebsmittel. Berlin: Beuth

[73]   DIN EN 60309-2 (**VDE 0623-2**):2013-01 Stecker, Steckdosen und Kupp-
        lungen für industrielle Anwendungen – Teil 2: Anforderungen und Haupt-
        maße für die Austauschbarkeit von Stift- und Buchsensteckvorrichtungen.
        Berlin · Offenbach: VDE VERLAG

[74]   DIN EN 61558-2-2 (**VDE 0570-2-2**):2007-11 Sicherheit von Transforma-
        toren, Netzgeräten, Drosseln und dergleichen – Teil 2-2: Besondere Anfor-
        derungen und Prüfungen an Steuertransformatoren und Netzgeräten, die
        Steuertransformatoren enthalten. Berlin · Offenbach: VDE VERLAG

[75]   DIN EN 61558-2-16 (**VDE 0570-2-16**):2014-06 Sicherheit von Transfor-
        matoren, Drosseln, Netzgeräten und dergleichen für Versorgungsspannun-
        gen bis 1100 V – Teil 2-16: Besondere Anforderungen und Prüfungen an
        Schaltnetzteilen (SMPS) und Transformatoren für Schaltnetzteile. Ber-
        lin · Offenbach: VDE VERLAG

[76]   DIN EN 61204-7 (**VDE 0557-7**):2007-07 Stromversorgungsgeräte für Nie-
        derspannung mit Gleichstromausgang – Teil 7: Sicherheitsanforderungen.
        Berlin · Offenbach: VDE VERLAG

[77]   *Gehlen, P.*: Sicherheit von Maschinen und Funktionale Sicherheit.
        VDE-Schriftenreihe Band 167. Berlin · Offenbach: VDE VERLAG, 2016.
        – ISBN 978-3-8007-4180-9, ISSN 0506-6719

[78]   DIN EN ISO 13850:2016-05 Sicherheit von Maschinen – Not-Halt-Funktion
        – Gestaltungsleitsätze. Berlin: Beuth

[79]   *Gehlen, P.*; *Rudnik, S.*: Not-Halt oder Not-Aus? VDE-Schriften-
        reihe Band 154. Berlin · Offenbach: VDE VERLAG, 2017. –
        ISBN 978-3-8007-4303-2, ISSN 0506-6719

[80]   E DIN VDE 0100-537 (**VDE 0100-537**):2015-11 (Entwurf) Errichten von
        Niederspannungsanlagen – Teil 5: Auswahl und Errichtung elektrischer
        Betriebsmittel – Kapitel 53: Schaltgeräte und Steuergeräte – Abschnitt 537:
        Geräte zum Trennen und Schalten. Berlin · Offenbach: VDE VERLAG

[81]   DIN EN 574:2008-12 Sicherheit von Maschinen – Zweihandschaltungen –
        Funktionelle Aspekte – Gestaltungsleitsätze. Berlin: Beuth

[82]   DIN EN 61784-3 (**VDE 0803-500**):2017-09 Industrielle Kommunikations-
        netze – Profile – Teil 3: Funktional sichere Übertragung bei Feldbussen
        – Allgemeine Regeln und Festlegungen für Profile. Berlin · Offenbach:
        VDE VERLAG

[83]   E DIN EN 62745 (**VDE 0113-1-1**):2013-10 (Entwurf) Sicherheit von Ma-
        schinen – Anforderungen für die Verbindung von kabellosen Steuerungen
        an Maschinen. Berlin · Offenbach: VDE VERLAG

[84]   DIN EN ISO 14119:2014-03 Sicherheit von Maschinen – Verriegelungsein-
        richtungen in Verbindung mit trennenden Schutzeinrichtungen – Leitsätze
        für Gestaltung und Auswahl. Berlin: Beuth

[85]   DIN EN 60947-5-5 (**VDE 0660-210**):2017-08 Niederspannungsschaltgerä-
        te – Teil 5-5: Steuergeräte und Schaltelemente – Elektrisches Not-Halt-Ge-
        rät mit mechanischer Verrastfunktion. Berlin · Offenbach: VDE VERLAG

[86]   DIN EN 61496-1 (**VDE 0113-201**):2014-05 Sicherheit von Maschinen –
        Berührungslos wirkende Schutzeinrichtungen – Teil 1: Allgemeine Anfor-
        derungen und Prüfungen. Berlin · Offenbach: VDE VERLAG

[87]   DIN EN 61310-1 (**VDE 0113-101**):2008-09 Sicherheit von Maschinen –
        Anzeigen, Kennzeichen und Bedienen – Teil 1: Anforderungen an sichtba-
        re, hörbare und tastbare Signale. Berlin · Offenbach: VDE VERLAG

[88]   DIN EN 61310-2 (**VDE 0113-102**):2008-09 Sicherheit von Maschinen
        – Anzeigen, Kennzeichen und Bedienen – Teil 2: Anforderungen an die
        Kennzeichnung. Berlin · Offenbach: VDE VERLAG

[89]   DIN EN 60447 (**VDE 0196**):2004-12 Grund- und Sicherheitsregeln für die Mensch-Maschine-Schnittstelle, Kennzeichnung – Bedienungsgrundsätze. Berlin · Offenbach: VDE VERLAG

[90]   DIN EN 547-3:2009-01 Sicherheit von Maschinen – Körpermaße des Menschen – Teil 3: Körpermaßdaten. Berlin: Beuth

[91]   DIN EN 60947-5-1 (**VDE 0660-200**):2010-04 Niederspannungsschaltgeräte – Teil 5-1: Steuergeräte und Schaltelemente – Elektromechanische Steuergeräte. Berlin · Offenbach: VDE VERLAG

[92]   DIN EN ISO 9241 (Normenreihe) Ergonomische Anforderungen für Bürotätigkeiten mit Bildschirmgeräten. Berlin: Beuth

[93]   DIN EN 60947-5-8 (**VDE 0660-215**):2007-08 Niederspannungsschaltgeräte – Teil 5-8: Steuergeräte und Schaltelemente – Drei-Stellungs-Zustimmschalter. Berlin · Offenbach: VDE VERLAG

[94]   DIN EN 13306:2010-12 Instandhaltung – Begriffe der Instandhaltung. Berlin: Beuth

[95]   DIN VDE 0100-729 (**VDE 0100-729**):2010-02 Errichten von Niederspannungsanlagen – Teil 7-729: Anforderungen für Betriebsstätten, Räume und Anlagen besonderer Art – Bedienungsgänge und Wartungsgänge. Berlin · Offenbach: VDE VERLAG

[96]   DIN VDE 0276-603 (**VDE 0276-603**):2010-03 Starkstromkabel – Teil 603: Energieverteilungskabel mit Nennspannung 0,6/1 kV. Berlin · Offenbach: VDE VERLAG

[97]   DIN VDE 0289-1 (**VDE 0289-1**):1988-03 Begriffe für Starkstromkabel und isolierte Starkstromleitungen – Allgemeine Begriffe. Berlin · Offenbach: VDE VERLAG

[98]   DIN 57250-1 (**VDE 0250-1**):1981-10 Isolierte Starkstromleitungen – Allgemeine Festlegungen. Berlin · Offenbach: VDE VERLAG

[99]   DIN VDE 0271 (**VDE 0271**):2007-01 Starkstromkabel – Festlegungen für Starkstromkabel ab 0,6/1 kV für besondere Anwendungen. Berlin · Offenbach: VDE VERLAG

[100] DIN VDE 0298-4 (**VDE 0298-4**):2013-06 Verwendung von Kabeln und isolierten Leitungen für Starkstromanlagen – Teil 4: Empfohlene Werte für die Strombelastbarkeit von Kabeln und Leitungen für feste Verlegung in und an Gebäuden und von flexiblen Leitungen. Berlin · Offenbach: VDE VERLAG

[101] DIN EN 60228 (**VDE 0295**):2005-09 Leiter für Kabel und isolierte Leitungen. Berlin · Offenbach: VDE VERLAG

[102] DIN VDE 0100-520 Beiblatt 2 (**VDE 0100-520 Beiblatt 2**):2010-10 Errichten von Niederspannungsanlagen – Auswahl und Errichtung elektrischer Betriebsmittel – Teil 520: Kabel- und Leitungsanlagen – Beiblatt 2: Schutz bei Überlast, Auswahl von Überstrom-Schutzeinrichtungen, maximal zulässige Kabel- und Leitungslängen zur Einhaltung des zulässigen Spannungsfalls und der Abschaltzeiten zum Schutz gegen elektrischen Schlag. Berlin · Offenbach: VDE VERLAG

[103] DIN EN ISO 13857:2008-06 Sicherheit von Maschinen – Sicherheitsabstände gegen das Erreichen von Gefährdungsbereichen mit den oberen und unteren Gliedmaßen. Berlin: Beuth

[104] DIN EN 60112 (**VDE 0303-11**):2010-05 Verfahren zur Bestimmung der Prüfzahl und der Vergleichszahl der Kriechwegbildung von festen, isolierenden Werkstoffen. Berlin · Offenbach: VDE VERLAG

[105] DIN EN 61666 (**VDE 0040-5**):2011-07 Industrielle Systeme, Anlagen und Ausrüstungen und Industrieprodukte – Identifikation von Anschlüssen in Systemen. Berlin · Offenbach: VDE VERLAG

[106] RAL Deutsches Institut für Gütesicherung und Kennzeichnung e. V., Bonn: www.ral.de

[107] DIN EN 60079-11 (**VDE 0170-7**):2012-06 Explosionsgefährdete Bereiche – Teil 11: Geräteschutz durch Eigensicherheit „i". Berlin · Offenbach: VDE VERLAG

[108] DIN IEC 60757:1986-07 Elektrotechnik – Code zur Farbkennzeichnung. Berlin: Beuth

[109] DIN EN 50085-2-3 (**VDE 0604-2-3**):2011-01 Elektroinstallationskanalsysteme für elektrische Installationen – Teil 2-3: Besondere Anforderungen an Verdrahtungskanäle zum Einbau in Schaltschränke. Berlin · Offenbach: VDE VERLAG

[110] DIN EN 61386 (**VDE 0605**) (Normenreihe) Elektroinstallationsrohrsysteme für elektrische Energie und für Informationen. Berlin · Offenbach: VDE VERLAG

[111] DIN EN 61984 (**VDE 0627**):2009-11 Steckverbinder – Sicherheitsanforderungen und Prüfungen. Berlin · Offenbach: VDE VERLAG

[112] DIN EN 60309-1 (**VDE 0623-1**):2013-02 Stecker, Steckdosen und Kupplungen für industrielle Anwendungen – Teil 1: Allgemeine Anforderungen. Berlin · Offenbach: VDE VERLAG

[113] DIN EN 60034 (**VDE 0530**) (Normenreihe) Drehende elektrische Maschinen. Berlin · Offenbach: VDE VERLAG

[114] DIN EN 12464-1:2011-08 Licht und Beleuchtung – Beleuchtung von Arbeitsstätten – Teil 1: Arbeitsstätten in Innenräumen. Berlin: Beuth

[115] DIN EN ISO 13732-1:2008-12 Ergonomie der thermischen Umgebung – Bewertungsverfahren für menschliche Reaktionen bei Kontakt mit Oberflächen – Teil 1: Heiße Oberflächen. Berlin: Beuth

[116] DIN VDE 0100-420 (**VDE 0100-420**):2016-02 Errichten von Niederspannungsanlagen – Teil 4-42: Schutzmaßnahmen – Schutz gegen thermische Auswirkungen. Berlin · Offenbach: VDE VERLAG

[117] DIN EN 81346-1:2010-05 Industrielle Systeme, Anlagen und Ausrüstungen und Industrieprodukte – Strukturierungsprinzipien und Referenzkennzeichnung – Teil 1: Allgemeine Regeln. Berlin: Beuth

[118] DIN IEC 81346-2:2010-05 Industrielle Systeme, Anlagen und Ausrüstungen und Industrieprodukte – Strukturierungsprinzipien und Referenzkennzeichnung – Teil 2: Klassifizierung von Objekten und Kennbuchstaben von Klassen. Berlin: Beuth

[119] DIN VDE 0100-600 (**VDE 0100-600**):2017-06 Errichten von Niederspannungsanlagen – Teil 6: Prüfungen. Berlin · Offenbach: VDE VERLAG

[120] DIN EN 61557 (**VDE 0413**) (Normenreihe) Elektrische Sicherheit in Niederspannungsnetzen bis AC 1 000 V und DC 1 500 V – Geräte zum Prüfen, Messen oder Überwachen von Schutzmaßnahmen. Berlin · Offenbach: VDE VERLAG

[121] DIN EN 61180 (**VDE 0432-10**):2017-04 Hochspannungs-Prüftechnik für Niederspannungsgeräte – Begriffe, Prüfung und Prüfbedingungen, Prüfgeräte. Berlin · Offenbach: VDE VERLAG

[122] DIN EN 61557-3 (**VDE 0413-3**):2008-02 Elektrische Sicherheit in Niederspannungsnetzen bis AC 1 000 V und DC 1 500 V – Geräte zum Prüfen, Messen oder Überwachen von Schutzmaßnahmen – Teil 3: Schleifenwiderstand. Berlin · Offenbach: VDE VERLAG

[123] Sinamics G110. Parameterliste, Ausgabe 04/03. Firmenschrift. Erlangen: Siemens AG Automation & Drives, 2013. – Best.-Nr. 6SL3298-0BA11-0AP0

Stichwortverzeichnis